中国石油科技进展丛书（2006—2015年）

油气储运国产化装备开发与应用

主　编：陈健峰　王立昕

副主编：张对红　张　栋　罗　凯

石油工业出版社

内 容 提 要

本书系统总结“十一五”和“十二五”期间中国石油在管线压缩机组、输油泵机组、SCADA 系统、输油气管道关键阀门、执行机构、流量计、非标设备、管道漏磁内检测器、LNG 设备等装备的国产化进展及取得的成果，阐述了油气管道装备的国产化在我国长输管道建设中发挥的主要推动作用，为保障国家能源安全、促进国民经济发展和提升民生质量方面发挥了重要作用。

本书可供管道设计、施工、运行及维护人员使用，也可作为相关专业科研及管理人员的参考书。

图书在版编目（CIP）数据

油气储运国产化装备开发与应用 / 陈健峰，王立昕主编 . —北京 : 石油工业出版社，2019.5
（中国石油科技进展丛书 . 2006—2015 年）
ISBN 978-7-5183-3171-0

Ⅰ . ①油… Ⅱ . ①陈… ②王… Ⅲ . ①石油与天然气储运 – 机械设备 Ⅳ . ① TE97

中国版本图书馆 CIP 数据核字（2019）第 033881 号

出版发行：石油工业出版社
（北京安定门外安华里 2 区 1 号　100011）
网　址：www. petropub. com
编辑部：（010）64523687　图书营销中心：（010）64523633
经　　销：全国新华书店
印　　刷：北京中石油彩色印刷有限责任公司

2019 年 5 月第 1 版　2019 年 5 月第 1 次印刷
787 × 1092 毫米　开本：1/16　印张：17.75
字数：450 千字

定价：140.00 元
（如出现印装质量问题，我社图书营销中心负责调换）

《中国石油科技进展丛书（2006—2015年）》

编　委　会

专　家　组

《油气储运国产化装备开发与应用》编写组

主　　编：陈健峰　王立昕

副 主 编：张对红　张　栋　罗　凯

编写人员：

李柏松　杨喜良　孙云峰　税碧垣　王　晔　周书仲
吕开钧　郭　刚　蒋　平　吕文娥　高仕玉　李　刚
杨晓峥　李智勇　吕晓华　闫　峰　黄　河　咸玉龙
彭忍社　王　磊　高晞光　杜华东　张　兴　吴昌汉
田　灿　任小龙　邱　惠　王志学　杨云兰　于　超
艾绍平　张　奕　魏玉迎　古自强　林小飞　常连庚
张丽稳　姚　玢　李　华　许小蓓　耿晓梅

序

习近平总书记指出，创新是引领发展的第一动力，是建设现代化经济体系的战略支撑，要瞄准世界科技前沿，拓展实施国家重大科技项目，突出关键共性技术、前沿引领技术、现代工程技术、颠覆性技术创新，建立以企业为主体、市场为导向、产学研深度融合的技术创新体系，加快建设创新型国家。

中国石油认真学习贯彻习近平总书记关于科技创新的一系列重要论述，把创新作为高质量发展的第一驱动力，围绕建设世界一流综合性国际能源公司的战略目标，坚持国家“自主创新、重点跨越、支撑发展、引领未来”的科技工作指导方针，贯彻公司“业务主导、自主创新、强化激励、开放共享”的科技发展理念，全力实施“优势领域持续保持领先、赶超领域跨越式提升、储备领域占领技术制高点”的科技创新三大工程。

“十一五”以来，尤其是“十二五”期间，中国石油坚持“主营业务战略驱动、发展目标导向、顶层设计”的科技工作思路，以国家科技重大专项为龙头、公司重大科技专项为抓手，取得一大批标志性成果，一批新技术实现规模化应用，一批超前储备技术获重要进展，创新能力大幅提升。为了全面系统总结这一时期中国石油在国家和公司层面形成的重大科研创新成果，强化成果的传承、宣传和推广，我们组织编写了《中国石油科技进展丛书（2006—2015年）》（以下简称《丛书》）。

《丛书》是中国石油重大科技成果的集中展示。近些年来，世界能源市场特别是油气市场供需格局发生了深刻变革，企业间围绕资源、市场、技术的竞争日趋激烈。油气资源勘探开发领域不断向低渗透、深层、海洋、非常规扩展，炼油加工资源劣质化、多元化趋势明显，化工新材料、新产品需求持续增长。国际社会更加关注气候变化，各国对生态环境保护、节能减排等方面的监管日益严格，对能源生产和消费的绿色清洁要求不断提高。面对新形势新挑战，能源企业必须将科技创新作为发展战略支点，持续提升自主创新能力，加快构筑竞争新优势。“十一五”以来，中国石油突破了一批制约主营业务发展的关键技术，多项重要技术与产品填补空白，多项重大装备与软件满足国内外生产急需。截至 2015 年底，共获得国家科技奖励 30 项、获得授权专利 17813 项。《丛书》全面系统地梳理了中国石油“十一五”“十二五”期间各专业领域基础研究、技术开发、技术应用中取得的主要创新性成果，总结了中国石油科技创新的成功经验。

《丛书》是中国石油科技发展辉煌历史的高度凝练。中国石油的发展史，就是一部创业创新的历史。建国初期，我国石油工业基础十分薄弱，20 世纪 50 年代以来，随着陆相生油理论和勘探技术的突破，成功发现和开发建设了大庆油田，使我国一举甩掉贫油的帽子；此后随着海相碳酸盐岩、岩性地层理论的创新发展和开发技术的进步，又陆续发现和建成了一批大中型油气田。在炼油化工方面，“五朵金花”炼化技术的开发成功打破了国外技术封锁，相继建成了一个又一个炼化企业，实现了炼化业务的不断发展壮大。重组改制后特别是“十二五”以来，我们将“创新”纳入公司总体发展战略，着力强化创新引领，这是中国石油在深入贯彻落实中央精神、系统总结“十二五”发展经验基础上、根据形势变化和公司发展需要作出的重要战略决策，意义重大而深远。《丛书》从石油地质、物探、测井、钻完井、采油、油气藏工程、提高采收率、地面工程、井下作业、油气储运、石油炼制、石油化工、安全环保、海外油气勘探开发和非常规油气勘探开发等 15 个方面，记述了中国石油艰难曲折的理论创新、科技进步、推广应用的历史。它的出版真实反映了一个时期中国石油科技工作者百折不挠、顽强拼搏、敢于创新的科学精神，弘扬了中国石油科技人员秉承“我为祖国献石油”的核心价值观和“三老四严”的工作作风。

《丛书》是广大科技工作者的交流平台。创新驱动的实质是人才驱动，人才是创新的第一资源。中国石油拥有 21 名院士、3 万多名科研人员和 1.6 万名信息技术人员，星光璀璨，人文荟萃、成果斐然。这是我们宝贵的人才资源。我们始终致力于抓好人才培养、引进、使用三个关键环节，打造一支数量充足、结构合理、素质优良的创新型人才队伍。《丛书》的出版搭建了一个展示交流的有形化平台，丰富了中国石油科技知识共享体系，对于科技管理人员系统掌握科技发展情况，做出科学规划和决策具有重要参考价值。同时，便于科研工作者全面把握本领域技术进展现状，准确了解学科前沿技术，明确学科发展方向，更好地指导生产与科研工作，对于提高中国石油科技创新的整体水平，加强科技成果宣传和推广，也具有十分重要的意义。

掩卷沉思，深感创新艰难、良作难得。《丛书》的编写出版是一项规模宏大的科技创新历史编纂工程，参与编写的单位有60多家，参加编写的科技人员有1000多人，参加审稿的专家学者有200多人次。自编写工作启动以来，中国石油党组对这项浩大的出版工程始终非常重视和关注。我高兴地看到，两年来，在各编写单位的精心组织下，在广大科研人员的辛勤付出下，《丛书》得以高质量出版。在此，我真诚地感谢所有参与《丛书》组织、研究、编写、出版工作的广大科技工作者和参编人员，真切地希望这套《丛书》能成为广大科技管理人员和科研工作者的案头必备图书，为中国石油整体科技创新水平的提升发挥应有的作用。我们要以习近平新时代中国特色社会主义思想为指引，认真贯彻落实党中央、国务院的决策部署，坚定信心、改革攻坚，以奋发有为的精神状态、卓有成效的创新成果，不断开创中国石油稳健发展新局面，高质量建设世界一流综合性国际能源公司，为国家推动能源革命和全面建成小康社会作出新贡献。

王宜林

2018年12月

丛书前言

石油工业的发展史，就是一部科技创新史。“十一五”以来尤其是“十二五”期间，中国石油进一步加大理论创新和各类新技术、新材料的研发与应用，科技贡献率进一步提高，引领和推动了可持续跨越发展。

十余年来，中国石油以国家科技发展规划为统领，坚持国家“自主创新、重点跨越、支撑发展、引领未来”的科技工作指导方针，贯彻公司“主营业务战略驱动、发展目标导向、顶层设计”的科技工作思路，实施“优势领域持续保持领先、赶超领域跨越式提升、储备领域占领技术制高点”科技创新三大工程；以国家重大专项为龙头，以公司重大科技专项为核心，以重大现场试验为抓手，按照“超前储备、技术攻关、试验配套与推广”三个层次，紧紧围绕建设世界一流综合性国际能源公司目标，组织开展了50个重大科技项目，取得一批重大成果和重要突破。

形成40项标志性成果。（1）勘探开发领域：创新发展了深层古老碳酸盐岩、冲断带深层天然气、高原咸化湖盆等地质理论与勘探配套技术，特高含水油田提高采收率技术，低渗透/特低渗透油气田勘探开发理论与配套技术，稠油/超稠油蒸汽驱开采等核心技术，全球资源评价、被动裂谷盆地石油地质理论及勘探、大型碳酸盐岩油气田开发等核心技术。（2）炼油化工领域：创新发展了清洁汽柴油生产、劣质重油加工和环烷基稠油深加工、炼化主体系列催化剂、高附加值聚烯烃和橡胶新产品等技术，千万吨级炼厂、百万吨级乙烯、大氮肥等成套技术。（3）油气储运领域：研发了高钢级大口径天然气管道建设和管网集中调控运行技术、大功率电驱和燃驱压缩机组等16大类国产化管道装备，大型天然气液化工艺和20万立方米低温储罐建设技术。（4）工程技术与装备领域：研发了G3i大型地震仪等核心装备，“两宽一高”地震勘探技术，快速与成像测井装备、大型复杂储层测井处理解释一体化软件等，8000米超深井钻机及9000米四单根立柱钻机等重大装备。（5）安全环保与节能节水领域：

研发了 CO_2 驱油与埋存、钻井液不落地、炼化能量系统优化、烟气脱硫脱硝、挥发性有机物综合管控等核心技术。（6）非常规油气与新能源领域：创新发展了致密油气成藏地质理论，致密气田规模效益开发模式，中低煤阶煤层气勘探理论和开采技术，页岩气勘探开发关键工艺与工具等。

取得 15 项重要进展。（1）上游领域：连续型油气聚集理论和含油气盆地全过程模拟技术创新发展，非常规资源评价与有效动用配套技术初步成型，纳米智能驱油二氧化硅载体制备方法研发形成，稠油火驱技术攻关和试验获得重大突破，井下油水分离同井注采技术系统可靠性、稳定性进一步提高；（2）下游领域：自主研发的新一代炼化催化材料及绿色制备技术、苯甲醇烷基化和甲醇制烯烃芳烃等碳一化工新技术等。

这些创新成果，有力支撑了中国石油的生产经营和各项业务快速发展。为了全面系统反映中国石油 2006—2015 年科技发展和创新成果，总结成功经验，提高整体水平，加强科技成果宣传推广、传承和传播，中国石油决定组织编写《中国石油科技进展丛书（2006—2015 年）》（以下简称《丛书》）。

《丛书》编写工作在编委会统一组织下实施。中国石油集团董事长王宜林担任编委会主任。参与编写的单位有 60 多家，参加编写的科技人员 1000 多人，参加审稿的专家学者 200 多人次。《丛书》各分册编写由相关行政单位牵头，集合学术带头人、知名专家和有学术影响的技术人员组成编写团队。《丛书》编写始终坚持：一是突出站位高度，从石油工业战略发展出发，体现中国石油的最新成果；二是突出组织领导，各单位高度重视，每个分册成立编写组，确保组织架构落实有效；三是突出编写水平，集中一大批高水平专家，基本代表各个专业领域的最高水平；四是突出《丛书》质量，各分册完成初稿后，由编写单位和科技管理部共同推荐审稿专家对稿件审查把关，确保书稿质量。

《丛书》全面系统反映中国石油 2006—2015 年取得的标志性重大科技创新成果，重点突出“十二五”，兼顾“十一五”，以科技计划为基础，以重大研究项目和攻关项目为重点内容。丛书各分册既有重点成果，又形成相对完整的知识体系，具有以下显著特点：一是继承性。《丛书》是《中国石油“十五”科技进展丛书》的延续和发展，凸显中国石油一以贯之的科技发展脉络。二是完整性。《丛书》涵盖中国石油所有科技领域进展，全面反映科技创新成果。三是标志性。《丛书》在综合记述各领域科技发展成果基础上，突出中国石油领先、高端、前沿的标志性重大科技成果，是核心竞争力的集中展示。四是创新性。《丛书》全面梳理中国石油自主创新科技成果，总结成功经验，有助于提高科技创新整体水平。五是前瞻性。《丛书》设置专门章节对世界石油科技中长期发展做出基本预测，有助于石油工业管理者和科技工作者全面了解产业前沿、把握发展机遇。

《丛书》将中国石油技术体系按 15 个领域进行成果梳理、凝练提升、系统总结，以领域进展和重点专著两个层次的组合模式组织出版，形成专有技术集成和知识共享体系。其中，领域进展图书，综述各领域的科技进展与展望，对技术领域进行全覆盖，包括石油地质、物探、测井、钻完井、采油、油气藏工程、提高采收率、地面工程、井下作业、油气储运、石油炼制、石油化工、安全环保节能、海外油气勘探开发和非常规油气勘探开发等 15 个领域。31 部重点专著图书反映了各领域的重大标志性成果，突出专业深度和学术水平。

《丛书》的组织编写和出版工作任务量浩大，自 2016 年启动以来，得到了中国石油天然气集团公司党组的高度重视。王宜林董事长对《丛书》出版做了重要批示。在两年多的时间里，编委会组织各分册编写人员，在科研和生产任务十分紧张的情况下，高质量高标准完成了《丛书》的编写工作。在集团公司科技管理部的统一安排下，各分册编写组在完成分册稿件的编写后，进行了多轮次的内部和外部专家审稿，最终达到出版要求。石油工业出版社组织一流的编辑出版力量，将《丛书》打造成精品图书。值此《丛书》出版之际，对所有参与这项工作的院士、专家、科研人员、科技管理人员及出版工作者的辛勤工作表示衷心感谢。

人类总是在不断地创新、总结和进步。这套丛书是对中国石油 2006—2015 年主要科技创新活动的集中总结和凝练。也由于时间、人力和能力等方面原因，还有许多进展和成果不可能充分全面地吸收到《丛书》中来。我们期盼有更多的科技创新成果不断地出版发行，期望《丛书》对石油行业的同行们起到借鉴学习作用，希望广大科技工作者多提宝贵意见，使中国石油今后的科技创新工作得到更好的总结提升。

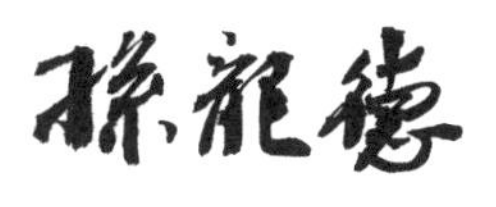

2018 年 12 月

前言

为全面系统反映中国石油“十一五”和“十二五”期间重大科技创新成果，总结中国石油科技创新的成功经验，提高中国石油科技创新整体水平，加强科技成果的宣传和推广，中国石油组织专家学者和科技人员编写了《中国石油科技进展丛书（2006—2015年）》。本书为《丛书》中的专著分册之一。

长期以来，我国油气储运多种关键装备由国外企业垄断，一旦遇到战争、外交困境或其他不可抗拒的紧急情况，可能面临油气管道瘫痪的危险。2006年前后，国家为推动装备制造业发展，出台了一系列关于“油气储运装备国产化”的规划纲要和措施性文件。为响应国家相关政策、保障能源输送安全、促进民族工业发展，在2006—2015年期间，中国石油相继采用“1+N”协同创新模式，联合国内装备制造厂家，开展了管线压缩机组、大功率输油泵机组等设备和SCADA系统软件的国产化工作，取得了多项技术突破。通过科技攻关，中国石油形成了油气储运装备国产化工作方法、技术条件、设计制造技术、试验技术、检测与评价技术等共计5大系列53项特色技术，并联合国内装备制造厂家成功研制了燃驱压缩机组、电驱压缩机组、输油泵、电动机、变频装置、高压大口径全焊接球阀、调压装置关键阀门、旋塞阀、轴流式止回阀、强制密封球阀、调节阀、泄压阀、电动执行机构、气液执行机构、电液执行机构、超声流量计、涡轮流量计、快开盲板等6大类18种油气管道关键装备130余台套，并开发了管道控制系统软件，将中国油气管道关键装备国产化率从基本依赖进口提高到90%以上，节约投资20%以上，对带动中国民族制造业发展、推动中国石油油气管道降本增效发挥了重要作用。

本书共分11章。第一章介绍了油气储运装备国产化发展的经历，概略介绍了近年来管线压缩机组、输油泵机组、SCADA系统、关键阀门、执行机构、流量计、非标设备、LNG装备等油气储运国产化装备新进展。第二章介绍了20MW电驱压缩机组和30MW燃驱压缩机组的国产化进展及应用情况，并概述了管线压缩机组故障远程诊断技术现状。第三章介绍了2500kW级输油泵机组国产化进展及应用情况，并概述了输油泵机组故障远程诊断技术现状。第四章概述了管道SCADA系统软件国产化攻关难点，介绍了SCADA系统软件设计与开发进展，并讲述了SCADA系统软件典型应用场景测试及工业现场试验与应用情况。第五章介绍了调压装置关键阀门、压力平衡式旋塞阀、轴流式止回阀、轨道式强制密封阀、高压大口径全焊接球阀、氮气轴流式泄压阀、套筒式调节阀的国产化进展及应用情况。第六章介绍了电动执行机构、气液执行机构、电液执行机构国产化进展及应用情况。第七章介绍了天然气超声流量计、天然气涡轮流量计、成品油质量流量计国产化进展及应用情况。第八章介绍了大口径快开盲板、绝缘接头国产化进展及应用情况。第九章介绍了三轴高清漏磁检测器等管道内检测器开发历程，并概述了管道内检测器工程应用情况。第十章介绍了浸没燃烧式气化器、开架式海水气化器、立式长轴海水泵、LNG接收站自控系统等LNG关键装备及软件国产化进展和应用情况。第十一章对油气储运装备国产化进行了展望。

本书编者均为从事油气储运装备国产化研究的人员。其中第一章由李柏松、杨喜良、孙云峰、税碧垣编写；第二章由王晔、周书仲、吕开钧、郭刚、蒋平、吕文娥、高仕玉、古自强、李刚编写；第三章由李柏松、杨晓峥、李智勇编写；第四章由吕晓华、闫峰、黄河、咸玉龙编写；第五章由彭忍社、王磊、高晞光、杜华东、杨喜良、张兴、林小飞编写；第六章由王磊、吴昌汉、高晞光、田灿、任小龙编写；第七章由邱惠、李柏松、王志学、任小龙编写；第八章由王磊、杨云兰编写；第九章由于超、常连庚编写；第十章由艾绍平、张奕、魏玉迎编写；第十一章由张对红、杨喜良、孙云峰编写。全书由李柏松、杨喜良统稿，由税碧垣初审。外审专家崔红升、张对红对稿件提出许多好的修改建议，在此表示感谢。

油气储运国产化装备开发与应用进程得益于黄维和院士的推动，以及中石油管道有限责任公司和管道分公司领导的大力支持。在产品技术研发和应用过程中，通过科研人员付出了知识、智慧和经验，历经了大量艰难探索和不懈努力，圆满完成全部科研任务，形成了全面、丰富、高水平的研究成果。另外，崔红升、李伟林、李锴、张平、高顺华、苏建峰等参与“油气储运国产化装备开发与应用”整个项目研发过程，他们在技术攻关中发挥了引领作用，在此向他们表示感谢。

本书在编写过程中借鉴了许多领域专家、学者的著作和研究成果，并参考了相关国产化合作厂家的技术资料，在此表示衷心的感谢。由于编者水平有限，书中难免存在疏漏和错误之处，敬请读者批评、指正。

目录

第一章　绪　　论

截至 2015 年底，我国陆上油气管道总里程超过 12×10^4km，其中原油管道 2.62×10^4km，成品油管道 2.55×10^4km，天然气管道 7.43×10^4km，基本形成了连通海外、覆盖全国、横跨东西、纵贯南北的全国性原油、成品油和天然气管网供应格局，标志着我国油气骨干管网保障体系基本形成，覆盖我国 31 个省区市和特别行政区，近 10 亿人受益，在保障国家能源安全方面发挥了巨大作用。

2016 年，中国石油持续推进资源、市场、国际化三大战略的实施，大力推进油气能源战略通道建设，建成投产中亚天然气管道 C 线、西气东输三线西段和呼包鄂成品油管道等 33 个重大管道项目。根据中国石油发布的《中国石油 2016 年度报告》，截至 2016 年底，中国石油天然气集团公司（简称中国石油）国内油气管道总里程为 7.87×10^4km，其中原油管道 1.89×10^4km，成品油管道 1.06×10^4km，天然气管道 4.92×10^4km。已基本建成西北、东北、西南和海上四大能源战略通道、骨干管网及配套设施，形成覆盖全国、连通海外的油气长输管道网络。

随着中国石油管道建设的快速发展，对油气储运装备的需求急剧增加，长期以来有多种油气储运关键装备由国外企业垄断，一旦面临特殊紧急情况，将可能面临油气管道瘫痪的危险。因此，十分有必要开展油气储运关键装备的国产化工作，以降低政治风险，提高保障能力。

第一节　油气储运装备国产化背景及总体思路

一、油气储运装备国产化背景

1. 国家政策推动

近年来，国家为推动装备制造业发展出台了一系列规划纲要和措施性文件，并在油气管道建设项目批复文件中明确提出逐步实现管道钢管、输油泵机组、压缩机组、大口径阀门等设备国产化的要求。

2006 年，国务院发布《关于加快振兴装备制造业的若干意见》〔国发（2006）8 号〕，提出以重点工程为依托，推进重大技术装备自主制造，以装备制造业振兴为契机，带动相关产业协调发展。

2011 年，国家能源局发布《国家能源科技“十二五”规划》，明确要求“加强攻关，增强科技自主创新能力，提高能源装备自主化发展水平”。

2016 年，国家发改委、工信部、国家能源局联合发布了《中国制造 2025—能源装备实施方案》〔发改能源（2016）1274 号〕，对油气储运和输送装备提出明确要求。

2. 保障国家能源安全

在正常的贸易往来中，可以比较容易地获取保障管道平稳运行的技术装备、售后服务、备品备件等，但若出现非常情况，管道技术装备、售后服务、备品备件等保障将存在重大风险。因此，推进油气储运装备国产化具有保障国家能源安全的战略意义。此外，由于历史和国际政治原因，中国的海外投资地理分布表现出特殊性，海外油气项目很多集中在中亚和南美等区域，该区域很多国家经常受到欧美的经济制裁，在相关区域只能依靠国产装备保证油气管道的建设。因此，开展油气储运装备国产化也是中国石油企业走向世界的需要。

3. 油气储运行业降本增效

推进油气储运装备国产化，对于油气储运行业降本增效具有重要意义，主要体现在以下几个方面：

（1）显著降低建设成本，国产装备投资相比进口装备可降低1/3～1/2。

（2）显著缩短供货周期，供货周期可缩短1/2～2/3。

（3）售后服务响应时间短，能及时解决出现的问题。

（4）备品备件价格优势明显，显著降低运行成本。

4. 带动国内相关产业发展

油气储运装备国产化是一个系统工程，涉及多个行业。随着国内管道建设的快速发展，依托重点工程，实施国产化工作，可以带动国内机械、电子、冶金、建材等相关产业的发展，并带动相关产品升级换代，从而促进民族装备制造业的进展。

二、油气储运装备国产化总体思路

过去的装备国产化工作实践表明：采用“政产学研用”1+N模式是确保中国石油装备国产化工作顺利推进和取得实效的重要组织保障，也是全面深入推进装备国产化进程应该坚持的组织模式。

“政”，就是政府主导装备国产化工作。由国家能源局负责总策划、总指挥、总协调，集合中国石油和国内重点装备制造企业整体优势，从国家层面给予相应的政策扶持，形成装备国产化工作的重要推动力量。

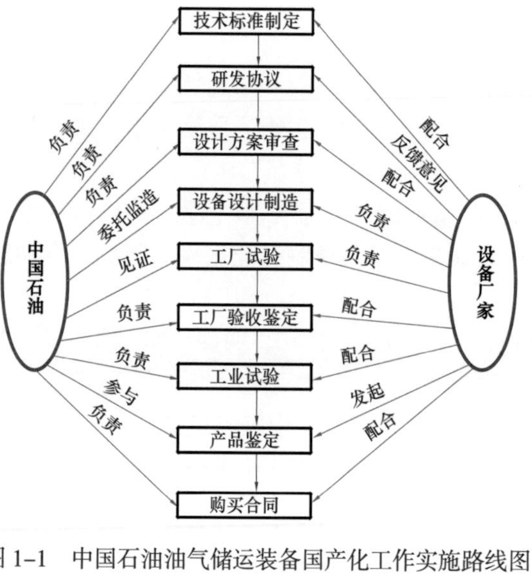

“产学研”，是指包括相关装备制造企业在内的生产及科研单位，是装备国产化研制工作的具体承担者和实施者，瞄准国际同类产品先进标准，发挥科技创新驱动能力，努力提升国内企业的装备制造水平。1+N模式，是指以中国石油业务需求为主导，联合产学研等相关行业共同进行科技攻关，以核心技术突破为重点，以工程应用为目标，确保研制工作取得实效（图1–1）。

“用”，是指用户引导装备国产化方向。中国石油作为油气储运关键装备的最终用户，积累了丰富的装备运行及管理经验，对装备技术指标、技术条件等

图1–1　中国石油油气储运装备国产化工作实施路线图

最为了解，在装备国产化工作中发挥技术标准制定、技术把关等引导作用。

第二节 油气储运装备国产化进展及主要成果

一、油气储运装备国产化发展阶段

油气储运装备国产化发展经历了三个阶段。

第一阶段（1958—1982 年）以国产装备和材料为主的阶段。这一阶段油气储运国产化设备和材料使用较多。依托东北“八三”输油管道，国内开始研制输油泵，但限于当时技术水平，泵的效率及可靠性相对较低。

第二阶段（1983—2000 年）引进消化吸收阶段。随着国家改革开放，管道建设在这一阶段大量引进国外技术、材料和装备，并进行了消化和吸收，为后续油气储运国产化工作奠定了基础。

第三阶段（2000 年—　）装备国产化加速发展阶段。随着国内冶金、机械等行业的技术进步和国家政策驱动，这一阶段油气储运装备国产化进程加速。

2008 年开展了电驱压缩机组、燃驱压缩机组和大口径球阀（40in、48in）等材料和装备的国产化工作。

2013 年起，为了全面实现油气储运装备国产化，对于依赖进口的装备全部开展国产化工作。

二、油气储运装备国产化主要成果

2000 年以来，在国家能源局、中机联的指导和支持下，中国石油相继设立了“西气东输二线管道工程关键技术研究”“天然气液化关键技术研究”“油气管道关键设备国产化”等重大科技专项，组织优势科技力量，与 50 余个生产厂家合作，对管线压缩机组、输油泵机组、关键阀门、SCADA 系统等 25 项设备及软件开展技术攻关，推动了国产设备的研制与应用。

1. 电驱压缩机组、燃驱压缩机组、大口径球阀等关键设备

2009 年之前，中国石油天然气管道上在用的压缩机组除了中国石化第三机械厂制造（配套）的三台往复式压缩机组以及株洲南方动力集团公司成套的靖边站压缩机组外（这些机组的驱动机均为国外制造），其余压缩机组均系国外公司生产制造，主要供货商有 Rolls-Royce 公司（已被西门子公司收购）、GE 公司、MAN 公司和 Solar 公司。

输气管道的运行可靠性和经济性在很大程度上取决于其所采用的压缩机组的性能。天然气管道工程很大一部分资金用于购买国外设备上，运行维护成本居高不下，在国家战略能源输送上受制于人。据测算，压气站的投资占输气管道总投资的 20%～25%，运行费用占管道总运行费用的 40%～50%，而其中压缩机组的投资占压气站投资的一半以上，压缩机组的能耗占压气站运行费用的 70% 左右。因此，在输气管道设计中选择技术先进、经济合理的压缩机组是至关重要的。

国内设备厂家在天然气长输管道成套压缩机组产品开发应用上因受技术水平低、经验不足、业绩几乎为零的现状限制，很难与国外厂家竞争。为振兴民族工业，国务院在《装

备制造业调整和振兴规划实施细则》中明确提出坚持装备自主化与重点建设工程相结合以及坚持发展整机与提高基础配套水平相结合两项原则。国家能源局也在《国家能源局关于西气东输二线工程服务、施工和物资采购方式的复函》〔国能油气［2009］136 号文件〕中，明确提出了压缩机、大功率电驱机组、大功率燃气轮机、阀门等设备的国产化要求并做出了安排部署。为此，中国石油站在维护国家能源输送安全、全力推动国家装备制造业发展的高度，十分重视天然气长输管道关键设备国产化工作，专门成立了国产化工作领导小组，开展天然气长输管道关键设备国产化新产品研制和工业性应用研究，主要包括“20MW 级电驱压缩机组新产品研制及应用”“30MW 级燃驱压缩机组新产品研制及应用”以及“高压大口径全焊接球阀新产品研制及应用”三大项技术装备的国产化工作。

1）压缩机组国产化成果

2011 年 12 月 6 日，国产 20MW 级电驱压缩机组研制成功，通过了国家能源局组织的鉴定，主要技术性能指标达到国际先进水平。2012 年 11 月 15 日，首台套国产 20MW 级电驱压缩机组在高陵站投产，并成功通过 4 000h 工业性运行考核。按照要求完成了国产 20 MW 级电驱压缩机组工业性试验，并于 2014 年 12 月 8 日通过国家能源局组织的 20 MW 级高速直联变频电驱压缩机组新产品工业应用鉴定。截至 2016 年底，沈阳鼓风机集团公司（以下简称沈鼓集团）生产的 PCL800 型系列离心压缩机组已经有 26 台套分别成功应用到西气东输二线、三线西段和上海支干线上。PCL800 型压缩机工作点效率达 87.4%，流量调节范围 45%～160%，采用高稳定性转子结构，压缩机轴振优于 API 标准。

2）变频器国产化成果

20MW 级高压变频调速装置国产化方面主要是荣信电力电子股份有限公司（简称荣信股份）、上海广电电气（集团）股份有限公司（简称广电电气）分别生产的基于 IGBT/IEGT 的 H 桥级联式多电平变频器、20MW 级高压变频调速装置；4800r/min 正压通风防爆同步电动机制造商为上海电气集团上海电机厂（简称上电机）和哈电集团哈尔滨电气动力装备有限责任公司（简称哈电动装）。在之前，国内远没有此类变频器、同步电动机产品的制造、应用业绩，全部依赖进口，国产化的成功打破了国外厂家垄断的地位，填补了国内空白。国产电驱机组总体达到国际先进水平，在谐波控制、抗电压波动能力、电动机制造技术、压缩机效率等方面指标国际领先。

3）燃气轮机国产化成果

突破了 30MW 级燃驱压缩机组主要设备和附属系统的国产化技术瓶颈，实现了燃气轮机、压缩机以及附属系统的国产化，掌握了燃驱压缩机组的集成设计技术，拥有了 30MW 级燃驱压缩机组的设计、制造和维护保障能力，填补了国内空白。对解决国家能源输送安全问题，对发展民族工业，提高装备制造业的技术水平和国际竞争力发挥了重要推动作用。

4）高压大口径全焊接球阀国产化成果

国产高压大口径全焊接球阀已研制成功。按照制定的新产品技术标准，首批 15 台 40in 600 磅级、12 台 48in 600 磅级和 3 台 48in 900 磅级，共计 30 台高压大口径全焊接球阀新产品已通过出厂鉴定。截至 2016 年底，国产 40in 和 48in 高压大口径全焊接球阀在西气东输三线等管道得到推广应用，累计应用数量已达 260 台。

2. 输油泵、关键阀门、执行机构、流量计等设备

中国石油 2013 年设立重大科技专项“油气管道关键设备国产化”，开展了输油泵、关键阀门、执行机构、流量计等设备的国产化研发工作。经过 4 年联合攻关，形成了国产化工作方法、技术条件、设计制造技术、试验技术、检测与评价技术共计 5 大系列 43 项创新技术。研制 5 大类 16 种管道关键设备 93 台套样机。建设了垂杨站、昌吉站试验基地，并在梨树、抚州、中卫等站场搭建了工业试验台位 76 个。打破了国外同行业产品技术垄断，提高了保障能力，降低了工程建设采购成本 1.5 亿元。

1）输油泵

在输油管道系统中，作为动力源的输油泵是最为核心的设备。离心输油泵具有结构简单、运行稳定、压力平稳、维护快捷方便的特点和优势，在管道中应用最为广泛。目前，国内长距离管道用离心泵主要选用的是鲁尔、苏尔寿、福斯等国外著名输油泵厂家的产品。进口输油泵的供货周期、配件供应、售后服务、价格等因素，常会影响整条输油管道的建设与后期的正常运行，制约了我国输油管道的建设与发展。

我国输油泵与国外差距主要表现在泵叶轮水力模型开发上，大多数泵企业水力模型都是借鉴国外水力模型开发的。由于水力模型开发资金投入比较大，见效慢，因此，许多大一点泵企业虽然有一定研发资金投入，但投入资金有限，无法完成相应的试验。特别是泵行业中的众多中小企业，基本没有资金投入研发。

2006 年以来，中国石油组织优势力量开展了管道输油泵国产化相关研究工作，在 2500kW 级双额定工况管道输油泵研制方面成效显著。

管道输油泵国产化经历了三个阶段。

第一阶段（1958—1983 年）以使用国产输油泵为主的阶段。我国从 20 世纪 60 年代末开始生产长输管道输油泵，20 世纪 70 年代开始依托东北“八三”输油管道，输油泵研制水平得到进一步发展，但总体来说，限于当时技术水平，国产化泵的效率及可靠性相对较低。

第二阶段（1983—2000 年）引进消化吸收阶段。随着国家的改革开放，管道建设在这一阶段大量引进国外的输油泵，如鲁尔泵、苏尔寿泵、福斯泵等国外优秀产品，管道企业掌握了国外优秀产品的使用特性，并进行了消化和吸收，国内企业参照国外梯森泵和宾汉姆泵等产品也进行了国产化产品试制，为后续国产化工作奠定了基础。

第三阶段（2000—2015 年）国产化加速发展阶段。随着国内冶金、机械等行业的技术进步和国家政策驱动，这一阶段国产化进程加速，输油泵国产化工作取得了巨大的成就。依托铁秦线铁岭站、阿独线阿拉山口站、庆铁四线，国产化输油泵相继研制成功并实现工程应用，特别是 2500kW 级双额定工况管道输油泵研制成功，标志着国产化输油泵达到国际先进水平。

2）输油气管道关键阀门及执行机构

由于国内管道关键阀门及执行机构在系列化、技术指标、可靠性、应用量等方面与国外先进产品相比存在较大差距，“十二五”之前，中国石油输油气管道关键阀门及执行机构主要依赖进口。中国石油通过 2 年多攻关，研制了一系列管道关键阀门，技术指标与国外产品基本持平，并进行了小规模试用，总体效果良好。

（1）研制了 Class600 DN600 套筒式等百分比调节阀，其最大 Cv 达 5200USgal/min。

（2）研制了40in、48in和56in高压大口径全焊接球阀，采用了轻量化球形阀体设计和独特的复合阀座结构，保证了球阀的可靠性和使用寿命。成功实现全球首台套56in高压、大口径阀门在中国的生产制造。

（3）研制了氮气式泄压阀，其响应时间小于0.1s、设定压力精度小于1%、氮气瓶更换周期大于2个月，技术指标与国外产品持平。

（4）研制了Class900 24in和Class900 36in轴流式止回阀，其最小开启压力小于2kPa，高压气密封ISO达5208 D级，技术指标与国外产品持平。

（5）研制了Class900 6in和Class900 16in压力平衡式旋塞阀，采用文丘里结构形式，在注脂不大于20次条件下全压差开关100次，达到国外同类产品先进水平。

（6）研制了10MPa DN250和12MPa DN300调压装置。其中安全切断阀，采用自力直通翻板式结构，功能安全等级达到SIL2、切断反应时间＜2s；监控调压阀，采用自力轴流式，调节准确度＞5%，噪声＜85dB（A）；工作调压阀，采用轴流式，具有等百分比特性。调压装置技术指标与国外产品持平。

（7）研制的调节型电液执行机构技术指标与国外产品基本持平。

（8）研制了150kN·m的电动执行机构，其控制精度优于1%，整体精度优于1.5%，机械传动效率大于35%，操作时间在210～260s，安全功能完整性等级SIL2，技术水平与国外产品持平。

（9）研制了300kN·m气液执行机构，适用于10MPa/15MPa输气管道，电子控制单元测控精度优于±0.5%，采用OLED显示技术可全天候显示，后备电池支持时间大于15天，技术水平超过国外同类产品。

（10）研制了30kN·m开关型电液执行机构，全行程时间小于60s，采用OLED显示技术可全天候显示。

3）超声流量计和快开盲板

“十二五”之前，国内天然气管道流量计和快开盲板主要依靠进口，其主要原因是国内在产品系列化、技术指标、可靠性、应用量等方面与国外相比存在较大差距。

“十二五”期间，中国石油通过联合攻关，研制了12MPa DN80、DN200、DN400等系列的超声流量计，准确度等级达到1.0级，速度采样间隔0.5s，零流量读数每一声道≤6mm/s，速度分辨率小于0.001m/s，达到了国际先进水平。

中国石油联合国内企业研制了12MPa DN50、DN80系列涡轮流量计，准确度等级1.0级，分界流量优于0.2倍最大流量，过载能力达到1.2倍最大流量下可持续运行30min，达到了国际先进水平。

中国石油研制了12MPa DN1400快开盲板，无需特殊工具1人1min之内打开，开启角度＞180°，开启盲板所用力矩＜200N·m。具有能确认没有残压的安全设施及安全联锁装置，容器中有残余压力时，不能打开。供货周期缩短3个月，备件和售后服务费用低于进口30%以上。

3. SCADA系统

中国石油经过三年研发，2014年成功研制完成国产化油气管道SCADA系统软件——PCS（Pipeline Control System）管道控制系统V1.0（简称PCS V1.0）。PCS管道控制系统于2016年11月21日进入监视运行阶段。2017年5月24日进入调控试运行阶段，调度员使用试验系统进行生产调控，经过充分测试验证了 PCS 软件基本功能与特色技术的适用性。完成了实验室测试消缺与新需求开发，实现 PCS 软件优化与定型，发布完全适用油气管道调控应用的 PCS V1.1。

4. LNG 液化和储存装备

在“十二五”期间，LNG 液化和储存装备方面，研制开发了冷剂压缩机、低温球阀、BOG 压缩机、立式长轴海水泵、开架式海水气化器 ORV、浸没式燃烧型气化 SCV、LNG 接收站自控系统等国产设备，并应用于中国石油泰安、黄冈天然气液化工程和江苏、唐山 LNG 接收站工程。

第二章　管线压缩机组开发与应用

天然气在管道输送过程中由于各种摩擦阻力损失，其压力会不断下降，从而导致输气管道通过能力的降低，因此，为保证天然气管道输送过程中的流量和压力，采用离心式压缩机组进行增压输送。离心压缩机组主要由离心式压缩机、驱动机、控制系统、润滑油系统和其他辅助系统共同组成。管线压缩机组驱动方式很多，在天然气长输管道上主要采用电动机驱动和燃气轮机驱动。

输气管道的运行可靠性和经济性在很大程度上取决于其所采用的管线压缩机组的性能。压气站的投资占输气管道总投资的20%～25%，其运行费用占管道总运行费用的40%～50%，而其中管线压缩机组的投资占压气站投资的一半以上，管线压缩机组的能耗占压气站运行费用的70%左右。因此，在输气管道设计中选择技术先进、经济合理的管线压缩机组至关重要。

由于国内天然气长输管道大规模建设起步较晚，早期建设的管道大多采用进口管线压缩机组，管线压缩机组的供应主要被国外几家公司垄断。由于国内设备厂家早期在天然气长输管道成套压缩机组产品开发应用上因受技术水平低、经验不足、业绩几乎为零的现状限制，很难与国外厂家竞争。近年来，我国油气管道建设迎来了高峰期，作为长输天然气管道的关键设备，管线压缩机组也得到大量应用，中国石油在用天然气管道系统增压用压缩机组已达百余套。

为振兴民族工业，国务院在《装备制造业调整和振兴规划实施细则》中明确提出坚持装备自主化与重点建设工程相结合，以及坚持发展整机与提高基础配套水平相结合两项原则。国家能源局在文件《国家能源局关于西气东输二线工程服务、施工和物资采购方式的复函》〔国能油气［2009］136号〕中，明确提出了压缩机、大功率电驱机组、大功率燃气轮机、阀门等国产化要求并做出了安排部署。为此，中国石油站在维护国家能源输送安全、全力推动国家重大技术装备国产化水平的高度，高度重视天然气长输管道关键设备国产化新产品研制和工业性应用研究工作，开展天然气长输管道关键设备国产化新产品研制和工业性应用研究。

为了摆脱我国在长输管道大型天然气管道压缩机组方面技术受制于人的局面，自西气东输二线开始，在国家能源局领导下，中国石油和中国机械工业联合会共同组织开展了天然气长输管道大型压缩机组的研制和试用。由中国石油、沈阳鼓风机集团股份有限公司、上海电气集团上海电机厂有限公司（简称上电机）、哈电集团哈尔滨电气动力装备有限公司（简称哈电动装）、荣信电力电子股份有限公司（简称荣信股份）、上海广电电气（集团）股份有限公司（简称广电电气）联合研制的电驱离心压缩机组成功应用于西气东输二线、西三线西段、上海支干线、轮土支干线、中贵联络线及陕京四线、互联互通等重点工程，中船重工第七〇三研究所（简称“七〇三所”）抓总研制的燃驱压缩机组成功应用于西气东输三线、西气东输二线上海支干线和广南支干线。截至2014年，中国石油联合国内厂家相继完成了20MW级电驱压缩机组和30MW级燃驱压缩机组研制，并成功通过了

4000h 工业性运行考核。国产压缩机在效率、流量调节范围等主要技术指标达到国际领先水平，其中国产电驱机组总体达到国际先进水平，在谐波控制、抗电压波动能力、电动机制造技术、压缩机效率等方面的指标国际领先。

管线压缩机组国产化成功实施打破了国外公司对长输管道压缩机组设计与制造的垄断，降低了设备购置成本，缩短了管道建设的工期，为国内输气管线快速发展提供有力保障。

第一节 管线压缩机组现状

一、压缩机技术现状

2009 年之前，大型离心式压缩机的主要供货商有英国 Rolls-Royce 公司（已被西门子公司收购）、美国 GE 公司、德国 MAN 公司和美国 Solar 公司。各厂商压缩机性能对比表见表 2-1。

表 2-1 各厂商压缩机主要性能对比表

技术性能	GE 公司压缩机	Rolls-Royce 公司压缩机	MAN 公司压缩机
效率，%	87	86	88.6
流量调节范围，%	65～135	65～135	50～143

二、变频驱动系统技术现状

随着电力电子技术的飞速发展，大功率电力电子器件主要有晶闸管（Silicon Controlled Rectifier：SCR），绝缘栅双极性晶体管（Insulated Gate Bipolar Transistor：IGBT）、集成门极换向晶闸管（Integrated Gate Commutated Thyristor：IGCT）及电子注入增强型门极晶体管（Injection Enhanced Gate Transistor：IEGT）。10MW 以上的大功率变频器主要有负载换向式（Load Commutated Inverter：LCI）电流源型变频器、功率单元串联式多电平电压源型变频器（H-bridge Multilevel Converter：HBC）及二极管钳位三电平单元级联式（Three-level Neutral Point Clamped：NPC）电压源型变频器及派生的混合五电平电压源型变频器。在天然气长输管线电驱压缩机组中，以上几种变频器均有使用业绩，其输出电压等级主要有 4.16kV/4.8kV/6kV/6.2kV/6.6kV/8.2kV/9.35kV/10kV，额定功率一般在 25MVA 以下。各型变频调速装置的主要技术特点为：

1. 晶闸管负载换向式（LCI）电流源型变频器

LCI 属电流源型变频器，输入侧为晶闸管整流，中间直流环节采用电感储能，逆变侧使用晶闸管作为开关器件。其主要优点为：

（1）功率元件为晶闸管，容量大、可靠性高；

（2）功率器件少，结构简单、体积小、成本低、技术成熟；

（3）可以简单地实现四象限运行。

主要缺点有：

（1）功率因数低，谐波较大，需要加装无功补偿和谐波滤波装置，需采用两个变频器并联达到输入12脉冲，因此，电动机需采用双绕组电动机；

（2）输出电流是方波，低速时电动机转矩脉动大；

（3）因为需要电动机提供换向触发脉冲，对电动机要求相对高。

LCI变频器在压缩机、船舶推进、挤压机、风洞试验、冶金等大于10MW的驱动中有广泛应用，其中SIEMENS、Converteam公司生产的LCI 22MW高压变频调速高速电动机直连驱动压缩机在西气东输一线、陕京二线电驱压气站有成功应用案例；国产LCI变频器已有12MVA，10kV驱动钢厂高炉风机的应用业绩。

2. 二极管钳位三电平单元级联式电压源型变频器（NPC）

三电平电压源型变频器技术特点是一个桥臂4只功率器件直接串联，采用二极管对相应开关元件进行箝位，中间直流环节采用电容储能，逆变侧使用IEGT/IGBT等元件作为开关器件输出三电平的相电压，通常称为中点箝位式（Neutral Point Clamped：NPC）逆变器。三电平的功率器件主要采用IGCT、IEGT。其主要优点有：

（1）结构简单，体积小；

（2）使用的功率器件少，系统的本质可靠性较高；

（3）可采用三电平式PWM整流技术，无需网侧滤波装置，方便实现四象限运行。

主要缺点有：

（1）受现有元器件电压等级限制，输出电压最高4016V，混合5电平方案输出电压可以达到6600V；

（2）与功率单元串联式高压变频器相比，三电平方式输出谐波相对较大，需加配输出电抗器；

（3）采用6脉波二极管整流时，输入侧对电网的干扰比较大，对电驱压缩机组而言，一般采用36脉冲的多重化整流方案整流电路；

（4）输出du/dt相对较高，对电动机和输出电缆要求较高。

三电平变频器单机容量一般在10MW左右，已广泛应用于轧钢传动、船舶推进、矿井提升机等高性能的大功率变频调速系统。Converteam公司采用IEGT的三电平单元级联式变频器，在西气东输二线有18.5MW的应用实例。

3. 混合五电平变频器

国外许多高压变频器厂商采用将二极管钳位的IGCT三电平结构与功率单元串联式多电平结合在一起的变频器，即混合五电平变频器，以增加变频器总的输出电压和输出容量，该方案与三电平变频器相比，具有高电压、大电流、输出电压电平数多，近似正弦波、转矩脉动小等优点。

4. 功率单元串联式多电平高压变频器（HBC）

HBC通过隔离变压器，将输入高压交流电分组变压后，每组交流电分别输入到一个功率单元，经整流滤波为直流电后，再经逆变成为交流电，各功率单元输入的交流信号在逆变侧串联成为高压交流输出驱动高压电动机。为了减小输入谐波，变压器的每个二次绕组的相位依次移开相应电角度，形成多脉冲、多重化整流的方式（一般采用36脉冲结构），中间直流环节采用电容储能，其逆变输出采用多重脉冲宽度调制（Pulse Width Modulation：PWM）方式，输出的谐波小。这种方式采用IGBT或IEGT作为逆变器的功率元件。主要优点有：

（1）直流侧采用相互分离的直流电源，不存在均压问题；

（2）功率单元结构简单，与低压变频基本通用，易于模块化设计、制造；

（3）可进行功率单元冗余设计；

（4）电网侧谐波小，可不装或少装滤波装置；

（5）整机功率因数高，不需无功补偿装置；

（6）逆变器采用多电平 PWM 技术，输出电压波形非常接近正弦波；

（7）输出 du/dt 小，对电动机和输出电缆长度没有特殊要求，对电动机技术要求低；

（8）对电网电压有较强的适应性，可自动完成电压降落后恢复和故障切换功能。

主要缺点有：

（1）功率单元数量多，整机结构较复杂，使用功率器件相对较多；

（2）独立的直流电源由移相变压器供电的多脉冲整流电路提供，副边抽头相对较多，对采用油浸式隔离变压器而言，其制造难度较其他拓扑结构变频器隔离变压器大。

该类变频器在国产化研制前国内外均基本没有 20MW 以上的运用业绩。

5. 大功率高速变频同步电动机技术现状

对使用在天然气长输管道上的高压大功率变频调速驱动装置驱动压缩机组而言，根据电动机的容量及使用特点，一般采用防爆无刷励磁三相同步电动机，不同拓扑结构的高压变频器对配套的驱动电动机有不同的技术要求，进口变频调速驱动系统均由变频器厂家配套设计、制造。主要技术要求有：

绝缘等级一般为 F 级或更高；

电动机构件及整体的刚性要尽力提高其固有频率，避免共振，减少振动和噪声；

一般采用强迫通风冷却，利用空水冷却器进行热量交换；

驱动端采用轴承绝缘、非驱动端采用电气绝缘，以防止轴电流；

采用正压通风防爆措施；

采用旋转整流器进行励磁。

表 2–2～表 2–4 分别给出了变频调速装置、同步电动机和压缩机的主要性能比较 。

表 2–2 不同厂家变频调速装置主要性能比较

技术性能	国产化厂商		SIEMENS 公司	GE PC（CONVERTEAM）公司	TMEIC 公司
	荣信股份	广电电气			
拓扑形式	IEGT 多电平（电压源型）	IGBT 多电平（电压源型）	LCI 型（电流源型）	三电平（电压源型）	五电平（电压源型）
容量，MV·A	25	25	25	21	21
速度控制精度，%	±0.5		±0.5	±0.5	±0.5
频率，Hz	0.5～100		0.5～100	0.5～100	0.5～100
谐波	不需装谐波滤波器		需加庞大的谐波滤波器	需加少量谐波滤波器	不需装谐波滤波器

续表

技术性能	国产化厂商		SIEMENS 公司	GE PC（CONVERTEAM）公司	TMEIC 公司
	荣信股份	广电电气			
功率因数	不需加无功补偿装置，不低于 0.96		加无功补偿	根据情况确定	不需加无功补偿装置，0.95
低速转矩脉动，%	1		小于 3	1	1
额定负载下效率（不含变压器），%	98.8	99.15	99	98.01	99.1
网侧整流结构	36 脉冲	36 脉冲	12 脉冲	36 脉冲	36 脉冲
电动机侧逆变结构	9 电平、PWM	17 电平、PWM	梯形波、PWM	3 电平、PWM	5 电平、PWM
电源端额定输入电压，kV	10 + 10%～15%		10 + 10%～15%	10 + 10%～15%	10 + 10%～15%
额定输入频率，Hz	50±5%		50±2%	50±2%	50±2%
电动机侧额定输出电压，kV	10		2 × 4.8	8.2	6
对电动机的要求	无特殊要求		有特殊要求	有一定要求	
电缆	普通电力电缆		专用电缆	专用电缆	专用电缆

表 2-3　不同厂家同步电动机主要性能比较

技术性能	国产化厂商		SIEMENS 公司	CONVERTEAM 公司	TMEIC 公司
	哈电动装	上电机			
绕组结构	单绕组	单绕组	双绕组	单绕组	单绕组
电动机功率，MW	20	20	22	18.5	18.5
额定电压，kV	10	9.35	2 × 4.8	8.2	5.94
额定效率，%	97.6	97.6	97.2	97.9	97.2
功率因数	1.0	1.0	0.925	0.95	0.95

表 2-4　不同厂家压缩机主要性能比较

技术性能	沈阳鼓风机集团股份有限公司（国产化厂商）	GE 公司	Rolls-Royce 公司	MAN 公司
效率，%	87.4	87	86	88.6
流量调节范围，%	43～150	65～135	65～135	50～143

对使用在天然气长输管道上的高压大功率变频调速驱动装置而言，高压变频器拓扑结构类型多样，使国外主流产品的主要类型及供应商有：SIEMENS、GE PC（原 Converteam 公

司）生产的晶闸管负载换向式（LCI）电流源型变频器及二极管钳位三电平单元级联式电压源型变频器、TMEIC 生产的混合五电平电压源型变频器，ABB 生产的 ACS5000 电压源变频器等。其电动机需要根据变频器拓扑结构的不同而有不同的技术要求，因此，以上厂家均成套提供配套的大功率高速直联变频调速正压通风防爆型电动机，电动机额定转速一般为 4800r/min，部分产品达到 5200r/min，65%～105% 转速范围内连续可调，与压缩机采用高速直联驱动方式。

三、燃气轮机技术现状

1. 世界燃气轮机工业的现状

燃气轮机被誉为能源装备制造领域皇冠上的明珠，在航空、舰船、陆地等军事、工业领域都有重要作用。自 1939 年瑞士 BBC 公司制成世界上第一台工业燃气轮机以来，经过 70 多年的发展，燃气轮机已在发电、管线输送动力，舰船动力，坦克和机车动力等领域获得了广泛应用。

20 世纪 80 年代以后，燃气轮机及其联合循环技术日臻成熟。由于其热效率高，污染低，工程总投资低，建设周期短、占地和用水量少、启停灵活、自动化程度高等优点，逐步成为继汽轮机后的主要动力装置。为此，美国、日本及欧洲有些国家制定了扶持燃气轮机产业的政策和发展计划，投入大量研究资金，使燃气轮机技术得到了更快的发展。

20 世纪 90 年代后期，大型燃气轮机开始应用蒸汽冷却技术，使燃气初温和循环效率进一步提高，单机功率进一步增大。这些大功率高效率的燃气轮机，主要用来组成高效率的燃气—蒸汽联合循环发电机组，而且，其初始投资，占地面积和耗水量等都比同功率等级的汽轮机电厂少得多，已经成为烧天然气和石油制品的电厂的主要选择方案。由于世界天然气供应充足，价格低廉，所以，最近几年世界上新增加的发电机组中，燃气轮机及其联合循环机组在美国和西欧已占大多数，世界市场上已出现了燃气轮机供不应求的局面。

美、英、俄、日等国除了天然气发电、军用水面舰艇等基本上实现了燃气轮机化，现代化的坦克应用燃气轮机为动力，石油天然气的输气、输油管线增压和海上采油平台动力也普遍应用了轻型燃气轮机。

燃气轮机与内燃机相比，具有重量轻、体积小、单机功率大、运行平稳、寿命长、维修方便等优点，它早已在飞机发动机中取得了独占地位。由于美、英、俄等国对航空技术高度重视，投入了大量研究开发资金，因此，航空的燃气轮机技术比工业燃气轮机发展更迅速。世界的轻型燃气轮机制造业也形成了 GE、RR（罗尔斯 . 罗伊斯）、P&W（普惠）三大主导企业。近年来，俄罗斯、乌克兰等国借助苏联强大的航空工业基础，也在加紧进行航机改型工作，推出了一批轻型燃气轮机。

2. 我国燃气轮机工业的现状

我国燃气轮机制造业始于 20 世纪 50 年代末，60 年代至 70 年代初曾以厂、所、校联合的方式自行设计和生产过燃气轮机。70 年代中期为配合川—沪输气管线的建设，由国家计委批准，以南汽为基础，建设了我国重型燃气轮机科研生产基地，充实并壮大了重型燃气轮机设计和科研队伍。

我国在燃气轮机领域虽然取得了一些科研成果，但设备比较分散，多数性能现在已不太先进，虽然取得了一些成果，但要形成设计先进燃机的完整资料，还需要进行大量的工作。由于近20年来缺乏投入，我国的燃气轮机工业可以说至今未形成严格意义上的产业。管线燃驱压缩机组基本依赖进口。西气东输一线及早期的天然气长输管道应用的燃气轮机主要有Rolls-Royce公司生产的航空改型地面用燃气轮机RB211+RT62，ISO功率为29.4MW，ISO效率为38.4%；GE公司生产的PGT25+SAC型燃气轮机，ISO功率为31.6MW，ISO效率为41.6%；以及Solar公司生产的各功率等级燃气轮机。此外，俄罗斯、乌克兰也生产燃气轮机和天然气压缩机，主要用在苏联地区、中东一带等，在我国天然气长输管道上暂无应用。

燃气轮机的技术源于航空发动机，而航空工业既涉及一个国家的国防安全，又体现一个国家的装备制造业的技术水平，而我国航空工业发展水平长期落后于西方国家，因此，西方国家对向发展中国家输出燃气轮机的设计制造技术长期实行严密的封锁政策。能否打破欧美技术封锁、研制出具有自主知识产权的燃气轮机，体现着一个国家民族工业的发展水平。

近年来国家各部门非常重视燃气轮机产业的发展，发改委、科技部、科工局对燃气轮机发展都给予了大力支持。“十五”期间发改委组织的重型燃机打捆招标，使国内三大电力设备厂进入了重型燃机的生产行列，同时支持建设了国家燃气轮机及煤气化工程中心；“十五”和“十一五”科技部持续支持进行重型燃机和微型燃机的产品研发，“十五”和“十一五”国防科工委也持续支持进行船舶及工业驱动用燃气轮机的消化吸收及自主创新，在基础科研和研发试验能力建设方面投入近10亿元。所以经过最近两个五年计划的发展，国内在燃气轮机引进、消化吸收、自主创新、产品研制生产等方面取得了较大进展，为我国自主知识产权的燃气轮机的产品的发展应用奠定了良好基础。尤其是中船重工集团公司引进了乌克兰UGT25000燃气轮机的生产许可证，开展了国产化研制。

第二节　管线压缩机组国产化技术条件

一、管线压缩机组主要技术条件

（1）管线压缩机组的设计内容包括离心压缩机本体、控制系统、工艺系统阀门、相关辅助系统及一些必要的橇体和连接管线、电缆、法兰等；压缩机应按API 617要求进行设计与制造。

（2）机壳内腔不得有排污和清洗的接管开孔；除测温和测压接口外，所有工艺气、干气密封气和润滑油接管应为法兰连接；应把排污管接至底座边缘区域，排污管末端应安装法兰连接的截止阀，并清晰标注。

（3）叶轮轴向固定防止任何位移，止推盘应能更换，并通过液压安装在轴上。

（4）转子和所有旋转部件应设计成在机组最大超速停车（跳闸）转速下工作不发生损坏，能在压缩机最大连续运行转速下连续运行。

（5）轴承座内应无压力，轴承和密封腔应隔开，以防止润滑油进入密封腔；径向轴承和止推轴承上应有温度传感器，位于轴承的高温区。

（6）叶轮及平衡鼓的密封为阶梯铝合金迷宫式密封；轴密封应设计为可以密封高丁最高进气压力、压缩机停车后的自平衡压力或进气安全阀的设定压力。

（7）提供自作用式的干气密封；应由有经验的分包商提供经实际运行验证的成熟产品。干气密封系统在厂内预制的自成系统的干气密封控制盘，集中控制干气密封主密封气过滤、压力控制、放空量监视、压力表、关断设备、调节和测量干气密封主密封气的供应和密封气的泄漏量。

（8）压缩机和电动机共用一套润滑油系统，压缩机应与电动机试制方沟通，确定相关技术参数，统一设计和试制；其界面在电动机驱动端、非驱动端、励磁端润滑油管路连接法兰处，压缩机试制方配管到该法兰处；润滑油系统应按 API 614 以及本技术条件进行设计。

（9）管线压缩机组联轴器按 API 671 以及本技术条件规定的要求设计和制造；明确联轴器的各项技术参数，联轴器应是高性能、柔韧性、无润滑、膜盘式。

（10）防喘振系统包括防喘振控制阀、执行机构、阀位变送器、限位开关、配对法兰和其他附件。

（11）压缩机配管应根据 ANSI/ASME B31.3 的最新版和规格书的要求设计。

（12）提供低压电气控制中心和电气设备；提供控制电动机、加热器和其他电气设备的电动机控制中心；MCC 将安装在站 MCC 机房内，约距离压缩机房大于 100m。

（13）管线压缩机组配线，所有电气控制报警、停车、保护和运行设备应接线至接线箱；压缩机配带接线箱是防爆的；无电弧产生的装置应是不锈钢，防护等级 IP55/54，并带有联锁门装置；每个接线箱内至少应有 20% 备用接线端子，且备用端子应不少于 5 个，电缆留有 20% 的备用芯。

（14）管线压缩机组工厂测试依据 API 617、ASME PTC–10 及试用方、试制方共同认可的工厂测试程序；所有测试应记录形成文件和报告；测试前提供工厂测试程序、不确定度的计算方法和在本项目 PTC10 工厂测试台架上测试结果的不确定度具体数值及分析报告。

（15）管线压缩机组整机成套（联机）测试包括实际的驱动机、压缩机、润滑油、干气密封、控制盘、其他辅助和控制系统；需要制定成套机组联机测试的内容、要求及具体方案。

（16）管线压缩机组将在现场工业性应用试验平台上进行现场的性能考核、测试，考核测试内容、要求及具体方案由试制方及试用方后续共同制定。

（17）管线压缩机组额定设计转速和额定设计流量下的压头误差在 0～+5% 以内。喘振线测试取 5 个点，测试转速分别为 105%、100%、90%、80% 和最低连续运行转速。实测喘振线上的任一流量不应有正偏差。在设计流量时的喘振裕量至少为 25%。从额定流量到喘振线的实际压头的误差应为 –2%～+2%。在额定转速下从额定流量到喘振流量的压头应连续上升。额定条件下设计和实际消耗功率的最大误差为 +4%。

二、变频驱动系统主要技术条件

1. 基本试制范围及要求

（1）变频驱动系统（PDS）的电动机本体、电动机上励磁系统及辅助部件由电动机制造方负责，变频器系统由变频器制造方负责，励磁控制装置由变频器方负责。

（2）电动机应配合压缩机进行机组整体系统扭矩振动分析的计算工作，以共同确保系统整体的运行稳定性。

（3）变频器应按照GB/T 14549—1993《电能质量公用电网谐波》进行PDS接入供电系统的HFPFC（谐波滤波和功率因数补偿）的综合分析、计算和设计，各单体设备间的连接方式，提供整体解决方案。

（4）PDS负责提供专用的自动控制及保护系统，实现对PDS供电回路、变频装置、电动机、HFPFC（如需要）、相关辅助系统的整体控制与保护，保证PDS安全可靠，并完全满足压缩机的运行要求，完成PDS与机组控制系统（UCS）相关控制、保护及监视信号的数据连接和交换。

2. 性能要求

1）工作条件和性质

（1）PDS应与被驱动设备（天然气压缩机）的负载特性和运行方式互相匹配。

（2）PDS应能够承受短路发生时的动、热应力和瞬时机械扭矩，电动机/被驱动设备应能够承受短路发生期间的瞬态扭矩。

（3）应保证变频器具有1.2倍的过载能力（持续1min，每隔10min重复1次）。

2）电源条件

在电压≤±10%，频率≤±2%下应保证PDS的运行性能正常。在电源电压为-10%额定电压时，变频器应能输出额定电压。

3）电网背景谐波

PDS因考虑电网背景谐波参数的动态变化，谐波滤波和无功补偿满足GB/T 14549—1993的要求。

4）功率因数限值

任何情况下功率因数不得超前，在PCC点（公共耦合点）的功率因数：65%～80%转速时不小于0.9；80%～105%转速运行工况点的情况下不小于0.95。

5）PDS控制系统

（1）PDS设置专用、可靠的整体控制、保护和报警系统/装置，紧急停车系统（ESD）控制命令优先于任何操作方式。

（2）PDS控制保护系统主要功能及要求：变频器控制采用无速度传感器的矢量控制系统，使用基于微处理器的控制系统自动顺序控制。硬件及软件冗余配置并具有自检功能和停电保护措施。

（3）保护及报警系统/设备：采用全电子保护系统，控制和报警单独设置，具有单独的后备保护和防干扰措施。根据管道压缩机的特性，变频器不对电动机采取电气制动，变频器不向电网反馈电能。

（4）保护及报警系统/设备的基本功能：至少应配置基本的保护和报警功能并具有过流保护和防触电措施。

① 显示功能PDS上传运行参数至UCS系统，以满足监视控制和查询；

② 在变频装置上能在线检测变频器的运行状态和曲线；

③ 电动机旁安装就地操作箱，能紧急停机及转速显示等；

④ 变频器功率元件及其他辅助用电设备具有灯光显示。

6）PDS远程和就地控制

PDS设有远程和就地两级控制，设置PDS紧急停机功能及PDS启动闭锁开关（带锁定功能）。

3. 结构特性

变频装置及控制保护系统等均应安装在封闭的开关柜内，去离子水冷却装置单独成柜。

1）隔离变压器

（1）隔离变压器推荐户外安装，优先选择油浸式。

（2）隔离变压器的副边绕组应根据变频器的结构确定。

（3）隔离变压器投入时励磁涌流应限制 10kV 侧的电压降不大于 20%。

2）变频装置

变频器功率单元和整机按 A 类电磁环境考虑采取电磁兼容（EMC）措施，并符合 IEC 61000 和 IEC 61800–3 要求。

（1）功率器件：

① 优选功率器件，优化变频结构设计，与电动机结合，使输出电压等级和器件数量最优；谐波电流 THD（总谐波失真）、最大的 d*u*/d*t* 值和共模电压满足电动机要求，明确允许的最大输出电缆长度。

② 变频器输出电能满足电动机能承受的电能质量要求，负序电压对电动机轴电流、转子温升的影响满足要求。

③ 变频装置在额定工作制时的运行效率不应低于 98.0%。

（2）冷却系统：

主回路功率器件采用去离子水冷却。冷却系统主要组成部分：

① 水泵：两台水泵，一台运行，另一台热备用，能自动切换和自动 / 手动运行；

② 换热器：利用水—水换热器进行热交换，有 20% 以上裕量；

③ 膨胀箱：用于压力补偿，具有液位显示、报警及停机保护；

④ 去离子水水质处理系统：能在线自动检测、自动处理；

⑤ 控制和监视仪表：监控去离子水的温度、压力和电导率。

（3）电容器：

① 电容器采用膜电容，应符合 IEC 60871 要求，变频装置电容器应适合运行条件，不应过热；

② 具有电容器故障保护停机和报警显示及停机时电容放电设计。

4. 电动机

1）基本要求

（1）电动机试制应遵循通用规范 IEC60034。

（2）电动机的各项性能参数应能适应本工程的使用场所、驱动系统类型以及压缩机各种运行工况的要求。

（3）电动机因 PDS 运行而产生谐波的发热量、d*u*/d*t* 和共模电压等方面的要求应符合 NEMA MG1 1998 标准的规定。

（4）绝缘材料等级不低于 F 级，在任何情况下的温升不应超过 B 级温升的规定，详见 IEC 60034–18。

（5）就电动机的基础、对中、联轴器、润滑油、振动检测系统及相关技术数据与压缩机、变频器进行确认。

2）临界转速

高速电动机的临界转速应符合API 617、API 546规定。包括：

（1）电动机的临界转速与运行转速的隔离裕度应不小于15%，并与压缩机共同保证整个管线压缩机组轴系的动态稳定性。

（2）PDS的设计，应使其能在最短的时间内迅速通过电动机–压缩机组的第一临界转速。

3）交流同步电动机基本要求

（1）保证在额定功率及压缩机组的最大运行工况下连续运行。

（2）采用正压型防爆电动机；提出压缩空气的压力、流量及气质要求。

（3）采用与压缩机组转速相匹配的直接连接方式。

（4）空—水冷却器的密闭循环通风冷却方式，换热能力预留20%的裕量。

（5）根据压缩机的工况，确定电动机的效率曲线，在变频驱动条件下额定工况下的运行效率不应低于97.0%。

（6）明确正常工况下电动机的振动水平、d*u*/d*t*应对措施，轴承绝缘和轴电流问题的解决方案。

（7）对高压顶升油的设置进行详细说明。

（8）明确全速范围内振动、噪声值，轴系的稳定性、临界转速及扭振等参数。

（9）提供相关设计计算报告、质量检验报告，并明确附加损耗、效率值。

（10）提供型式试验报告和防爆合格证。

4）励磁系统

应采用无刷励磁方式。

5）瞬态气隙扭矩

绕组端部支撑、轴和有效铁芯系统能承受三相和两相短路电流。

6）噪声水平

电动机本体设计应满足最大噪声限制的要求，噪声水平按ISO 1680–2标准设计。

7）电动机本体

（1）电动机定子结构。

提供电动机底座，提出对安装基础的详细要求。

（2）换热器。

①应提出冷却水水质、压力、流量及连接管的具体要求；

②换热器的热管装配应保证换热管的固有振动频率不会与电动机的基波和谐波频率产生谐振；

③空—水冷却器配置20%的管束裕量，并带汇流槽；

④冷却水中断或换热器失效时，应保证电动机安全停机；

⑤换热器水管应便于拆除和管路清洁，设置检漏报警/停机装置。

（3）隔爆防冷凝加热器。

加热器应采用全绝缘设计，有温控器和温度保护。加热器元件的表面温度及电动机外壳温度不能高于爆炸性气体混合物的引燃温度。

8）绕组

（1）定子绕组。

电动机绕组应包有半导体绝缘带作为电晕保护。绕组应能承受因系统故障引起的电动力。定子线圈应牢固固定在槽内，采用真空压力浸漆（VPI）。

（2）励磁机。

线圈应采用 VPI，接线盒结构应牢固。

（3）套管和接线端子。

主接线采用合成树脂套管和 / 或接线端子二次固化绝缘子，不得采用瓷制产品。套管和绝缘子应具有足够的绝缘强度，间距应参照 IEC 60079。

（4）温度测量元件。

定子绕组中应埋设标准的温度测量元件每相至少设置 2 个。

9）转子、风扇（或风机）

（1）转子采用高强度整体合金钢锻件。

（2）风扇（或风机）必须保证启动及所有可能的运行转速范围内，均能满足电动机的冷却要求。

（3）在全转速范围，做动平衡试验。

10）轴承

（1）配备强制润滑的液力滑动轴承，保证不漏油。

（2）在强制润滑系统故障或关断时，应保证电动机安全停车。

（3）根据 API 670 规定，每个主轴承至少设置 2 个温度传感器。

（4）滑动轴承绝缘应采用双重绝缘系统。

（5）径向滑动轴承应具有可更换的衬套或外壳。

（6）配置润滑油液位或流量检及压力表，与压缩机共用润滑油站，电动机对润滑油提出技术要求。

（7）设置轴承振动 / 位移 / 键相位等的监测。

（8）考虑电动机起停、低速运行时顶升油系统的要求，顶升油泵电动机电源应采用不停电电源。

11）对用于 1 区危险场所电动机的附加要求

（1）设置等电位连接，安装在电动机上的电气设备应符合防爆要求。

（2）在最不利运行条件下，任何可能与爆炸性气体接触的外部或内部表面温度，不能超过温度组别 T4 的限制温度。

（3）除非另有要求，设备应适用于温度组别 T4 和气体类别Ⅱ B 的场所。

（4）对防爆类型为“Exp”的电动机的要求：

① 电动机应遵循 IEC 60079-2 的要求；

② 对于防爆类型为“Exp”的电动机的温度限制，应符合 IEC 60079 条款要求；

③ 安装在电动机上的接线盒防爆类型应为“Exd”或“Exp”型；

④ 机壳内任何一点应保持相对于外部大气压力最低 0.05kPa 的正压。

12）监控装置

（1）电动机的控制及信号监控可上传到压缩机系统或变频器控制系统进行监控，按设计要求进行。

（2）振动监控装置应与压缩机的振动监控装置保持一致。

5. 检查和试验

需提供全面质量保证措施、试验内容和相应的见证点。应按相关标准和要求对 PDS 及主要单体设备、元件进行试验，编制相应的试验记录和 / 或试验报告。

1）常规试验

常规试验作为试制方质量保证的环节之一，应在设备生产制造过程中进行，包括但不限于以下内容：

（1）变压器常规试验：按照 IEC 76/VDE 0532 标准执行。

（2）变频器常规试验。

（3）电动机常规试验：按照 IEC 34–1 标准执行。

（4）滤波及补偿电路常规试验。

（5）控制系统试验：应通过 EMC 认证。

（6）去离子水冷却装置的常规试验。

2）型式试验

（1）PDS 各主要单体设备的型式试验是保证产品满足本技术条件及制造标准要求。

（2）变压器按 IEC 60076、IEC 60146–1–3、IEC 61378–1 进行。

（3）变频器按 IEC 60146–1–1 进行。

（4）电动机按 IEC 60034–1、2、2A 及 IEC 60079–2、API 546 进行。

（5）电容器按 IEC 60871 进行。

3）单体设备工厂试验

编制工厂验收试验（FAT）方案，由制造方和用户方协商确定后实施。

4）工厂联机试验

编制 FAT 试验方案并经用户审核批准后开展相关试验。

5）现场安装调试试验

编制现场验收试验（SAT）方案，由制造方和用户方协商确定后开展试验。

三、国产管道燃气轮机技术条件

（1）国产管道燃气轮机性能参数：动力涡轮额定转速为 5000r/min，转向为顺时针（顺空气流动方向看）；ISO 条件下，燃气轮机额定输出功率不低于 26.7MW，热耗率不高于 9863kJ/（kW · h）。

（2）燃气轮机第一次大修前的平均寿命以及两次大修之间的平均寿命为 25000 当量运行小时，燃气轮机供货商对其技术状态确认后可视情况延长大修期间隔时间；燃气轮机的平均无故障间隔时间不少于 5000h；燃气轮机的平均全寿命不少于 100000h，总使用年限为 20 年；燃气轮机箱装体壁面 1m 远、距地表 1m 高处测得噪声不超过 85dB（A）。

（3）燃驱压缩机组应具备本地和远程启动和停车的能力；能接收远控信号，实现正常停车和紧急停车；总成方应负责燃驱压缩机组启动、停车和其他相关的控制保护逻辑的编制，保证正确实现。

（4）燃驱压缩机组包括：燃气轮机及其附属系统、离心压缩机及其附属系统、压缩机与燃气轮机之间的联轴器和护罩、机组控制系统（UCS）和不间断电源系统（UPS）、压缩机组辅助配电单元 MCC（马达控制中心）等。

（5）燃气轮机制造商应确定压缩机与 UCS 系统间所有需要进行数据交换的信号类型、数量及通信规约等；压缩机制造商应将所有的检测仪表、控制仪表的信号线接入到现场防爆接线箱内；仪表控制信号接线箱和电力控制信号接线箱应分别设置。

（6）燃气轮机制造商配合设计院完成所有橇座间设备和散运设备之间的连接配管、电缆、接线的设计；提供全部试制范围和现场接口连接的图解说明、橇之间 / 橇外和设备间现场接口连接清单，以及所有法兰连接端的配对法兰及螺栓、螺母和垫片、所有试制范围内橇间和设备间的配管等的连接方法。

（7）接口资料提交：燃气轮机、压缩机制造商之间需相互衔接，确定相互提交资料的详细清单；压缩机制造商应给燃气轮机制造商提供压缩机的运行参数、性能曲线、功率—扭矩—转速曲线、转子信息，必要的一切技术资料和文件等；燃气轮机制造商应与压缩机制造商进行沟通，确定联轴器的接口形式、保护罩的安装接口等。

（8）压缩机的正常设计转速范围为额定转速的 70%～105%，根据 API 617 标准的要求，压缩机应能在最高连续运行转速（105% 额定转速）下安全连续运行；压缩机制造商应向燃气轮机制造商提供完成相关设计所需资料，并对相关资料进行澄清，以方便开展压缩机轴、部件和联轴器的设计，以及对机组进行轴系的扭振分析。

（9）燃气轮机需进行轴 / 转子平衡测试、振动测试、机械运行测试、全负荷测试、性能测试；整套机组的无负荷联机测试，包括实际的驱动机、压缩机、机罩、控制系统等以检查并确认机组各系统工作的协调性和完整性。

（10）燃驱压缩机组采用一套机组控制系统（UCS），由燃气轮机制造商负责成套集成，压缩机制造商提供压缩机控制所需的一次仪表、元件和执行机构；压缩机的控制由 UCS 完成，压缩机制造商应将所有编制完成的压缩机控制软件包提供给燃气轮机制造商，将其植入 UCS 系统。

（11）除操作员指令、上位机监测等中断后不影响机组安全的信号可采用网络通信连接方式外，涉及机组控制的相关信号（如转速、振动、压力、温度、执行机构动作等）及紧急停车系统（ESD）信号采用硬线连接；燃气轮机箱体内安装的火灾及消防系统接入压缩机组消防系统中，并与机组 ESD 系统间采用硬线连接。

（12）燃驱压缩机组监视控制系统包括所需的检测仪表和控制设备，应完全具有进行压缩机组启动、停车、监视控制、连锁保护、紧急停车等功能，同时应可靠地与本工程 SCADA 系统（数据采集与监视控制系统）进行信息交换。

（13）燃驱压缩机组远程控制是根据调控中心对压气站的远程控制包括对单台压缩机进行启 / 停操作和对压气站的多台机组进行远程调整操作。

（14）对于单机启 / 停功能的要求：

① 一键式启动，即机组启动命令发出以后，系统自动完成自检、空载、加载，并与已在运行压缩机自动并机和负荷分配；

② 一键式停机，即停机命令发出以后，系统自动完成负荷调整、卸载和停机，其他在运行的压缩机自动完成负荷分配调整。

（15）燃气轮机测试和应用是通过机组在天然气压气站场各种工况、各种气候条件下的工业性应用试验及运行考核。燃驱压缩机组的现场测试包括：

① 24h机械运转测试是验证成套机组的机械安装质量的良好方法；各子系统组成的整个机组的整体性完好、各橇间及机组与系统的所有连接完整和正确；轴系和设备各部位无异常的振动；各个静密封点无泄漏；控制和保护系统完整，功能有效。

② 离心压缩机组喘振线测试是为了确认压缩机组的实际喘振线，并与合同预期的喘振线作比较后进行必要的修正，从而得出压缩机的实际喘振控制线。

③ 压缩机组近似性能测试是验证压缩机、燃气轮机在不同负荷下的功率、效率等性能参数和近似性能，同OEM（原始设备制造商）所提供机组设计性能曲线进行对比；计算压缩机组在不同转速下机组的效率、功耗、燃气轮机热效率和热耗、燃气轮机的输出功率、燃气轮机－压缩机组总效率。

④ 72h带负荷运转测试是在运行工况允许的条件下以尽量高的转速和负荷，尽可能接近正常运行条件下验证机组工作稳定性。

（16）工业性应用试验（首台套机组）是从72h带负荷连续运行结束，压缩机组满足投入正式输气生产条件，工业性应用试验累计运行4000h；通过在压气站现场开展各种转速、各种工况、各气象条件及外部系统变化等情况下相关试验测试和机组的连续运行测试，同时择机补做在调试投产阶段由于系统工艺原因未能完成的相关测试工作。

（17）试验结果修正：燃气轮机最理想的试验条件在现场通常不可能实现，试验经常在其他条件下进行；为了便于比较各种试验条件下的功率和热效率，对试验结果必须按参考条件（标准参考条件或其他规定条件）进行修正。

（18）不确定度分析：不确定度是表征合理地赋予被测量之值的分散性，与测量结果相联系的参数；燃驱压缩机组不确定度是为了评估测试数据以及燃驱压缩机组本身，不确定度必须被正确的计算，也必须在测试之前搞清楚不确定度容许范围。

（19）燃气轮机排放测试将直接采用便携式烟气分析仪进行测量；主要测量氮氧化物浓度和一氧化碳浓度；该部分主要参考标准GB/T 11369—2008、GB/T 18345.1—2001和GB/T 18345.2—2001。

（20）机组振动、温度的历史趋势分析，监测、记录各气候、各负荷、各转速情况下机组的所有振动、温度值并绘制成曲线进行比较分析，评估机组性能，曲线分析至少每运行500h做一次。

（21）机组噪声测量该部分主要参考标准GB/T 10491-2010。

（22）机组可靠性考核是每月对机组的运行情况进行统计，定期进行分析。

第三节　管线压缩机组设计制造

一、压缩机设计制造

1. 离心压缩机结构特点

（1）天然气管线压缩机进、出风口法兰与天然气管道方向一致，便于压气站设计和布置；结构上采用垂直剖分结构，将压缩机轴承箱与压缩机端盖完全分开，装配时轴向把合；端法兰与机壳筒体之间采用卡环形式，该结构有效地减小了机组的重量，最大限度地节省了材料成本。

（2）机壳设计上采用了将压缩机机壳与底座合成为一体的典型的管线压缩机单层布置结构；增加了沿轴心方向上的立键和垂直于轴心方向的横键，满足 8 X NEMA 标准力和力矩的要求。

（3）平衡盘密封采用防激振结构设计，应用一种特种工程塑料——PEEK 制造，在高性能聚合物中 PEEK 具有其他通用塑料无法比拟的综合性能，适用各种苛刻环境，用 PEEK 制造的平衡盘密封，具有耐高温、耐腐蚀、耐磨损、高强度、自润滑、尺寸稳定等特有的优越性能。

（4）对进、出气蜗室采用喷涂光滑外层，减小了气流损失，提高了机组效率。

（5）压缩机采用干气密封，干气密封系统特有的加热功能更好适应在压气站现场恶劣环境的运行。

（6）转子与电动机采用了膜盘式联轴器进行连接，确保机器安全运转。

（7）压缩机设有各种控制和保安装置。

2. 压缩机本体及结构设计

PCL800 型压缩机主要由定子（机壳、隔板、密封、平衡盘密封、端盖等）、转子（轴、叶轮、隔套、平衡盘、轴套、半联轴器等）及支撑轴承、推力轴承、轴端密封等组成。

离心压缩机的机壳，根据压力和介质的需要，设计上采用锻钢材料制成。机壳在两端垂直剖分，用卡环将两侧的端盖和机壳紧固在一起。机壳端面经过精加工，端法兰装在机壳里，通过特殊扇形（剪切环）定位，安装方式采取插入到机壳内表面上加工出的一个合适的槽中，由在四个象限加工的垫圈锁定。压缩机的进、出气管焊接在机壳上，方向为水平布置；机壳的底部有三个排污孔，用于排出压缩机运转时产生的冷凝液。

内机壳采用 ZG230–450 铸造而成，从水平中分面分为上、下两半。上半和下半之间靠销钉配合定位，各级隔板依次镶嵌安装在内机壳的安装止口内，上下半圆经中分面把合螺栓固定为一个整体。

压缩机隔板采用 16MnD 材料制造。隔板的内侧是回流室。隔板从水平中分面分为上、下两半。各级隔板依次镶嵌安装在内机壳的安装止口内。

离心压缩机叶轮采用闭式、后弯型叶轮。叶轮上的叶片铣在轮盘上，再把轮盖焊到叶片上。叶轮过盈热装在主轴上。隔套热装在轴上，用于把叶轮固定在适当的位置上，而且能保护没装叶轮部分的轴，使轴避免与气体相接触。

压缩机级间密封采用迷宫密封，在压缩机各级叶轮进口圈外缘和隔板轴孔处，都装有迷宫密封。密封齿为梳齿状，密封体外环上半用沉头螺钉固定在上半隔板上，外环下半自由装在下隔板上。

3. 离心压缩机辅助系统设计

离心压缩机机芯液压辅助拆装机构的设计为液压装拆装置，装置由导轨、可调支架、油缸、液压系统组成。

干气密封系统选型及总成设计。密封形式为串联式，包括两级密封：主密封和次密封。包括：过滤单元、调节单元、监测单元、隔离气单元和增压加热特殊配置。

润滑油系统设计为与压缩机同层布置，保证回油顺畅，满足远程操作要求和连续、稳定、长周期运行。

二、燃气轮机设计制造

国产30MW燃气轮机的型号确定为CGT25-D，以下称为30MW级国产燃气轮机，是在结合船用GT25000燃气轮机基础上，根据长输天然气管道增压用燃气轮机的使用条件和要求开展研制。

1. 国产30MW燃气轮机总体设计

30MW燃气轮机组成包括燃气发生器、动力涡轮、燃气轮机传动箱、燃气轮机的底架与支承、燃气轮机辅助系统（包括机带燃料气系统、机带润滑系统、启动系统）等。国产30MW燃气轮机的主要研制内容如图2-1所示。

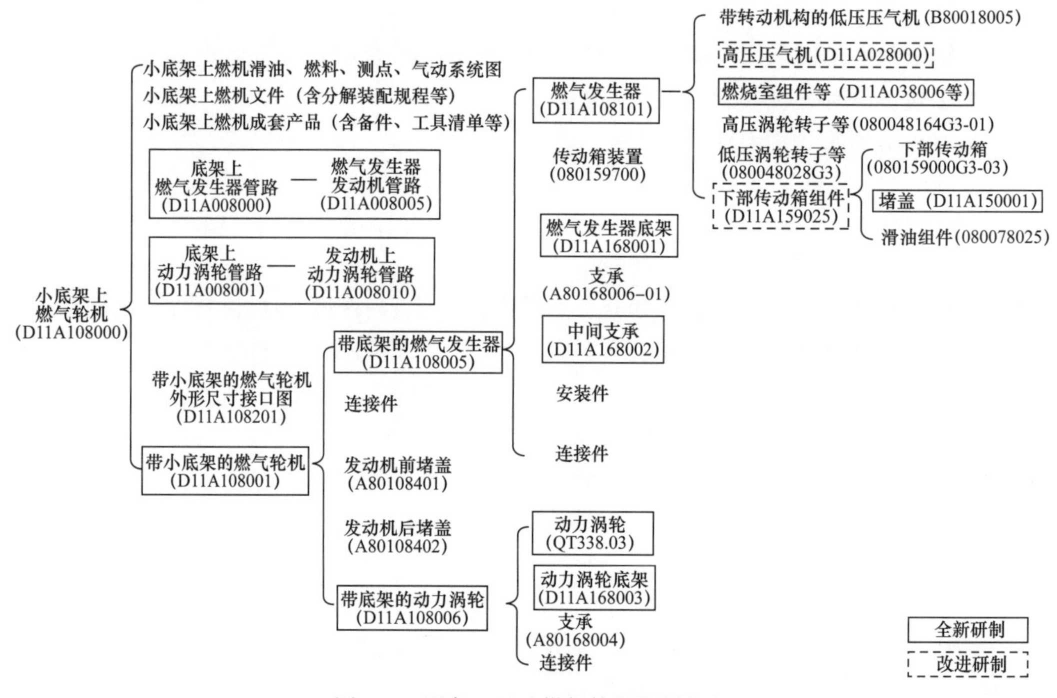

图2-1　国产30MW燃气轮机研制内容

2. 燃气发生器设计

燃气发生器由轴流式高、低压压气机，高、低压涡轮和环管燃烧室组成。轴流式高、低压压气机各9级，轴流式高、低压涡轮各1级，分别驱动高、低压压气机。燃烧室是干式低排放型，回流环管式结构，由罩壳、16个火焰筒、2个等离子点火器、16个燃料喷嘴等组成。

天然气燃料低排放燃烧室设计是根据总体对燃烧室的设计要求，将船用GT 25000燃气轮机液体燃料燃烧室改为工业驱动型燃气轮机天然气燃料燃烧室后，主要技术指标和要求如下：在0.8～1.0工况范围内（大气温度15℃，压力0.1013MPa）NO_x排放量不高于39ppmvd（15%含氧量）；确定燃烧室设计时通过贫燃预混燃烧技术实现对排气NO_x的控制。天然气燃料低排放燃烧室研制主要工作内容包括：低排放燃烧室贫燃预混燃烧技术研究、燃气轮机不同运行工况两路燃料供应分配规律研究、燃气喷嘴结构设计及试验技术研究、低排放燃烧室结构设计及优化、燃烧室模化试验研究等。

在研制过程中重点突破和掌握了低排放燃烧室贫燃预混燃烧技术、低排放燃烧室燃料喷嘴结构设计技术、低排放燃烧室燃烧数值模拟技术、不同工况燃料匹配技术等低排放燃烧室关键技术。

3. 高速动力涡轮设计

根据国产30MW燃气轮机总体的设计要求，高速动力涡轮功率为27MW，效率为92%，设计转速为5000r/min，最大工作转速为5250r/min，在结构设计上，主要对机匣、导向叶片、隔板、护环、轴承座、支承环等静子部分，涡轮轴、涡轮盘、涡轮叶片、密封环等转子部分，轴承供油系统、封严系统构件、冷却和密封供气系统等进行结构设计。

动力涡轮为2级轴流式结构，由第3级和第4级导向器、动力涡轮转子以及动力涡轮支承环组成。动力涡轮转子的转向为顺时针（顺气流方向看）。

4. 管路、底架及附件改进设计

为满足机组运行要求，提高运行可靠性，方便机组对中及检修，对机组管路、底架及成附件进行改进设计。

燃气轮机管路系统包括燃料系统管路、滑油系统管路、冷却空气系统管路、清洗系统管路、气动控制系统管路、防喘放气系统管路等。

燃气轮机底架是安装燃气轮机本体，各种附件，管路和电器设备的载体，虽结构并不复杂，但需考虑的因素繁多，要求燃气轮机各种设备和管线等布置不但要紧凑有序，还要兼顾设备和管线便于装配、拆卸及维修操作。

三、强制润滑电动机设计制造

20MW高速变频调速防爆同步电动机由上海电气集团上海电机厂有限公司（简称上电机）和哈电集团哈尔滨电气动力装备有限公司（简称哈电动装）进行国产化设计制造。

1. 上电机20MW超高速变频调速防爆同步电动机（TAGW20000-2）

1）技术参数

技术参数见表2-5。

2）技术特点

（1）具有输出大容量的机械功率20MW。

（2）具有超高的运行转速4800r/min和宽广的调速范围3120～5040r/min。

（3）适合高压变频调速装置下的变频启动和变频运行。

（4）满足需有正压防爆场合的工业运行。

（5）无需经齿轮箱可驱动20MW高速直联压缩机。

（6）各转速下，均有较高的运行效率。

（7）电动机运行噪声低、振动小。

3）设计说明

（1）大容量高速同步电动机：采用交直交变频器驱动，IP54防护等级，IC81W空—水冷却方式，正压通风防爆。由同步电动机（定子、转子）、交流励磁机、旋转整流器、轴承、空水冷却器、正压通风控制器、顶升油泵、防爆出线盒、端盖、外罩、底架和检测元件等组成，交流励磁机和旋转整流器与主电动机同轴配置，IM7513安装形式，三轴承轴系的卧式结构，与压缩机通过联轴器直联驱动。

表2-5　TAGW20000-2电动机技术参数

<table>
<tr><td colspan="2">负载类型</td><td>气体压缩机</td><td rowspan="5">基本结构与形式</td><td>安装形式</td><td>IM7513</td></tr>
<tr><td rowspan="16">主电动机技术数据</td><td>电动机功率，kW</td><td>20000</td><td>防护等级</td><td>IP55</td></tr>
<tr><td>额定转速，r/min</td><td>4800</td><td>冷却方式</td><td>IC81W</td></tr>
<tr><td>调速范围，r/min</td><td>3120～5040</td><td>防爆类型</td><td>Expzdeib Ⅱ BT4</td></tr>
<tr><td>额定电压，V</td><td>9350</td><td>预吹扫系统D758</td><td>1套</td></tr>
<tr><td>额定电流，A</td><td>1264</td><td rowspan="7">空水冷却器技术数据</td><td>热交换功率，kW</td><td>500</td></tr>
<tr><td>功率因数 $\cos\varphi$</td><td>1.0</td><td>进水温度，℃</td><td>5～33</td></tr>
<tr><td>极数</td><td>2</td><td>运行水压，kPa</td><td>300～500</td></tr>
<tr><td>额定频率，Hz</td><td>80</td><td>运行水量，m^3/h</td><td>120</td></tr>
<tr><td>相数</td><td>3</td><td>水压降，kPa</td><td>88</td></tr>
<tr><td>定子接法</td><td>Y</td><td>冷却水质</td><td>一般工业用净循环水</td></tr>
<tr><td>绝缘等级</td><td>F</td><td>电动机防爆类型</td><td>Exd Ⅱ CT4</td></tr>
<tr><td>额定转矩，kN·m</td><td>39.8</td><td rowspan="4">电动机重量</td><td>定子，kg</td><td>26000</td></tr>
<tr><td>额定励磁电流，A</td><td>435</td><td>转子，kg</td><td>8500</td></tr>
<tr><td>额定励磁电压，V</td><td>105</td><td>空水冷却器（含水重量）kg</td><td>4800</td></tr>
<tr><td>效率设计值，%</td><td>97.7</td><td>电动机总重，kg</td><td>52000</td></tr>
<tr><td>润滑方式</td><td>压力油内循环润滑（自带高压顶升装置）</td><td colspan="2">转动惯量，$kg \cdot m^2$</td><td>550</td></tr>
</table>

（2）主电动机定子：机座为优质钢板Q235-A焊接件结构，铁心由低损耗的冷轧硅钢板分段叠压而成的外压装结构，两端外侧的通风槽板采用非磁性材料，定子绕组由多股半组式360°换位线圈组成，导线采用涤玻烧结铜扁线；绕组采用F级真空压力整浸（VPI）的绝缘规范。

（3）主电动机转子：转子磁极为隐极式，F级绝缘，内部采用空气的冷却方式；整个轴系的临界转速有效地避开电动机的工作转速20%以上；转轴采用整锻的优质合金钢锻件加工而成，具有良好的导磁及机械性能；转子采用深浅槽分布结构，使气隙磁势更接近正弦波，有利于运行平稳，增强了系统的稳定性。

（4）无刷励磁系统：主要由异步励磁发电机、旋转整流器和静止励磁装置三部分组成，异步励磁发电机和旋转整流器安装在电动机上。

（5）座式滑动轴承：电动机共3个绝缘轴承，其中同步电动机采用防爆型座式滑动轴承2个，励磁机尾部滑动轴承1个，每个轴承配置温度、整振动检测元件，主电动机轴承配置了高压顶升装置。

4）试验

（1）工厂试验：所有单体元器件、设备及成套电动机均在工厂进行了试验测试、型式试验，防爆认证等，通过了国家级新产品鉴定。

（2）工厂联机试验：一是与变频器联机的所有试验；二是与变频器、压缩机联机进行工厂联机满负荷的所有试验。通过了国家级新产品出厂鉴定。

（3）现场调试及4000h工业性应用试验：一是与变频器联机的试验；二是与变频器、压缩机联机的所有试验。并在4000h运行考核中进行了专项测试评估，通过了国家级新产品研制工业性应用鉴定。

（4）三阶段的所有试验均需编制试验测试方案，试验结果满足相关标准要求。

2. 哈电动装20MW级高速变频防爆电动机（TBPY20000-2）

1）技术参数

技术参数见表2-6。

表2-6 TBPY20000-2电动机技术参数

负载类型		气体压缩机
安装地点		室内
主电动机技术数据	电动机功率，kW	20000
	额定转速，r/min	4800
	调速范围，r/min	3120～5040
	额定电压，V	10000
	额定电流，A	1184
	功率因数 $\cos\varphi$	1.0
	极数	2
	额定频率，Hz	80
	相数	3
	定子接法	Y
	绝缘等级	F
	额定转矩，kN·m	39.8
	额定励磁电流，A	600
	额定励磁电压，V	108
	效率设计值，%	97.6
基本结构与形式	安装形式	IM7513
	防护等级	IP54

基本结构与形式	冷却方式	IC81W
	防爆类型	Expxd Ⅱ BT4
	润滑方式	压力油内循环润滑（自带高压顶升装置）
	预吹扫系统 D758	1套
空水冷却器技术数据	热交换功率，kW	509
	进水温度，℃	5～33
	运行水压，kPa	200～400
	运行水量，m^3/h	120
	冷却水质	一般工业用净循环水
	漏水检测装置	2件
轴承数据	φ200轴承油量（每只），L/min	2×50
	φ100轴承油量（每只），L/min	4
	供油压力，MPa	0.05～0.1
	油温，℃	20～50
	油牌号	ISO VG32
正压防爆装置数据	定子重量，kg	26000
	转子重量，kg	8500
	电动机总重，kg	65000
	转动惯量，kg·m^2	600

2）技术特点

（1）适用于压气站现场严酷的使用环境，主电动机采取正压通风防爆设计。

（2）满足不同工况下负载的输出功率要求。

（3）主电动机的绝缘水平满足变频调速的需求。

（4）主电动机的冷却能力满足不同转速下的冷却要求。

（5）具有高度的可靠性和实用性。

（6）优化电动机设计，减小变频供电的谐波在电动机内部产生的附加损耗和转子表面产生的损耗，最大程度地提高电动机的效率，降低运行成本。

（7）合理、简洁的结构设计，最大程度地便于安装、调试和维护。

3）设计说明

（1）大容量高速同步电动机：采用交直交变频器驱动，IP54防护等级，IC81W空—水冷却方式，正压通风防爆。由主机（定子+转子）、交流励磁机、旋转整流器、轴承及空水冷却器等组成；交流励磁机和旋转整流器与主电动机同轴配置，空水冷却器置于电动机顶部，电动机为三支撑座式滑动轴承，带整体式底架；从传动侧看，电动机的电源出线位于电动机右侧，盒测量出线盒位于电动机左侧，空水冷却器的进出水法兰位于电动机左侧。

（2）主电动机定子：机座由钢板焊接而成，定子冲片采用低损耗的无取向硅钢片；定子铁心扇形片套于鸽尾支持筋上进行叠压，全长分成若干段，形成径向风道；定子铁芯两端采用梯形结构，减小端部漏磁；采用白胚线棒+整体VPI强化绝缘，电动机绕组绝缘按13.8kV进行设计、考核。

（3）转子：转子磁极为隐极式，转轴设计充分考虑了避开一、二次的临界转速点，在最极端情况下整个轴系的临界转速远离电动机的工作转速15%以上；减少因变频器引起的谐波和负序分量，改善电动机系统动态性能，增强系统的稳定性。

（4）无刷励磁系统：主要由与主机同轴的交流励磁机和旋转整流盘组成。

（5）滑动轴承：电动机为3轴承结构，同步电动机2个防爆型座式可倾瓦滑动轴承，励磁机尾部采用多油叶式滑动轴承，均为绝缘轴承，配置有温度、振动检测元件，励磁端轴承还配置有相探头，主电动机轴承配置了高压顶升装置。

四、高压变频装置设计制造

高压变频装置由上海广电电气（集团）股份有限公司（简称广电电气）和荣信电力电子股份有限公司（简称荣信股份）进行国产化设计制造。

1. 广电电气25MVA高压变频调速装置（Innovert10/10−25000S）

1）主要技术参数

主要技术参数见表2–7。

2）技术特点

（1）高—高电压源型变频调速系统为直接高压输入和输出，无需变压器。

（2）冗余设计：变频器带有功率单元自动旁路功能，功率单元故障后，系统能在200ms内自动将故障功率单元旁路，变频器继续满载运行，确保生产的连续性。

（3）输出转矩脉动小于1%，不会额外引起轴系的共振，不影响临界转速的安全裕度。

表 2-7　Innovert10/10-25000S 变频调速装置主要技术参数

1	规格型号：ZTSFG（H）-12500/10 （两台组成一套）	9	短路阻抗：8%～10%
2	类型：干式	10	变压器电阻：约 0.0285Ω（一次绕组相电阻）
3	额定容量：12.5×2MVA 绕组数：24 变比：10/0.66kV 矢量组别：YD（副边移相） 相位差：副边绕组间移相 10°	11	绕组绝缘水平：AC28 绕组温升：125K 二次侧工频耐受电压：28kV
4	输出电压、电流：24×0.66kV、911A	12	高压侧接线方式： 电缆型号：ZR-BPYJVPH-8.7/15kV，1×$400mm^2$ 双拼 电缆接口：□套管■压接□锥形
5	一次侧工频耐受电压：28kV 雷电冲击耐受电压：75kV	13	低压侧接线方式：电缆
6	二次侧工频耐受电压：28kV	14	电缆型号：JGG10kV180℃ 300 mm^2 双拼 电缆接口：□套管■压接□锥形
7	负载损耗：115kW 空载损耗：12.5kW（单台）	15	满载时 1m 处声压水平：75dB（A）
8	额定负载，cosφ=0.8 下的效率：98.6%		
结构参数			
1	外形尺寸图：长 3500/ 高 3590/ 深 2350mm 轨（安装孔）距：3220 mm×2070 mm	5	吊装重量：19000kg
2	总重量：16900kg 铁芯和绕组：14500kg	6	系统散热：255kW
3	防护等级：IP31；颜色：RAL7035	7	温控继电器型号：FFTM-HP-6CH 光纤测温仪
4	安装方式：户内		
变频装置数据表［上海广电电气（集团）股份有限公司］			
基本数据			
1	额定容量：25000kV·A		
2	整流器：□ 24 脉冲■ 36 脉冲；他功率器件类型：二极管		
3	直流环节：□电抗器■电容器；容量：35700μF 电压：1100V		
4	逆变器单元：□ 12 脉冲□ 18 脉冲□ 24 脉冲■ 36 脉冲；其他：17 电平 功率器件类型：IGBT；功率器件电压等级：1700V；功率器件总数量：96 个		
5	控制方式：■矢量控制□直接扭矩控制□；控制精度：0.5%		

续表

6	输入电压 / 电流：10000V/722A×2；输出电压 / 电流：10000V/1450A		
7	输出频率范围：0.5～84Hz，额定频率：80Hz		
8	半导体器件	结温（℃）	壳温（℃）
	整流侧持续满载	最大 Max.：66.7	最大 Max.：55.3
	整流侧器件本体设计值	最大 Max.：150	最大 Max.：105
	逆变侧持续满载	最大 Max.：90.2	最大 Max.：70.2
	逆变侧器件本体设计值	最大 Max.：150	最大 Max.：110
	最大工况：660V；1450A		
	网侧 / 负载侧功率元件数量：96 每一支路：1；（$n+1$）配置：□是■不是（带功率单元旁路功能）		
特性数据			
1	高压开关的要求：2500A/40kA		
2	100% 额定负载下，PDS 系统的功率因数：1.0；65% 额定负载下 PDS 系统的功率因数：1.0		
3	满载时 1m 处的变频装置最大声压：70dB（A）		
4	65% 到 105% 额定转速的加速时间：30～3000s（可设）		
5	跨越临界转速的加速度：500r/s^2		
6	预期可用性 / 可靠性：0.997		
7	预期平均无故障：≥30000h		
8	推荐至电动机的接线及技术参数：电压等级 10kV；规格 400mm^2 结构 / 型号：ZR-BPYJVPH-8.7/15kV，1×400mm^2 三拼		
变频装置结构数据			
1	外形尺寸：长 21100/ 高 2424/ 深 1850mm		
2	近似重量：60000kg		
3	变频装置冷却系统：		
	冷却系统元件预计寿命：20 年		
	冷却装置的供电容量：23kW		
	变频装置工业冷却水流量需求：32m^3/h		
	冷却水进口压力：0.2～0.4MPa；冷却水进出口压差：0.1MPa 冷却水进出口温差：5℃；变频装置去离子水用量：600L		
4	变频装置最大发热量：300kW；变频装置辐射热量：25kW		

（4）采用多电平移相式 PWM（脉冲宽度调制），用较低的开关频率，就可实现很高的等效输出载波频率，在满足输出波形要求的情况下，开关损耗减低。

（5）故障自动复位功能，转速跟踪再启动功能。

（6）控制系统和功率单元开机自检及运行过程实时检测。

（7）加减速过程自动转矩限幅功能，防止加速过程中过流和减速过程中过压。

（8）共振频率回避功能。

（9）环境温度，海拔等因素自动降额。

（10）功率单元模块化设计，可以互换。

（11）功率单元采用光纤信号传输，抗干扰能力强。

（12）整机保护：变压器过热、输入过流、输入接地、输入过压、输出过流、电动机超速、电动机过载、电动机过压、输出接地、冷却风机故障、柜门安全连锁，励磁故障保护，水冷故障保护等。部分故障能联跳高压进线开关。

（13）励磁采用异步无刷励磁方式。

（14）变流器采用高效水冷技术，体积小，噪声小于 70dB（A）。水冷系统采用双泵备用，系统带压力、流量、导电率等检测及控制，带离子交换吸附树脂。

3）系统结构特点

（1）变频器选型依据。

按照电动机额定功率选择变频器，变频器的额定输出电压与电动机额定线电压相等，额定输出功率高于电动机的额定功率。

变频调速驱动系统与被驱动设备（天然气压缩机）的负载特性和运行方式相互匹配。在数据表规定的环境温度下，变频调速驱动系统能长期连续稳定运行。

变频器是一个静止的驱动系统，可以控制高压电动机从 0r/min 到额定转速下运行。高压三相交流电通过移相变压器后变为较低电压的三相交流电，通过二极管整流桥将交流电压转化为直流电压，并通过电容器保持电压的稳定。直流母线的电容器还保证了逆变单元产生的波动不会对电网产生影响。逆变器通过 IGBT 器件的 PWM 控制，输出电压和频率可变的交流电压，驱动高压电动机实现调速运行。

（2）用户进线断路器。

进线断路器分合闸控制逻辑由变频器控制系统实现。

（3）移相变压器。

移相变压器提供了电网和整流单元的隔离，提供了整流单元的电压输入。变比设计为 10kV/12×660V，10% 阻抗，由 2 台 12.5MVA 组成 25MVA 的移相变压器，副边 36 脉冲整流结构。

（4）变频器。

变频器由整流单元、逆变单元和直流环节组成。采用单元串联多电平结构，如图 2-2 所示。

变频器输入电压 10kV，输出电压 10kV，每相 8 个总共 24 个功率单元，二极管整流，将三相交流电压变为直流电，并通过电容器来保持直流电压稳定。直流母线电压通过 IGBT 逆变单元向电动机输出电能。逆变单元采用 PWM 逆变控制，实现不同频率和电压的输出到电动机的定子绕组。变频器输出侧谐波电流 THD 小于 3%、du/dt 小于 1000V/μs。

2. 荣信股份 SuperHVC10-25000 特大功率高压变频器

1）主要技术参数

荣信股份 SuperHVC10-25000 特大功率高压变频器主要技术参数见表 2-8。

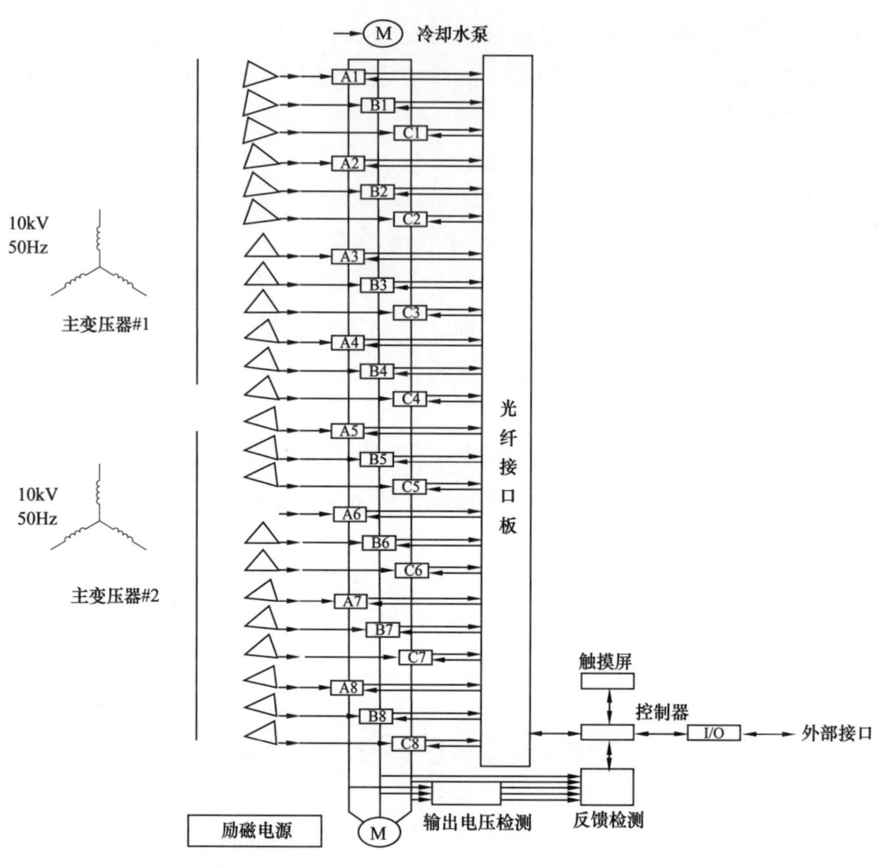

图 2-2 Innovert10/10-25000S 变频器结构图

表 2-8 SupperHVC10-25000 变频器主要技术参数

变频器总容量	25MVA	控制方式	矢量控制
输入电压	三相，10kV，波动≤±10%	模拟量输入	0～10V/4～20mA 可选
输入频率	50Hz，波动≤±10%	模拟量输出	0～10V/4～20mA 可选
额定输出电流	1500A	开关量输入	可按用户要求扩展
额定输出电压	9～10kV	开关量输出	可按用户要求扩展
输出电压变化率	＜2500V/μs	通信方式	RS232，RS485，以太网，开关量模拟量硬线等
输出频率范围	0～84Hz	通信协议	Modbus，Profibus 等
输出频率分辨率	0.01Hz	运行环境温度	0～40℃
调速范围及能力	在 65%～105% 额定转速下保持 10% 扭矩裕量	存储 / 运输温度	-40～70℃
效率	额定工况＞0.98（不含输入变压器）	冷却方式	水—水冷却
公共连接点功率因数	65%～80% 转速下≥0.9，80%～105% 转速下≥0.95，无功率因数补偿装置	环境湿度	＜90%，无凝结

续表

输入电网侧谐波	满足 GB/T 14549 公用电网谐波标准，无需谐波滤波器	安装海拔高度	<1000m
输出到电动机侧谐波	电压谐波 THD<5%，电流谐波 THD<2%	防护等级	功率单元 IP54，柜体 IP31
过载能力	120% 持续 1min，每 10min 重复 1 次；150% 立即保护		

2）技术特点

（1）采用西门子变频技术，结构上采用传统的交－直－交变频器结构，成本低，方案简洁，效率高，使用简单。

（2）采用了 IGBT 模块作为逆变的功率元件，当同步电动机发生故障需要快速灭磁时，保证逆变单元可靠、快速关断，交流励磁机的电枢失电压。

（3）同步电动机的励磁绕组对交流励磁机电枢续流放电而快速灭磁。

（4）采用高性能的矢量控制技术，对其输出电压和频率进行解耦控制，提供稳定恒流闭环控制，提高了系统的动态特性，同时具备 2 倍励磁强度的过载能力。

（5）当变频器工作于限流状态时，不受输出短路的影响，这就避免了当发生励磁机或电缆短路等故障时，造成变频器功率元件的损坏。

（6）借助西门子变频器模块化设计不仅使系统结构十分紧凑，而且也增强了系统的维修便利性，因而提高了系统的可利用率。

（7）模块错误信息的时序记忆功能可以迅速排除整个励磁系统的故障。

（8）支持多种控制操作模式。

3）系统结构特点

（1）变频器选型依据。

按照电动机额定功率选择变频器，变频器的额定输出电压与电动机额定线电压相等，额定输出功率高于电动机的额定功率，且在此基础上每分钟有 120%，每 10min 可以重复一次的过载能力。

变频调速驱动系统与被驱动设备（天然气压缩机）的负载特性和运行方式相互匹配。在数据表规定的环境温度下，变频调速驱动系统能长期连续稳定运行。

变频器是一个静止的驱动系统，可以控制高压电动机从 0r/min 到额定转速运行。高压三相交流电通过移相变压器后变为较低电压的三相交流电，通过二极管整流桥将交流电压转化为直流电压，并通过电容器保持电压的稳定。直流母线的电容器还保证了逆变单元产生的波动不会对电网产生影响。逆变器通过 IEGT 器件的 PWM 控制，输出电压和频率可变的交流电压，驱动高压电动机实现调速运行。

（2）用户进线断路器。

进线断路器分合闸控制逻辑由变频器控制系统实现。

（3）移相变压器。

移相变压器提供了电网和整流单元的隔离，提供了整流单元的电压输入。变比设计为 10kV/12×1850V，由 2 台 12.5MVA 组成 25MVA 的移相变压器，副边 36 脉冲整流结构。

（4）变频器。

变频器由整流单元，逆变单元和直流环节组成。采用单元串联多电平结构，如图2–3所示。

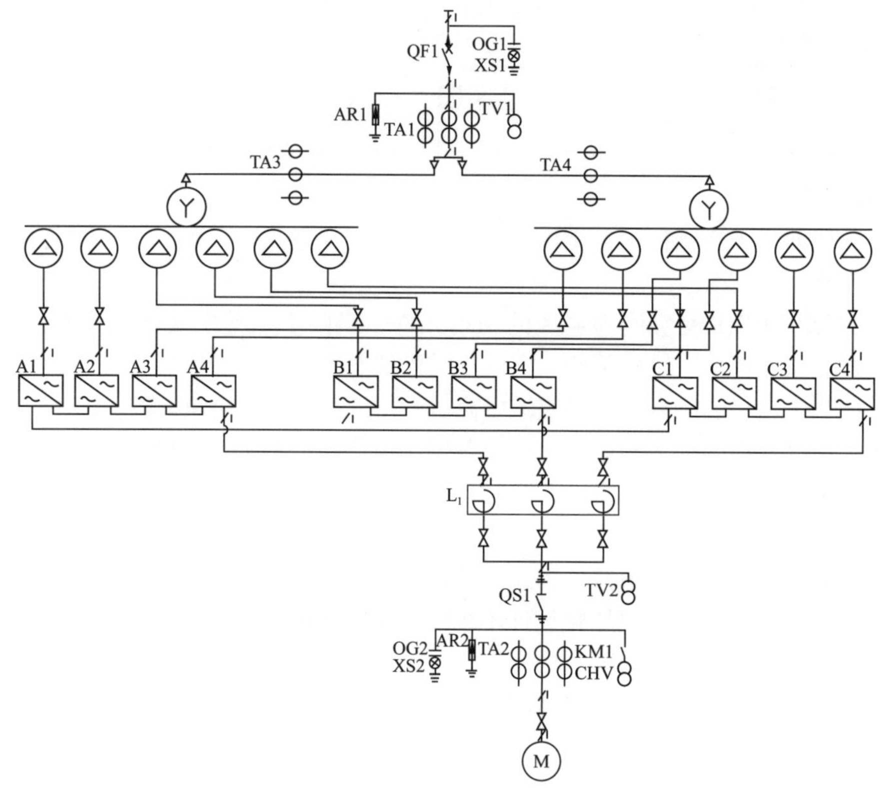

图2–3　Supper HVC10–25000变频器结构图

变频器输入电压10kV，输出电压10kV，每相4个总共12个功率单元，二极管整流，将三相交流电压变为直流电，并通过电容器来保持直流电压稳定。直流母线电压通过IGBT逆变单元向电动机输出电能。逆变单元采用PWM逆变控制，实现不同频率和电压的输出到电动机的定子绕组。变频器输出侧谐波电流THD小于5%、d*u*/d*t*小于2500V/μs。输出电缆长度在3km以内无需任何特殊处理。超出3km，需考虑配置输出滤波器。

第四节　管线压缩机组试验与应用

一、出厂测试

1. 电驱压缩机组

20MW级高速直联变频电驱压缩机组的研制是一项技术先进、系统复杂、跨越多学科、多技术领域的高度集成化系统工程，开展各个环节的相关试验是考核、检验和确保国产化试制目标成果，推进科学化、标准化试制的必要途径；通过实践检验和不断完善，可为上升到相似产品（项目）的行业乃至国家标准积累资料和经验。在国产化初期，由于缺乏统一完备的相关试验标准、方法，可选用的国际标准也较为有限，因此试验方案成为本项国产化研制工作的重点之一。

为解决将缺乏验证和成熟度的研制产品直接应用于大型天然气管道输气系统带来的输气运行风险问题，区别于传统及国外只进行单体设备工厂单机测试模式，中国石油带领各研制方创新性首创形成了 20MW 级电驱压缩机组分阶段试验体系和评价技术，开发了包含 2 大项 14 分项试验的 PDS 工厂联调试验技术、包含五种组合 4 大项 73 分项试验的机组整机工厂联机带负荷综合试验技术以及包含 20 大项试验的现场 4000h 工业性应用试验技术，以全面检验评估分系统和成套机组的安全性、可用性和可靠性。三阶段试验顺次支撑、逐项控制、持续改进，确保了国产化研制成功、成套完善、整体先进和快速成功推广。在工厂研制试验阶段，主要开展了如下试验：

1）单元设备试验

根据分阶段试验体系要求，中国石油编制发布了《20MW 级高速直联变频电驱压缩机组国产化变频驱动系统工厂及现场试验大纲》，确定了试验原则、项目和考核标准。各方以此作为各阶段试验测试的指导性文件，编制了详细的试验测试方案（细则），开展各个阶段的相关试验工作：

（1）压缩机、变频器、电动机及配套商按照试验大纲要求及相关国家、行业标准开展了个阶段的试验测试。

（2）变频器、电动机分别按国家标准开展了型式试验。

（3）电动机进行了防爆试验并取得了防爆合格证。

（4）变频器和电动机在电动机厂联机开展了相关试验测试。

（5）关键试验开展了试验见证，通过了国家级新产品鉴定。

2）管线压缩机组工厂联机带负荷综合试验

为了解决缺乏验证和成熟度的研制产品直接应用于大型天然气管道输气系统带来的输气运行风险，中国石油组织各研制方一起，首创了工厂内联机带负荷综合测试方案，即将变频器、电动机、压缩机及控制系统在工厂内联机组成压缩机组，利用氮气为输送介质，模拟现场实际工况开展全方位的工厂联机带负荷综合测试，它是世界上相似产品的首次试验方法，通过验证各项技术参数和性能，全方位检验本项国产化研制成果，是考核和检验研制成果，总结、优化、整改完善相关设计、制造的必经途径和必不可少的关键步骤。

2. 燃驱压缩机组

30MW 燃驱压缩机组在正式投入运行之前完成了工厂单机测试和现场联调测试。

工厂单机测试的目的是检查燃气轮机组装的正确性和质量；进行燃气轮机组件及零件的调整和磨合运转；检查燃气轮机及其各部件在各规定工况下的工作状态；检查燃气轮机的特性和参数；确定提交验收试验的可能性。

工厂单机测试系统主要由测试设备和试验台系统组成。测试设备包括燃气轮机本体、箱装体；整机试验台系统主要由燃气轮机进气系统、排气系统、天然气燃料系统、润滑油系统、供电系统、压缩空气系统、循环水系统、水力测功器以及试验台的测试系统等组成。燃气轮机整机试验过程中，通过测试系统对燃气轮机特性参数进行测量，测量的主要参数及测试点如图 2-4 所示。

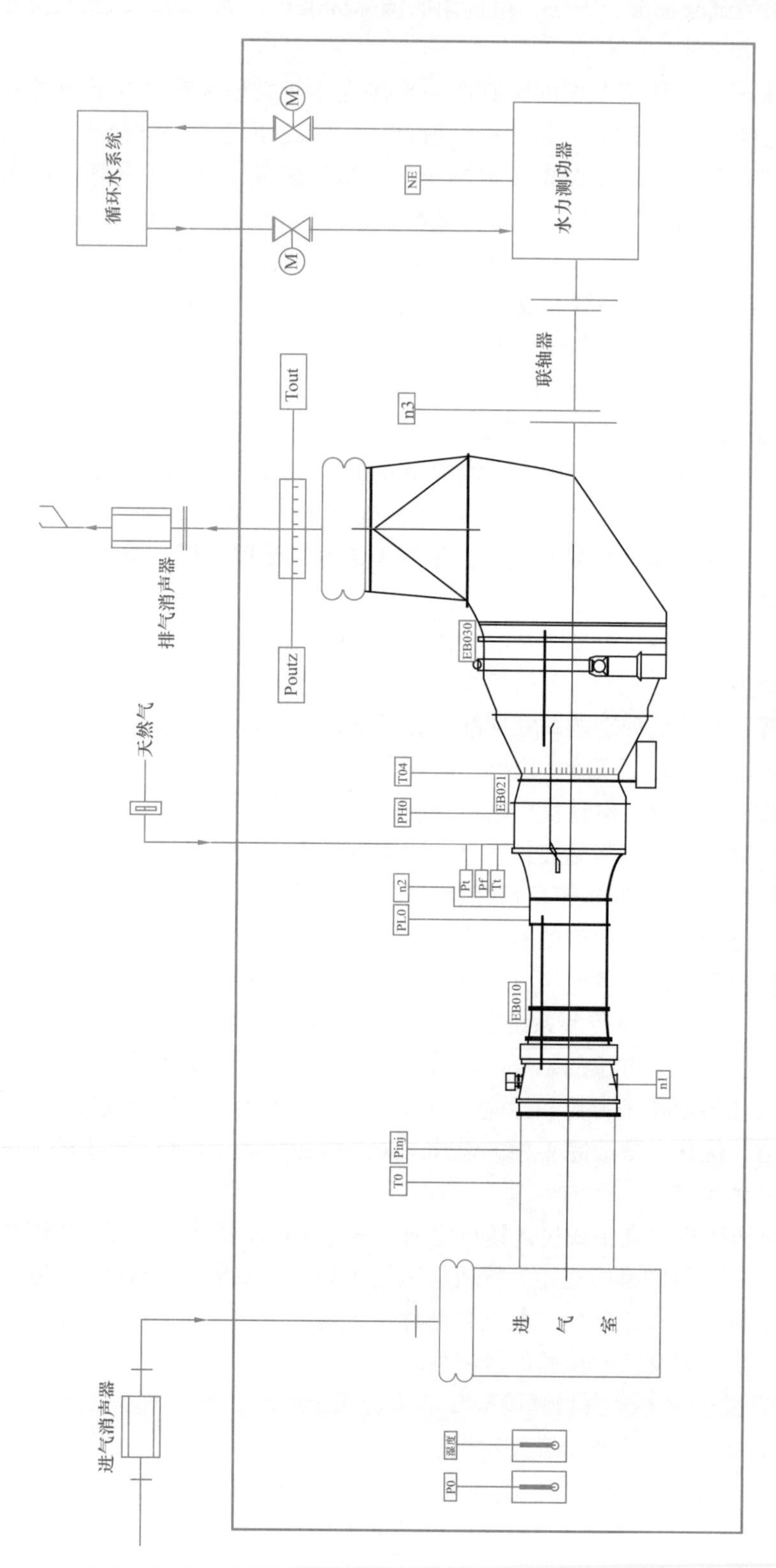

图 2-4 燃气轮机工厂测试测试点布置

1）工厂单机测试

燃气轮机组装完成后，在进行工厂试验前，需对燃气轮机各个系统检查、对燃气轮机各系统功能检查、进行燃气轮机静态联锁和保护检查；对燃气轮机进行冷吹测试、启动至慢车工况调试，检查启动过程和慢车工况中的各项参数，必要时应进行多次启动调试。在启动程序进程中，检查各设备动作状态，并完成燃气轮机动态保护检查；机组调试试验，检查机组各工况运行参数和工作状态；在机组慢车暖机 5min 后，缓慢升高机组功率分别到 0.35 工况、0.6 工况、0.8 工况、1.0 工况，每个工况停留 3～5min，在每个工况下检查燃气轮机运行情况。机组调试试验完成后，停机并检测各系统确认状态及性能良好。

进行工况运行试验，检查燃气轮机特性及参数，在慢车、0.35 工况、0.6 工况、0.8 工况、1.0 工况下确定燃气轮机的热力性能，以上每个工况的稳定运行时间不少于 15min。

2）燃气轮机出厂验收试验

燃气轮机出厂试验前需进行静态联锁和保护检查，并进行冷吹测试、启动至慢车工况调试，检查启动过程和慢车工况中各项参数、完成燃气轮机动态保护检查；进行工况运行试验，检查燃气轮机特性及参数。燃气轮机出厂测试工况如图 2-5 所示。

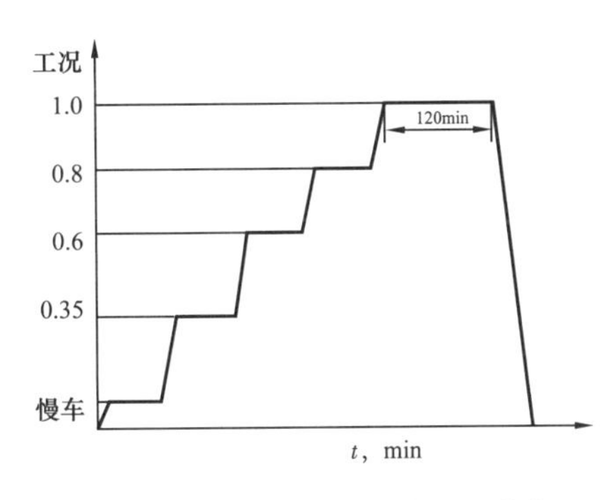

图 2-5　燃气轮机出厂测试工况图

按照图 2-5 所示的运行图谱进行工况运行试验，在慢车、0.35 工况、0.6 工况、0.8 工况，每个工况的稳定运行时间不少于 15min，1.0 工况下连续运行 120min，同时计算并验证燃气轮机的热力性能。

（1）冷吹。

冷吹时启动电动机带动低压压气机转子，由低压压气机送出的压缩空气带动高压压气机转子。在控制系统监控下进行冷吹联锁条件检查，当操作站人机界面机组状态显示栏中出现“准备好冷吹”提示信号后，通过“命令操作”菜单中选择“确认 / 启动”指令开始燃气轮机冷吹流程。燃气轮机允许在高、低压转子没有完全静止的情况下进行冷吹，但低压压气机转速不允许超过 300r/min。

（2）检查启动和慢车参数。

燃气轮机的启动应按照燃气轮机运行规程进行。按照燃气轮机运行规程完成燃气轮机的启动准备。在启动过程中燃气轮机附件和执行机构的采用时序控制。从启动电动机接通时刻开始计时。控制系统在高压压气机转速达到 6000r/min 后暖机 5min，随后根据操作员选择模式的不同，按所选运行模式进行控制：

①“慢车工况”模式。

在慢车暖机 5min 后，如果没有后续命令时，机组会停留在当前运行状态并持续运行；如果选择“温度保护试验”或“速度保护试验”中之一模式时，当低压涡轮后燃气温度 T4 超过 300℃或动力涡轮转速 N3 超过 2000r/min 自动控制系统会进行故障停机保护。

②“手动控制（N3 控制）”模式。

该模式下慢车暖机 5min 后，机组会自动加速，当动力涡轮转速为 3500r/min 时，进行工况暖机 5min，而后进入到相应的动力涡轮转速控制模式。燃气轮机允许进行 6 次连续启动，两次启动的间歇时间不少于 8min，之后必须充分冷却启动电动机。只有每台启动电机壳体温度冷却到50℃以下后才允许进行后续启动和冷吹操作。

在燃气轮机安装或更换后第一次启动前，按照燃气轮机运行规程的说明在停机状态下对燃气轮机进行静态保护功能检查。在第一次启动时，对运行中的燃气轮机进行动态保护功能检查。

（3）燃气轮机动态时的保护检查。

燃气轮机运行时主要有以下三种限制保护：限制燃气轮机功率增加（联锁限制升）；限制燃气轮机功率减小（联锁限制降）；限制保护强制燃气轮机降至慢车工况（联锁限制降慢车），自动降低燃气轮机功率至燃气轮机慢车转速。所有限制保护试验将采用模拟试验方法实现。

（4）燃气轮机极限调节。

通过临时降低极限调节参数的方式对控制系统极限调节进行测试，主要检查低压压气机转子转速限制调节、高压压气机转子转速限制调节、低压涡轮后燃气温度限制调节，模拟测试燃气轮机极限调节保护功能。

（5）燃气轮机工况运行和检查。

控制系统按照操作员的指令自动将动力涡轮转速调节到设定值。

在燃气轮机进入运行工况后检查燃气轮机运行参数。在某一工况稳定运行时间15min后进行参数检查并打印记录。在稳定工况运行时，每隔2h或者工况改变时进行参数检查并打印记录。在燃气轮机运行参数偏离规定值，或者运行参数相对于以前的记录值有变化时，应在不改变燃气轮机工况的前提下，立即查明参数偏离的原因。

在燃气轮机运行过程中，控制系统会根据报警装置发出的信号自动发出声音警告并给出提示信息。在燃气轮机运行过程中，6个磁性金属屑信号器中有任何一个发出报警信号时必须正常停机，对金属屑信号器进行分解和检查，同时应检查运行过的滑油过滤器滤网。在运行过程中自动控制系统每24h内会在9时和在21时检查磁性金属屑信号器状态是否正常。在运行过程中不允许燃气轮机通流部分的污染超出规定的极限。在燃气轮机运行过程中，在每个工况所有测点上检查低压涡轮后燃气温度，并在相同的高压压气机转速（即相同工况）下与上一次的读数相比较。

在运行过程中温度场的偏差不允许超过下列范围：温度场上偏差 = 测点中的最高温度 - 低压涡轮后燃气平均温度≤60℃（慢车工况时允许上偏差≤80℃）；温度场下偏差 = 低压涡轮后燃气平均温度 - 测点中的最低温度≤60℃。

在发动机工况运行过程中，至少对运行燃气轮机进行两次以上检查，经过观察窗检查燃气轮机循环油箱内的滑油位，检查结果记入运行日志中。

在第一次进入大于0.7额定工况要继续运行时都必须检查高压压气机后和油气分离箱的空气压力实际值，检查结果应在规定的范围。还应检查低压压气机后和低压涡轮承力环接触式密封的空气压力。

燃气轮机进口空气压降超过1.5kPa，报警信号器动作时，在不允许限制保护动作的同时，必须正常停机，更换进口空气过滤器滤芯。

在极限压降报警信号器动作要对滑油精滤器滤芯进行更换。

自动控制系统自动完成在下列工况的燃气轮机运行统计（按温度等价）：0.6、0.7、0.75、0.8、0.85、0.9、0.95和1.0。

（6）正常停机。

正常停机是使燃气轮机退出运行的基本方法，此时保证燃气轮机在动力涡轮转速自动调节模式上冷却历时 300s 并在慢车工况继续冷却历时 1500s。

在“模式设定”菜单中选择“正常停机”模式并在“命令操作”菜单中选择“确认/启动”的指令，“正常停机”或在有下列条件情况下完成：

低压压气机后所有空气温度传感器有故障，或高压压气机后空气压力传感器有故障，或所有燃气轮机振动传感器有故障。

在工况运行过程中在高压压气机后空气压力测量传感器有故障的情况下，自动控制系统发出燃气轮机正常停机的指令。

如果必须在“手动控制”模式下完成燃气轮机的停机，在燃气轮机工况降低到慢车时检查进口可转导叶的位置改变和 1 号、2 号放气阀的打开情况。

在外界空气温度低于 5℃时在正常停机后，建议要通过专用接头（安装在靠近压降调节器下部的管路上）把形成的凝结液从供气管排放到压降调节器。如果燃气轮机运行时间少于 24h，可以不排放。

燃气轮机在降到慢车工况后进行 25min 冷机，并在冷机时间到达后正常停机。

二、现场测试

1. 完成主要工作情况

1）制定机组现场调试及工业性应用试验大纲

中国石油在总结压缩机组运行维护经验，结合国产化首台套电驱、燃驱试制机组的特点、工厂联机带负荷综合试验的具体情况和高陵、黄陂、烟墩、衢州压气站现场实际，按照确定的分阶段试验评价体系要求，制定了《20MW 级高速直联变频电驱压缩机组现场调试及工业性应用试验大纲》《30MW 级燃驱动压缩机组场调试及工业性应用试验大纲》，规范了调试及应用试验方案，确定了试验原则、项目和考核标准。

2）专项试验测试

为了保证应用考核科学、客观、公正，现场对机组 4000h 运行参数进行了全过程监控分析，在应用试验期间聘请专门测试机构开展了第三方测试评估工作，全方位检验评价了国产化机组现场应用成果。

3）可靠性分析评估

（1）国产电驱压缩机组：根据 4000h 工业性应用考核期间机组的运行、维护及故障情况，与第三方合作开展机组可靠性分析评估工作。4000h 试运行可靠性评估报告显示：20MW 首台套国产化电驱压缩机组（高陵站 4# 机组）在 4000h 工业性应用考核期间，机组在设计、运行、安装环节都体现出优良的可靠性，对于不同工况的天然气输送要求，机组均能顺利完成生产任务。试运行期间，机组状态监测参数变化规律合理，数值满足安全经济生产的要求，其可靠性 99.32%，可用率 99.96%，通过对机组运行数据的分析，判断机组工作质量良好。

（2）国产燃驱压缩机组：西气东输三线烟墩压气站首台燃驱机组于 2016 年 1 月 9 日完成 72h 测试、衢州站首台国产燃驱压缩机组已于 2016 年 8 月 19 日完成 72h 测试。截至 2017 年底，已累计运行 3887h，机组在设计、运行、安装环节都体现出优良的可靠性，对于不同工况的天然气输送要求，机组均能顺利完成生产任务。

4）鉴定验收

（1）国产电驱机组：20MW级国产化电驱压缩机组在压气站现场完成4000h工业性应用试验考核后，通过了国家能源局、中国机械工业联合会、中国石油集团联合鉴定验收，取得了国家级科技成果鉴定证书，20MW级国产化变频调速电驱压缩机组得以推广应用。

（2）国产燃驱机组：首台国产30MW燃驱机组在2014年9月10日通过了国家能源局、中国机械工业联合会和中国石油天然气集团公司共同组织的新产品鉴定。鉴定认为，研发团队成功研制了具有自主知识产权的30MW级天然气增压用燃气轮机，突破了工业驱动用燃气轮机、燃驱压缩机组的研制、试验、测试和成套关键技术；成功研制的30MW级燃驱压缩机组“产品二”整体性能满足天然气长输管线建设和运行要求，达到国际先进水平，填补了国内空白，国产30MW燃驱压缩机组实现零的突破。

2. 24h机械运转测试

1）目的

24h不间断机械运转测试的目的包括如下验证：

（1）成套机组的机械安装质量的良好。

（2）各子系统组成的整个机组的整体性完好、各橇间及机组与系统的所有连接完整和正确。

（3）轴系和设备各部位无异常的振动。

（4）各个静密封点无泄漏。

（5）控制和保护系统完整，功能有效。

2）测试程序

正输增压流程测试步骤：

（1）确认机组启动前的所有检查确认内容均已经完成。

（2）按正常顺序启动机组，在机组达到怠速转速稳定后，记录机组主要运行参数，机组正常启动且转速稳定至压缩机最低负载转速左右，保持压缩机防喘振阀处于手动全开状态运行。

（3）监测所有的参数，确认机组所有参数在运行范围内，压缩机不在喘振区域内，待工艺参数稳定后，开始计时测试。

（4）在压缩机最低负载转速稳定运行20h后，调整机组转速到最大连续运行转速，继续升速到机组超速报警转速，稳定运行15min，确认机组无异常，降低机组转速至最大连续运行转速，保持该转速稳定运行4h记录机组进出口压力、温度、振动、轴承温度等各主要运行参数。

（5）在最大连续运行转速下稳定运行4h后，再次提高机组转速至超速停机转速，机组紧急停机，记录机组由超速停机到转速降至500r/min之间的振动频谱信息（波特图、相位、转速等）参数，并将其作为测试报告的一部分。

（6）24h机械测试必须连续进行，原则上保持带载连续稳定运行达到24h以上为合格，以确保达到测试验证目的为基准。若发生对运转安全和设备质量的重要报警，应该停机处理。任何停机发生后，测试时间归零，时间重新计算。

站内循环流程测试步骤：

（1）确认机组启动前的所有检查确认内容均已经完成。

（2）按正常顺序启动机组，在机组达到怠速转速稳定后，记录机组主要运行参数，机组正常启动且转速稳定至压缩机最低负载转速左右，保持压缩机防喘振阀处于手动全开状态运行。

（3）监测所有的参数，确认机组所有参数在运行范围内，压缩机不在喘振区域内。

（4）缓慢调整站场回流阀和空冷系统风扇的运行数量，确保压缩机工艺运行参数处于稳定状态（温度、流量波动在一个较小范围内），稳定状态达到后，可以开始测试的计时。

（5）检查压缩机出口管路的严密性、机组控制保护系统的可靠性、设备安装的完整性等，而后视情况调整机组负荷，确保压缩机工艺运行参数处于稳定状态（温度、流量波动在一个较小范围内）。

（6）测试开始后，OEM 人员每 2h 保存控制系统人机界面截屏的拷贝以满足对测试记录的要求，并作为测试报告的一部分；运行人员每 2h 记录一次机组运行参数；记录启动全过程中机组的主要数据，并作为测试报告的一部分。

（7）在压缩机最低负载转速稳定运行 20h 后，调整机组转速到最大连续运行转速，继续升速到机组超速报警转速，稳定运行 15min，确认机组无异常，降低机组转速至最大连续运行转速，保持该转速稳定运行 4h 记录机组进出口压力、温度、振动、轴承温度等各主要运行参数。

（8）在最大连续运行转速下稳定运行 4h 后，再次提高机组转速至超速停机转速，机组紧急停机，记录机组由超速停机到转速降至 500r/min 之间的振动频谱信息（波特图、相位、转速等）参数，并将其作为测试报告的一部分（国产燃驱机组不执行此条目）。

（9）24h 机械测试必须连续进行，原则上保持带载连续稳定运行达到 24h 以上为合格，以确保达到测试验证目的为基准。若发生对运转安全和设备质量的重要报警，应该停机处理。任何停机发生后，测试时间归零，时间重新计算。

3. 喘振线测试

1）目的

本测试是为了确认压缩机的实际喘振线，并与合同预期的喘振线作比较后进行必要的修正，从而得出压缩机的实际喘振控制线。

2）测试程序

为了得到压缩机的实际喘振曲线，并与预期的喘振曲线作比较，测试将分别在以下五个转速点进行：国产电驱 65% 额定转速、75% 额定转速、90% 额定转速、100% 额定转速、105% 额定转速；国产燃驱 70% 额定转速、80% 额定转速、90% 额定转速、100% 额定转速、105% 额定转速。

3）测试步骤

（1）确认机组启动前的所有预检查项目已经完成。

（2）按照 24h 机械运转测试相同的启机流程启机至怠速，现场状态确认后，逐步加载至最低工作转速（65%、70%），期间保持防喘振阀手动全开，站场循环阀手动全开。

（3）如果流量可以直接测量，通过流量在预期性能曲线（压头—流量）中判断机组是否靠近喘振点。

（4）手动缓慢关小站场循环阀，使压缩机运行点逐渐靠近喘振线。

（5）如果流量无法下降至喘振流量附近，需要打开放空阀对系统内部工艺气体进行部分放空。

（6）手动缓慢减小防喘振控制阀的开度，每次关小1%开度，过程中需要监视以下参数：

① 防喘阀的实际位置与反馈是否一致；

② 压缩机入口和出口是否有异常低频脉动声音；

③ 观察到压缩机入口压力值出现明显波动，认为机组发生喘振；

④ 观察压缩机出口压力值，在防喘振阀缓慢关闭的时候，排气压力会缓慢升高，当第一次监测到压力显示有降低时，认为机组发生喘振；

⑤ 观察压缩机入口流量值，当动态压差超过稳定状态的20%时，如果没有其他指示，可认为机组发生喘振；

⑥ 观察机组HMI界面和Bently振动检测系统压缩机驱动端和非驱动端振动以及轴向位移的振动图像和趋势，如果振幅信号有微小的突变表示机组可能开始喘振。

（7）当上述②③④⑤⑥中任意一条显示出机组发生喘振时，记录防喘振阀位置后立即按下紧急按钮快速打开防喘振阀。

（8）如果直到防喘振阀全关都未能达到喘振点，则需要继续缓慢关小站场循环阀的初始开度，直到上述②③④⑤⑥中任意一条显示出机组发生喘振。

（9）将防喘阀（或站循环阀）关闭到距上述喘振位置尚有2%的位置。比如，若当防喘阀开度79%时机组发生喘振，接着立即将防喘阀全开，然后再将防喘阀关闭到81%位置。

（10）等待10min数据稳定后，记录数据。

（11）对于75%（80%），90%，100%，105%额定转速下，重复步骤（3）～（9）。

（12）结束后，依据由测试得到的喘振点拟合而成的喘振线与机组原先设置的喘振线的位置进行比较，以实际测试的喘振线不在原设置的喘振线的右侧为验收条件。

（13）当满足验收条件时，以实际喘振线作为基准，由OEM工程师重新设置实际喘振线和喘振保护线。

（14）测试过程中，每个测试点压缩机达到热平衡后，OEM工程师需对控制系统HMI相关界面截屏的拷贝，并作为测试报告的一部分。

4. 近似性能测试

1）管线压缩机组性能测试程序

管线压缩机组性能测试可通过压气站站内循环流程或者正输增压流程进行：单机运行时，测试通过站内循环方式进行；由于生产需要必须双机并联运行时，如果负荷匹配可通过正输流程进行测试，如果负荷不匹配则通过正输流程附加开站内循环阀共同作用方式进行测试。

具体采用何种测试流程需要协调北京油气调控中心根据当时的管道实际工况再行决定。根据站内当前工艺设计和压缩机性能参数，尽量采取单台机组站内循环方式进行。测试期间需打开工艺空冷器进出口汇管所有进出口阀，确认空冷器启停逻辑正常。具体测试步骤如下：

（1）共选取65%（70%）额定转速、75%（80%）额定转速、90%额定转速、100%

额定转速共四个转速进行测定。

（2）在同一转速下，从阻塞工况到喘振工况选取五个点测量，分别是：阻塞点、设计点、靠近喘振线点、阻塞点与设计点之间选取一点、设计点与喘振点先取一点，由五个测量点得到设计转速下的压缩机特性线。

（3）上述所有选取的测试点需记录原动机的相关参数，得到原动机相应转速下的近似性能。

（4）站内循环性时为防止压缩机出口超压（10MPa），测试过程中必要时需打开放空阀对压缩机测试系统天然气进行部分放空。

2）近似性能评估

（1）近似性能测试的数据汇总和计算，将采取与合同性能数据相同的数据表、具体方法以及数据表格。

（2）测量获取燃料气组分。

（3）计算预期的性能数据。以测试的数据作为输入值，计算压缩机入口流量、多变效率、喘振裕度，燃气轮机有效功率、负荷、热耗率、电功率等。将计算结果与预期性能数据进行对比。

（4）各方现场代表比较现场测试所得的燃气轮机效率和压缩机效率，并对现场工艺系统、计量系统、机组性能以及其他系统进行评估。供货商现场技术代表起草机组性能评估报告，并附完整记录。

（5）这些近似性能测试的结果视为机组运行初始性能参数，供运行维护人员在日后的管线压缩机组运行中对机组性能进行检测和评估时参考。

5. 72h 性能测试

1）测试程序

72h 性能测试可通过压气站站内循环流程或者正输增压流程进行：单机运行时，测试通过站内循环方式进行；由于生产需要必须双机并联运行时，如果负荷匹配可通过正输流程进行测试，如果负荷不匹配则通过正输流程附加开站内循环阀共同作用方式进行测试。

具体采用何种测试流程需要协调北京油气调控中心根据当时的管道实际工况再行决定。根据站内当前工艺设计和压缩机性能参数，尽量采取单台机组站内循环方式进行。测试期间需打开工艺空冷器进出口汇管所有进出口阀，确认空冷器启停逻辑正常。

2）测试步骤

（1）按照流程确认站场所有工艺阀门状态正确后，启动机组到达怠速。

（2）在确认现场无任何泄漏的情况下，逐步加载至压缩机最低工作转速。

（3）为保证机组入口工艺气温度的稳定，根据实际情况手动打开空冷器，同时考察后空冷器运行效率及稳定性。

（4）保持防喘振阀全开，将管线压缩机组转速加载至额定转速，机组负荷取决于实际气体组分、进排气压力、进气温度以及压缩机入口流量。

（5）待工艺条件和性能参数稳定后，开始稳定运行和记录运行数据。

3）中断处理

测试期间，如果机组跳机停车，等外部条件具备或故障排除后，各方重新检查机组启机条件，再重新启动机组进入测试状态，上次测试时间归零、重新计时。

6. 4000h 工业性应用试验

1）总则

（1）开展工业性应用试验的主要目的是通过在压气站现场开展各种转速、各种工况、各气象条件及外部系统变化等情况下相关试验测试和机组的连续运行测试，同时择机补作在调试投产阶段由于系统工艺原因未能完成的相关测试工作。收集、分析整理各项试验及运行数据并开展专项分析评价，考核机组的稳定性、安全性及适应能力，从而全面评价机组性能。它是验证30MW级国产化燃驱压缩机组成套产品的设计、制造和总装质量是否达到技术条件所规定的技术指标和要求，是评价和检验国产化试制成果、积累经验的重要环节，是最终验证、评价级燃驱压缩机组研制成果的最重要依据和优化定型、能否顺利推广应用的最终检验途径。

（2）现场工业性应用试验从72h带负荷连续运行结束，压缩机组满足投入正式输气生产条件，工业性应用试验领导小组下达应用试验开始起累计运行4000h。

（3）在工业性应用试验各阶段的所有试验，设备供应商在试验前必须制定详尽的试验细则和风险分析评估，制定完备的应急预案，确保试验不会造成设备损坏及人身、设备等安全事故并征得业主的同意后方可进行相关试验测试。

2）机组稳定性考核方案

全程监测压缩机的进口及出口压力、进口及出口温度、防喘阀开度、润滑油过滤器压差、主润滑油供给温度、主润滑油供给压力、密封气过滤器压差、干气密封放空压差等运行参数和曲线，同时监测燃气轮机的燃料供气压力、燃料供给温度、排气温度、压气机进口温度和压力、冷却介质进口温度等运行参数，通过各种工况、各气候条件下的数据监控和历史曲线、报警及故障分析，进行燃驱压缩机及控制系统的稳定性考核，典型运行参数、报警、故障信息等截图保存，所有运行参数应拷贝备份，供进行数据分析整理使用。

预期成果：通过机组连续运行的全方位稳定性运行考核，将主要运行参数（振动、温度、功率因数等）与进口燃驱压缩机组的相关运行参数进行比较评价，分析国产化设备在后续项目中还需要优化整改的项目和措施，编制分析评估报告。

3）各工况点机组性能的补测方案

在机组调试、测试期间，由于系统工艺原因，部分测试点未能测试，在4000h工业性运行试验期间，按照系统工艺运行要求，在通过工艺调整后满足测试工况条件下，择机协调北京油气调控中心创造条件，进行补充测试，测试方案按调试投产测试的相关方案执行。

4）效率测试及计算

根据压气站现场实际情况，按照国家标准，进行燃气轮机、压缩机、联机近似效率测试和计算。根据数据采集仪采集到的数据，每隔500h对机组的效率进行计算。

5）燃气轮机效率计算

依照ASME PTC-22标准，现场测试中，燃气轮机的轴功可由以下方法测得：

（1）直接测量：利用燃气轮机和被驱动设备之间的扭矩测量仪进行测量（高精度，低不确定度）。

（2）间接测量：利用驱动压缩机计算出的功率（由于压缩机气动功率的不确定性导致高不确定度）。

（3）间接测量：对于冗余测量的验证，如热平衡（由于气体流量的测量导致高不确定度）。

在现场测试中，利用扭矩测量仪直接测量可以获得跟工厂测试近似的精度。后两种方法则由于是间接测量导致较高的不确定度。

6）压缩机效率计算

方案：根据压气站现场的实际情况，按照国家标准，进行压缩机的近似效率测试和计算。

压缩机功率测试及计算：

（1）ASME PTC–10 第 4.15.1 规定：如果轴功率无法直接测量，可以通过测量压缩机入口流量、进出口压力和温度、热交换、机械损失和气体泄漏损失而间接计算得到。

（2）ASME PTC–10 第 4.15.2 规定：通过压缩机机壳和连接管道的散热损失，可以由设备散热表面面积、平均温度以及环境温度计算得出；在现场测试中，压缩机的机械损失主要考虑各轴承、齿轮摩擦损失，可以通过测量其冷却润滑油的流量和温度上升从而间接得到机械损失的瞬时热当量，润滑油的流量由标定好的流量计测量。

7）不确定度分析

不确定度是表征合理地赋予被测量之值的分散性，与测量结果相联系的参数。不确定度的含义是指由于测量误差的存在，对被测量值的不能肯定的程度。反过来，也表明该结果的可信赖程度。它是测量结果质量的指标。不确定度越小，所述结果与被测量的真值越接近，质量越高，水平越高，其使用价值越高；不确定度越大，测量结果的质量越低，水平越低，其使用价值也越低。在报告物理量测量的结果时，必须给出相应的不确定度，一方面便于使用它的人评定其可靠性，另一方面也增强了测量结果之间的可比性。

8）机组振动、温度的历史趋势分析

监测、记录各气候、各负荷、各转速情况下机组的所有振动、温度值并绘制成曲线进行比较分析，评估机组性能，曲线分析至少每运行 500h 做一次。

9）机组噪声测量

该部分主要参考标准 GB/T 10491—2010《航空派生型燃气轮机成套设备噪声值及测量方法》。

（1）噪声标准值。

采用 A（计权）声级作为评价值。燃气轮机设备的隔声罩或围护结构外 120m 处，噪声级不得大于 60dB（A）。多台燃气轮机设备同时运行时，燃气轮机设备需设隔声罩。距隔声罩外 1m 处，噪声级不得大于 90dB（A）。单台燃气轮机设备在机房内运行时，可不设隔声罩。距燃气轮机设备机房外 1m 处，噪声级不得大于 90dB（A）。燃气轮机设备控制室的噪声级不得大于 70dB（A）。在特殊条件下工作的燃气轮机设备，允许噪声级供需双方可另行商定。

（2）噪声测量要求。

燃气轮机设备在额定功率下运行，关闭所有围护结构门窗、隔声罩舱门和通道壁板。

测点和燃气轮机设备之间应有相对平坦的坚硬的声反射地面。否则测量报告中应予以说明。在距隔声罩或围护结构以及距传声器 5λ 距离范围内，若有反射面积超过 3m × 3m 的反射物，测量报告中也应予以注明。其中 λ 是有效最低频率的波长，对于 A 声级，有效最低频率是100Hz，对声压级，有效最低频率是31.5Hz。

噪声测量的前后，都应在每个测点测量该点的背景噪声。燃气轮机设备运行时的A声级与背景噪声A声级之差至少大于6dB（A）。户外测量时，风速应小于6m/s（相当于4级风），并使用风罩。

（3）噪声测量仪器。

测量仪器应使用GB3785中规定的1型2型声级计，以及精度等级相当的其他测量仪器。建议使用1型声级计。若采用声级记录仪记录数据，应考虑与声级计和倍频程滤波器配套使用和系统校核。

每次测量前后，对整个测量系统应用精度优于±0.5dB（A）的声级校核器或已知声压级的活塞发声器进行校核。两次校准值相差不得超过1dB（A）。测量仪器和校准仪器至少每年检定一次。

（4）具体测量。

传声器应正对被测声源方向。声级计应使用“慢”档测量，并读取观察周期内指针摆动的平均值。测量A声级和声压级时，读取平均值的观察周期至少为10s。若测量倍频带声压级，读取平均值的观察周期，对于中心频率在160Hz以上者，至少为10s，对于中心频率在160Hz以下者，至少为30s。

燃气轮机设备的隔声罩或围护结构外120m处的测点，对单台燃气轮机设备可选4个方位（相隔90°）或8个方位（相隔45°），对多台燃气轮机设备应选8个方位（相隔45°）。

燃气轮机设备的隔音罩或围护结构外1m处的测点，应选在周围A声级最高的位置；控制室的测点，选在控制室的中央；所有测点的高度均为离地面或平台1.2m。

10）机组可靠性考核

考核方案：

（1）每月对机组的运行情况进行统计，定期进行分析，分析的主要内容包括停机报警；应急处理、故障原因分析、问题查找及处理过程；备件消耗及使用情况；问题处理结果等。

（2）故障仅指机组本体设备原因引起的机组故障停机，也包括因机组本体原因采取的由运行操作人员采取的主动停机。

（3）评价技术指标：

① 可靠性指标：反映机组的工作的稳定程度。

② 可用率：反映在统计期内机组能够提供的使用状态。

③ 机组平均无故障做工量：反映机组的复杂系数和工作时间。

④ 机组平均无故障运行时间：反映机组连续运行能力。

⑤ 利用率：反映设备使用程度（仅作为参考指标）。

（4）为使指标真实、客观地反映机组性能，凡是因外部循环水、外电等站场辅助系统或人为操作失误引起的停机不计入可靠性考核中。

第五节　管线压缩机组状态监测与故障诊断

管线压缩机组是实现天然气长距离输送的“心脏”，其稳定性对管道的运行效率和效益有非常重要的影响。随着机组运行年限的增长，机组运行性能指标在逐渐下降，机组失效可能性越来越大。因此，对机组开展远程监测和故障诊断，可及时发现机组早期潜在故障，并预测故障发展趋势，保障机组平稳运行。

一、国内外发展现状

对转动设备整体或其零部件的技术状态进行检查鉴定，以判断其运转是否正常，有无异常与劣化征兆，或对异常情况进行追踪，预测其劣化趋势，确定其劣化及磨损程度等，这种活动称为状态监测。

天然气输送、储气库等使用离心压缩机、往复机组的所用状态监测技术分两大类：一类是基于机组振动的状态监测；另一类是基于机组工艺性能参数的状态监测。一般机组根据状态监测技术对机组的全面运行状态敏感程度来选择是采用工艺性能参数还是机组振动的状态监测技术，或者两者兼而有之，比如：离心压缩机选择机组振动状态监测技术、往复压缩机组选择振动状态监测和工艺性能参数综合分析、燃气轮机采用工艺性能（即气路性能）参数状态监测技术。

1. 燃气轮机的状态监测技术现状

燃气轮机的典型应用是为航空发动机、燃气发电厂、天然气输送或开采的压缩机提供动力源。燃气轮机由于其运行时，设备内部温度非常高，其整体运行状态通过气路参数比机械振动参数更敏感，因此一般燃气轮机是以气路性能参数为主，机械振动参数为辅的状态监测系统。

气路参数监控部件为压气机、燃烧室、涡轮。监控参数包括发动机进气温度、发动机排气温度（EGT）、压力、转子转速、燃油流量等。

由于国外燃气轮机的业主基本上采用维修外包的服务模式，燃气轮机基本上安装了状态监测系统，包括气路性能参数监测系统和机械振动监测系统。状态监测系统基本上都接入到 OEM 或燃气轮机服务公司的远程监测诊断平台，作为维检修决策的依据。

国外的气路性能监测系统厂家主要有三类：生产燃气轮机厂商、生产燃气轮机零部件的厂商和提供燃气轮机维检修服务的厂商。这是由于燃气轮机气路性能监测系统不是简单利用压力、温度、转速参数的变化判断运行状态，而是根据这些参数通过燃气轮机的热力学性能模型计算出来的相关参数才可以用于判断机组运行状态，一般只有这三类厂商才会对燃气轮机热力学性能建模技术比较熟悉。

国内气路性能监测诊断系统没有成熟的系统，仅有个别高校和科研院所在研究。主要原因是三个方面：

（1）燃气轮机机组运行安全层面，可以通过常规温度、压力、振动参数就可以监测预警。

（2）燃气轮机机组中修、大修以及详细故障分析均是由 OEM 厂商负责，气路性能监测系统需要故障数据库的大量积累，以及专家经验的完善才能发挥效果，而国内此类系统中数据的积累及专家经验较少。

（3）国内整体燃气轮机制造和维修技术落后。不具备这三个行业所使用燃气轮机的制造能力，大修、中修的技术实力不成熟，特别是中型燃气轮机。燃气轮机的制造能力对很多学科的技术都要求比较高，需要机械、材料、热力学、控制等技术。

随着燃气轮机技术的发展，其复杂程度和信息化水平不断提高，依靠传统的维修理念、模式和手段难以快速地预测、定位并修复故障，维修效率和效益也无法得到保障。

燃气轮机状态监测和诊断技术正在受到大数据技术的深刻影响。燃气轮机机群的运行产生了极大量的数据，并且很多一部分属于连续型的流式数据。这些数据总量庞大，结构复杂，格式丰富，价值密度低但价值总量大，通过应用大数据技术可以从中将内涵的价值外显化，以辅助进行机组的状态监测和诊断工作。作为当今远程监测和故障诊断领域的新方向，基于大数据的燃气轮机健康管理系统在结合传统的生产现场监视与诊断优点的同时，充分利用计算机网络技术的发展，将孤立的监视诊断系统有机地组合在一起，构成远程在线专家网络系统，可以实现状态监测和诊断资源的共享，克服地域、时间的限制，能解决信息的“孤岛”效应，方便地利用专家的经验与知识为复杂故障问题提供健康管理服务，提高机组健康管理的专业化水平以及应急水平，保证相关设备或系统的正常高效运行，从而避免疲于奔命的“救火队”式的工作方式。

2. 离心压缩机的状态监测技术现状

离心压缩机运行时，介质温度不是很高（一般在300℃以下），大多数故障均是由于不平衡、弯曲、不对中、磨碰等原因引起，可以通过监测轴的振动发现异常。因此离心压缩机安装的状态监测系统采用基于振动的状态监测系统。

国内离心压缩机振动状态监测系统从20世纪80年代开始尝试从国外应用，第一套为辽阳石化引进美国Bently（2002年被GE Energy收购）状态监测系统，后续很多企业陆续引进了美国Entek（2000年被Rockwell AB收购）等公司状态监测系统。

国内高校做振动监测诊断技术成熟的有西安交通大学、北京化工大学、东南大学、东北大学、上海交通大学、哈尔滨工业大学等高校。国内企业应用振动状态监测系统，根据行业不同，略有差异。以中国石油、中国石化为例，应用最多的为深圳创为实公司（2006年被法国Alstom收购）的S8000和北京博华信智公司BH5000系统。

3. 往复压缩机的状态监测技术现状

往复压缩机组结构复杂、易损件多，既有往复运动又有旋转运动。80%的非计划性停车是由于气阀、活塞/活塞杆、填料、活塞环/支承环故障引起的。可以通过监测缸体、中体、曲轴箱等振动、温度参数发现异常，另外在具备条件的机组上，也监测示功图（气缸内部压力与体积关系图）。因此往复压缩机监测基本上采用机械振动与工艺性能参数相结合的监测诊断系统。

国内外往复压缩机状态监测系统也是近些年来才开始安装使用，主要原因有以下几点：

（1）往复压缩机组基本上有备台，即使发生异常停机，也不影响生产。

（2）以前企业事故频繁的是离心压缩机组，随着离心压缩机组安装状态监测系统以后，安全问题基本解决。随着往复压缩机造成事故的不断凸显，大家也开始注重往复压缩机的安全问题，并且往复压缩机发生的事故一般都是重大事故。

国内外往复压缩机状态监测诊断技术基本接近，这也是因为国内的往复压缩机制造、维修各方面技术比较成熟。

二、状态监测

1. 燃气轮机气路性能监测

压气站安装的燃驱压缩机组结构主要包括燃气轮机（轴流压气机、燃烧室、高压涡轮、动力涡轮）及离心压缩机等。燃气轮机性能监测点布置如图 2–6 所示，其中测点 0 处测量大气温度和相对湿度，测点 1 处测量大气压力，测点 2 处测量压气机进气温度、压力，测点 3 处测量压气机排气温度、压力，测点 4 处测量燃烧气质量流量，测点 5 处测量高压涡轮进气温度，测点 6 处测量高压涡轮排气温度，测点 7 处测量动力涡轮排气温度和压力。

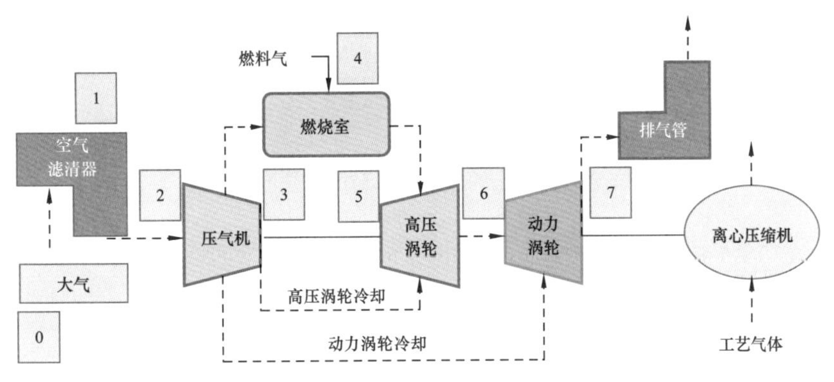

图 2–6　燃驱压缩机组结构和测点布置

2. 离心压缩机组监测

离心压缩机组基本是以振动参数为主，工艺量温度、压力及流量为辅的监测手段，工艺量一般作为故障诊断辅助参数。旋转机械监测诊断系统重点监测其主要工作部件转子旋转运动时所发生的振动情况，监测的测试点布置如图 2–7 所示。

测点布置如下：

（1）键相信号—电涡流传感器。

用途：提供触发信号，进行同步整周期采集，用于故障诊断参考。

（2）径向振动信号（水平垂直）—电涡流传感器。

用途：测量轴径向振动及轴心轨迹等，监测机组振动、轴承类、摩擦类故障。

（3）轴向振动测试（位移信号）—电涡流传感器。

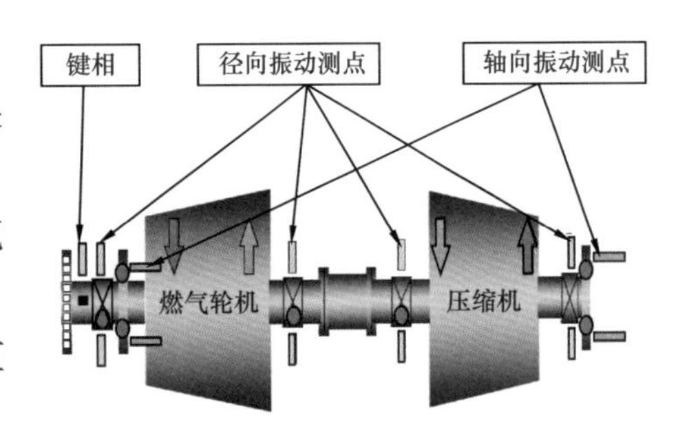

图 2–7　离心压缩机组测点布置

用途：测量轴位移值（静态量和动态量），监测轴位移故障，比如：轴向窜动、平衡盘故障、角不对中故障等。

（4）工艺量（压力、温度、流量）—DCS 控制系统。

用途：用于辅助振动信号，进行故障诊断。

3. 往复压缩机组监测

往复压缩机组结构复杂、易损件多，既有往复运动又有旋转运动。80% 的非计划性停车是由于气阀、活塞/活塞杆、填料、活塞环/支承环故障引起的。因此，大多往复压缩机组状态监测系统如图2-8所示。

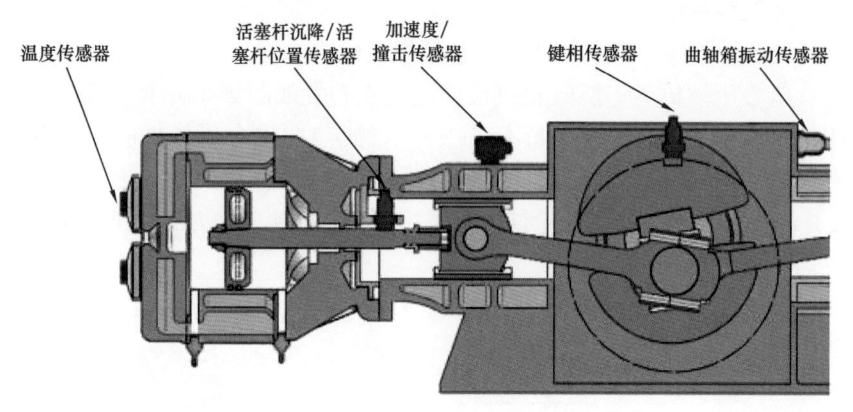

图2-8　往复压缩机组状态监测系统测点布置

测点布置如下：

（1）阀门温度—热电阻。

用途：测量进/排气阀温度，监测气阀故障。

（2）活塞杆位置（沉降/偏摆）—电涡流传感器。

用途：测量活塞杆位置，监测支承环、活塞环、十字头等故障。

（3）冲击信号—冲击传感器。

用途：测量冲击信号，监测拉缸、水击、连接松动等冲击类故障。

（4）壳体振动—加速度传感器。

用途：测量振动加速度、速度信号，监测基础振动、壳体振动、不平衡类故障。

（5）键相信号—电涡流传感器。

用途：提供信号采集触发，用于故障诊断参考。

（6）曲轴箱振动保护系统—电子振动保护开关。

用途：保护设备不受撞击和振动带来的损坏。

三、故障诊断

故障诊断则是根据状态监测所获得的信息，结合设备的工作原理、结构特点、运行参数及其历史运行状况，对设备有可能发生的故障进行分析、预报，对设备已经或正在发生的故障进行分析、判断，以确定故障的性质、类别、程度、部位及趋势。

1. 故障诊断方法

（1）振动分析法。

振动分析法是对设备所产生的机械振动进行信号采集、数据处理后，根据振幅、频率、相位及相关图形所进行的故障分析。

（2）油膜分析法。

油膜分析法是对机组在用润滑油的油液本身及油中微小颗粒所进行的理化分析。

（3）轴位移监测。

在某些非正常的情况下，大型旋转机械的转子会因轴向力过大而产生较大的轴向位移，严重时会引起推力轴承磨损，进而引起叶轮与汽缸隔板摩擦碰撞；大型汽轮机在启动和停车过程中，也会因转子与缸体受热和冷却不均而产生差胀，严重时会发生轴向动静摩擦。所以，对轴位移进行在线状态监测和故障诊断分析很有必要。

（4）轴承回油温度及瓦块温度的监测。

检修或运行中的操作不当都会造成轴承工作不良，从而引起轴承瓦块及轴承回油温度升高，严重时会造成烧瓦。所以对轴承回油温度、瓦块温度进行监测也很必要。

（5）综合分析法。

在进行实际的故障诊断时，往往是将以上各种方法，连同工艺及运行参数的监测一起进行综合分析。

2. 常见故障类型

旋转机械发生故障的重要特征是机器伴有异常的振动和噪声，其振动信号从幅值域、频率域和时间域实时地反映了机器的故障信息。常见故障形式有转子不平衡、不对中、碰摩、油膜涡动、转轴裂纹等。

（1）转子不平衡。

转子不平衡是由于转子部件质量偏心或转子部件出现缺损造成的故障，它是旋转机械最常见的故障。

（2）转子不对中。

大型机组通常由多个转子组成，各转子之间用联轴器联接构成轴系，传递运动和转矩。由于机器的安装误差、工作状态下热膨胀、承载后的变形以及机器基础的不均匀沉降等，有可能会造成机器工作时各转子轴线之间产生不对中。

（3）转子碰摩。

随着对旋转机械高转速高效率的要求，转子与静子的间隙越来越小，以及运行过程中不平衡、不对中、热弯曲等的影响，导致转子和静子间的碰摩事故经常发生，碰摩发生时先是局部碰摩。旋转机械的转子、静止件碰摩所表现的现象是一个极为复杂的演变过程。带有碰摩故障的转子系统是分段线性刚度的非线性振动系统，它受诸如静子刚度、偏心、阻尼比、摩擦系数等多个参数的影响，并存在着丰富的非线性动力学现象。

（4）油膜涡动与油膜振荡。

油膜轴承因其承载能力好，工作稳定可靠、工作寿命长等优点得到广泛应用，油膜涡动和油膜振动是以滑动轴承为支承的转子系统的一种常见故障，它们是由滑动轴承油膜力学特性引起的自激振动。

（5）转轴裂纹。

导致转轴裂纹最重要的原因是高周疲劳、低周疲劳、蠕变和应力腐蚀开裂，此外也与转子工作环境中含有腐蚀性化学物质等有关，而大的扭转和径向载荷，加上复杂的转子运动，造成了恶劣的机械应力状态，最终也将导致轴裂纹的产生。

第三章　输油泵机组开发与应用

在输油管道系统中，作为动力源的输油泵是最为核心的设备。我国从20世纪60年代末开始生产长输管道输油泵，由于设计和铸造水平低，国产泵的使用寿命及可靠性较差，特别是泵运行效率低，严重制约了其推广应用。而国内长距离管道离心泵主要被鲁尔、苏尔寿、福斯等国外著名输油泵厂家的产品所占据。随着我国油气管道建设的快速发展，实现油气管道关键设备国产化的必要性日益迫切。鉴于此，我国于2008年颁布了《“十一五”重大技术装备研制和重大产业技术开发专项规划》，专门将长输管道成套设备列入8项国家重大技术装备研制的行列。中国石油积极响应国家提出的重大装备国产化政策，在推进长输管道输油泵国产化工作方面出台了包括通过依托重点工程项目加强技术联合攻关等一系列有效措施，并组织了相关的长输管道输油泵国产化项目。

为使国产化输油泵机组具有先进性，中国石油对标API、ASME、IEC等国际先进标准和国际先进输油泵机组相关技术指标，结合现场运行条件以及输油泵机组制造商实际情况，制定了长输管道输油泵机组技术条件、工厂试验大纲、工业试验大纲等一系列规范，以指导压缩机组研制、试验等。

中国石油联合国内厂家成功研制了国内首批6台双额定工况的2500kW级输油泵机组，于2014年投运且经4000h工业试验考核，在2016年全部通过国家能源局组织的新产品工业应用鉴定，各项指标达到国际先进水平。

输油泵机组的成功研制与应用，对解决国家能源输送安全问题，对发展民族工业，提高装备制造业的技术水平和国际竞争力起到了积极作用。

第一节　输油泵机组现状

输油泵作为一种机械设备，从原动机（即电动机）获得能量，一部分用于克服输油设备本身转动时所产生的阻力，大部分能量传递给输送介质，使介质具有一定的压能和动能。在长输管道中，输油泵承担着为管输原油、成品油提供压力能的任务，是最为关键的设备。输油管道常用的输油泵形式为离心泵。

输油泵机组主要集中应用在以下几个方面：（1）国家战略储备输送到各个炼油基地；（2）我国进口原油国内段的输油管线，例如已经建成的中哈、中俄、中缅的输油管线；（3）油田与炼油企业间输油管线；（4）进口原油从港口到内地炼油企业；（5）援外项目和对外承包工程项目所建设输油管线。

在输油管线上，国内一般80～200km设置一个泵站，每个泵站配置3～5台泵。由于站距按管道水力和热力计算确定，根据输油油质、地质建设规划等多方面要求选择和布置，因此，不同管线泵站设置都不太一样，由于输送油流量，压力的不同，泵的大小也有很大差别。

截至2014年，中国石油在用输油主泵（含给油泵）614台，其中管道公司管理327

台，西部管道公司管理222台，西南管道公司管理65台。上述输油泵中，原油管道输油泵413台，成品油管道输油泵201台。中国石油各单位在用输油主泵数量情况见表3–1。

表3–1　中国石油各单位在用输油主泵数量情况

单位名称	成品油输油泵数量，台	原油输油泵数量，台	合计，台
管道公司	66	261	327
西部管道	103	119	222
西南管道	32	33	65
总计	201	413	614

一、输油泵机组技术现状

德国鲁尔ZMI泵和瑞士苏尔寿HSB泵代表了国际长输管线用泵的先进水平，其高效区范围宽，输量调节范围大，完备的检测手段也给运行和维护带来了极大的方便。

1. 德国鲁尔泵

德国鲁尔泵公司（THYSSEN RUHR PUMPEN GMBH）生产的水平中开卧式离心泵，因其结构合理，性能优良，运行效率高，维护方便，目前是国际长距离输油管道用泵的首选。

（1）外形构造。其泵盖和泵体通过螺栓连接合装在一起，构成径向具有上、下流道对称的双蜗壳式结构，可使泵在运行时产生的径向力最低。主轴横贯泵盖、泵体当中，吸入口和出口均位于泵的轴心线以下，并分布在泵体两侧，不需拆卸进、出口管路及电动机便可开盖检查泵内零件，维护、操作方便。泵体支脚接近于中心支撑，可减少由于温差引起的变形所造成的不对中问题。

（2）叶轮。叶轮为双吸式，叶片从入口至出口均有肋板隔开，使两边液流不能互相混合，减少了由于两边液流在方向和速度上的不一致而产生的水力损失。叶片布置在叶轮出口处的同一轴面上，保证了进入蜗室内的速度流均匀和无碰撞，减少了蜗室的水力损失。两侧双吸叶片的布置采用均等的差开方式，防止液流进入蜗室产生脉动和紊乱，是进一步减少蜗室水力损失的措施。

（3）口环。泵体口环与叶轮口环是三直角式配合，用狭小间隙来控制泵内高、低压腔。三直角式相对于单直角式增加了两处局部阻力，减少了高、低压腔泄漏量，对减少容积损失起到了一定作用。

（4）蜗室。泵的吸入室设计要求正压进泵，采用双蜗室结构，主要为了平衡径向力。但其双蜗室结构一直延伸至扩散管接口处，使双蜗壳两侧的液体在扩散管内不致因混合时的流速不均匀而产生撞击损失，对减少蜗室的水力损失有益。

（5）机械密封。大多选用大弹簧U–4500型机械密封，由BORGWARNER公司生产，适合于较大轴径、高速、输送原油介质的场合，但目前大部分已被国产DBM密封替代。

（6）轴承。在泵的腰部（电动机侧）和端部各配有一个滑动轴承，用于承受径向力；在泵端部滑动轴承前另配有一个可预先组装的推力轴承盒，盒内装有两个并排的推力球轴承，主要用于承受轴向力并控制轴向窜量。轴承盒只有0.05mm的窜动量（碗形弹簧的变形量）。

（7）轴承润滑系统。一般配有3个轴承，即两个滑动轴承，一个止推滚动轴承组。它采用甩油环自润滑、自循环冷却方式。中国石油多年的使用经验表明，其在高线速度条件下发热量小，说明其轴承精度高，工作能力系数及承载能力选择合理，使得自润滑自循环冷却可以满足要求。此外，泵机组零部件制造和组装的质量高，也为轴承长期运行提供了可靠的保障。当然，随着轴承技术的发展，鲁尔泵近年来也采用了较多的滚动轴承承受径向力。

（8）联轴器。采用带有加长节的膜片联轴器，主要由两个半联轴器、隔离段、弹簧和螺栓等组成。有如下特点：① 膜片联轴器是一种金属弹性联轴器，它除了补偿轴向、径向位移偏差和连接的角度偏差以及降低对联轴节安装精度上的要求外，更重要的是可减振，通过位于加长节两侧成菱形的两套膜片组达到弹性连接的目的；② 该联轴器有一个加长段，将此加长段拿掉后，就可以拆卸轴承箱和电动机侧的机械密封，而不需要移动电动机和揭开泵盖，给检修和维护带来极大方便。

2. 瑞士苏尔寿泵

（1）外形构造。从外部零部件及形状来看，苏尔寿泵与鲁尔泵基本相同，它配备有良好的泵壳保护装置及消声装置，不需专建泵房，可以露天布置。

（2）叶轮。此型泵的叶轮亦为单级双吸式，内含5个后弯的扭曲式叶片，可使液流通道面积增大，减少叶片的摩擦损失。叶轮由整体铸造加工而成，流道非常光滑，也具有鲁尔泵的三个结构特点。所不同的是虽然叶轮的吸入口直径相同（转速、流量基本相同），但苏尔寿泵叶轮的出口直径较大，宽度窄小，叶轮相对窄而长。

（3）口环。叶轮口环采用传统的单直角式，由可更换的泵体口环和叶轮口环组成。两个耐磨口环之间按API标准优选材质，提供了最佳的径向间隙（0.15mm），叶轮口环和泵体口环的拆卸、安装必须借助于热油浴均匀加热。安装叶轮口环时的倒角内缘侧对向叶轮，能够有效地抑制输送介质从高压端到低压端的泄漏。

（4）蜗室。吸入蜗室位于叶轮入口前。入口有导入板，使介质均匀地进入叶轮的吸入口。液体流过吸入室时，流动损失较小，并使液体流入叶轮时速度分布较均匀。苏尔寿泵与鲁尔泵的吸入蜗室结构基本相同，不具备自引能力，要求有0.2MPa的入口压力。吐出室采用双蜗壳结构，过流部位表面光滑，类似于鲁尔泵的蜗壳结构。

（5）机械密封室。采用约翰·克兰公司生产的8B–XB101型机械密封（目前大部分已被国产密封替代），此型密封是以组装好的总成部件发货，也属于大弹簧型集装式机械密封，对孔与泵的同心度（<0.25mm）及密封盒端面与轴的垂直度（<0.127mm）要求高。密封盒端面十分光滑，以便与密封衬圈形成良好的密封面。该密封同样具有轴向定位、自润滑、自冷却和端面密封（软、硬配对）的功能。在原油含有泥沙情况下必须配上旋液分离器使用，以延长机械密封的使用寿命。如东临复线投产后，苏尔寿泵曾出现机械密封不耐用现象，长则3个月短则几个星期。原因是胜利油田原油含有砂粒，而该批引进泵机组没有加装旋液分离器，后加装旋液分离器问题得以解决。

（6）轴承。泵端部（止推端）、腰部（驱动端）各安装一滑动轴承，轴承壳部、底部均采用巴氏合金，在底部下半部分配合面上涂有一薄层道氏黏度为732的硫化硅树脂密封胶，配合非常严密。泵的端部安装一对标准的“DB”双列滚子推力轴承，用于承受轴向力并控制轴向窜量，两个推力滚子，轴向窜量控制在 0.051～0.102mm。

（7）轴承润滑系统。采用甩油形式自润滑、自循环冷却，与国内常用的强制润滑系统不同。泵体底座箱中自带润滑油冷却器，使轴承运转、润滑自成一体。在正常情况下，12 个月换一次油，放掉旧油后，用清洗油将润滑系统清洗一遍再加入新油。苏尔寿泵在东黄复线试运行时，所有泵的轴瓦温度都偏高，无法正常运行。后来采取了将冷却器浸在润滑油中，并向冷却器中通入冷却水来降低油温的方法，使问题得以解决。

（8）联轴器。联轴器选用的是延压弧轮毂联轴器。两锥形联轴器轴节中间有加长段，便于维修。这种联轴器可防止轴向位移，限制轴向窜动量，起到推力轴承的作用。同时可以补偿泵与电动机主轴线偏差。

（9）辅助配套装置。其包括测振、测温和测密封泄漏等装置。采用 Minco 公司生产的触点式铜合金感应 RTD。其热传导能力很强，温度响应速度较快，避免了传热元件的受热温升。在轴承的端、腰部及泵壳处各有一支这种测温探头，对泵进行监测和保护。泵的两端轴承各有两支互成 90° 的振动探头，它按照 MIL–STD–202 方式进行工作。泵的进口均配备了压力、流量和温度等一次检测仪表及停机保护设施，可通过各类变送器转换成 4～20mA 的标准电流信号进入 PLC。经过处理后由 CRT 显示，最后通过微波通道实现基地控制。各管路还配有自限式快速伴热（RTSR），用于伴热泵体的辅助管路及阀门。

二、输油泵机组国产化现状

2013 年以前，国内长距离管道用离心泵主要选用的是鲁尔、苏尔寿、福斯等国外著名输油泵厂家的产品。由于进口输油泵的供货周期、配件供应、售后服务、价格等因素，常会影响整条输油管道的建设与后期的正常运行，制约了我国输油管道的建设与发展。

我国从 20 世纪 60 年代末开始生产长输管道输油泵，由于设计和铸造水平低，国产泵的使用寿命及可靠性较差，特别是泵运行效率低，严重制约了其推广应用。长期以来，我国大型长输管道输油泵的技术水平一直处于落后状态。我国输油泵与国外差距主要在于泵叶轮水力模型。

随着我国油气管道建设的快速发展，实现油气管道关键设备国产化的必要性日益迫切。油气管道关键设备国产化既是国家能源安全的重要保障，也是输油气企业降低建设和运营成本的需要。鉴于此，我国于 2008 年颁布了《“十一五”重大技术装备研制和重大产业技术开发专项规划》，专门将长输管道成套设备列入 8 项国家重大技术装备研制的行列，加快国产长输管道输油泵的研制及技术创新已成为泵行业技术发展的一项重要课题。中国石油积极响应国家提出的重大装备国产化政策，在推进长输管道输油泵国产化工作方面出台了包括通过依托重点工程项目加强技术联合攻关等一系列有效措施，并组织了相关的长输管道输油泵国产化项目。2012 年 12 月 13 日，中国石油主办的中国石油油气管道关键设备及材料国产化工作推进会在北京召开；2014 年 11 月，第二届中国油气管道设备与材料国产化技术交流大会在上海举行，这些举措为长输管道输油泵国产化的进一步推进起到了积极的推动作用。近十年来，中国石油依托油气管道重大工程项目，以工程应用为目标，落实国产化工作主体，实现了研究与应用的有机结合，中国石油提出了明确的油气管道装备国产化目标：到“十二五”末，油气管道装备国产化在设备种类上全覆盖，“十三五”末，实现油气管道装备 100% 国产化。

在国家一系列重大装备国产化政策的推动下，泵行业一些主要泵制造厂积极抓住市场机遇，投入人力物力，借鉴和吸收国外长输管道输油泵的先进技术和优点，开始了大型长输管道输油泵的开发研制工作。经过 10 多年的不懈努力，取得了丰硕的研制成果和应用业绩，为长输管道输油泵国产化工作做出了突出贡献。

2005 年 8 月，浙江佳力科技股份有限公司承接了中国石化洛阳—许昌—驻马店管道首站输油泵的研制生产任务。2009 年，浙江佳力科技股份有限公司（简称浙江佳力）开发研制出 2000kW 大型管道输油泵，应用于中国石化鲁皖二期管线工程济南首站。2013 年，浙江佳力研制的国内首台高扬程输油泵通过国家鉴定，该产品成功应用于石家庄—太原成品油管线高庄输油站。在浙江佳力开发的长输管道输油泵上实现了多项重大创新技术，获得了多项国家实用新型专利。这些突破性创新包括水力设计方法的创新、总体结构技术的创新、滑动轴承材料与安装结构的创新、大直径高压机械密封技术的创新、双蜗壳泵体结构铸造工艺的创新、输油泵自监控系统的创新。该公司研制的输油泵已顺利应用于秦京输油管道迁安泵站、新疆克乌输油管道、西部双兰线输油管道、洛郑驻输油管道、九江樟树成品油管道、青岛大炼油配套成品油管道等多项国家大型重点工程中，运行、应用情况均良好。

2007 年，中国航天科技集团公司与中国石化以实现重大装备国产化为核心，开展了战略合作，双方推进了以长输管道输油泵国产化为重点的项目合作，为大型高效长输管道输油泵机组国产化开辟了崭新道路。2008 年 5 月，由中国航天科技集团公司第六研究院、航天投资控股有限公司、陕西航天动力高科技股份有限公司共同出资成立了西安航天泵业有限公司。2008 年 5 月，西安航天泵业承担的昆明—大理输油管线《长输管线高效串联输油泵机组国产化设计方案》通过了中国石化的专家评审。2008 年 10 月，西安航天泵业研制出了输油泵样机，并于 2009 年交付了 10 台输油泵用于昆明—大理的输油管线。近 5 年来，西安航天泵业有限公司进一步拓展了长输管道输油泵市场，其研制生产的长输管道输油泵陆续应用于中国石化华南分公司柳桂线、江苏石油分公司苏南线、浙江石油分公司甬绍金衢线等输油管线，运行情况良好。2013 年 11 月，由西安航天泵业与中国石化管道储运分公司共同承担的 2000kW 原油管线输油泵机组国产化研制项目通过鉴定。2015 年 4 月，西安航天泵业有限公司成功中标中国石油云南成品油管道输油泵项目，该项目是中缅输油管线在国内的延伸，共 3 条管线 17 台成品油泵。

西安航天泵业有限公司利用自身的技术优势在开发研制长输管道输油泵方面取得了成功经验。目前，该公司输油泵已完成了系列化开发与生产。该公司开发的大功率原油输送泵具有效率高、抗汽蚀性能好、耐高压、结构可靠等特点，适用于高黏度原油的加温输送，能够进行远程控制和故障监测，检修维护方便，对替代进口和促进我国泵行业的技术发展具有重要意义。

2009 年，辽宁恒星泵业有限公司与中国石油联合开发研制出 HPT2843-194 型大功率管道输油泵，应用于沈阳输油气分公司铁岭输油站。HPT2843-194 型大功率管道输油泵是单级双吸水平中开卧式离心泵，采用双蜗壳设计，具有水力径向力小、水力效率高、维修方便等特点。叶轮采用单级双吸闭式结构，三维抗汽蚀优化设计及过流表面硬化处理，使其具有使用寿命长、效率高、轴向力小、抗汽蚀性能好等特点。轴采用刚性结构设计，轴承间跨度短。轴封处挠度小，运行平稳。HPT2843-194 型管道输油泵额定流量 2843m^3/h，额定扬程 194m，额定转速 2985r/min，配用功率 2000kW 泵机组配备了性能先进、可靠的振动、温度、泄漏监测仪表，可在线监测泵的运行情况，并可实现超标报警、联锁停机等功能。2010 年 9 月，HPT2843-194 型管道输油泵通过了国家能源局组织的科技成果鉴定。截至目前，辽宁恒星泵业为庆—铁四线、鞍—大线、中—俄二线、铁—大线等输油管道共提供大功率管道输油泵 40 多台。

2013 年，中国石油设立重大科技专项“油气管道关键设备国产化”，2500kW 级输油泵机组国产化研制与应用是专项课题之一，也是输油设备国产化工作的重中之重。中国石油管道公司牵头，组织沈阳鼓风机集团股份有限公司、辽宁恒星泵业有限公司、上海阿波罗机械股份有限公司、上海电机厂有限公司、荣信电力电子股份有限公司等单位开展 2500kW 级输油泵和配套电动机、变频器的研制工作，并成功研制出首批 10 套大功率输油泵机组。2014 年 6 月，以 2500kW 级为标志的大型输油泵机组在沈阳通过了工厂试验验收和国家工业泵质量监督检验中心开展的第三方测试，各项指标均达到或超过设计要求。2014 年 7 月，通过了中国机械工业联合会和中国石油天然气集团公司在北京组织的出厂鉴定，并陆续在新建的管线上投用。2016 年 6 月，通了中国石油管道分公司组织的工业性试验验收。这次大型输油泵机组研制成功是继压缩机组（电驱和燃驱）、大口径全焊接球阀国产化后，获得的又一个重大突破。

近年来，在国家有关部门高度重视和支持下，在用户单位和制造企业家的共同努力下，长输管道输油泵国产化取得了重大突破成效，但是长输管道输油泵国产化工作依然面临很多挑战。目前，我国大型高效长输管道输油泵的国产化率仍然不高，而且水平也参差不齐，在提高国产化输油泵机组批量制造保障能力，进一步确保国产化输油泵长期稳定、可靠运行等方面还有许多工作要做。未来几年，我国输油气管市场将有更大的发展空间，输油管道建设的发展必将带动长输管道输油泵的巨大需求和发展，可以相信未来几年大型高效长输管道输油泵的国产化进程定会得到加速推进。

第二节　输油泵机组国产化技术条件

一、输油泵主要技术条件

主要参考标准为 API 610（石油石化及天然气工业用离心泵）。

1. *一般要求*

（1）按 25 年使用寿命的标准进行设计制造。泵机组应是重载型，无故障连续运行寿命至少 3 年。

（2）卧式单级双吸水平中开结构（API 610 BB1），配径向导叶，能通过更换叶轮和导叶实现同一壳体两个额定工况功能，采用滚动轴承支撑和集装式机械密封。

（3）传动装置、辅助设备、配管及配件应设计和制造成易于维修。电动机应为重载型感应式电动机，并直接与离心泵连接。电动机应通过联轴器与泵连接。

（4）联轴器及类似危险区应配有可拆卸无火花型安全保护罩，保护罩应保护在距联轴器 13mm 的固定罩范围内，并有足够的刚度来承受挠性变形，同时应防止由于机体接触而产生的磨损。采用加长联轴器，其加长长度应能拆下联轴器、轴承、密封和转子而不影响驱动机和吸入及排出管路。

（5）所有泵的零部件包括泵及辅助系统橇座，应按1类2区D组危险区域环境中的额定运行条件设计。

2. 泵技术要求

（1）泵应能至少达到在105%的额定转速下连续运转，泵的特性曲线从零流量到最大流量应该平滑变化。

（2）泵的优先选用工作区为所提供叶轮的最佳效率点流量的70%～100%区间内，额定流量点应位于所提供叶轮最佳效率点流量的80%～100%区间内。

（3）在距泵1m处检测的最大噪声应小于85dB。

（4）泵壳的各部分应按能承受泵数据表中规定的最大允许工作压力设计，进口和出口法兰应与泵壳构成一个整体，对于串联运行的泵其进口和出口法兰应与泵壳有相同的压力等级，压力泵壳的最小腐蚀裕量为3mm，进口和出口应位于水平方向。

（5）装配的旋转部件应进行动平衡测试。

（6）对装配的旋转部件应做残余不平衡检验。

（7）证明泵能在从最大流量到提供的最小连续稳定流量间的任意流量下运行，且满足振动指标要求。

（8）典型2500kW级泵适应两种额定工况，额定流量（工况一3100m^3/h，工况二2100m^3/h）设计压力10MPa，功率等级2500kW，主要参数见表3-2。

表3-2 2500kW级输油泵设计参数

序号	参数	工况一（3100m^3/h）	工况二（2100m^3/h）
1	效率	≥87%	≥85%
2	扬程	230m	230m
3	汽蚀余量	≤20m	≤20m
4	轴承温度	温升小于40℃，温度小于80℃	温升小于40℃，温度小于80℃
5	振动	≤4.2mm/s	≤4.2mm/s
6	噪声	≤85dBA	≤85dBA

二、自润滑电动机技术条件

配套电动机的功率2500kW/6kV等级，极数为2极，全封闭式异步电动机。润滑方式为滑动轴承自润滑，采用空—空冷却方式，可以降低润滑油站、外水冷却系统及其控制、防爆等方面的要求。主要技术要求为：

（1）电压等级：6kV。

（2）电动机保证效率：>96%。

基本性能保证值的允许误差范围：

（1）效率：为 $-0.10(1-\eta)$。

（2）功率因数 $\cos\varphi$：$-(1-\cos\varphi)/6$，最少 -0.02。

（3）最初堵转电流：保证值的+20%。

（4）最初堵转转矩：保证值的 –15%，+25%。

（5）最大转矩：保证值的 –10%。

电动机的额定频率为 50Hz，当频率为额定，且电源电压与额定值的偏差不超过 –15%～+10% 时，电动机应能输出额定功率。

当电压为额定，且电源频率为 48.5～50.5Hz 时，电动机应能输出额定功率。

电动机的额定功率，应不小于电动机所驱动设备长期连续运行所需的能力，其值至少应大于最大的制动功率。

在设计的环境温度下，电动机应能承受所有热应力和机械应力。并要求当端电压保持在额定值的 100%时，电动机能达到满意的各类性能参数均应在保证值容差之内。

电动机应有 1.1 倍额定功率的过载能力。

驱动泵电动机冷态允许连续启动不少于 3 次，热态允许连续启动 2 次，启动时电动机端头最低电压为 70%～80%的额定电压。

当三相电源平衡时，电动机的三相空载电流中任何一相与三相平均值的偏差应不大于平均值的 10%。

三、中压变频装置技术条件

与 2500kW 级输油泵机组配套变频器主要技术条件如下。

1. 一般要求

（1）变频器设计寿命最低 20 年，并保证运行的连续性，设备在设计时作充分考虑，保证本体及辅助设备连续运行至少 3 年以上。

（2）变频器为直接高 — 高结构，直流环节采用电容器，为电压源型。

（3）变频器可满足工艺调速范围，并能够快速通过机组共振点。

（4）变频器机柜的外壳防护等级：变频器柜应为 IP31。

（5）变频器设以下保护：变频器故障过电流、外部报警、主进线回路过电压、缺相、超速、主进线回路欠压、转子停车堵转、电动机热过负荷、相间短路、接地故障、微处理机故障、冷却失效、变压器温度继电器超温动作和报警等。

2. 主要技术要求

（1）变频器在不加任何功率因数补偿手段的前提下，输入端功率因数达到 0.95 以上。

（2）变频器系统效率大于 96.5%。

（3）du/dt 值小于 1000V/μs。

（4）变频器输出波形不会引起电动机的谐振，转矩脉动小于 0.1%。

（5）变频器频率分辨率 0.01Hz。

（6）变频功率单元采用模块化设计，各单元相互之间可以互换，单元更换时间小于 10min。

（7）变频器主要元件（功率元件 / 模块、电容、二极管、电感等）的寿命：在满足设备要求的环境条件下，功率器件 IGBT、整流桥等半导体器件的寿命大于 20 年。使用寿命相对较短的电容方面，针对本项目采用薄膜电容器，正常使用寿命至少 15 年以上；设备可用性：99.97%。

（8）变频器满足 100ms 掉电不停机功能。

第三节 输油泵机组设计制造

一、输油泵

1. 结构设计及关键部件选型

输油泵主要由转子部件、导叶、泵盖、泵体、轴承部件、集装式机械密封部件、电伴热系统及仪控系统等组成。

（1）泵体采用卧式水平中开式结构，配导叶，实现同一壳体不同工况参数的目的。具有径向力小、水力效率高、维修方便等特点。上泵体设有温度变送器检测孔，用于泵壳温度的检测。排气孔设在泵盖最顶端。泵的进出口设置在下泵体上，其轴心线与泵轴线垂直，配带加长节的挠性联轴器，检修时无需拆卸进出口管线和电动机。泵壳腐蚀余量为 3mm，静止耐磨表面和旋转耐磨表面硬度差不小于 50HB。输油主泵三维图如图 3–1 所示。

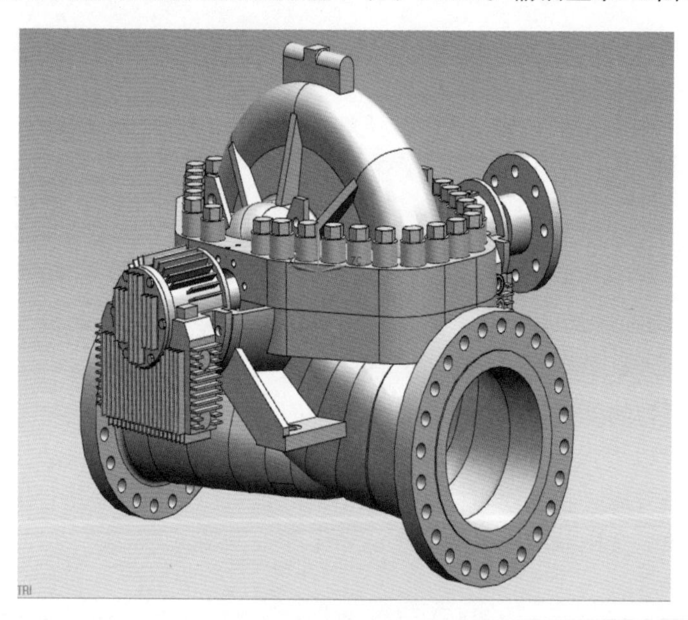

图 3–1 输油主泵三维图

（2）叶轮采用单级双吸封闭式结构。三维优化设计及过流表面打磨处理，使其具有使用寿命长、效率高、轴向力小、抗汽蚀性能好等特点。叶轮三维图如图 3–2 所示。

（3）导叶采用焊接件，导叶与叶轮配合使用，与没有配置导叶的壳体相比，可消除 70% 的径向力。材质同叶轮一致。

（4）轴采用刚性结构设计，轴承间跨度短，轴封处挠度小，运行平稳，瞬间反转对泵轴及叶轮无损害。转子部件按 G2.5 标准做动平衡试验。转子部件如图 3–3 所示。

通过 ANSYS 有限元软件对转子部件分析，进行转子第一阶横向临界转速，第一阶扭转临界转速分析，使输油主泵在正常运行过程中转子远离共振区，不会发生共振，轴系安全可靠。

（5）主轴承及平衡残余轴向力的轴承均采用滚动轴承及自润滑方式。在非驱动端设置有两个角接触球轴承组成的集装式轴承和一个单列圆柱滚子轴承，在驱动端设置一个单列圆柱滚子轴承。轴承寿命均满足 25000h。

图 3-2　叶轮三维图

图 3-3　转子部件图

（6）机械密封采用国产大连华阳密封股份有限公司和四川日机密封件股份有限公司的机械密封，并在冲洗管路上配置了浮子流量变送器。同时还设有密封泄漏检测装置和机封测温元件，以实现机械密封泄漏的自动报警。集装式高压机械密封如图 3-4 所示。

（7）检测仪表。在测温元件的布置上，两侧轴承体分别设置了具有远传功能的温度变送器 Pt100 和就地显示的双金属温度计，泵壳体顶端设置检测泵壳体温度的温度变送器 Pt100，壳体伴热和机封泄漏排液管伴热埋设测温感应包，实时监测伴热温度；在机封压盖上设置温度变送器 Pt100，用于监测机封运行状态。Pt100 温度变送器具有防爆、防腐、防浪涌、防反接、防过电压、耐震、体积小、稳定性好、现场显示、量程迁移等特点。

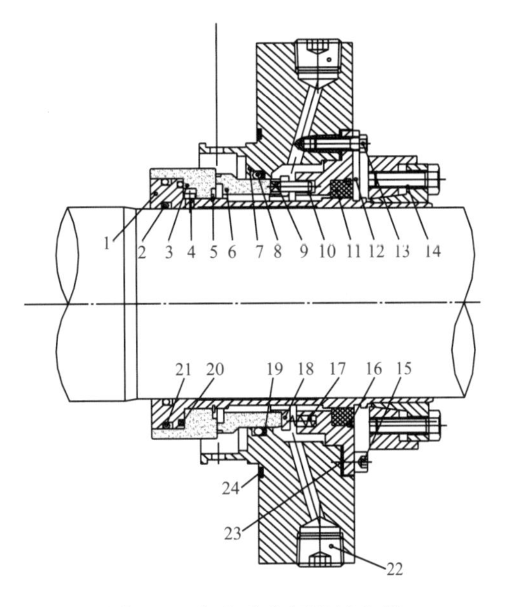

图 3-4　集装式高压机械密封

1—轴套；2，8，20，21—“O”形密封圈；3—动环；4—台阶销；5—卡圈 1；6—静环；7—压盖；9—防转销；10—弹簧座；11—节流环；12—定位块；13—螺栓；14—楔形抱轴器；15—连接螺钉；16—卡圈；17—弹簧；18—推环；19—挡圈；22—螺塞 $R1/2$；23—密封垫；24—压盖密封圈

在机械密封压盖处设置压力变送器，用于检测机械密封的泄漏，压力变送器选用法国堡盟 RP2E-L661-0202，报警值为 1.2BAR。当机械密封动静环端面磨损严重时，泄漏量增加，会在机械密封压盖处形成压力，通过压力开关将信号远传至控制室 SCADA 系统内。

在轴承体上配有高性能振动变送器，可在线监测泵的振动情况。它体积小、重量轻、抗干扰能力强、无维护量和易于与上位工业计算机连接。振动变送器主要技术指标：测量范围 0～20mm/s；频率范围 10～1000Hz；输出信号 4～20mA。

（8）泵壳与泄漏排污管线的电伴热与保温系统主要由 BARTEC-HSB 型电热带、温度检测元件、电伴热温度控制箱和便于拆装型保温外壳四部分组成。电伴热泵体与泵盖单独设置。

（9）联轴器选用带中间节的膜片联轴器。有足够长的中间节，可实现在不拆卸电动机的情况下更换轴承或机械密封。泵端联轴器采用液压拆装，避免了加热拆装给现场环境带来危害。

（10）主要零件材料见表 3–3，国产化输油主泵体密封环材质高于 API 610 标准要求材质。

表 3–3　主要零件材料

主要零件名称	输油泵材料 1	输油泵材料 2	API 标准要求
泵壳体	ZG20CrNi	ZG1Cr13Ni	WCB
轴	0Cr13Ni4Mo	42CrMo	AISI4140
叶轮、导叶	ZG15Cr12	ZG0Cr13Ni4Mo	30Cr13
泵体密封环	1Cr13MoS	1Cr13MoS	30Cr13
叶轮密封环	30Cr13	0Cr13Ni4Mo	30Cr13
主螺栓	42CrMo	42CrMo	AISI4140
主螺母	35CrMo	35CrMo	AISI4140
轴套	30Cr13	30Cr13	30Cr13
节流衬套	30Cr13	30Cr13	30Cr13

2. 叶轮水力设计方法

叶轮是离心泵的核心部件，泵的流量、扬程、效率及空化性能都与叶轮的水力设计有重要的关系。设计叶片的任务，就是设计出符合流动规律的叶片形状，为此需要研究液流在叶轮内的运动规律。由于液流在叶轮内的流动一般是复杂的非定常三维黏性湍流，通常要根据具体情况，合理采用某些假定以建立简化的流动模型来求解。根据对流动情况的假设和简化不同，叶轮水力设计的流动理论可分为：一元流动理论、二元流动理论及三元流动理论。

（1）一元理论：叶轮是由无穷多个厚度无限薄的叶片组成的，这样叶轮内的流动就具有轴对称的特点，即 $\partial / \partial q_3 = 0$，流面是以叶轮轴线为旋转轴的回转面；同时假定轴面速度沿过水断面是均匀分布的。因此，叶轮中任一点的轴面速度只与过水断面的位置有关，即 $C_m = C_m(q_1)$。

（2）二元理论与一元理论的相同点是它也认为叶轮是由厚度无限薄的无穷多个叶片所组成的，同样认为叶轮内的流动具有轴对称的特点，但与一元理论不同之处在于二元理论并不认为轴面速度沿着过水断面是均匀分布的。根据这种假设，叶轮中任意一点的轴面速度不仅与过水断面的位置有关，还与该点在过水断面上的位置有关，即 $C_m = C_m(q_1, q_2)$。

（3）三元理论在理论上最为严格，它不采用叶片无穷多假设，所以叶轮内的流动也不是轴对称流动，每个轴面的流动各不相同。另外，沿同一过水断面轴面速度也不是均匀分布的。轴面速度随轴面、轴面流线、过水断面形成的 3 个坐标的变化而变化，即 $C_m = C_m(q_1, q_2, q_3)$。这种方法通过在三维空间中求解流动方程来计算叶片形状，能够更准确地模拟叶轮内空间流动的特性。

常规的一元水力设计方法是根据计算所得的叶轮基本尺寸：叶轮外径、叶轮出口宽度、叶轮进口直径以及轮毂直径，参考相近比转速叶轮的图纸，初步绘制叶轮的轴面投影图，包括叶轮的进口边、出口边、轮毂和轮缘。再用“内切圆校验法”检查流道的过流断面面积的变化规律，如果变化规律不理想，则要修改轮毂和轮缘的形状，反复修改，直到满足要求。

采用二元流动理论进行水力设计时，首先通过计算得到主要尺寸参数以生成初始轴面流道轮廓，应用准正交线法绘制轴面流网，并检验其过流断面面积分布是否合理，通过对轴面流场不断进行迭代计算来调整轴面流道轮廓，使用逐点积分法对叶片骨线绘型，对叶片在轴面流线方向上进行加厚，最后利用“贝塞尔”曲线对叶片头部进行修整以完成设计。

对于全三元问题，目前国内外发展较快的是一种方法是采用 Clebsch 公式来表示流场，叶轮内的流动为稳定的有旋流；将流场分解为平均流场和周期流场，周期流场中的周期流动变量用傅立叶级数沿周向展开，把三元问题转化为无穷多个二元平面问题来求解。

3. 输油泵制造

输油泵的本体制造中最核心、最难的部件为叶轮和轴。

（1）叶轮的精密铸造。

离心式叶轮，其叶片为空间曲面，为了降低液体在其中流动时能量的损失，提高泵的效率，所以在设计叶轮时，要求其叶片工作面及流道的光洁度很高，而传统的加工方法无法进行加工。一般砂型铸造件的表面光洁度很低。不能满足设计上的要求，故采用熔模精密铸造技术。

熔模铸造又称失蜡铸造，包括压蜡、修蜡、组树、沾浆、熔蜡、浇铸金属液及后处理等工序。失蜡铸造是用蜡制作所要铸成零件的蜡模，然后蜡模上涂以泥浆，这就是泥模。泥模晾干后，放入热水中将内部蜡模熔化。将熔化完蜡模的泥模取出再焙烧成陶模。一般制泥模时就留下了浇注口，再从浇注口灌入金属熔液，冷却后，所需的零件就制成了。

（2）泵轴加工。

泵轴是泵的核心零件之一，其主要承受扭矩：叶轮外周压力分布不均引起的水力径向力；叶轮、联轴器等转动部件残余不平衡质量引起的离心力：叶轮前、后盖板不对称而产生的轴向力等。对其强度和韧性有很高的要求，所以其毛坯选用锻件来生产。

（3）动平衡。

旋转零件如叶轮、转子工作时，如果结构不对称或产品不合格、材料不均匀等，常由于重心和旋转中心的偏移，产生离心力，造成转子不平衡，产生振动。为了消除这种振动，保证泵的安全运转，必须对这些零件作平衡试验并加以调整，达到平衡状态。全速动平衡机如图 3-5 所示 。

二、自润滑电动机

1. 电动机基本参数

该大容量高速自润滑防爆电动机已形成 2000～3150kW 的系列产品，2500kW 电动机的基本参数见表 3-4，电动机的外形如图 3-6 所示。

表3-4　2500kW电动机的基本参数

参数名称		保证值		
制造商		上海电气集团上海电机厂有限公司		
产品型号		YWG500-2		
冷却方式		IC611		
制造和结构方式		IMB3		
额定电压，kV		6		
额定电流，A		276		
额定容量，kW		2500		
满负载速度，r/min		2985		
堵转电流倍数		6.3		
堵转转矩倍数		0.65		
最大转矩倍数		2.0		
负载率，%		50	75	100
效率，%		94.9	96.1	96.6
功率因数		0.821	0.880	0.900
电动机转动惯量，$kg \cdot m^2$		25		
额定工况的绕组温升，K		80		
轴承形式		滚动□滑动■		
防冷凝加热器	电压，V	220		
	功率，W	200		
润滑	润滑方式	自润滑		
	润滑油型号	ISO-VG22		
尺寸（长×宽×高），mm		3550×2250×2000		
质量，kg		8400		
转子质量，kg		1306		

2. 设计选型

1）防爆型式的选择

根据技术要求和GB 3836.8—2003及相关防爆标准要求，电动机按无火花型防爆型式进行研发设计，防爆等级为ExdenA Ⅱ BT3Gc。选择无火花型防爆型式，满足了输油管道对电动机的防爆等级要求，且较隔爆型、正压型电动机具有便于制造、成本低、适用维护方便等优势。

图 3-5　全速动平衡机（3000r/min）

图 3-6　2500kW 电动机外形图

2）轴承形式的选择

（1）轴承结构选择。通常端盖式滑动轴承分两种形式，法兰偏置式和法兰居中式，对于相同规格的滑动轴承而言，法兰偏置式轴承整个油室都在电动机外部，润滑油的热量直接通过轴承座表面散热筋将热量传递出去，而法兰居中式滑动轴承油室有一半在电动机外部，另一半在电动机内，电动机内部温度相对较高，不利于轴承散热。此外，对于同一轴承座号的两种轴承而言，法兰偏置式外部散热表面积大，如 11 号瓦座轴承，法兰偏置式比法兰居中式轴承座外露部分体积大，较大的储油体积和散热面积将有利于轴承散热。法兰偏置式轴承油室较大，并且外部冷却散热筋较多，对自润滑轴承靠内部油环带动油冷却转轴和轴承的电动机而言，选择法兰偏置式轴承散热效果优于法兰居中式轴承。

（2）润滑油的选择。在可以形成油膜的情况下，轴承摩擦损耗与润滑油黏度成正比例关系，通常情况下，2 极滑动轴承结构电动机，压力油供油情况下，经常采用 32 号汽轮机油。润滑油的牌号越高，运动黏度将越大，对高转速轴承而言，在转轴和轴承间会产生较大的摩擦损耗。对2500kW等级2极自润滑电动机而言，选择22号汽轮机油，将会减少轴旋转产生的损耗，进而降低轴承温度。经过计算，在两种润滑油润滑的情况下，轴承温度值相差近4℃。

（3）轴承档加工精度要求。轴承所产生的热量主要是由轴旋转过程中产生的摩擦损耗，对于压力油循环冷却的轴承，轴承档表面粗糙度通常在0.63～0.8μm之间均可满足要求，但对自润滑轴承轴承档表面粗糙度应达到0.4μm，较高的加工精度可以减少轴旋转产生的摩擦损耗，降低轴承温度。

3）先进的电磁设计

使用先进的异步电动机电磁计算程序进行电磁设计。为了实现高速大容量异步电动机的轴承自润滑，采用三圆尺寸的优化设计，并通过电磁程序计算，确定最优的三圆及气隙。采用巧妙的接线方式，有效地降低高次谐波损耗。同时，通过先进程序设计的高速电动机，具有功率密度高、电磁噪声低、电气性能佳的先进性。

4）定转子结构

定子机座振动模态分析：电动机运行转速为2100～3000r/min，运行频率为35～50Hz。由于2极电动机运行时定子模态必须避开电源频率及两倍的电源频率，因此须对定子结构进行有限元分析，得出定子的各阶模态频率及其振型，避开定子可能产生有害振动的模态避开的频率范围。该机座壁板采用双层结构，提高刚性；地脚采用弹性支撑结构，降低振动。

采用有限元软件对转子部件进行应力分析，确定部件结构，满足高速运行要求。经过详细的应力计算，对转子冲片、护环、导条、端环选择合理的结构设计以及合适的材料，确保每个零部件在电动机超速状态下有一定裕度。

采用有限元转子进行临界转速分析，确保电动机满足2100～3000r/min的运行范围需求。电动机转轴为挠性轴结构，其一阶临界转速低于额定转速。采用有限元软件，进行转子结构优化，临界转速的有限元法计算值为1950r/min，该分析结果充分考虑了轴承油膜刚度及阻尼、不平衡磁拉力、转子旋转陀螺效应等因素。在研制产品的振动试验中采用先进的振动分析仪表测出电动机转轴的实际一阶临界转速为1900r/min。

5）风路及冷却器结构

（1）风路结构。两端轴承内部均与电动机内风路循环风直接接触，若电动机内部直接与轴承接触的是冷风而不是热风，将对轴承自润滑有很大好处。因此，内部设计采用对称双循环冷却结构，由冷却器进入机座内的冷风正好吹至轴承内侧，有利于降低轴承温度。内风路若为单循环混合通风，将会有一端轴承内侧直接与热风相接触，对轴承散热不利。此外，轴承内侧增加一道挡油圈，既可以减少风扇后端负压避免造成轴承油雾进入电动机腔体内部，又可以减少内部风温对轴承温度的影响。

（2）冷却器结构。自润滑电动机为了满足轴承自润滑要求，通常会将转子设计的较轻，因此，转子部分无论是导条或轭部，热负荷参数会取得较高，并且要求由冷却器回到电动机的冷风温度尽可能底，这就要求冷却器有比较好的散热能力，其中一种方式为改变冷却管结构，如：采用椭圆管，既可以增加冷却面积，又可以降低风阻，有利于冷却。对空—空冷却型电动机，最大环境温度按40℃考虑，通常情况下，内风路的冷却风经冷却器后进入电动机的冷风通常不允许超过60℃，外风路的冷却风最高温度约为50℃。对大容量高转速自润滑电动机而言，轴瓦温度往往会升高至八十多摄氏度（注：报警值90℃，停机值95℃），考虑到轴瓦与轴承座之间的温差约10℃，因此，将外风路的冷却风引致轴伸端用于冷却轴伸端轴承，又可以增加此处空气流动，对轴承冷却有较大好处。

6）风扇结构

电动机转轴上安装三个风扇。其中两个安装在电动机转子靠近线圈端部，为内风路提供冷却风；剩下一个安装在非轴伸端，为外风路提供冷却风。内外风扇叶片为流线型曲面，最大限度提高风扇通风效率，增加风量；采用整体铸造成型工艺，制造方便，降低噪声。

7）轴承结构

采用法兰偏置式轴承，轴承内部带端盖，很好地满足了自润滑电动机的设计需要。对轴承的动态载荷性能、油膜刚度及阻尼、运行稳定油温进行分析计算。根据特定使用环境需求，开发了自控式轴承加热器，能够实现低温条件下轴承润滑油的热备状态。

8）护环结构

电动机转子采用薄壁护环结构。端环焊接在导条内侧，导条外圆安装薄壁护环。采用该结构，既有效地固定端环和导条，又让整体结构紧凑，且减少材料使用。

9）国内领先的绝缘系统

采用先进的F级绝缘系统，VPI整浸结构。有效地提高了线圈的绝缘耐受寿命和可靠性，满足电动机在变频或频繁启动工况下的使用要求。线圈端部采用防电晕包扎方法，有效杜绝线圈端部电晕产生，满足无火花防爆电动机的防爆要求。

10）全封闭空—空冷却方式

电动机冷却方式为IC611，采用径向和轴向相结合的混合风路结构，为两端进风、中间出风的对称风路，有效地避免了电动机内部局部过热现象。

11）先进的正压通风装置

采用国际知名的换气及泄漏补偿系统，保证电动机启动前，电动机内腔可燃性气体在得到有效的置换后，电动机允许启动，启动后正压系统进入泄漏补偿状态，运行期间补偿系统自动保持内腔合适的压力，防止可燃性气体进入壳体内部。

3. 电动机制造

1）线圈制造

电动机的心脏——定子线圈的制造水平达到国际一流水平。线圈从绕制、拉型到绝缘包扎均由全自动数控设备完成。

全自动数控恒张力绕线机可保证线圈直线平直、服帖，匝数正确无误，匝间绝缘不被损伤；全自动数控自动拉型机可保证线圈几何形状的一致性，并避免人工整形可能对匝间绝缘带来的损伤；全自动数控绝缘包扎机可根据不同线圈截面、不同绝缘材料调节包扎张力及叠包量从而保证主绝缘不受到机械损伤。

2）冲片制造

采用国外进口，具有国际先进水平剪冲设备进行定转子冲片的加工。400t高速冲槽机，最大板厚2.5mm，行程速率无级变速50～500次/min，扇形片冲槽时的直径350～9900mm，具备CNC控制的3轴分度装置，冲槽结束后，分度装置自动复位到起始位置，冲槽机加工能力强大，能适应不同类型的冲槽要求。

3）定子嵌线

定子线圈嵌入铁心完成后，通过绑扎以及适形毡的使用使定子线圈端部与端箍之间垫实、绑牢；通过由热膨胀玻璃毡、适形毡组成的“间隔垫块”以及绑扎固定绳的使用，将线圈端部之间垫实、垫紧，经过 VPI 浸渍处理后整个线圈端部形成一个整体，确保电动机的安全运行。

4）VPI 浸渍

全自动全过程真空度、压力、温度、电容值检测，保证了线圈浸渍工艺。电容测量工艺开创了电动机 VPI 整浸的技术先河，可全面监测电动机浸漆质量，使电动机浸渍完全处于监控状态。

5）转子制造

采用高精度的转轴加工中心，转子铁心档和两端轴承档的同轴度，确保定转子气隙的均匀度，减少不平衡磁拉力及轴电流，保护轴承可靠。转子导电排和端环的焊接采用中频焊接技术，转子导电排在转子槽内固定由专用设备——数控铜排胀紧机强化固定，保证转子导电排与转子铁心的可靠固定。

三、中压变频装置

中压变频装置，其输出电压为 6kV，由 6 级功率单元串联而成。每个功率单元的输出电压也为 630V，同一相的 6 个单元串联后，在变频器控制系统的控制下实现 6kV 输出。功率单元的基本拓扑为交—直—交电压源型变频结构，三相全桥整流输入、单相 H 桥逆变输出。整流电路将变压器副边绕组提供的三相交流电源整流为脉动的直流电源，经过大容量的电容滤波后，可以得到稳定的直流电源。通过对 IGBT 组成的逆变桥进行正弦调制的 PWM 控制，可得到等效正弦的单相交流输出。

同时，电动机的谐波损耗大大减小，避免了由于输出谐波电流引起的电动机发热，和转矩脉动引起的电动机振动。6kV 变频器的主电路如图 3-7 所示。

1. 控制系统

控制系统主要包含主控板、脉冲板、模拟板、数字板、通信板和总线板等，每种电路板具有不同的专属功能，如图 3-8 所示。模拟量信号和数字量信号分别由模拟板和数字板收集，通过总线板输送至主控板，主控板根据收集来的各项数据和预先设置好的参数，进行高速数据处理，然后将处理结果通过总线板返回模拟板和数据板，最终再通过模拟板和数字板的对外输出接口送至控制装置外部。控制装置内脉冲板与功率单元板间通过光通信进行数据收集，然后通过总线板输送至主控板，从而获取每台功率单元的工作状态。主控板根据收集的信息制定最优方案，同时将指令送回脉冲板，最终通过光通信下达至功率单元，从而调整每个功率单元的工作状态，达到最佳的控制效果。

2. 移相变压器

移相变压器为干式变压器，具有长寿命免维护的特点。输入电压为 6kV，容量选定是依据招标要求整个变频驱动系统过载能力，同时考虑电动机效率（注：电动机功率因数电压源变频器可以不予考虑）、变频器效率等因素后核算出来的。

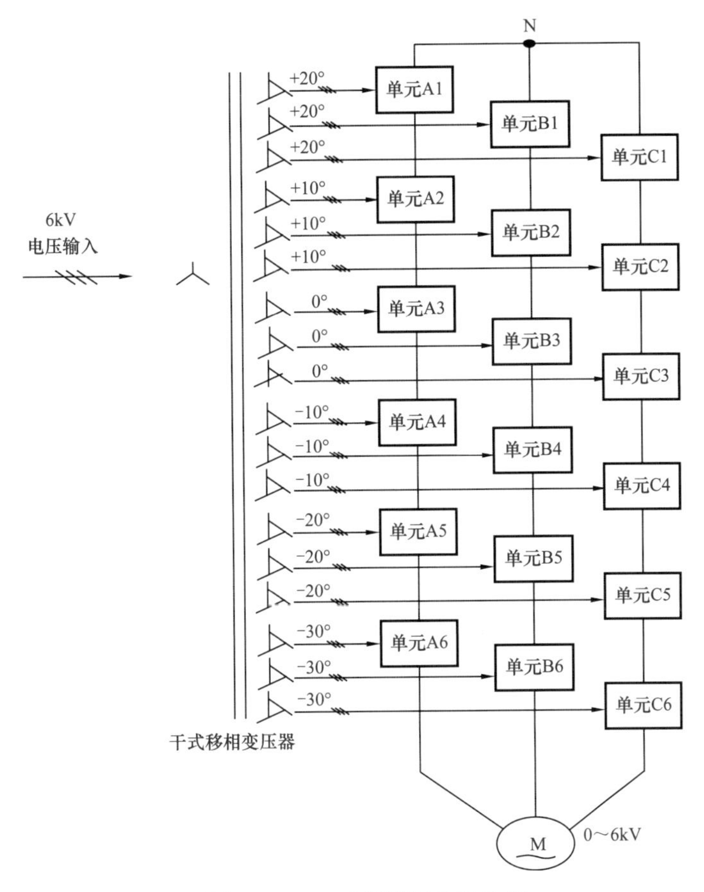

图 3-7　6kV 变频器拓扑结构图

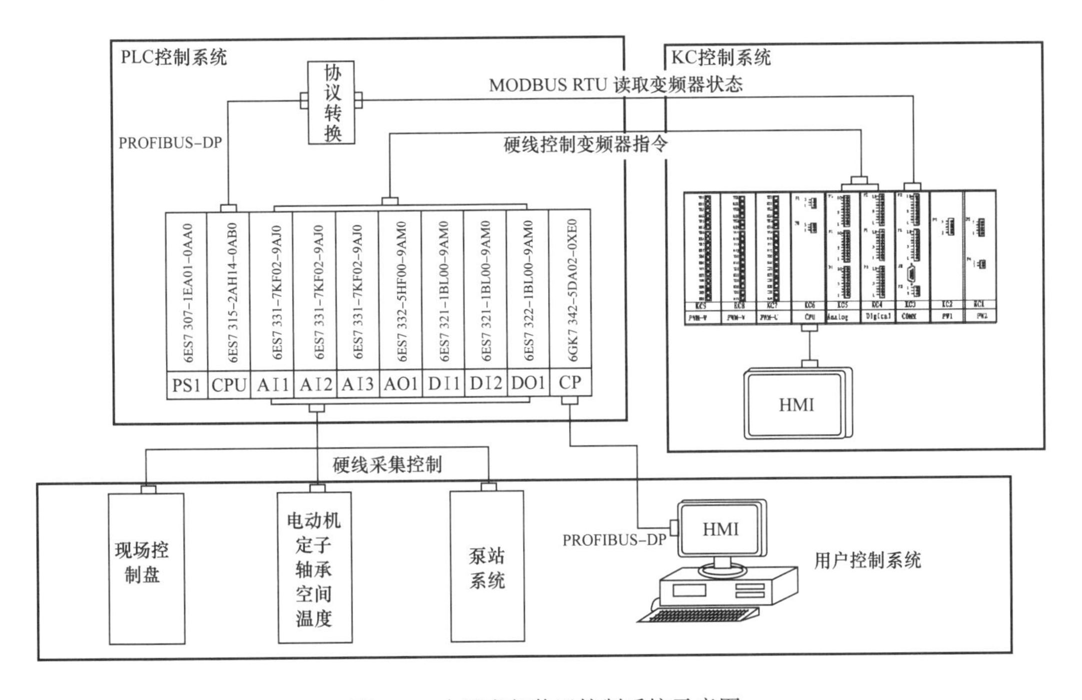

图 3-8　中压变频装置控制系统示意图

导体采用耐热指数220℃的优质无氧铜电磁线，为了提高线圈的抗冲击能力，采用高导磁冷轧硅钢片，450全斜接缝，冲孔结构，整体性强，损耗低，铁芯表面经耐高温树脂粘结，并经防潮防腐处理，噪声较低。

3. 功率系统

功率单元串联叠加多电平高压变频器的输出电压由多个功率单元的输出电压串联叠加而形成。功率单元由整流电路、逆变电路、控制电路、驱动电路、故障检测电路、通信电路、指示电路等组成。单个功率单元的主电路如图3-9所示。

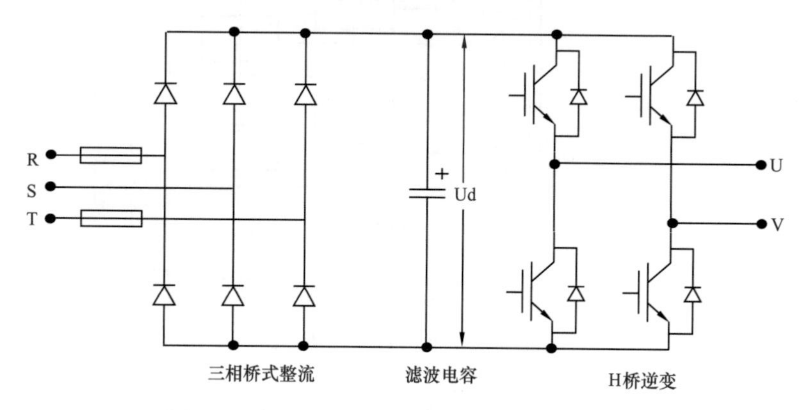

图3-9　中压变频装置变频功率单元原理示意图

输入端R、S、T接变压器二次侧绕组低压输出端，经过三相全波整流桥后，形成直流电压经电容滤波后，供给由IGBT功率模块组成的H桥逆变电路，通过接收光纤触发信号，经过PWM控制技术，控制A+、A−、B+、B−的导通和关断，使其输出单相脉宽调制波形。

功率单元外形图、功率单元拓扑图如图3-10所示。

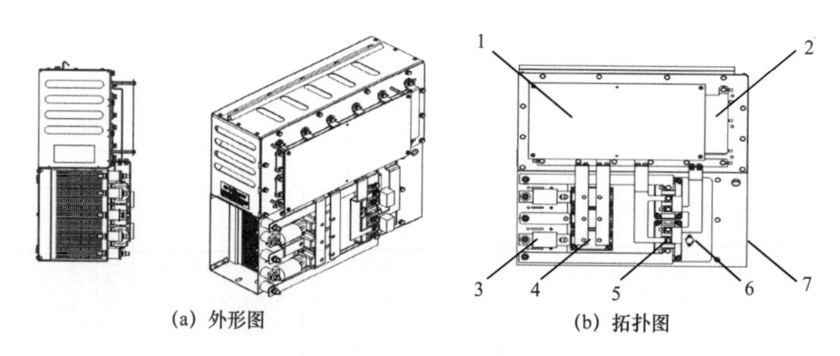

图3-10　中压变频装置功率单元

1—功率单元控制板；2—电容器；3—熔断器；4—整流模块；5—逆变模块；6—温度传感器；7—电阻器

4. 直流电容的选择

传统变频器中直流支撑、滤波电容器几乎全部采用铝电解电容器，早期的选择原则主要是考虑铝电解电容器自身的容量体积比特性，及相对低廉的价格；加之早期功率器件的稳定性及系统保护的问题，及盲目追求庞大的电容量及更小的纹波系数致使铝电解虽然有诸多缺点但仍得到广泛应用。伴随着新型金属化薄膜技术的成熟及成本的降低，基本金属化薄膜技术适用于中、高压变流装置的直流支撑、滤波电容器产品（以下简称金属化电容器）已经进入民用市场。

直流支撑滤波板电容器采用新型无级性金属化聚丙烯自愈式安全模式电容，该种电容使用寿命长，整个寿命器件，完全免维护，并全面改善原有的铝电解电容器容量偏差大、电压低、电流小、损耗大及频率特性差等在应用中的缺陷，基本性能比较见表 3–5。

表 3–5　滤波电容性能比较

性　能	金属化电容器（电力电容）	铝电解电容器
容量偏差	一般 ±5%	标准偏差 –10%～+50%
额定电压	单台电压已经达到 20kV（DC） 荣信股份采用单只耐压 1200V	主要为 400～450V（DC）以下
过电压倍数	1.3～1.5 倍额定电压	最高 1.2 倍
是否能承受双向电压	是	否
快速放电	是	否
承受有效电流	40 倍铝电解电容器能力以上	约 20mA/μF
温度频率特性	基本无影响	影响非常严重
结构形式	干式或油浸式（荣信股份采用干式）	浸渍电解液（受温度影响大）
可靠性及寿命	高，可靠性 100000h 以上	差，1000h 85℃
储　存	无要求	有时间及环境要求
损坏后现象	轻微故障可自愈，不爆炸	无自愈能力，爆炸

第四节　输油泵机组试验与应用

按照分开制造、统一测试的原则，中国石油组织输油泵机组国产化研制厂家，利用同一测试平台、同一标准进行性能比对测试，国产化输油泵机组额定效率达到 88% 以上，最高效率达到 90.35%。国产化输油泵在庆铁四线运行稳定，与进口泵进行了效率和振动等方面的对比测试，相关指标达到了进口泵的技术水平，为国产化输油泵推广应用创造了条件。截至 2016 年底，国产化输油泵机组先后在鞍大线、庆铁三四线改造工程、漠大线复线、铁大线等管线应用超过 50 套。

一、工厂试验测试

1. 输油泵出厂测试

为了比较不同国产化厂家产品性能差别情况，按照分开制造统一测试的原则，三个参与国产化工作的输油泵厂家，利用同一测试平台、同一标准进行性能比对测试，如图 3–11 和图 3–12 所示。并由国家工业泵质量监督检验中心进行第三方见证。

按照《2500 级输油泵机组（自润滑）工厂试验大纲》要求，委托具有资质的单位完成试验回路规划、设计，完善自控系统。试验明确要求增加扭矩分析仪，采用扭矩计算出更加准确的输油泵效率。

（1）输油泵通过挠性膜片联轴器和扭矩仪与电动机相连接，鉴于该泵的汽蚀余量高于 10m，故采用闭式循环系统，由水罐供水给输油泵，以保证输油泵能够进行带载试验。为减少试验管路对机组振动、噪声的影响，对进出口管线试验管路每间隔一定距离加刚性固定支撑（进出口管段加弹簧支架）。对出口电动阀门加固支撑，出口管路增加直管段长度。联合底座在试验台上加强固定。

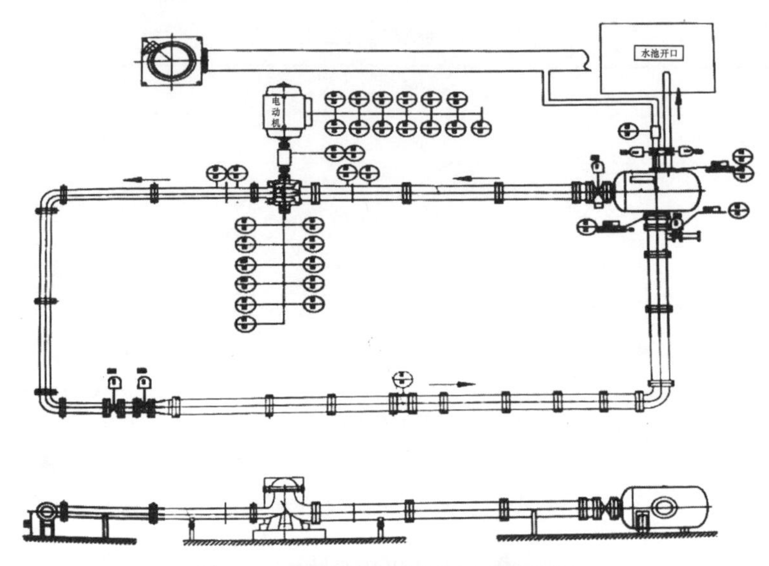

图 3–11　输油泵出厂试验回路示意图

图 3–12　国产化输油泵测试平台

（2）测试系统采用自动检测采集：采用泵产品参数测量仪与测试仪表相连接，通过微机控制与现场形成人机对话方式进行各参数采集测试或自动化测试。测试完成后对参数进行分析、判断、自动绘制性能曲线。在各参数测试完成后，调整至额定工况点，开始进行连续稳定性试验。测试结果见表 3–6。

试验完成后，中国机械工业联合会和中国石油在北京组织召开 2500kW 级国产化输油泵机组出厂鉴定会议，输油泵机组顺利通过鉴定。

表 3–6　国产化输油泵同一平台性能测试情况

指　标		辽宁恒星泵业有限公司输油泵	上海阿波罗机械股份有限公司输油泵	沈鼓集团水泵股份有限公司输油泵	《2500kW 输油泵机组输油泵技术条件》规定
额定流量，m^3/h		3100	3100	3100	3100
效率 %	额定点	90.35	88.43	89.86	87
	70% 流量点	75.6	76.3	75.5	—
扬程 m	额定扬程	232	233	224	230、220
	死点扬程	287	290	280	<额定点 +30%
额定点气蚀余量，m		17.5	19.1	16.4	<20m
轴承温度，℃	驱动端	37.3	53.9	41.0	<80℃
	自由端	38.4	46.1	45.3	
振动，mm/s		<4.5	<4.5	<4.5	<4.5
机械密封泄漏情况		未见泄漏	未见泄漏	未见泄漏	<5mL/h

2. 电动机出厂测试

试制电动机通过试验，定子温升、轴承温度、振动、噪声等主要性能指标均满足要求，电动机容量可由 2500kW 升容至 2800kW，可满足输油管线电动机要求。目前该类型高速自润滑电动机已实现量产并广泛应用，电动机出厂主要参数见表 3–7。

表 3–7　电动机出厂主要参数

制造商	中心高，mm	额定功率，kW	效率，%	功率因数	防爆等级	质量，kg
上海电气集团上海电机厂有限公司	500	2500（2800）	96.9	0.90	ExnA Ⅱ T3	7920
某国外公司	560	2400	94.8	0.87	ExnA Ⅱ T3	7550

3. 中压变频装置

1）测试回路搭建

按照测试要求，中压变频装置需要进行共模电压测试和 du/dt 测试，共模电压测试回路如图 3–13 所示。du/dt 测试回路如图 3–14 所示。

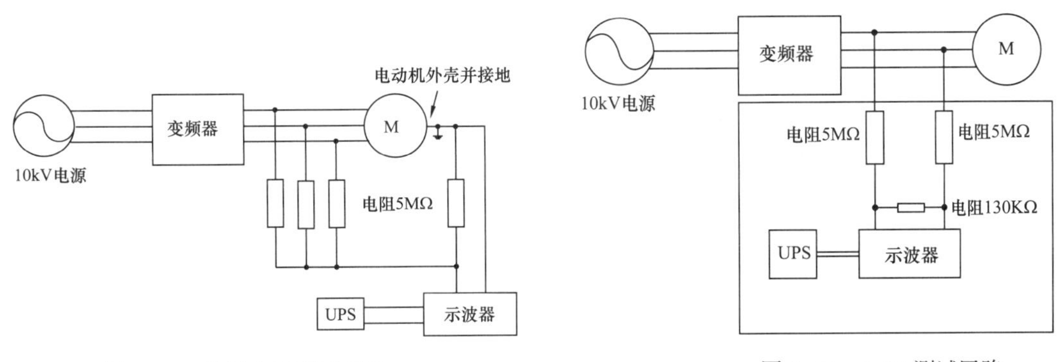

图 3–13　共模电压测试回路　　图 3–14　du/dt 测试回路

2）主要测试

共模电压测试如图 3-15 所示。变频器的共模电压约为 81.9V。

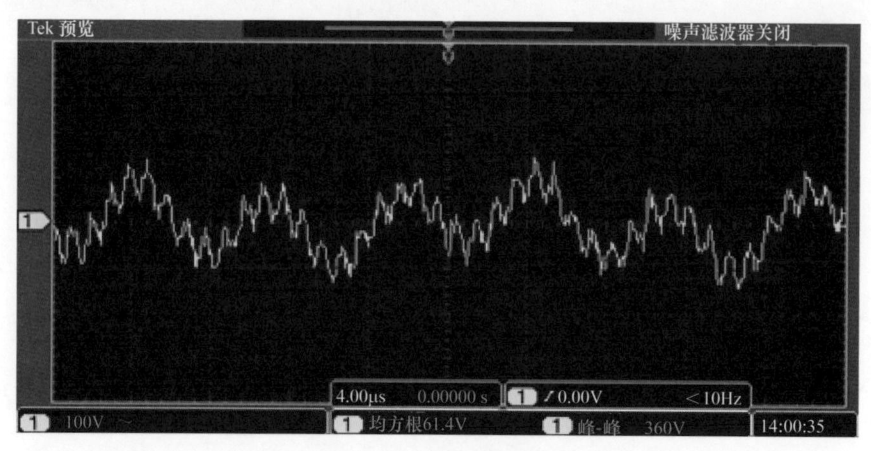

图 3-15 共模电压测试

d*u*/d*t* 测试结果如图 3-16 所示。10kV/1000kVA 的 d*u*/d*t*：上升沿约为 730.3V/μs，下降沿约为 960.4V/μs。均小于 1000V/μs，测试结果优于国际先进产品水平。

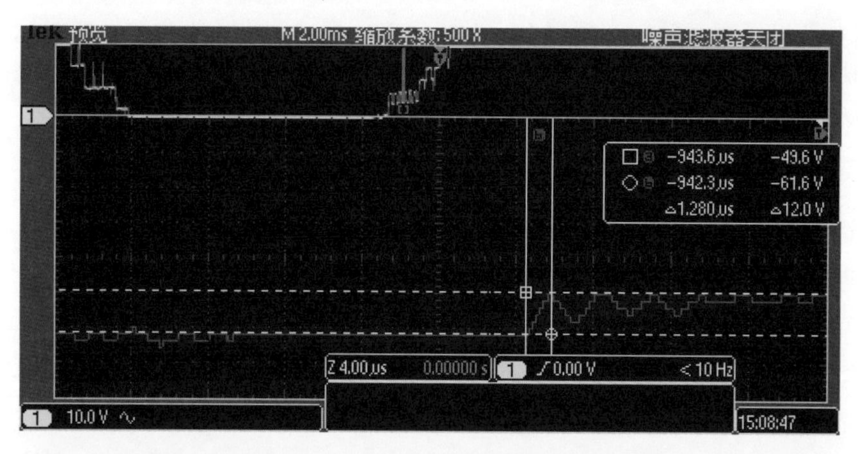

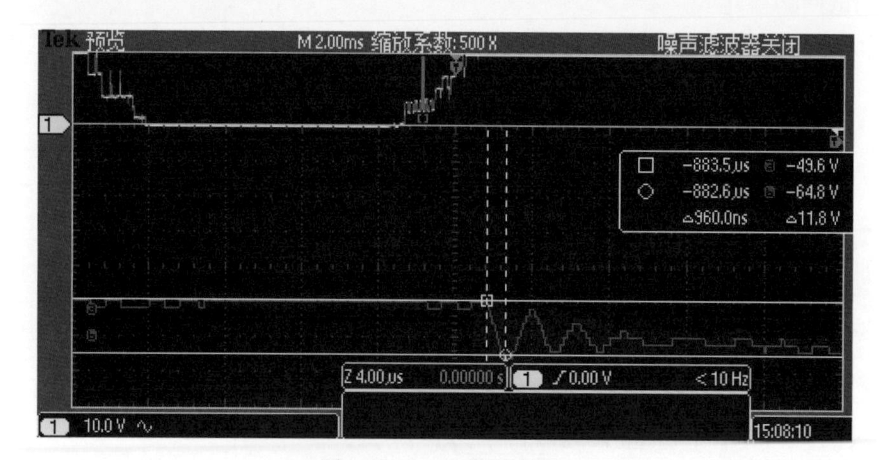

图 3-16 d*u*/d*t* 测试结果

二、工业性试验现场测试

1. 庆铁四线

综合考虑以下几方面因素：

（1）站场是否有备用机组，短期故障是否会影响生产运行。

（2）工业试验完成后，试验机组的方便处置。

（3）工业试验尽量不增加或少增加现场运行人员工作量。

（4）输油泵前期设计、制造、工厂试验、第三方试验情况。

经过充分风险评估，选择“以运代试”模式进行国产化输油泵工业性现场试验，且在同等条件下优先运行国产化输油泵，对其进行充分考核。“以运代试”模式具有以下特点：

（1）工业试验基本不增加现场运行人员工作量。

（2）工业试验完成后，试验机组可直接转换为正常运行机组，不进行工程改造。

（3）站场是 3 用 1 备设置，短期故障不会影响生产运行，输油泵工业现场试验安全性和可靠性能够得到保障。

国产化输油泵分别安装在庆铁四线林源站、新庙站、农安站、梨树站。2014 年 9 月，庆铁四线林源站、新庙站、农安站、梨树站的 6 台国产化输油泵投产一次成功，运行稳定，为后续国产化输油泵机组的推广应用起到了良好的示范效应。期间中国石油组织有资质单位对国产化输油泵和进口输油泵进行了对比测试。

试验介质为俄罗斯进口原油，进口泵和国产化泵 C 额定流量均为 3100m³/h，国产化泵 A 和国产化泵 B 额定流量为 2100m³/h，效率测试结果如图 3-17 所示，可以看出国产化输油泵效果较好。

图 3-18 和图 3-19 为两个站场的国产化泵与进口泵振动对比测试情况，可以看出国产化输油泵振动数值很小。图中特定流量点下振动数值为输油泵驱动端和自由端的各自振动数值，即同一流量下同一泵会有两个振动数值。

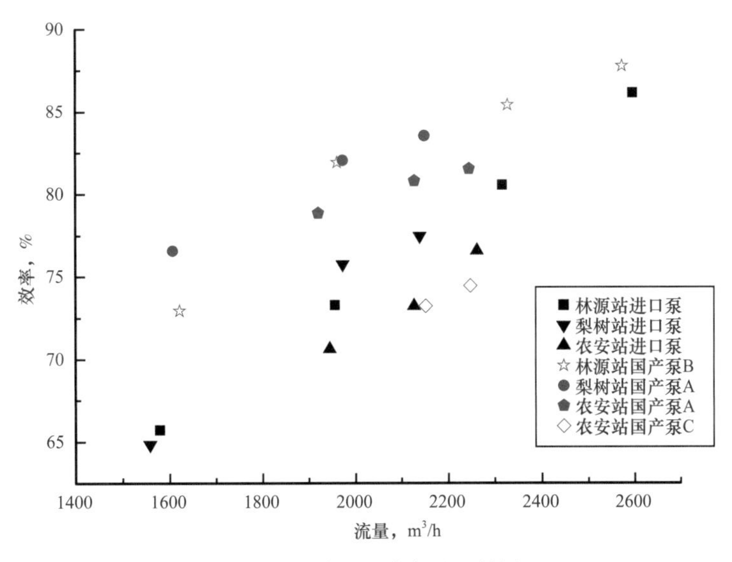

图 3-17　输油泵效率测试结果

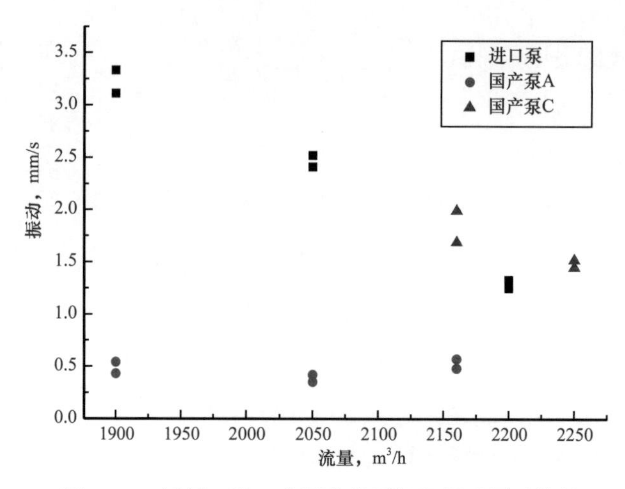

图 3-18　站场 1 进口和国产化泵机组振动测试结果

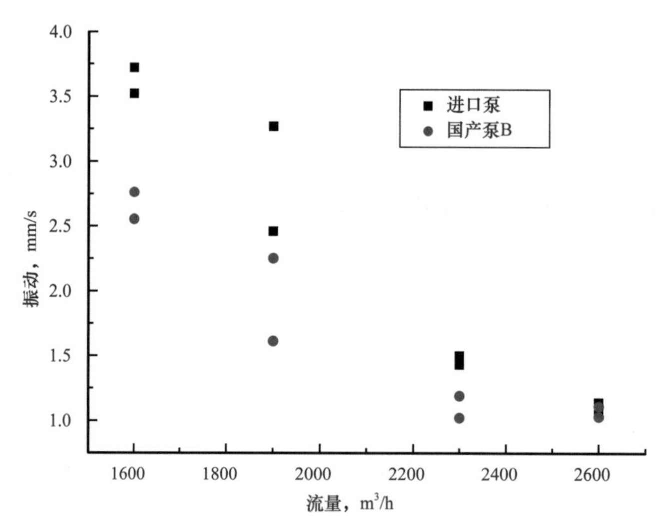

图 3-19　站场 2 进口和国产化泵机组振动测试结果

2. 漠大线

变频器设备投运后，各项性能指标完全满足现场的技术要求和协议规定，系统运行稳定可靠，经过长时间的各工况运转考验后，设备顺利通过验收。图 3-20 为现场变频器。

图 3-20　现场变频器

第五节　输油泵机组状态监测与故障诊断

近年来，管道的可靠性、安全性、经济性的要求越来越高。输油泵机组是输油管道站场最为关键的设备，运行状态的好坏直接影响站场的安全运行，而且其运行能耗是管道的主要能耗来源。同时，随着机组单机容量的不断增大，对机组的检修、维护、运行、管理提出了更高的要求，实施输油泵机组运行状况的状态监测和故障诊断，对机组故障进行及时预测预报、分析原因，对于输油泵机组的安全运行具有重要的意义，可以概括为以下几点：

（1）第一时间掌握输油泵机组运行状态异常或故障的早期征兆，并采取相应的措施，将故障消灭在萌芽状态，以避免或减少重大事故的发生。

（2）如果有故障发生，能够自动记录下整个故障过程的数据，以便事后对故障原因进行分析，缩短维修时间和降低维修费用，提高输油泵机组利用率，避免再次发生同类事故。

（3）通过对输油泵机组状态异常的原因和性质的分析，采取适当的措施，延长机组的运行周期，并为生产和维修决策提供科学依据。

（4）通过监测系统获得的大量机组的数据信息，可以更加充分地了解输油泵机组的性能，对输油泵机组设计、制造水平的改进和产品质量的提高提供了有力的科学依据。

（5）能够随时掌握输油泵机组运行状态的变化情况、各部分性能的劣化程度和机械性能的发展趋势，从而提高站场管理现代化水平。

一、泵机组监测的国内外研究进展

1. 国外研究进展

国外对于泵状态监测研究已有50多年历史，无论在理论上，还是在监测仪器和系统研制等方面，都已经达到了很高的水平，尤其是以计算机为核心的泵监测系统应用更为广泛，其测量精度和自动化水平已远远高于国内同类产品。泵的测量监测系统已经实现了高集成化、小体积化、自动化、智能化、可移动、可远程、多功能及操作简便等特点。

国外多家公司已经形成种类齐全的在线监测仪表产品系列，既可以作为设备简单监测使用，也可以参与设备闭环控制和保护。比较有代表性的公司，如美国本特利（BentlyNevada）公司生产的7200系列、3500系列监测系统，菲利普公司生产的RMS-700系列等产品都是非常成熟的监测系统。艾默生（Emerson）、恩泰克（Entek）、罗克韦尔（Rockwell）等公司的监测系统应用也很普遍。另外还有一些具有特色的监测系统，如瑞典SPM公司的轴承监测技术，AGEMA公司的红外热像技术，丹麦B&K公司的振动、噪声监测技术等都各有千秋。

2. 国内研究进展

国内有关离心泵状态监测相关技术的研究起步较晚，以2000年为界限可将其分成两个阶段。2000年以前，由于当时的测量仪器比较落后，主要采用指针式或者液压水柱等方式进行监测和读取，而指针式的仪器不仅种类多，而且体积大，移动性差，成本较高，在测量过程中还会出现不稳定、精度不高和效率低等问题。2000年至今，随着工业、制造业、自动化及计算机技术等的发展，不仅泵产品的种类有所增加，其性能质量也得到了很大的提高，与之对应的泵状态监测系统也朝着更加自动化、智能化的方向发展。尤其是近年兴起的虚拟仪器技术被我国各大科研机构和高校引进国内，并成功应用于测试技术，很大程度地提高了泵状态监测系统监测的自动化、精确度、便捷度和效率等方面。

国内泵状态监测系统有代表厂家有北京博华信智科技发展有限公司、北京航天智控监测技术研究院、沈阳鼓风机集团测控技术有限公司等。

3. 监测系统在管道中应用现状

目前仅中缅国内段管道、呼包鄂管道和锦郑管道装有振动监测系统。中缅国内段管道（21台）和呼包鄂管道（5台）有26台泵机组已安装了艾默生振动监测系统；锦郑管道10个泵站40台泵机组预装本特利振动监测系统。艾默生和本特利公司的振动监测系统通过实时监测泵机组振动，可以实现泵机组监测与诊断，为泵机组安全高效运行、科学维修提供技术支撑。而中国石油其余长输管线的400余台泵机组只安装了自保护系统，用于振动有效值超高、温度超高、压力超限报警，没有用于健康状态评价，无法实现泵机组状态监测与诊断。为提升长输管道泵机组管理水平，保障泵机组安全高效运行，降低维修维护成本，全面实现泵机组状态监测具有重要意义。

二、泵机组状态监测方法与故障模式

1. 泵机组状态监测方法

泵机组状态监测技术包含泵机组健康状态评价和故障诊断两个方面。

（1）泵机组健康状态评价。泵机组健康状态评价是以监测振动发展趋势为手段的设备运行状态预报技术，一般是通过采集泵机组的振动有效值、温度、压力等特征参数以评价运行状态，再根据特征参数值与门限值之间的关系来确定设备当前是处于正常、异常还是故障状态。对设备进行定期或连续的状态监测，还可获得设备运行状态变化的趋势和规律，据此能够实现预报泵机组的未来运行发展趋势，即趋势分析。

（2）泵机组故障诊断。泵机组故障诊断是以分析振动主要特征为手段的设备运行故障诊断技术，通过采集泵机组运行的状态信号，并结合其历史状况对所测取的信号进行处理、分析、提取特征，从而定量诊断（识别）泵机组及其零部件的运行状态（正常、异常、故障），再进一步预测泵机组未来的运行状态，最终确定采取何种必要的措施来保证泵机组取得最优的运行效果。

常用的泵监测与诊断方法有以下几种：

（1）谱分析对比法。谱分析对比诊断的基本原理是：将典型状态下监测信号通过各种数学变换的谱图和故障谱图用数据库的形式存放在计算机中，在诊断过程中，通过谱图的寻找和对比，研究状态变化和参量分别，参照谱图数据库得到监测和振动结论。

（2）状态模型辨识诊断法。应用在线辨识技术来实时地为系统建立一个数学模型。当系统中存在故障时，系统的输入与输出关系就会发生改变。因此，当系统的数学模型的参数发生较大的变化时，系统就可能存在故障。

（3）统计诊断法。应用贝叶斯公式算出某种征兆由特定故障引起的概率，进而判别故障类型。这种方法必须考虑被诊断对象的运行历史状况，以获取各种故障发生的概率变化情况，为各种故障确定先验概率。

（4）随机模型参数估计诊断法。系统状态合理表征只需两种特征参数：一种是总体平均势态信息的参数，如信号的能量、信息距离、散度、方差、相关矩阵等；另一种是当前时刻瞬态信息变化量参数，这种参数实际上是用前一时刻的状态信息来检测后一时刻的状态变化情况。参数提取所用的数学工具是时序分析。这种方法对冲击、阶跃等信号变化反应敏捷，但对缓慢变化的过程或一直存在的异常状态不能很好地反映。

除上述常用的方法外，还有故障树分析与诊断法、模糊诊断法、人工神经网络诊断法等。

2. 输油泵故障模式分析

输油泵故障模式分析，能够对输油泵故障模式及其危害程度进行分析，找出采取措施的路径和方法，对于提高输油泵设计制造质量有较大的帮助，是提升设计制造阶段质量管理的重要工具。

FMEA（Failure Mode and Effects Analysis）是一种前瞻性的可靠性分析方法，它是通过FMEA小组成员的集体讨论研究，使用系统分析方法对产品（包括硬件、软件和服务）的设计、开发、生产等过程进行有效的分析，找出系统中所有可能产生的故障模式及其对系统造成的所有可能影响，并按每一个故障模式的严重程度、检测难易程度以及发生频度予以分类的归纳分析方法。

经调研并咨询相关专家，给出了输油泵机组的77种故障模式，并按照对泵机组功能影响程度进行了分级，本书分为重大影响、较大影响和有影响三级，见表3–8。

表3–8　输油泵机组故障模式分析表

序号	故障模式	影响程度	序号	故障模式	影响程度
1	机械密封差压高	较大影响	16	轴弯曲	较大影响
2	机械密封泄漏大	较大影响	17	与口环等部件有碰磨	较大影响
3	机械密封冲洗管路噪声高	有影响	18	叶轮松动	较大影响
4	旋液分离器损坏	较大影响	19	轴承损坏	较大影响
5	机械密封液位报警	有影响	20	轴承松动	较大影响
6	轴承温度过高	较大影响	21	叶轮损坏	重大影响
7	轴承润滑油失效	较大影响	22	气蚀现象	重大影响
8	轴承有异响	较大影响	23	支撑刚度不够	较大影响
9	进出口管道有急弯	有影响	24	连接螺栓松动	较大影响
10	进出口管道直径突变	有影响	25	轴承箱等部件产生共振	重大影响
11	管网谐振	重大影响	26	压力变送器故障	较大影响
12	流量过小或过大	有影响	27	温度变送器故障	较大影响
13	入口含有气体	较大影响	28	机械密封流量计故障	较大影响
14	转子不平衡	较大影响	29	机械密封液位开关故障	较大影响
15	轴裂纹	重大影响	30	伴热带故障	较大影响

续表

序号	故障模式	影响程度	序号	故障模式	影响程度
31	振动传感器故障	较大影响	55	缺相运行	较大影响
32	效率较低或下降	较大影响	56	轴承松动	较大影响
33	主螺栓断裂	重大影响	57	轴承损坏	较大影响
34	主螺母损坏	重大影响	58	异物进入风罩	较大影响
35	主密封垫泄漏	重大影响	59	风罩变形	较大影响
36	轴承箱漏油	较大影响	60	不平衡	较大影响
37	连接管路漏油	较大影响	61	轴弯曲	较大影响
38	导叶损坏	较大影响	62	定子故障	较大影响
39	有异物进入泵中	较大影响	63	支撑刚度不足	较大影响
40	入口过滤器堵塞	较大影响	64	转子故障	较大影响
41	泵口环磨损	较大影响	65	运行频率与电动机共振	重大影响
42	泵体泵盖腐蚀	较大影响	66	基础松动	较大影响
43	轴套磨损	较大影响	67	电动机软脚	较大影响
44	电源未接通	较大影响	68	绝缘老化	较大影响
45	接线松脱或错	较大影响	69	温度变送器故障	较大影响
46	电源电压太低	较大影响	70	振动传感器故障	较大影响
47	定子绕组损坏	较大影响	71	联轴器不对中	较大影响
48	轴承抱死	重大影响	72	联轴器损坏	重大影响
49	负载太重	较大影响	73	地基不实	较大影响
50	电源电压过高	较大影响	74	底座不平	有影响
51	电动机绕组短路	重大影响	75	底座刚度不足	较大影响
52	轴承卡住	较大影响	76	控制逻辑故障	较大影响
53	通风不良	较大影响	77	硬件故障	较大影响
54	风扇损坏	较大影响			

三、输油泵机组振动监测基本原理及评价标准

在输油泵机组的状态监测与故障诊断技术中，振动监测是普遍采用的基本方法。当输油泵机组内部发生异常时，一般都会随之出现振动加大和工作性能的变化，因此根据对机械振动信号的测量分析，可不用停机和解体，就可以对设备的劣化程度和故障性质有所了解。目前的振动理论和测量方法都比较成熟，简单易行。

1. 振动监测方式

（1）轴承座的振动。

轴承座振动的测点应该在各轴承的垂直中分线和水平中分面上，以测量轴承座垂直、水平、轴向三个方向的振动，用振动位移和速度有效值来衡量转子振动状况。

（2）轴振动。

直接反映转子的振动状态，对故障灵敏度高。轴振动分为相对轴振动和绝对轴振动。

① 相对轴振动，采用涡流传感器，由于轴承油膜刚度、支承动刚度在圆周各个方向不相同，轴的涡动轨迹一般是圆形，因此测振方向不同所测得的轴振也不一样。必须在每一轴承附近安装两个轴振动传感器，两者之间相差 90°，在轴中心两侧一般 45° 处。

② 绝对轴振动，采用涡流惯性式传感器，若轴承支架与轴振动值相差小于 20%，可以认为相对轴振动就是绝对轴振动。

2. 振动监测传感器

振动传感器的种类丰富，按照工作原理的不同，能分为电涡流式振动传感器、电感式振动传感器、电容式振动传感器、压电式振动传感器和电阻应变式振动传感器等。

以下是这几种振动传感器的工作原理和用途。

（1）电涡流式振动传感器。

电涡流式振动传感器是涡流效应为工作原理的振动式传感器，它属于非接触式传感器。电涡流式振动传感器是通过传感器的端部和被测对象之间距离上的变化，来测量物体振动参数的。电涡流式振动传感器主要用于振动位移的测量。电涡流式振动传感器原理如图 3-21 所示。

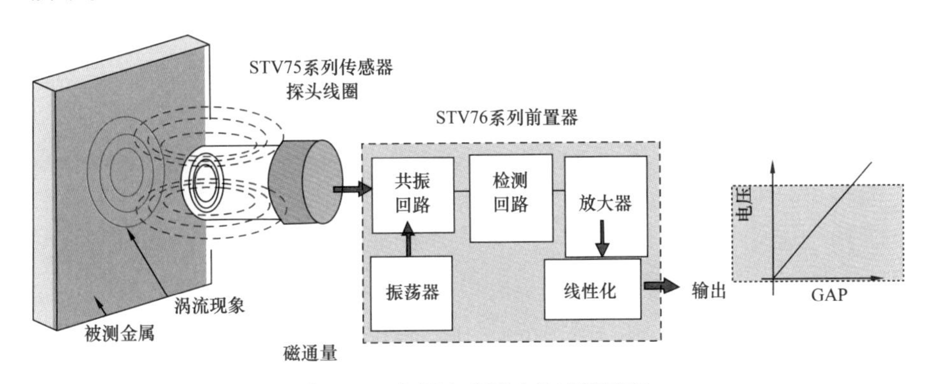

图 3-21 电涡流式振动传感器原理

（2）电感式振动传感器。

电感式振动传感器是依据电磁感应原理设计的一种振动传感器。电感式振动传感器设置有磁铁和导磁体，对物体进行振动测量时，能将机械振动参数转化为电参量信号。电感式振动传感器能应用于振动速度、加速度等参数的测量。

（3）电容式振动传感器。

电容式振动传感器是通过间隙或公共面积的改变来获得可变电容，再对电容量进行测定而后得到机械振动参数的。电容式振动传感器可以分为可变间隙式和可变公共面积式两种，前者可以用来测量直线振动位移，后者可用于扭转振动的角位移测定。

（4）压电式振动传感器。

压电式振动传感器是利用晶体的压电效应来完成振动测量的，当被测物体的振动对压电式振动传感器形成压力后，晶体元件就会产生相应的电荷，电荷数即可换算为振动参数。压电式振动传感器还可以分为压电式加速度传感器、压电式力传感器和阻抗头。压电式振动传感器结构如图3–22所示。

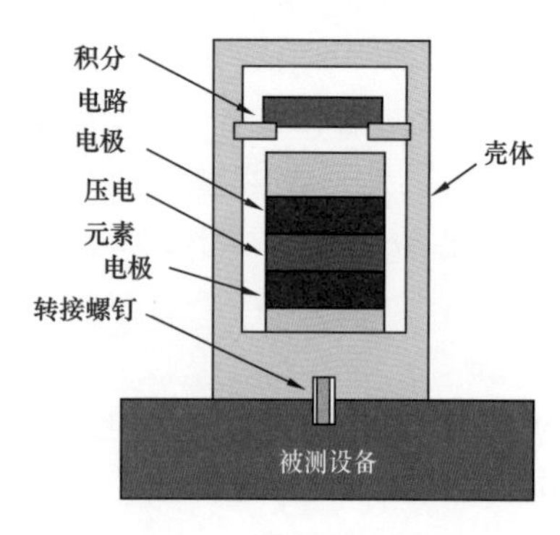

图3–22　压电式振动传感器结构

3. 振动监测和诊断标准

振动监测和诊断标准（或称判定标准）是通过振动测试与分析，用来评价设备技术状态的一种标准。而对所测得的数值如何，判定它是正常值还是异常值或故障值，就需要依靠诊断标准的帮助。

理论证明振动部件的疲劳与振动速度成正比，而振动所产生的能量则与振动速度的平方成正比，由于能量传递的结果造成了磨损和其他缺陷，因此，在振动诊断判定标准中，是以速度为判定参数比较适宜。

对于大多数的机器设备，最佳参数也是速度，这也就是为什么有很多诊断标准，如IS02372、IS03945及VDI2056（德）等采用该参数的原因。还有一些标准，根据设备的低、高频工作状态，分别选用振幅（位移）和加速度。因此，根据输油泵机组实际运行情况，也采用振动速度进行评定是比较合适的。

根据判定标准的制定方法的不同，通常将振动判定标准分为三类。

（1）绝对判定标准。

绝对判定标准由某些权威机构颁布实施。由国家颁布的国家标准又称为法定标准，具有强制执行的法律效力。还有由行业协会颁布的标准，称为行业标准，国际标准化协会ISO颁布的国际标准，以及大企业集团联合体颁布的企业集团标准。这些标准都是绝对判定标准，其适用范围覆盖颁布机构所管辖的区域。

国际标准、国家标准、行业标准、企业集团标准都是根据某类设备长期使用、观测、维修及测试后的经验总结，并规定了相应的测试方法。因此在使用这些标准时，必须按规定的适用范围和测定方法操作。目前应用较广泛的是：

① IS02372《机器振动的评价标准基础》；

② IS03945《振动烈度的现场测定与评定》；

③ CDA/MS/NVSH107《轴承振动测量的判据》；

④ VDI2056《振动烈度判据》（德国标准）等。

（2）相对判定标准。

相对判定标准是对同一输油泵机组，在同一部位定期测试，按某个时刻的正常值作为判定基准，而根据实测值与基准值的倍数，进行输油泵机组状态判定的方法。由于是基于输油泵机组自身某时刻的测量值作为判定基准，所以称为相对判定标准。

（3）类比判定标准。

相对判定标准是建立在长期对某一输油泵机组的测量数据的基础上。若某个输油泵机组运行时间不长或没有建立长期测量数据的基础，在对输油泵机组进行状态判定时，可以采用类比判定标准。类比判定标准是对多台同样输油泵机组在相同条件下运行时，通过对各输油泵机组的同一部位的测量值进行相互对比，来判定输油泵机组状态的方法。

表 3-9 给出了典型振动分级国际标准。

表 3-9　典型振动分级国际标准

<table>
<tr><th rowspan="2">振动强度分级范围速度有效值
mm/s</th><th colspan="4">ISO2372</th><th colspan="2">ISO3945</th></tr>
<tr><th>Ⅰ级</th><th>Ⅱ级</th><th>Ⅲ级</th><th>Ⅳ级</th><th>刚性基础</th><th>柔性基础</th></tr>
<tr><td>0.28</td><td rowspan="3">A</td><td rowspan="4">A</td><td rowspan="5">A</td><td rowspan="6">A</td><td rowspan="5">优</td><td rowspan="6">优</td></tr>
<tr><td>0.45</td></tr>
<tr><td>0.71</td></tr>
<tr><td>1.12</td><td rowspan="2">B</td></tr>
<tr><td>1.80</td><td rowspan="2">B</td></tr>
<tr><td>2.80</td><td rowspan="2">C</td><td rowspan="2">B</td><td rowspan="2">良</td></tr>
<tr><td>4.50</td><td rowspan="2">C</td><td rowspan="2">B</td><td rowspan="2">良</td></tr>
<tr><td>7.10</td><td rowspan="6">D</td><td rowspan="2">C</td><td rowspan="2">可</td></tr>
<tr><td>11.2</td><td rowspan="5">D</td><td rowspan="2">C</td><td rowspan="2">可</td></tr>
<tr><td>18</td><td rowspan="4">D</td><td rowspan="4">不可</td></tr>
<tr><td>28</td><td rowspan="3">D</td><td rowspan="3">不可</td></tr>
<tr><td>45</td></tr>
<tr><td>71</td></tr>
</table>

注：（1）ISO2372 标准中，把诊断对象分为 4 个等级：Ⅰ级为小型机械，15kW 以下电动机等；Ⅱ级为中型机械，15～75kW 电动机等；Ⅲ级为刚性安装的大型机械（600～12000r/min）；Ⅳ级为柔性安装的大型机械（600～12000r/min）。

（2）A、B、C、D 及优、良、可、不可代表对设备状态的评价等级。A 代表良好，B 代表允许，C 代表较差，D 代表不允许。

（3）采用 ISO2372 标准时，要考虑被诊断设备的功率大小、基础形式、转速范围等约束条件；采用 ISO3945 标准时，要考虑基础特性。

（4）标准 ISO2372 和 ISO3945 所采用的诊断参数均为速度有效值 V_{rms}。

（5）支承基础（刚性和柔性）：

柔性基础——机械行业标准中，规定当支承系统的一阶固有频率低于机组的主激振频率（指轴的转动频率）时，属于柔性基础。

刚性基础——与柔性基础定义相反的。

第四章　SCADA 系统开发与应用

油气管道 SCADA 系统软件是国际上普遍采用的对油气管网进行实时过程监控的自动化控制系统。SCADA 系统软件从 20 世纪 70 年代产生至今，经历了基于专用硬件和操作系统的 SCADA 系统、基于通用计算机的 SCADA 系统、基于分布式网络和关系数据库的 SCADA 系统三代技术[1]。在我国，油气管道 SCADA 系统的发展起步于 20 世纪 80 年代，以东黄线、铁大线 SCADA 系统应用为代表。此后，SCADA 系统在油气管道得到了普遍应用，如鄯乌、陕京、涩宁兰天然气管道，以及库鄯、兰成渝等原油和成品油管道，SCADA 系统几乎成为油气长输管道的标准配置。但由于国内没有可以大规模应用的油气管道 SCADA 系统软件，导致大部分站控系统使用 Cegelec、Honeywell、Siemens、TELVENT 等公司的产品，中控系统使用 Cegelec、TELVENT 等公司的软件产品，产生了由国外垄断的局面。

为实现 SCADA 核心技术自主可控，中国石油提前筹备，研究 SCADA 系统软件国产化的可行性，得到国家的高度重视与大力支持。自 2011 年起，中国石油合理安排、稳步推进 SCADA 系统软件国产化工作。先后完成国产油气管道 SCADA 系统软件的研发，以及生产现场工业试验系统的建设。2014 年 8 月成功研制出具有完全自主知识产权的“PCS 管道控制系统”（简称 PCS）软件 V1.0 并通过第三方测试，并于 2017 年年底完成工业试验，配套制定了 SCADA 系统软件技术与工程应用系列标准，填补了中国石油在该领域的技术空白。

第一节　SCADA 系统软件技术现状

一、国外油气管道 SCADA 系统现状

油气管道 SCADA 系统软件是国际上普遍采用的对油气管网进行实时过程监控的自动化控制系统。目前从世界范围尚未形成专业的油气管道 SCADA 系统软件相关体系标准，国际一些主流行业自动化公司，如 Cegelec、TELVENT、Enbridge、Shell、El Paso 等，所研发的 SCADA 系统软件虽然具有一定的通用性，但应用于石油行业时也出现了一些特殊情况。

SCADA 系统软件从 20 世纪 70 年代产生至今，经历了基于专用硬件和操作系统的 SCADA 系统、基于通用计算机的 SCADA 系统、基于分布式网络和关系数据库的 SCADA 系统三代技术。目前国际主流公司研发的 SCADA 系统软件，在技术上处于基于分布式计算机网络和关系数据库的第三代水平。从发展趋势来看，SCADA 系统软件正朝着开放、采用面向对象建模和基于集成数据平台的方向发展[2]。

随着油气管道向网络化方向的发展，集成高级应用已经成为油气管道 SCADA 系统的一个迫切需求。TELVENT、Cegelec 和 Honeywell 等公司作为全球油气管道 SCADA 系统工程领域的领头人，均在其原有 SCADA 系统软件的基础上，大量集成以泄漏检测、水击保

护、批输管理等管道运行分析管理软件为代表的高级应用软件包，来提供满足油气管道生产调控需求的全面解决方案。深度集成高级管道应用成为油气管道 SCADA 系统软件发展的一个趋势。

目前，随着大数据、人工智能的不断发展，SCADA 系统作为大数据的底层基础组成部分，担负着获取原始数据的重任，必将受到更多的重视、承担更多的功能。

二、国内油气管道 SCADA 系统现状

我国油气管道 SCADA 系统的发展起步于 20 世纪 80 年代，以东黄线、铁大线 SCADA 系统为代表，开始推广应用。自东黄线、铁大线之后，SCADA 系统在油气管道得到了普遍应用，绝大多数后期设计投产的大型输油气管道基本采用了 SCADA 系统，如鄯乌、陕京、涩宁兰天然气管道，以及库鄯、兰成渝等原油和成品油管道，SCADA 系统几乎成为油气长输管道的标准配置。

进入 21 世纪，国内油气管道行业迎来跨越式发展，中国石油开展大规模油气管道建设，随着西气东输、兰乌等管道投产，各管道地区公司均建立区域调控中心，建立中控 SCADA 系统，实现对所辖管道的集中调控，SCADA 系统应用得到长足发展。

在区域调控阶段，各管道调控中心在管理上相互独立，使用的 SCADA 系统软件不尽相同，彼此之间信息不能共享，难以建立管道输送的整体协调机制。

为优化管道运营管理体制，中国石油于 2006 年成立了北京油气调控中心。通过搭建统一的 SCADA 系统监控平台，对不同管道 SCADA 系统进行整合，从而实现集中调控。

截至目前，北京油气调控中心已建成 14 套 SCADA 系统，监控管道里程约 6×10^4km，数据总点数超过 50 万点，使用国外自动化公司的 View Star 软件和 SOA SyS 软件。

中国石油油气管道 SCADA 系统具有典型的分层结构，可分为调度控制中心中控层、输油气站场控制层和现场设备（机 / 泵 / 炉 / 阀）控制层。调度控制中心系统常称为中控系统，场站系统称为站控系统。典型油气管道 SCADA 系统结构图如图 4–1 所示。

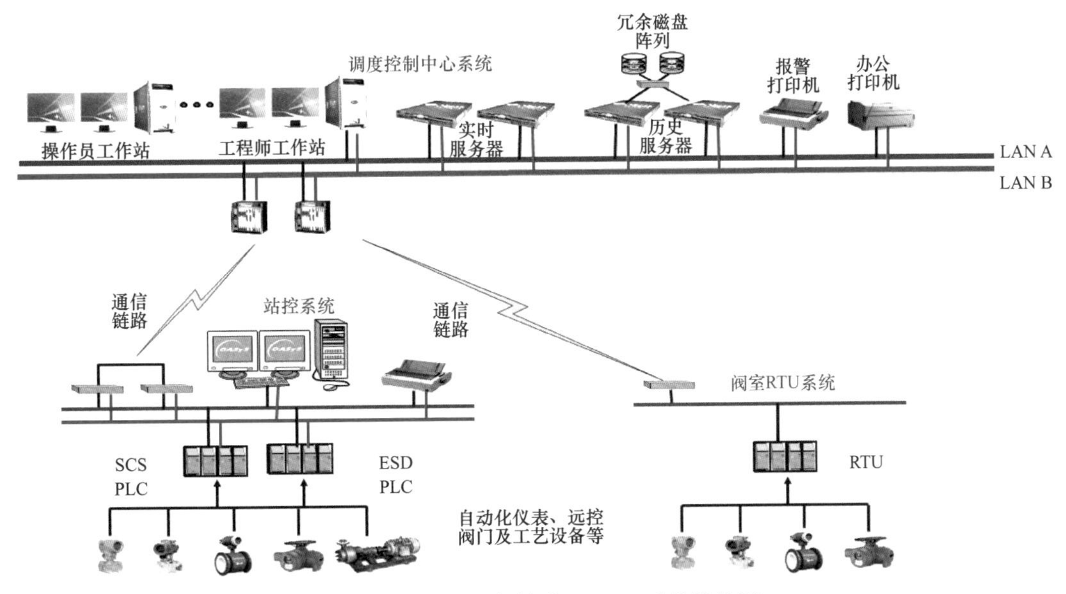

图 4–1　典型油气管道 SCADA 系统结构图

第二节 SCADA 系统软件国产化技术条件

SCADA 系统研发是一个涉及了控制技术、信息技术、计算机技术、软件开发技术、通信技术等多方面的综合系统工程，中国石油以及国内研究机构或者技术型企业都在相关领域进行了多年的工程和技术开发，形成了良好的基础条件。

一、实时数据库系统

实时数据存储和访问速度，是 SCADA 系统的核心性能，也是制约 SCADA 系统规模的关键指标。实时数据存储方式普遍采用了实时数据库系统作为存储和访问的载体，因此，实时数据库系统是 SCADA 系统软件国产化研发必须解决的关键技术难题。近年来，随着电力、石化等对大量实时数据存储和访问的需要和我国基础软件业的逐渐成熟，我国在实时数据库领域取得了一系列突破，解决了实时数据库领域的关键技术，产生了几款实时数据库软件。中国科学院软件研究所拥有自主知识产权的实时主动数据库 Agilor 系统，可以达到单 PC 服务器 20 万点的规模和每秒 5 万个数据更新的性能。北京亚控科技发展有限公司的 King Historian 是其最新研发的工业实时数据库产品，在单服务器上，32 位机上容量可以达到 20 万点。同时支持事务、异常恢复、关系表和 SQL 查询优化等技术。浙江浙大中控技术有限公司推出的 ESP-iSYS 大型分布式实时数据库，可在普通单 CPU 的 IDE 硬盘工控机上，集成超过 6 万点的实时数据。

二、数据压缩算法

为了保证 SCADA 系统高实时性数据存储等特点的同时，尽可能地提高数据存储的容量，数据压缩技术因此被引入 SCADA 系统。对于油气管道 SCADA 系统这种面向大规模应用的计算机数据处理系统，数据压缩和解压缩的速度，是 SCADA 系统核心性能之一；数据压缩率，是降低 SCADA 系统硬件成本和维护成本的关键指标之一。目前实时数据库中采用的数据压缩技术主要有旋转门压缩算法和死区限值压缩算法，这两种算法是通过减少存储的数值个数来实现压缩，对于过程数值的压缩率有限且是有损的，不适合用于数据精度要求较高的场合。

SCADA 系统数据压缩的另一种可以考虑的方式是将通用数据压缩技术引入实时数据库，实现对历史数据的无损、高效压缩。数据压缩算法应在详细分析了历史数据特点和文本数据压缩算法的基础上提出的。历史数据分为三大类，即数值、时间标签和质量戳，三类数据的数据特征不同，为了得到好的压缩效果，首先将历史数据分类提取，再根据每类数据的数据形态设计压缩算法。目前国内有存在部分的数据压缩算法都是通过对旋转门算法进行了一系列针对应用数据的修改。

三、冗余技术

高可靠性是过程控制系统的第一要求。冗余技术是计算机系统可靠性设计中常采用的一种技术，是提高计算机系统可靠性最有效的方法之一。为了达到高可靠性和低失效率相统一的目的，通常会在控制系统的设计和应用中采用冗余技术。合理的冗余设计将大大提高系统的可靠性，但是同时也增加了系统的复杂度和设计的难度，应用冗余配置的系统还增加了用户投资。因此，如何合理而有效地进行控制系统冗余设计，是目前广泛研究的课题之一。

冗余技术就是增加多余的设备，以保证系统更加可靠、安全地工作。冗余的分类方法多种多样，按照在系统中所处的位置，冗余可分为应用程序级、操作系统级和硬件系统级；按照冗余的程度可分为 1∶1 冗余、1∶2 冗余、1∶n 冗余等多种。在当前应用程序可靠性不断提高的情况下，和其他形式的冗余方式相比，1∶1 的应用程序级热冗余是一种有效而又相对简单、配置灵活的冗余技术实现方式，如目前在 SCADA 系统中典型的电源冗余、主控制器冗余、网络冗余、服务器冗余等。目前国内外主流的过程控制系统中大多采用了这种方式。

SCADA 系统冗余设计的目的在于系统运行不受局部故障的影响，而且故障组件的维护对整个系统的功能实现没有影响，并可以实现在线维护，使故障组件得到及时的修复。冗余设计提高了整个 SCADA 系统的平均无故障时间（MTBF），缩短了平均故障修复时间（MTTR），因此，对于应用在重要场合的 SCADA 系统，冗余是非常必要的。

国内的高校和软件公司在冗余技术的研究方面也已经做了比较多的工作，像基于动态方案的多点集群控制器可以实现多服务器 N + M 冗余，多家自动化软件公司推出了支持冗余的软件产品，支持部分软件系统在其产品基础上实现软件应用系统的冗余。

四、数据采集

数据采集系统功能在于：（1）将主系统发送的控制命令转换为符合相应通信规约的报文，发送至 PLC 等现场设备；（2）接收 PLC 等现场设备传送的报文，转换成主系统可识别的与规约无关的报文，上传至主系统；（3）数据采集系统的 I/O 端口运行在多种状态之一，如启动 / 停止、主 / 备、在线 / 监听，主系统将实时监视它们的状况，并由人工或自动方式向它们发出调控指令，数据采集系统应能够及时做出响应，调整自身的运行状态，保证系统运行的一致性和完整性；（4）可靠的通信。

不同的监控系统在数据监控和采集量上往往有很大差异，如果都用相同的硬件和软件系统，不仅浪费了系统资源，降低可靠性，而且无谓地增大了成本，不能为用户所接受。

数据采集系统是调度自动化系统的数据源，它的任何故障或不稳定都会直接导致整个系统的不可用。实际运行中现场的数据采集终端设备会因不断更新而增加新的通信规约，有些要求是难以预先确定的，而且随着我国油气管道自动化水平的提高和技术的进步，调度中心和现场的数据交换量将会不断增多，高速、大容量的光纤通道有替代目前低速模拟通道的趋势，这对数据采集系统的 I/O 响应和数据吞吐能力都提出了更高的要求。

因此，数据采集子系统在软、硬件配置上应该是可裁减的，在运行中必须是可靠的，在双机热备的情况下，数据采集系统的安全运行率应达到 99.96%，并且在边际条件下，如数据流量达到峰值时，系统仍能保证充分的实时响应性能。

数据采集作为 SCADA 系统的核心底层功能，一般不具有单独的系统功能。从数据采集系统的功能性来看，大系统和小系统具有鲜明的特点。大系统一般采用高效的系统总线，普遍基于 TCP/IP 协议，实时性能和容量要求很高。小系统则采用各具特色的工业现场总线，协议复杂，调度算法要求高。

五、统一信息平台

统一信息平台是一种系统集成技术，为满足SCADA系统多样性应用服务的集成与互联互通，提供了包括数据整合、图形整合、业务整合等功能。国际上电力行业具备统一数据集成标准，国内电力行业自动化软件服务商，依据标准开发了标准数据访问接口（通用数据访问接口、高速数据访问接口、历史数据访问接口等）可以有效地实现SCADA系统及各种高级应用的互联互通。

统一信息平台技术也实现了“总线”式的应用框架，为SCADA统的快速开发、部署提供了架构基础。基于该技术，应用系统的开发就像在软总线上开发出具有标准接口的功能模块。各功能模块只要接口不发生变化，就可以被总线上的其他模块调用。

六、矢量图形解析器

可升级矢量图形语言描述规范（Scalable Vector Graphics，简称SVG）是万维网联盟（W3C）推荐的网络矢量图形标准规范，具有开放标准、跨平台、支持交互性和动画、不依赖供应商等特点，是一种基于XML的可扩展二维矢量图形格式，适合于图模一体化数据表达，更重要的是，SVG技术使得不同平台上用户间的图形数据交换变得更容易、更经济。因此SVG的出现为工业互联网应用的图形交互提供了一种可行的解决方案。

从实际应用来看，SVG在图形显示领域的实现技术已经成熟，目前一些流行的WEB浏览器已经直接或间接提供对SVG图形文件显示的支持。而在一些行业领域中的应用也得到重视，如电力行业，作为IEC61970的推荐图形标准，SVG广泛用于以CIM为基础的电力图形系统方面的研究，另外虽然图形系统交换格式方案草稿（CCAPI common graphics exchange request for proposal）目前还没有最终定稿，但其倾向于采用基于矢量图形的图形中心（graphics centric）作为数据交换方式，并建议以SVG作为图形交换的基本格式。很明显，以SVG为基础制订面向工业互联网应用的通用图形描述规范的条件已经具备。

第三节　SCADA系统软件设计与开发

油气管道SCADA系统以覆盖全部油气管道设备为基本考虑，实现信息、操作及资源的分流分区调度，对油气管道调度、运行、管理、服务等各方面的功能进行一体化设计。在充分研究最新的SCADA标准和先进技术基础上，设计一个符合标准要求的系统集成框架和实时信息系统集成服务平台，提供系统管理、商用数据库、实时数据库、人机界面、权限、告警、报表服务、安全控制等全面的服务，为数据采集、监视与控制、油气管道的高级分析等方面应用功能的实现提供强大的技术支持，使系统在开放性、可靠性、方便性等方面有显著的提高。经过三年研发，2014年成功研制完成国产化油气管道SCADA系统软件——PCS（Pipeline Control System）管道控制系统V1.0（简称PCS V1.0）。

一、总体架构设计

油气管道SCADA系统一般由调度控制中心系统、站控系统和现场设备等层级组成。中心的调控系统提供给调度人员在中心对整条管道进行监视、控制和调度管理的窗口。站控系统则提供给站场操作人员在站控室进行远方控制的接口；就地手动的方式就是指操作员到现场直接手动操作现场设备，只要求在就地手动方式时，SCADA 系统应屏蔽掉中心和站控发出的任何操作命令，对 SCADA 系统的结构没有特殊要求。根据这些生产管理的需要，SCADA 系统设计成中心和站控的结构模式。

从系统运行的体系结构看，油气管道 SCADA 系统是由硬件层、操作系统层、集成服务平台层和应用层共四个层次构成。其中，硬件层包括 SUN、IBM、HP 和 PC 等各种硬件设备，能支持 UNIX 服务器与 PC 机的混合使用。

在操作系统这一层面，系统应支持多平台和跨平台，包括 SUN、IBM、HP 等主流 UNIX 平台，如基于 SUN SPARC 的 Solaris、基于 IBM Power 的 AIX、基于 Itanium 的 HP-UX 以及基于 PC 的 Linux 和 WINDOWS 等平台。选用 Unix/Linux/Windows 混合平台的优点是：服务器运行 UNIX/LINUX，使得系统更加稳定，客户端运行 LINUX/ Windows，具有良好的人机交互界面，整个系统的性能 / 价格比较理想。

在软件上，系统由集成服务平台和应用软件通过符合国际标准的接口构成，集成服务平台包括数据库、图形、报表、告警、权限、计算等服务，应用软件包括人机界面、数据采集、管道工艺基础应用、WEB 信息发布等。系统的软件架构示意图如图 4-2 所示。

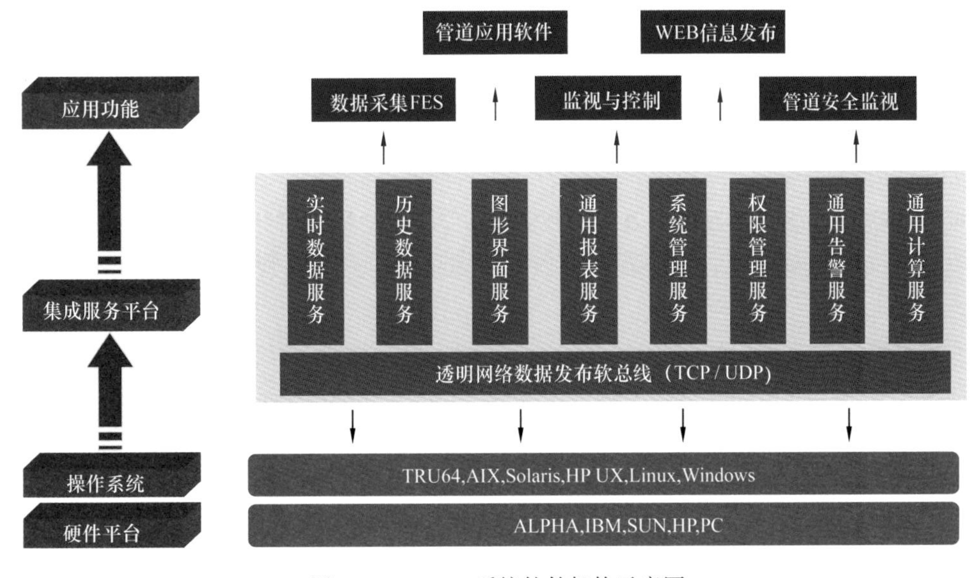

图 4-2　SCADA 系统软件架构示意图

二、集成服务平台

油气管道 SCADA 系统集成服务平台是整个 SCADA 软件开发和运行的基础，负责为各类应用的开发、运行和管理提供通用的技术支撑，为整个系统的集成和高效可靠运行提供保障。集成服务平台主要包含系统管理、集成总线、实时数据库、数据处理、历史数据库、模型管理和公共服务等几个功能模块。

1. 系统管理

系统管理功能通过提供一整套的平台管理软件，实现对整个系统中设备、应用功能等的分布式管理，协助各应用功能的实现，达到统一管理和协同工作的目的，而不需要各应用自行实现各自一套的管理机制，方便运行维护人员对系统运行的监控和管理。

系统管理主要包括节点及应用管理、进程管理、资源监视、时钟管理、定时任务管理等功能。

2. 集成总线

集成总线用于完成各个应用和服务的集成，提供面向应用的跨计算机信息交互机制。为应用封装提供实时通信机制、服务管理等功能。

集成总线包括数据总线和服务总线两部分：数据总线主要用于完成跨计算机的信息交互，服务总线主要用于基于SOA体系的服务封装。

3. 实时数据库

为满足单服务器节点可管理100万采集点变量和实时数据更新速度达到20万点/s及其他相关性能指标，采用自主研发高性能高吞吐能力的内存实时数据库系统，解决百万数量级采集点的数据实时处理速度、监控数据刷新及分发速度、应急处理操作控制实时性等油气管道SCADA系统目前普遍存在的瓶颈问题；实时数据库具有良好的数据完整性处理机制，能在突然宕机或断电等极端情况下最大限度地降低数据丢失，恢复数据可以到分钟级别。

实时数据库提供对实时数据库数据的访问接口，包括表的访问、记录的处理、属性的读写等，以满足各类应用的需求，同时完成数据的维护、验证、查询、同步、复制等功能。

4. 数据处理

依托实时数据库强大的数据吞吐能力完成数据处理的功能，对油气管道运行期间的生产数据进行实时处理，并提供高效的数据计算、报警处理、实时更新、实时监视、数据查询、事故反演、实时控制、拓扑着色等数据访问功能，为油气管道SCADA系统的工程应用提供有力支持。

5. 历史数据库

历史数据库负责存储SCADA系统的历史数据，包括处理后的实时数据、统计数据、报警信息、控制信息等。对数据实行定期分区存储技术，定期对数据进行归档（离线）存储，并为应用提供服务。

1）数据存储需求

油气管道SCADA系统数据存储目的是为本系统/其他业务分析系统提供数据查询、统计分析、趋势分析、报表生成、报警分析、事故追忆、调度决策等功能需求提供完整的数据支持，需要存储的数据分为静态数据和动态业务数据两类。

2）数据存储方案

油气管道SCADA系统静态数据在数据库中长期保存，目前需求要求业务动态数据在数据库中定期保存2年，保存时间可以设定。系统能够定期把过期数据删除或通过人工备份到其他存储介质。

数据库服务器选用两台高配置的服务器构成集群，为系统提供数据库存储、查询统计服务。

数据库选择安全性、稳定性、可靠性好的Oracle大型商业数据库，存储设备采用品牌、质量好的磁盘阵列，并采用Raid技术进行设备冗余配置，以保障数据的安全、可靠。

3）历史数据服务

依托大型商业数据库向本系统或其他业务系统提供数据储存接口、通用查询服务、趋势分析服务、统计分析服务、数据库管理服务，历史数据回填服务等，支持标准的 SQL，提供历史数据访问接口。

6. 模型管理

油气管道 SCADA 系统的数据模型是对管道控制对象的抽象与封装，图符则封装了管道控制对象的交互信息。通过图模库一体化，基于面向对象技术，实现管道控制对象设备连接、变量、图符与脚本逻辑对象化管理。建立管道模型库与图库，通过模型实例化，并实时扩散到各应用系统，实现安全、可靠、易用的面向管道控制对象的系统组态与运行管理。

1）图模库一体化

统一建模工具实现油气管道模型的参数、图形的统一维护，保证信息的一致性和完整性，为调度端各应用系统提供油气管道模型的图形化服务。提供图模库一体化过程中，可以增加测量设备信息、显示设备信息、测量设备与采集点关系信息、测量设备与显示设备关系等相关模型信息。

2）支持拓扑着色

数据模型涉及模型、实例、采集点的管理与维护，模型数据的存储支持对管道监控的拓扑着色的展示。模型属性中存放采集点着色策略，实例中存放设备的拓扑关系，快照表中实时刷新采集点的当前状态值，监控画面获取到设备的状态值，根据该设备的拓扑关系和着色策略进行拓扑着色展示。

3）遵循 CIM 标准的导入导出

模型导入导出时，模型将转化成符合油气管道公共信息模型标准的 XML 文件。通过导出模型的同步实现上下级共享模型的机制。

7. 公共服务

公共服务是集成服务平台为整个油气管道 SCADA 系统软件提供的一组通用的服务，包括软件公共功能和业务公共功能两个部分。其中，软件公共功能包括数据、文件、画面、告警等功能。业务公共功能要求集成服务平台研发在充分分析业务功能的基础上，抽象可能共用的公共功能，并提供良好的封装，包括日志服务、权限服务、资源定位服务、资源监视等。

三、数据采集

数据采集子系统基于集成服务平台进行研发。数据采集子系统的后台常驻程序和人机监视维护工具通过数据库的丰富功能，实现采集配置、数据监视、状态监视、参数维护。数据总线作为应用间实时通信的途径，高效、简便，使数据采集子系统既可以与其他应用进行交互，又相对独立。

数据采集子系统采用模块化设计，各模块功能相对独立，功能结构清晰，便于功能扩展。

数据采集子系统包含通信模块、数据采集预处理模块、数据采集管理模块和数据采集维护工具、监视维护工具等。

1. 通信模块

通信模块是数据采集子系统的重要组成部分。数据采集的功能是采集场站和外系统的数据，交互的原则就是不同种类的采集规约。数据采集子系统通过网络采集到数据后，按照不同规约的定义，解析出初始数据，通过平台的数据总线传递给数据采集预处理模块。有控制命令下发时，通信模块通过数据总线收到控制命令，根据规约将控制命令进行转换，然后发送给场站。通信模块根据规约不同，采用一个规约一个进程的方式运行，避免不同规约间出现干扰。

2. 数据采集预处理模块

数据采集预处理模块主要功能是对采集到的数据进行预分配处理。通过数据总线收到通信模块发送的经过解析后的数据，对数据按照工程量值、零漂阈值等进行数据采集预处理；如果数据有多通道采集，形成多源数据，那么再根据通道状态，优先顺序等原则对数据进行筛选。将结果数据通过数据总线发送给后续应用。

数据采集预处理模块的另一个重要功能是校验控制命令。通过数据总线收到相关应用发送的控制命令后，对命令内容、来源进行相应校验。校验合格后，连同相关通道信息一起，通过数据总线发送给通信模块，由通信模块按照规约转换后发送给场站。

3. 数据采集管理模块

数据采集管理模块是实现对采集链路进行管理。根据采集服务器状态、采集进程状态、通道状态进行综合判断，按照配置的运行节点顺序，管理通道的运行节点。

对采集信息的变化进行相关校验工作，当配置信息有变化时，通过比对、关联校验，最后以数据总线的消息形式通知通信模块和数据采集预处理模块，进行参数更新工作。

作为规约翻译监视的服务提供者，与相关人机一起展示数据采集的原始报文和解析数据的浏览。

4. 数据采集维护工具

数据采集维护工具主要功能是为数据采集模型的建立和维护提供用户界面。采集模型的建立与维护主要包括通道的建立与维护、通信场站的建立与维护、规约参数的建立与维护、数据索引的建立与维护等。数据采集维护工具提供友好的人机界面，采集模型的建立与维护变得轻而易举。

5. 监视维护工具

提供基于平台人机的监视维护界面和基于字符的监视维护工具。平台人机提供一体化监控界面，界面清晰、功能丰富、使用方便。为了远程维护提供了同样功能的基于字符界面的监视维护工具。

四、人机界面（HMI与Web）

HMI与Web子系统软件功能结构如图4-3所示，画面展示的数据来自实时库、关系数据库、历史数据库。人机系统软件包括组态工具、权限管理、界面管理、操作控制、画面编辑、图库模一体化、画面浏览、拓扑着色、趋势分析工具、报表工具、报警工具等。

1. 界面集成及插件管理

通过人机控制台实现对人机应用的管理。人机控制台上显示当前节点名称、系统重要参数等信息。界面集成和插件管理为HMI子系统提供扩展功能模块的技术手段。各个功能模块封装成标准的插件，HMI 子系统对功能模块提供开放的集成接口，插件接入系统后可以通过集成接口展示在 HMI 控制台的菜单和工具栏上；同时 HMI 子系统也提供插件管理的功能，包括插件的载入、激活以及卸载。

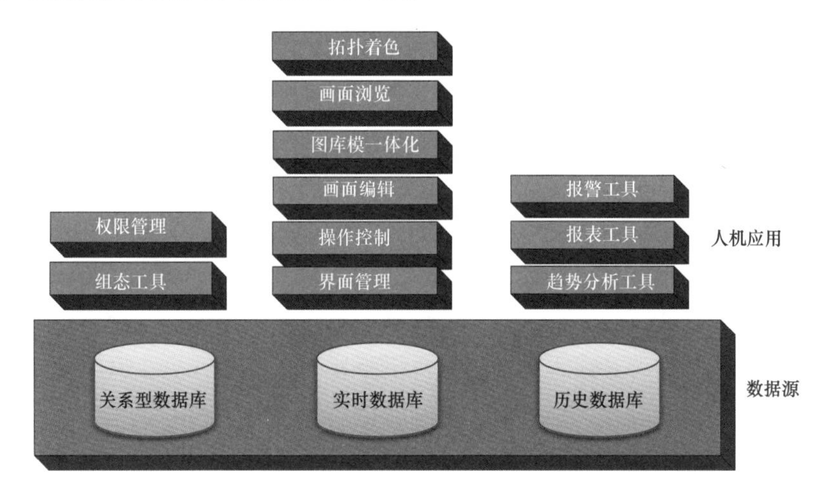

图 4-3　人机子系统软件功能结构

2. 图形编辑器

图形编辑器提供一个具有 Windows/Motif/Metal 风格的全图形画面编辑器，并吸收了 CAD 的某些特点、提供基本图形原语，使用这些图形原语用户可以编辑和生成可复用的图形元素。由于采用了面向对象的技术，每一个基本的图形元素都是一个对象，几个基本图形对象可以组合成为一个复合对象，因此，可以灵活地进行图形的移动、拷贝、缩放、旋转和与数据库动态点的连接。

3. 图素编辑器

图素编辑器（亦称画素编辑器）用来编辑重复使用的图形元素，图素是具有数据库动态链接信息的图形元素，由图形原语构成。图素可根据具体需要灵活定义，这些图形元素可以与石油系统相关也可以与石油系统无关，与石油系统相关的图素主要包括阀门、遥测值等，与石油系统无关的主要包括计算机、进程、通信通道的运行状态等。图素编辑器中的图形元素支持拷贝、粘贴、旋转、缩放等操作。

4. 画面浏览器

画面浏览器模块是人机界面的重要组成部分，是用户对画面浏览、操作控制的手段，涉及人机界面、Java 人机平台、中间层服务和实时库、关系库等。

画面浏览器提供独立的界面系统，多画面视图，系统菜单，工具栏，视图导航及状态栏功能。使用导航功能快速定位画面上关注的位置，利用放缩功能放大或者缩小画面来进行查看。可通过画面上的热敏点切换不同的画面资源，画面上实时刷新的数据展示了油气管道运行的当前状态。用户可通过右键实现多种设备控制操作，将鼠标悬停在设备上查看详细的设备信息。

通过画面编辑时将不同的展示内容绘制于不同的画面图层内，在画面浏览时，可通过图层的切换实现同一画面中展示不同的内容，例如可将画面内的阀号单独绘制于一个图层内，在浏览时可通过图层切换功能控制阀号在画面上的显示和消隐。

画面浏览器将图形编辑时嵌入的表格和曲线呈现给用户，使用户更加直观的监视油气管道的运行。

用户通过画面浏览器的工具栏和菜单栏内的打开画面操作项可以选择打开需要的画面，通过画面内的热敏点可以打开关联的画面，通过拼音搜索画面文件工具框可以快速打开对应的画面和最近打开过的画面，用户还可以通过关键信息（报警信息等）的点击打开对应的画面。

画面浏览器支持画面的多屏和跨屏显示。多屏显示时，多个显示屏被配置为分别独立的显示设备，用户可以选择将画面展示在哪个显示屏上。跨屏显示时，多个显示屏被配置为整体的显示设备，单个画面直接就可以显示在多个显示屏上。

通过画面浏览器显示的系统管理图、数据采集监视图等监视画面，用户可以很方便地利用右键操作实现主备节点的切换、进程的启动和停止、通道的启动和停止等系统控制操作。画面浏览器也提供多态切换工具，用户可进行实时态、研究态、反演态的多态切换操作。用户也可以通过画面浏览器提供的菜单、工具按钮或者画面进行主备调控中心的管理操作。

调度人员通过操作站画面实现信息的实时监视与控制，实时了解整个工艺运行情况，做出正确的生产调度决策。调度员与自动化人员通过操作站画面对现场设备运行状态实时监视，实现设备维护与管理，并在调控中心统一调度下，授权进行管道控制。油气管道SCADA系统监视画面实现管道运营的设备状态、网络状态、系统状态、控制参数、报警、事件、日志、用户安全等信息的集中显示，并采用统一规范，实现画面标准化、易用性、美观性与逻辑唯一性。本书详细描述了画面浏览器的人机侧控制过程、人机侧与中间层之间的交互，并根据交互过程设计了对象模型。

5. 操作控制界面

设备操作模块涉及人机界面、人机平台接口、后台服务（消息服务、实时库访问服务、权限服务）、采集子系统，覆盖人机界面和人机平台两层。本书详细描述了人机界面设备操作的控制过程、人机侧与后台服务之间的交互，并根据交互过程设计了对象模型。

设备操作控制模块包含设备操作界面、流程逻辑及其操作安全控制。设备操作种类包括电动阀启停、定速泵操作、PID控制操作、模拟量调节操作、收发球控制操作、站内流程导通操作、分输控制操作、油罐信息操作、自设定预警值操作、功能启用操作、站操作等。

6. 拓扑着色

拓扑主要是对于油气管道中具有连接关系的实体，可以对两个实体间的连接关系进行记录，此功能可用于对多个设备构成的回路进行判断或计算。拓扑着色主要是根据拓扑计算得出的结果对不同的设备以及设备之间的连接线（设备之间的连接关系）进行不同的着色。设备的不同颜色代表着设备的不同的当前状态。

7. 曲线编辑和浏览

曲线编辑器模块涉及人机界面（曲线编辑和浏览）、人机平台接口、后台服务（文件服务），覆盖人机界面和人机平台两层，负责新建、编辑、保存曲线模板文件。

8. 表格编辑和浏览

表格、表单的形式是浏览数据最常用的方式之一。表格编辑浏览器是采用java语言开发的一套功能十分强大的用于灵活定制表格和浏览表格的应用程序。它既可以用实时数据库作为数据源，也可以实现商用关系库的数据展示。用户可以根据需求的变化灵活增加、删除表格或者修改表格的数据源以及浏览表格的具体方式。

表格编辑浏览器由编辑器和浏览器两部分组成，功能上表格的编辑和浏览分开实现，编辑器将数据源信息、浏览的具体要求等信息保存在表格文件中；浏览器通过解析文件，获取信息，到数据库中取数，实现数据的浏览。

9. 图形模型整体维护

整体维护模块涉及人机界面（整体维护界面）和模型维护服务（GDI 后台应用），覆盖人机界面和 GDI 两层，负责添加和维护所有模型数据。

10. 图模库一体化

图模库一体化技术实现了商用数据库建模、绘制图形、数据库建立三项功能的有机结合，方便了其他应用的集成与维护。

系统的数据库建模基于商用数据库实现，商用数据库建模是根据现有石油系统模型、模型属性特点，以模型信息存储的灵活性为出发要点，将石油系统的模型信息存储在模型表与模型属性表中，辅以实例表、实例属性表、采集点表等数据库表，通过记录的形式体现出石油系统的模型、实例、采集点的信息。同时，商用数据库能够辅助模型维护进行完整性校验、数据回滚操作。在保证模型信息完整性的基础上，商用数据库建模的表设计增强了模型的可扩展性，避免了频繁修改模型属性需要修改模型表字段的问题。

绘制模型图形是图模库一体化技术的重要组成部分。绘制模型图形通过将边、点、线等图素的相互结合，形成基本组件的图形文件进行存储。在实现基本图形组件的绘制后，人机客户端展现的站场设备图、管道图等展示图就具有了设备元件。通过设备元件再组合，人机客户端就可以获取完整的展示图。除此之外，人机客户端通过保存组件与实例的关联的关系，确保了图与模型的一体化，实现了绘制模型图形技术为人机展示提供完善的图形信息与实例信息的目标。

模型基础数据支持技术是以模型信息从商用数据库同步到实时数据库投入在线运行为根本，为报警、归档等数据处理业务提供采集点信息的基础数据支持。采集点信息在实时数据库中以表的形式进行存储，并且实时数据库的表设计与商用数据库的表设计相同，为数据同步提供便利。模型同步的方式根据实际情况的不同，采用监听商用数据库等方式进行模型同步的触发。在实时数据库具有采集点信息的基础上，实时数据库能够为各项数据处理业务提供完善的基础数据支持。例如，报警业务可以从实时数据库中快速、便捷地读取采集点是否报警、采集点报警上限和下限等基础数据。

图模库一体化技术在商用数据库建模确保了模型信息的完整性，商用数据库建模的表设计增强了模型修改的灵活性、提升了采集点信息支持度、增强了模型信息的查询速度，最终实现了商用数据库建模、绘制模型图形、模型基础数据的三位一体。

11. 脚本管理

脚本功能主要应用在“画面系统”中。其实现的功能比较复杂，对响应的实时性和运行的效率要求不是很高。能够支持逻辑判断、数学运算、内嵌函数、油气管道 SCADA 系统 API、油气管道系统 SDK 等复杂的功能，可以满足需要使用复杂逻辑的应用需求，可以实现诸如数据读写操作、控制命令下发、报警短信息发送、图形窗口调用、第三方控件调用、外部命令调用等扩展功能。

12. 数据采集界面

数据采集界面是油气管道SCADA系统软件国产化研发项目HMI子系统的重要组成部分，涉及人机界面、人机平台和后台服务等。

数据采集界面负责展示数据采集子系统的数据，功能包括数据浏览、通道启停、通道切换、召唤全数据、数据回填、通道查询、数据查询、报文监视等，用户可以使用这些功能实现对数据采集子系统的实时监视与控制。

13. 权限管理界面

权限管理是根据用户承担的职责，控制用户对系统的访问操作范围。权限管理模块涉及人机界面、权限管理数据库和应用接口三大部分，负责定义系统角色和用户，给角色用户分配各类权限，定义责任区和操作权限，提供用户权限查询接口供人机其他应用使用，在画面上根据登录用户的不同角色显示不同的目录和画面，允许进行与预先定义的角色相对应的操作。

权限管理系统具有以下特点：支持用户多角色，支持用户责任区定义到数据点、画面和站场，向导式定义角色和用户，可进行权限查询和权限校验，提供了丰富的权限查询接口供其他人机应用使用。

14. 实时数据库界面

实时数据库管理模块使使用者通过友好的人机界面进行实时数据库的管理维护。可以进行模式管理、实体管理和数据管理。

模式管理的主要功能：为实时库建立、修改、删除、校验模式库。模式库通常保存在SCADA服务器的两个关系库中互为备用，通过界面进行模式库的操作，正常情况下所作的改动会同步写到两个关系库中。

实时数据库实体的管理包括实时数据库实体的安装、更新和删除操作。根据校验后的正确的实时数据库模式，建立一相应的实时数据库实体，并将映射到共享内存去。最初安装的实时数据库是一个空库结构。根据修改和校验后的实时数据库模式，重新生成一个已经存在实时数据库，并将原实时数据库的数据按格式装入新的实时数据库实体中。

数据管理的主要功能为：浏览数据、编辑数据、保存数据。可以通过选择节点、场景、应用、数据库名和表名灵活查看数据；可以通过逻辑号、关键字或某个属性名称查询数据；可以详细显示选中的某条记录信息。可以对表里的数据进行增删操作，包括在表格尾部追加一条新的记录，在表格选中行前插入一条记录，从表格中删除选中的命令。可以把对表数据的修改保存回数据库，也可以随时更新数据库数据。

15. 事故追忆及反演界面

系统提供先进的基于事件驱动机制的事故追忆与反演功能。

1）事故追忆

事故追忆程序可以记录现在时刻之前25h内的油气管道的实时运行状态，包括多个油气管道的实时断面以及断面之间的全部实时事件。全部实时事件包括数据采集设备采集上来的所有数据包、通过人机界面操作而发生的事件、各个应用程序实时运行而产生的结果值。

25h只作为参考值，如果硬盘容量允许，此时间理论上可以无限长。这给用户提供了足够的时间去处理事故后，返回来将最有必要记录的时间段作为事故场景永久保留起来。

2）事故反演

调度员可以通过任意一台工作站进行事故重演，并可以允许多台工作站同时进行事故重演。重演的工作站运行环境变为独立，与实时环境互不干扰。

调度员可以通过专门的重演控制画面，选择已经记录的各个时段中的任何一个小的时段的油气管道的状态作为重演的对象（局部重演）。

调度员可以设定重演的速度（快放或慢放），速度为 5 挡，即 0.25、0.5、1、2、4。

调度员可以随时暂停正在进行的事故重演；可以再继续进行，也可重新选定一个小的时段的油气管道状态作为新的重演对象。重新设定重演的起始时间及重演速度进行新的重演。

16. 报警及事件处理界面

报警提供有关系统运行的行为和状态的异常，它们可以在屏幕上显示以引起用户的注意，也可以打印输出。

设备状态变化、模拟量越限、监视系统中的非正常运行状态等都可以以报警信息的方式表现出来。报警信息按其严重程度可以分为多级、多种类。

报警事件的产生主要有系统平台级报警事件、系统应用级报警事件和硬件报警事件。系统平台级报警事件包括实时运行环境异常、各个节点重要进程处理异常和各个节点 CPU 负荷、内存和网络流量异常；系统应用级报警事件包括 SCADA 各种状态量状态变化、各种模拟量越限和恢复、运算结果和预测结果、下发控制不成功等；硬件设备报警事件包括节点掉电、打印机故障和重要硬件设备故障。

实时报警信息能够在实时报警画面中通过显示报警值、显示报警状态、画面元素颜色变化、闪烁的形式表现出来。用户可以查看报警信息、过滤报警信息、报警屏蔽、修改限值、确认报警信息、打印报警信息、报警信息通知、语音报警及报警画面联动。

17. 报表管理

报表功能提供报表生成和修改工具，全汉化，全图形界面，能在线的、方便直观的定义、生成和修改报表格式。定制方面，报表提供报表模板功能，定制一张就能自动按照站场等信息生成同一类型的多张报表。提供特殊报表功能，能实现大型、复杂、跨数据源等功能。报表种类包括日报、月报、季报及年报等。报表的生成时间、内容、格式和打印时间可以灵活定义。报表支持输出功能，可以输出成某种特定格式的文件。报表支持打印范围的设置、打印预览、缩放打印等功能。

18. 计算公式编辑

计算公式编辑功能通过提供编辑界面将一系列的数据点通过计算公式组合形成新的数据点，并完成新数据点的入库，从而可以方便地实现设备与数据点组合后的关联。

五、管道调控基础应用子系统

管道调控基础应用子系统是 PCS 系统软件的一部分，针对液体管道和气体管道的各项业务进行数据的分析、计算和人机交互。在 SCADA 系统实时数据的基础上，对基础数据和管道模型进行数据融合，根据各项基础应用的功能要求，通过专业算法对各项数据进行计算，并回写到系统数据中，最终与 PCS 软件其他工艺图统一，以图形、表格、曲线图等直观画面的形式展现。

1. 液体管道顺序输送分析

针对液体管道的顺序输送功能可以根据首站的注油阀门设置自动产生批次，根据调控人员手动触发产生批次，批次根据规则自动编号；根据批次计算结果和密度检测等手段实现批次自动消失。在批次报警方面，根据配置可以产生批次产生报警、到站报警、到站预警和批次消失报警等。根据实时读取的压力流量密度等信息进行批次跟踪计算，包括各个批次间的混油长度计算和混油界面位置计算。调度员可以根据实际情况对批次计算进行矫正，包括到站修正，当量管道长度修正和混油长度修正。在线修正的功能还包括调整批次里程、阀门属性的修改和批次属性的修改等。通过添加虚拟界面的方式可以实现清管球的跟踪计算，对清管球进行界面计算。

2. 液体管道水力坡降分析

液体管道水力坡降分析功能实现了成品油管道水力坡降的计算，包括批次界面处的计算；可以进行水力坡降线的绘制，包括最高操作压力线、高程线，水力坡降线、流量曲线，且可以根据需要进行缩放操作。通过水力坡降曲线调度人员可以观察到管道内任一点的当前压力状况、最高操作压力值、地理高程值和实时流量值。

3. 液体管道压差流量分析

压差流量分析功能可以根据管道流量和压力计算当前管道的理论流量，从而通过理论流量和实际流量的比值观察管道情况；该功能还可以通过 PCS 软件实现压差流量曲线的绘制，通过压差流量曲线可以观察管道长期的运行趋势，能够辅助调度人员更好地监测管道的运行情况。

4. 液体管道高点压力分析

高点压力分析功能根据管道的走向对管道高点的压力进行计算，并可实现高点压力报警；该功能还可以通过 PCS 软件实现对管道高点压力图的绘制和各个高点压力的存储。

5. 液体管道输差分析

管道输差分析功能通过两站压力计算成品油管道的输差；利用 PCS 软件实现输差曲线的柱状图绘制和管道输差数据的存储。根据输差柱状图能够更加直观的实时监控各个管段的输量差，为判断泄漏提供帮助。

6. 液体管道管存分析

管存分析功能根据管径管长等因素计算当量管容，根据批次流量等计算输送管容，可实时监测各个管段的管存；利用 PCS 软件实现了管存监测表的绘制。

7. 液体管道罐区管理

罐区管理功能根据罐容表和液面高度计算罐区内各个罐的液位、罐容体积、空容体积和充容时间等；同时可以提供液位报警；针对整个罐区实现了储罐计数、总质量计算、总体积计算等功能；利用 PCS 软件实现了罐区监测画面的绘制。

8. 气体管道水力坡降分析

气体管道水力坡降分析功能实现了气体管道水力坡降的计算，并用水力坡降曲线图来表示。曲线图中展示了最高操作压力线、高程线、水力坡降线和流量线。通过管道水力坡降曲线图，调度人员可以随时观察管道沿程各个点的压力及压力变化趋势，以观察管道压力有没有超过最高操作压力等情况。

9. 气体管道管存分析

管存分析功能计算各个管段的管存体积和管存质量。管存计算考虑了每个管段的长度、管径、压力、温度、气体组分等。基于管存计算的结果，调度员可以根据当前用户的用气量来估算紧急情况下的自救时间，也可以根据当前的用气量来确定从上游气源进气的流量。该画面根据计算周期实时刷新。

10. 气体管道罐区管理

罐区管理功能可以计算各个 LNG 罐的气化能力，根据汽化器的阀门情况自动统计汽化器数量；根据气体组分和流量等信息计算 LNG 罐的罐容体积、空容体积、可注量和可采量等。可以利用 PCS 软件通过图形界面对罐区进行管理。

11. 气体管道日指定完成管理

日指定完成管理功能可以实时计算各用户的当日累计流量、日指定剩余完成量、日指定剩余完成量小时平均等内容；日指定管理的数据按用户分配，管网有几个出口就有几组日指定数据；当日流量指的是从早 8 点到当前时间，昨日流量是从前一天的早 8 点到当天的早 8 点。根据使用情况，时间可以在基础应用配置文件中进行配置。

第四节　SCADA 系统软件典型应用场景测试

油气管道 SCADA 系统软件系统测试的目的是为了验证和确认系统是否满足设定的目标，这就要求测试必须在真实或模拟系统运行的环境下，检查完整的程序系统能否和系统（包括硬件、外设、网络和系统软件、支持平台等）正确配置、连接，并满足用户需求。因此，系统测试场景必须满足油气管道调控业务需要，其场景设计要具有典型性，典型应用场景设计是软件测试工作重点解决的关键性问题。

一、测试场景设计

油气管道调控典型应用场景测试设计主要包括两方面内容：一是应用环境设计，包括搭建硬件环境平台、部署系统所需要的软件；二是应用工程设计，包括范围、数据库规模、采集、画面组态及调控业务应用等。

典型应用场景测试设计通过对北京油气调控中心多条管道运行的规模和业务数据操作情况进行调研，提取影响系统运行的关键性指标进行统计，见表 4–1。

表 4–1　在役管道数据统计信息表

配置项	数据类型	原油管道		成品油管道		气体管道
		西部原油管道	兰成线	西部成品油管道	兰郑长	西二、西三线
变量点	模拟量	16630	2428	8069	5607	16185
	状态量	37988	4478	22976	11623	34811
报警变量点	模拟量	98.5%	100%	98.1%	99.1%	99.9%
	状态量	99.8%	99.9%	96.2%	99.9%	99.9%

续表

配置项	数据类型	原油管道		成品油管道		气体管道
		西部原油管道	兰成线	西部成品油管道	兰郑长	西二、西三线
报警率		每秒 2 条	每秒 1 条	每秒 2 条	每秒 2 条	每秒 3 条
历史存储比率，%		17.5	29.5	15.6	31.7	26.3
可下置命令点比例	模拟量	21.6	12.8	17.7	23.4	6.1
	状态量	25.3	30.6	30.2	31.1	33.6
设备定义数		183	81	139	74	239
2 年历史数据文件		114.08G	8.48G	76.56G	32.16G	88.88G
2 年历史数据		6714760000	61311200	5980256000	1844062400	7338625600

1. 应用环境设计

油气管道调控典型应用场景的环境设计主要在测试区完成，测试环境主要包括服务端、采集端、客户端、现场设备及网络配置，结合管道生产现场实际应用的现状，其中服务端部署 Windows，Linux，Unix 三种平台服务器测试机，两台 SUN 服务器搭建 Oracle 集群服务器，采集端部署 Windows，Linux 两种平台工作站测试机，客户端部署 Windows，Linux 两种平台工作站测试机，现场设备主要指 PLC、OPC、RTU、网关及仿真设备等。整个系统部署在 1000M 局域网内，网络环境可根据需要进行调整。如图 4-4 所示。

2. 应用工程设计

系统测试必须考虑实际应用工程的影响，特别是性能测试，每一项指标测试必须在设定的场景下才有意义，因此在系统测试过程中设计典型应用工程环境，该环境能够近似模拟管道生产的典型应用场景，在测试过程中可以作为基础环境进行规模扩大或缩小。无论什么规模测试场景，系统在正常运行状态下必须保证资源消耗合理，服务器主机 CPU 使用率控制在 30% 以内，网络使用率控制在 40% 以内。

油气管道调控典型应用工程设计主要包括变量点、设备及画面。

变量点是参考北京油气调控中心目前运行的 SCADA 系统管线中变量点的结构进行设计，每条管线的变量点按照开关量占 70%，16 位整型占 5%，32 位整型占 5%，浮点型占 20% 进行工程配比，其中系统中所有模拟量均设置为报警变量，开关量中 20% 的变量设置为报警变量，使整个系统的报警率控制在 0.05% 点 /s，系统变量点的历史数据存储比率达到 30%，每种数据类型的变量点中 3‰的变量用于调控命令下置。

设备主要分为两类，即 PLC 设备和 OPC 设备，在应用工程中部署了互为冗余的实际硬件 PLC 设备和 OPC 设备，同时为了能够测试到 SCADA 系统数据库的极限性能指标，还在评测工程中部署了仿真 PLC 设备和 OPC 设备，仿真 PLC 设备和 OPC 设备与实际硬件 PLC 设备和 OPC 设备的运行效果相同。

画面是根据各种调度业务操作进行画面结构设计，同时画面显示主次分明，各层级结构清晰，变量显示明了直观，参数控制组合得当，操作简单、方便。主要包括以下功能画

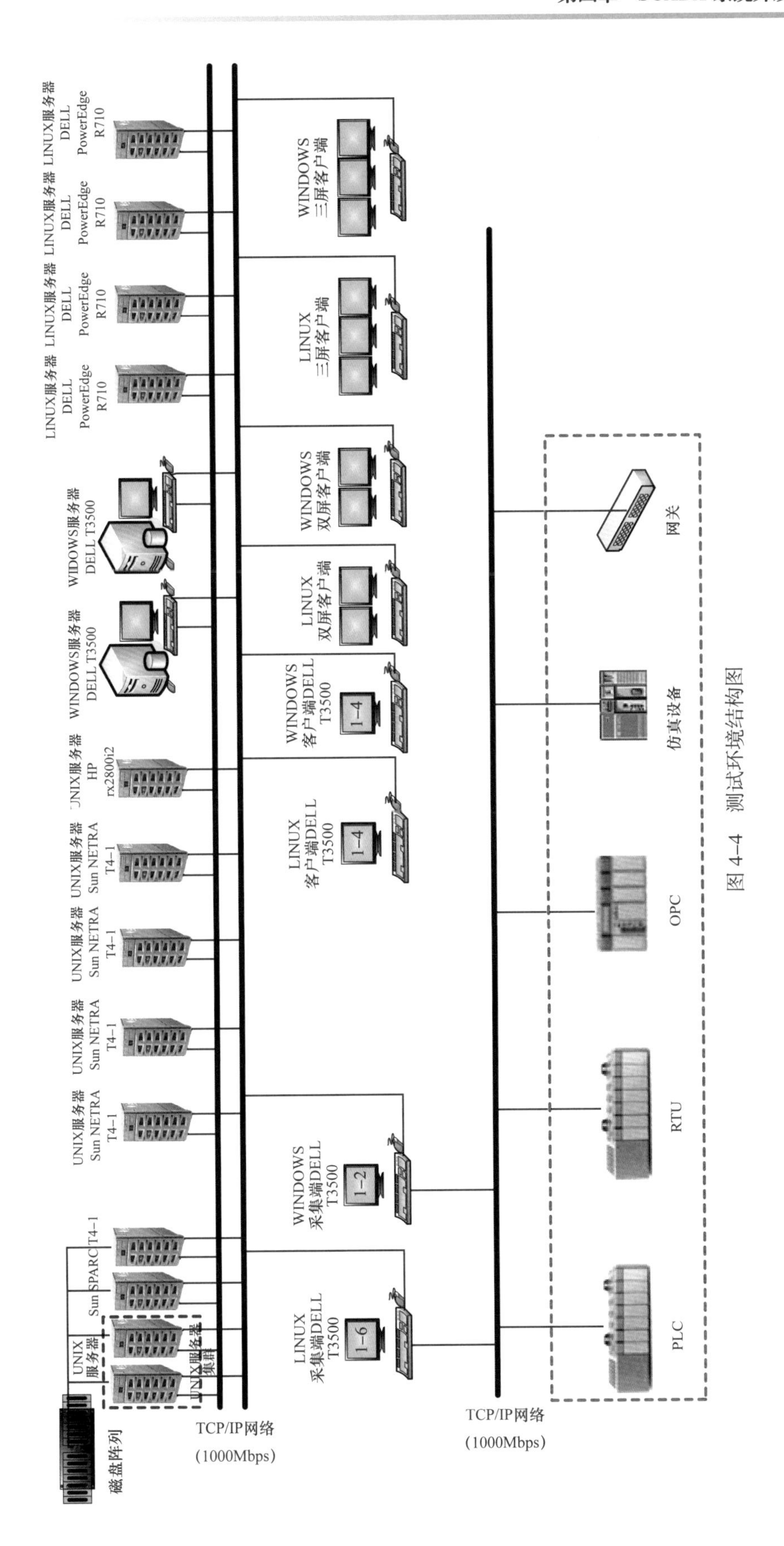
LINUX服务器 DELL PowerEdge R710
LINUX服务器 DELL PowerEdge R710
LINUX服务器 DELL PowerEdge R710
LINUX服务器 DELL PowerEdge R710
WIDOWS服务器 DELL T3500
WINDOWS服务器 DELL T3500
UNIX服务器 HP rx2800i2
UNIX服务器 Sun NETRA T4-1
UNIX服务器 Sun NETRA T4-1
UNIX服务器 Sun NETRA T4-1
UNIX服务器 Sun NETRA T4-1
UNIX服务器 Sun SPARC T4-1
UNIX服务器集群
磁盘阵列
TCP/IP网络 (1000Mbps)
WINDOWS 三屏客户端
LINUX 三屏客户端
WINDOWS 双屏客户端
LINUX 双屏客户端
WINDOWS 客户端DELL T3500
1-4
LINUX 客户端DELL T3500
1-4
WINDOWS 采集端DELL T3500
1-2
LINUX 采集端DELL T3500
1-6
TCP/IP网络 (1000Mbps)
网关
仿真设备
OPC
RTU
PLC

图 4-4　测试环境结构图

面：控制流程图、ESD控制系统图、参数表、报警一览、事件一览、总参、历史趋势图、工程简介、系统配置图、泄漏检测画面、批次跟踪画面、能耗画面、通信通道画面、帮助画面、信息画面等。

典型应用工程数据库规模设计见表4–2。

表4–2 典型应用工程数据库规模设计

配置项	场景设计准则	举例
变量点	每条管线的变量点按照开关量占70%，16位整型占5%，32位整型占5%，浮点型占20%进行配比	系统管理100万点，则需要定义70万点开关量，5万点16位整型量，5万点32位整型量，20万点浮点型量
报警点	系统中所有模拟量均设置为报警变量，开关量中20%的变量设置为报警变量	系统管理100万点，则5万点16位整型，5万点32位整型，20万点浮点型均设置为报警变量，20万点开关量设置为报警变量
报警率	每秒报警量控制在总点数的0.05%	系统管理100万点，报警率达到500点/s
历史存储比率	系统变量点的历史数据存储比率达到30%	系统管理100万点，进行历史数据存储的变量点达到30万点
下置命令数	系统每种数据类型的变量点中3‰的变量用于命令下置	系统管理100万点，则2100点开关量，150点16位整型量，150点32位整型量，600点浮点型量进行命令下置
设备定义数	系统每1万点定义一个采集设备	系统管理100万点，则在系统中定义100个设备进行采集

系统运行画面是参考业务需求中画面监控内容的结构进行设计，见表4–3。

表4–3 系统运行画面基本配置表

序号	画面内容	画面数	每个画面中元素个数
1	管网分布图	1	>10图素
2	管网信道图	1	>10图素
3	管网运行参数综合表	1	>200个变量点
4	库区数据总览图	1	>100个变量点
5	管道总流程图	1	>200个变量点
6	总参数表	1	>100个变量点
7	水力坡降图（双屏）	1	>10图素
8	管道重要参数变化量表	1	>100个变量点
9	全线压力流量趋势图	2	>4趋势图
10	重要参数一小时趋势图	2	>4趋势图

续表

序号	画面内容	画面数	每个画面中元素个数
11	线路走向图	1	>10 图素
12	库存综合表	1	>100 个变量点
13	全线泵机组图	1	>50 个变量点
14	全线加热炉图（原油）	1	>50 个变量点
15	全线能耗图	1	>50 个变量点
16	各站工艺流程图	1	>50 图素
17	各站控制流程图	1	>50 图素
18	报警一览表	2	>2 报警窗
19	事件一览表	1	>2 事件窗
20	设备操作面板图	1	>50 图素
总计		23 个完整画面	

二、测试内容

在油气管道 SCADA 系统软件国产化研发项目的测试阶段，参照北京油气调控中心在役 SCADA 系统，在实验室搭建了油气管道调控典型应用场景测试环境与工程部署，应用场景中的采集设备能够进行数据采集各协议测试，运行画面能够进行各项业务操作测试，数据库规模设计能够进行各项性能指标的测试。

基于典型应用场景开展了油气管道 SCADA 系统软件国产化研发项目软件产品的功能测试、性能测试和可靠性测试。

1. 功能测试

主要完成的测试内容包括跨平台、数据采集与转发、实时数据库、历史数据库、数据处理、报警、事件、用户安全管理、画面系统、模型服务、画面脚本、事故追忆与反演、报表、工程开发、日志、Web、报表、冗余、管道拓扑着色及基础应用。

2. 性能测试

性能测试指标见表 4–4。

表 4–4　性能测试指标表

序号	性能指标
1	单服务器实时历史数据库管理容量 100 万点
2	实时历史数据库更新速度达到 20 万点 /s
3	数据采集、处理（产生报警）、入库到显示在操作员人机界面上的整个过程的时间约束，简称数据刷新时间指标，确定为≤3s
4	命令响应时间≤3s（从操作员或系统自动发出命令，经过命令校核和安全认证，传输到控制器执行过程的时间约束，简称命令响应时间）

续表

序号	性能指标
5	实时数据最小采集周期100ms
6	系统可同时管理的最大基本计算实例数：30万
7	系统每秒钟可执行的最大基本计算实例数：6万
8	典型油气管道过程数据，在压缩还原精度为1%时，数据压缩率为10%
9	报警产生到HMI端报警提示的响应时间＜2s
10	实时报警缓存≥20000条
11	画面切换时间≤2s（画面首次加载到显示数据）
12	局域网内Web页面数据更新时间＜4s
13	可在线管理100万点存储历史数据2年以上
14	获取100万点当前实时数据值时间＜2s
15	查询1000点2年典型生产数据时间＜1min
16	主备中心之间的切换时间≤10s
17	冗余服务器切换时间＜2s
18	主备网络的切换时间≤1s
19	基础应用最高实时计算周期≤5s

3. 其他测试

对于非功能性测试，主要完成的测试内容包括可靠性测试、兼容性测试、易用性测试、可维护性测试和用户手册文档测试。

三、测试结果

油气管道SCADA系统软件国产化研发项目软件产品支持Solaris、linux（Redhat、麒麟）服务端环境的部署，能够进行数据采集与转发、实现实时数据处理及历史数据库存储，支持报警、事件、用户安全管理、画面系统、模型服务、画面脚本、事故追忆与反演、报表、日志、Web、冗余、管道拓扑着色及基础应用功能，基本满足需求功能要求。

软件的各项性能指标见表4–5。

表4–5 SCADA系统软件性能测试结果表

序号	性能指标	实测指标
1	单服务器实时历史数据库管理容量100万点	100万点
2	实时历史数据库更新速度达到20万点/s	实时库的极限数据处理能力为23万点/s；历史存储控制在1万点/s时，实际工程应用实时数据处理能力为20万点/s

续表

序号	性能指标	实测指标
3	数据采集、处理（产生报警）、入库到显示在操作员人机界面上的整个过程的时间约束，简称数据刷新时间指标，确定为≤3s	2.133～2.5s
4	命令响应时间≤3s（从操作员或系统自动发出命令，经过命令校核和安全认证，传输到控制器执行过程的时间约束，简称命令响应时间）	0.57～1.00s
5	实时数据最小采集周期 100ms	102.4ms
6	系统可同时管理的最大基本计算实例数：30 万	30 万
7	系统每秒钟可执行的最大基本计算实例数：6 万	6 万点 /s
8	获取 100 万点当前实时数据值时间＜2s	1.384s
9	可在线管理 100 万点存储历史数据 2 年以上	1000 点，2012/5/1～2014/4/30 两年历史数据，54237600 条记录，10.03G
10	查询 1000 点 2 年典型生产数据时间＜1min	直接查询 Oracle1 历史数据库 2 年数据响应时间为 47.8～52.6s
11	典型油气管道过程数据，在压缩还原精度为 1% 时，数据压缩率为 10%	三角波变化规律为 0～100，压缩精度为 0.001 时，压缩比率为 15，压缩率为 6.7%； 锯齿波变化规律为 0～1000，压缩精度为 1 时，压缩比率为 28，压缩率为 3.6%； 正弦波振幅为 –50～50，正弦周期为 12min50s，压缩精度为 0.5 时，压缩比率为 27.55，压缩率为 3.6%
12	报警产生到 HMI 端报警提示的响应时间＜2s	300 点 / 秒无匹配报警：报警响应时间 1.5～1.7s 100 点 / 秒有匹配报警：报警响应时间 1.2～1.3s
13	实时报警缓存≥20000 条	≥20000 条
14	画面切换时间≤2s（画面首次加载到显示数据）	0.8～2.0s
15	局域网内 Web 页面数据更新时间＜4s	0.767～1.267s
16	冗余服务器切换时间＜2s	冗余状态切换时间：0.1～2.0s
17	主备网络的切换时间≤1s	0.3s
18	主备中心之间的切换时间≤10s	2.0s
19	基础应用最高实时计算周期≤5s	5.0s

在部署主要功能条件下，开展软件可靠性测试，针对可靠性测试，对典型应用场景进行了调整，设置采集为 105000 点 /s、告警为 20 条 /s、历史归档为 1000 条 /s、计算实例为 1000 条 /s 并启用 5 个工作站，连续运行 7×24h，未出现程序退出、崩溃现象；设置采集为 200000 点 /s、告警为 100 条 /s、历史归档为 5000 条 /s、计算实例为 40 条 /s 并启用 5 个工作站，可以稳定运行 7×24h，未出现程序退出、崩溃现象；在 7×24h 测试过程中，系统可用性达到 100%。

在系统兼容性方面，国产 SCADA 软件在服务器端支持 Solaris 5.10 和麒麟 Linux 2.6 操作系统；客户端支持 Windows 7 旗舰版 SP1、Red Hat Enterprise Linux Server 6.2、Solaris 5.10 和麒麟 Linux 2.6 操作系统；Web 应用支持 IE 9.0、FireFox 27.0 和 Chrome 33.0.1700.107m 浏览器。

第五节　国产油气管道 SCADA 系统软件——PCS V1.0 试验与应用

经过 3 年的科技攻关，2014 年 5 月北京油气调控中心成功研发出国内首套中控级大规模数据管理的国产化油气管道 SCADA 系统软件——PCS（Pipeline Control System）管道控制系统 V1.0（简称 PCS V1.0），经过典型应用场景的实验室测试，PCS 软件已达到推广应用的基本要求。

PCS 软件作为一款工业控制软件，从研发完成到工业推广应用还需经过工业试验的验证，在管道现场实际生产环境检验 PCS 软件的功能和性能，能否满足油气管道生产需要，并通过工业试验的完善与优化，提升 PCS 软件的成熟度。在管道试验现场进行包括管道 SCADA 系统设计、SCADA 系统工程开发、现场运行监控、缺陷改进以及软件功能性能指标评测等过程的管道 SCADA 系统工业应用。

一、试验管道选择

工业试验是对各种介质管道的控制逻辑、数据变化特点、设备模型、工业控制通信网络（如光纤、卫星等）、数据处理规模、操作员操作特性、系统二次组态开发人员开发特性等方面的适应能力的验证，因此试验管道选择需从输送介质、工艺过程、设备远控能力、通信协议等方面综合考虑。

具体原则如下：

（1）由于气体和液体介质的工艺特点有所不同，PCS 软件试验系统需同时在气体管道和液体管道实施，以满足检验 PCS 软件对不同介质管道适用性的客观需要。考虑原油和成品油管道特点较为相似，为精简管道、节省成本，可仅选择一条液体管道。所以，为验证软件具备对油气管道的典型控制逻辑能力，液体和气体需各选择一条管道，每条管道的工艺生产过程需尽量完备。其中，液体管道需有加压、批输、调压、计量；天然气管道需考虑加压、过滤、分输调压、计量。

（2）为验证软件适应油气管道典型的设备模型，选择的管道应设置了中国石油管道常用的工艺设备，如压缩机、泵、加热炉、调节阀等。这些设备需具备数据采集和远控能力。

（3）中控试验系统对管道远控操作要相对多一些，更好地验证功能的适应性。

（4）选择管道的通信系统应具备多样性，如包括光纤、卫星、公网，通信系统具备可扩展的能力（必要时需新开通电路）。

（5）为验证软件对多工控协议和设备的接入能力，选择管道需覆盖研发的主要通信协议，包括 IEC 104、Modbus、CIP 等。

（6）试验管道生产运行任务不宜过于紧张，方便安排试验系统调试时间。

（7）试验管道在役系统是主流 SCADA 软件系统，方便对比分析。

根据上述原则，经研究确定选择大港石化—济南—枣庄成品油管道（简称“港枣线”）和冀宁天然气管道（简称“冀宁线”）苏北段作为试验现场。

二、试验系统建设

利用 PCS V1.0 软件建设中控试验系统和典型站的站控试验系统。在北京主控中心和廊坊备控中心各搭建一套中控试验系统，接入港枣线和冀宁线苏北段工艺数据，实现对所辖站场和阀室的监视和控制。在港枣线德州分输泵站和冀宁线苏北段扬州分输站各部署一套 PCS 站控试验系统，实现对站内的监视与控制。在地区公司及管理处部署中控试验系统的远程监视终端，通过试验系统监视其所辖站场和阀室生产运行情况。

工业试验项目工程建设内容主要包括实验室工程开发与调试、试验系统硬件安装调试、现场系统联调测试和系统运维等。试验系统将充分依托在役 SCADA 系统的物理环境、供电环境、网络环境，通过配置、扩容以实现试验系统的接入。

1. 主调中控试验系统

主调中控试验系统部署在北京油气调控中心，与在役中控 SCADA 系统平行运行。在中心机房部署 2 台 Sun UNIX 服务器，采用双机热备冗余，使用 Oracle 作为历史数据库，利用现有通信链路，接入两条管线生产数据；部署 1 台 OPC 工作站与中间数据库交换数据；在调度大厅西部—港枣成品油与华东天然气调控台各部署 1 套三屏客户端工作站；在中心运维室部署 2 套运维工作站，并在地区公司及管理处部署远程监视终端。图 4–5 为主调中控试验系统部署结构图。

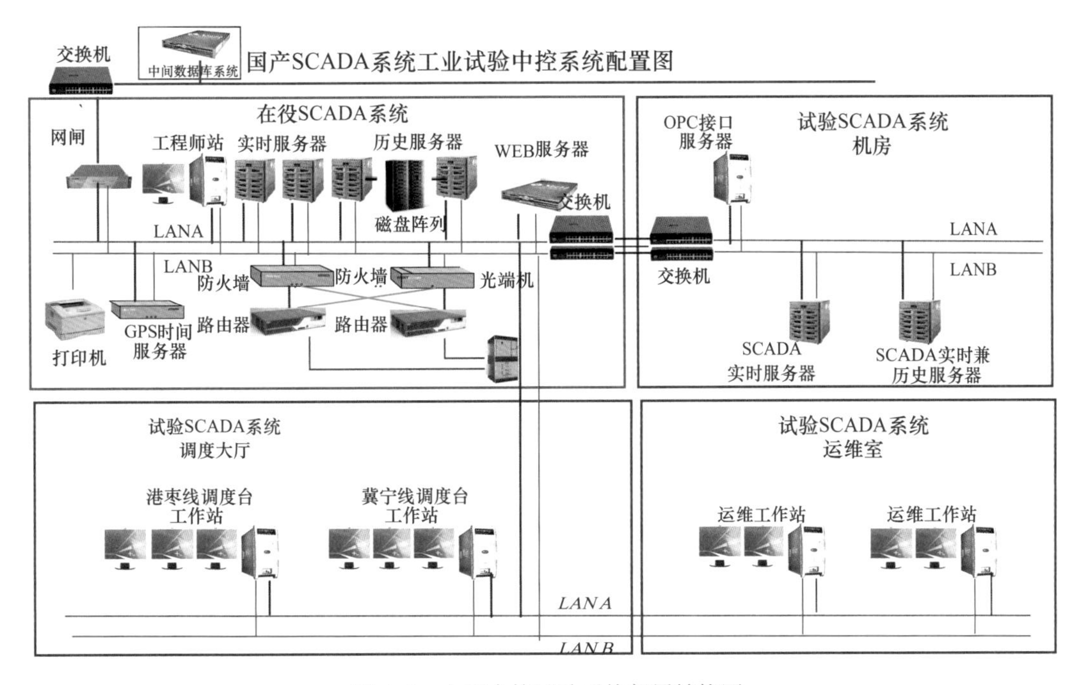

图 4–5　主调中控试验系统部署结构图

2. 站控试验系统

站控试验系统部署在港枣线德州分输泵站与冀宁线扬州分输站，与在役站控 SCADA 系统平行运行。分别在德州分输泵站和扬州分输站部署 2 台服务端 Linux 工作站，采用双机热备冗余，使用 PostgreSQL 作为历史数据库；利用现有通信链路，接入本站场与监控阀室数据；分别部署 1 台双屏客户端工作站。图 4–6 为站控试验系统部署结构图。

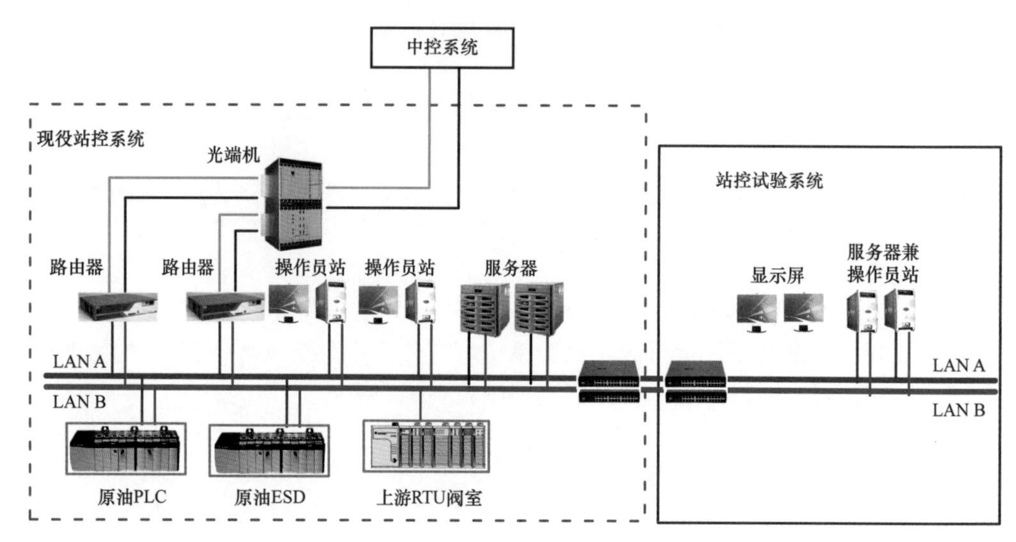

图 4-6　站控试验系统部署结构图

3. 备调中控试验系统

备调中控试验系统部署在廊坊备控中心。在备控中心机房部署 2 台国产 Linux 服务器（华为、曙光），采用双机热备冗余，使用 Oracle 作为历史数据库，利用现有通信链路，接入港枣线和冀宁线苏北段管道生产数据；应用 5 台工作站模拟压力测试数据；在中心运维室部署 1 台远程运维工作站。图 4-7 为备调中控试验系统部署结构图。

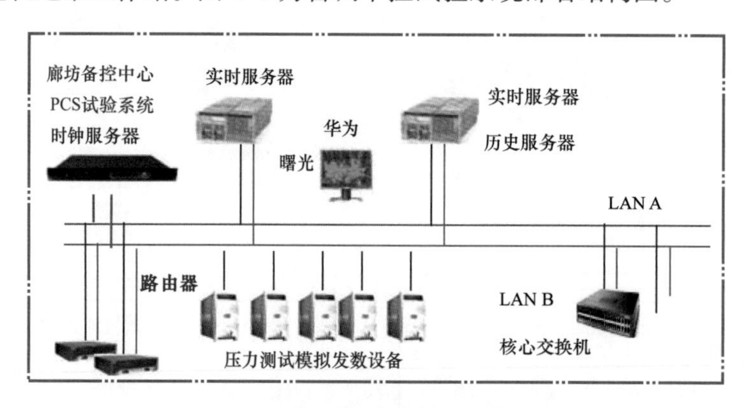

图 4-7　备调中控试验系统部署结构图

三、试验系统运行测试

1. 试验运行测试原则

工业试验工作需要在在役管线上实现对中控、站控试验系统进行检验，这就涉及对在役管线的安全和平稳运行的保障工作。为减小对在役 SCADA 系统的影响，不影响在役管线的安全生产，工业试验应遵循以下基本原则。

（1）并行原则：试验系统与在役系统平行运行方式，同时接入管线数据，在平行运行时期，试验系统的启动、调整、运行、关闭时都不能影响在役系统的正常运行，对应设备控制的试验应结合管道输送过程，保证管道生产安全与正常运营；试验系统对在役系统没有影响，在任何时间、任何情况下，在役系统都可在授权下瞬即接管现场控制权，并具有完全实时监控能力。

（2）独立原则：试验系统与在役系统独立运行，各自独立对现场数据进行采集、处理、显示、存储与控制。

（3）命令可控原则：试验系统控制命令下行必须可控，可根据需要进行功能屏蔽，并须统一授权和记录。

（4）一致性原则：工业试验系统应与在役系统在通信协议、系统配置、流程显示、报警设置及操作界面等均需保持一致。

工业试验过程中，按上述原则并结合如下措施进行试验系统建设和工业测试：

（1）试验系统设置下行命令的控制开关，利用控制开关实现对试验系统下行命令的控制，并记录控制开关变化事件。

（2）在不改变在役系统架构下进行试验系统的点表组态，不改变现场设备配置信息，不影响管道正常生产。

（3）在工业运行测试期间，统筹规划试验系统与在役系统的功能分工，在运行监视阶段，以在役系统监控为主，试验系统进行辅助生产监视；在调控试运行阶段，以试验系统监控为主，在役系统辅助生产监视，只有试验系统失效的情况下，才能切换回在役系统进行调度操作。

2. 试验运行测试方法

1）现场操作验证

在 PCS 软件现场运行过程中，通过界面操作，执行、验证和确认系统实现的功能。

2）现场检查

通过巡检或定期人工查看等方式，检查系统中配置信息和运行参数，主要包括系统运行状况、生产操作记录、管理制度执行、安全策略部署。

3）现场访谈

针对易用性和可维护性指标要求，设计问卷内容，对现场调度人员等用户开展调研与访谈，统计分析对 PCS 软件的使用评价。

4）现场对比实验分析

在现场运行过程中，与在役管道 SCADA 系统同工况条件下对比试验分析。

3. 运行测试内容

1）PCS 软件部署环境适用性试验

测试验证 PCS 软件在实际管道生产环境适用性（图 4-8），主要包括：气体与液体两种介质管道应用环境；典型站场与中心应用硬件环境；光纤与卫星通信网络环境；UNIX（Solaris）、Linux 与 Windows 不同操作系统环境；Oracle 与 PostgreSQL 不同数据库应用环境。

2）PCS 软件互操作性试验

测试 PCS 软件实际应用中与现场设备及第三方系统的互联互通能力，包括：测试了 PCS 软件通过 Modbus TCP/IP、CIP、IEC 60870-5-104 协议从试验管道现场设备采集数据；测试了 PCS 软件与中间数据库通过 OPC 协议传输日指定数据；测试了 PCS 软件报表通过

JDBC 获取历史数据。图 4-9 为站控第三方系统接入，图 4-10 为中控试验系统与中间数据库传输数据图。

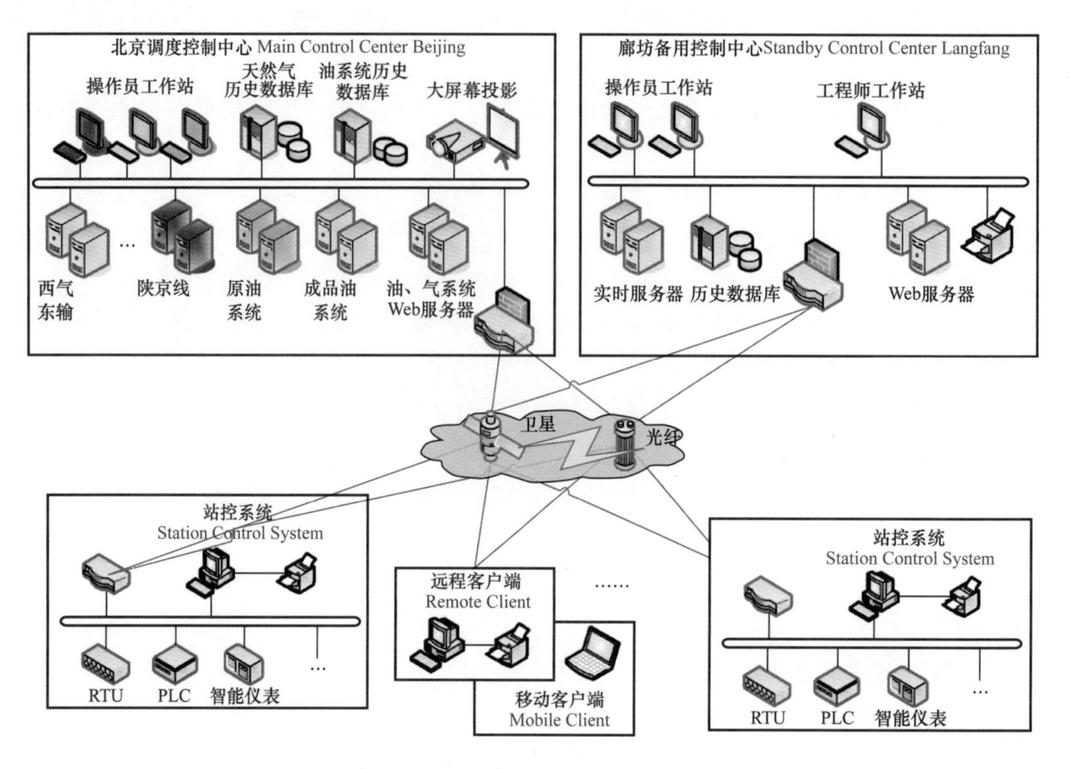

图 4-8　PCS 软件环境适用性测试

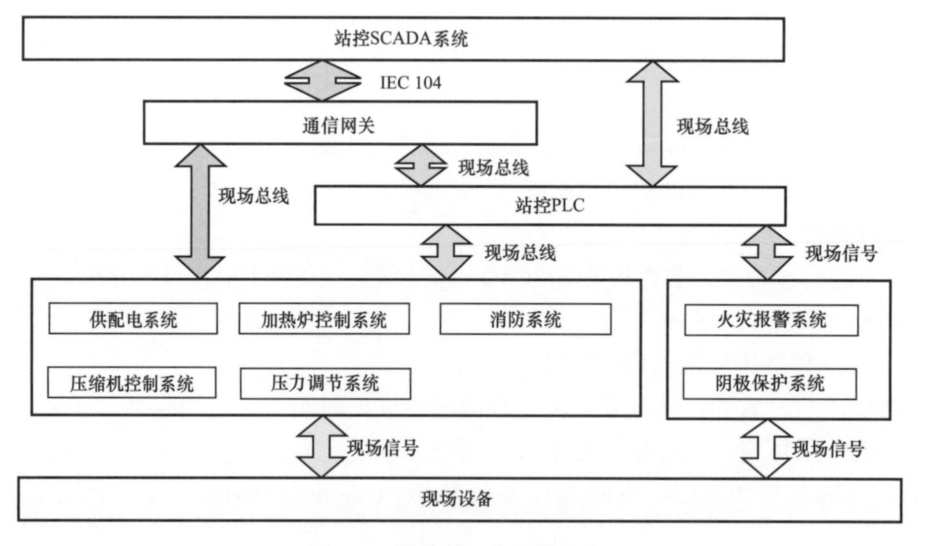

图 4-9　站控第三方系统接入

3）PCS 软件关键性能测试

测试了 PCS 软件在典型管道调控工业应用环境下的关键性能（图 4-11），主要包括：试验系统数据点管理规模；不同工况下实时数据并发处理性能；不同工况下实时数据采集、处理、存储到发布的实时性；画面调用与动画响应性能（站控本地画面、中控本地画面、地区公司远程画面）；德州站控系统、扬州站控系统与中控系统运行可用率。

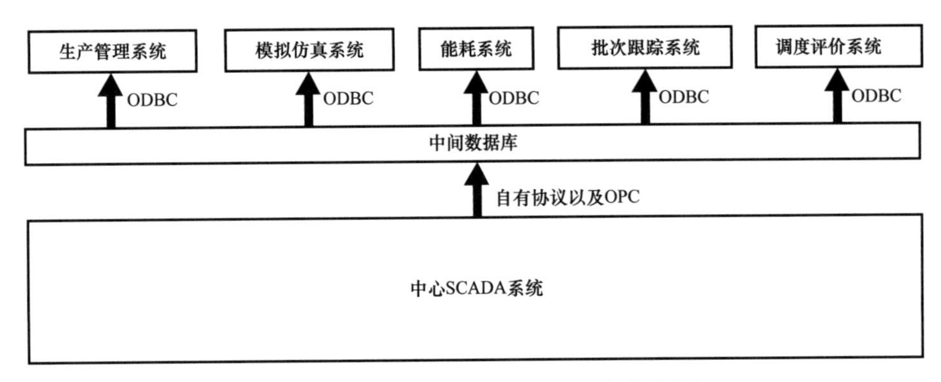

图 4-10 中控试验系统与中间数据库传输数据

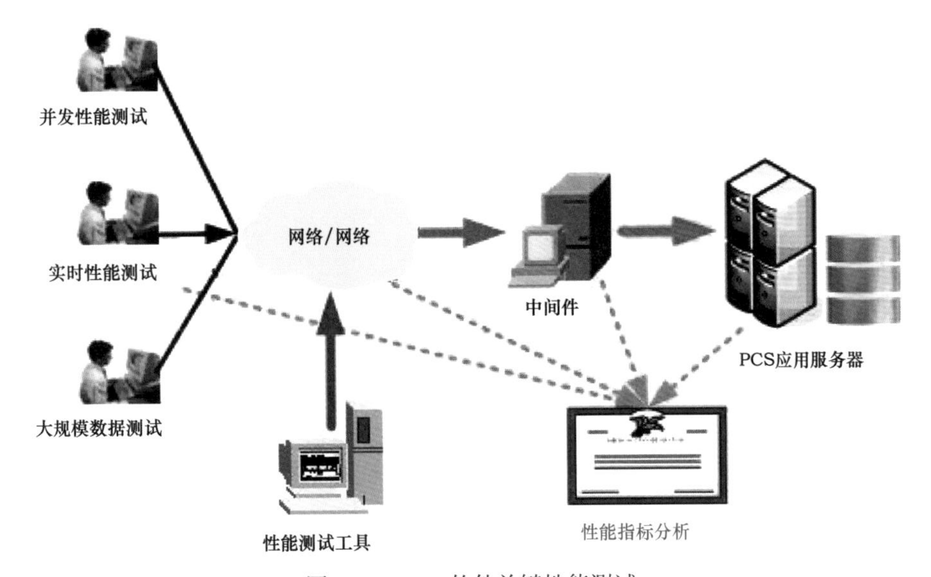

图 4-11 PCS 软件关键性能测试

4）核心功能测试

在工业试验各阶段，由工程开发人员、调度操作人员、系统维护人员等不同用户的实际业务操作，完成 PCS 软件工程开发、现场调试、调度操作与系统维护等功能的测试验证，覆盖软件核心功能，验证了 PCS 核心功能满足油气管道调控应用需求（图 4-12），包括数据采集管理、管道常用通信协议数据采集与下行、实时数据处理与发布、报警管理、历史数据入数与查询、人机交互、Web、故障恢复等。

5）PCS 软件油气管道调控业务应用试验

通过气体与液体两种介质管道站控与中控试验系统的建设与运行监测，完成管道调控业务应用的验证工作，验证了调控业务应用满足工业现场调度业务需求。表 4-6 为 PCS 软件调控业务应用测试表。

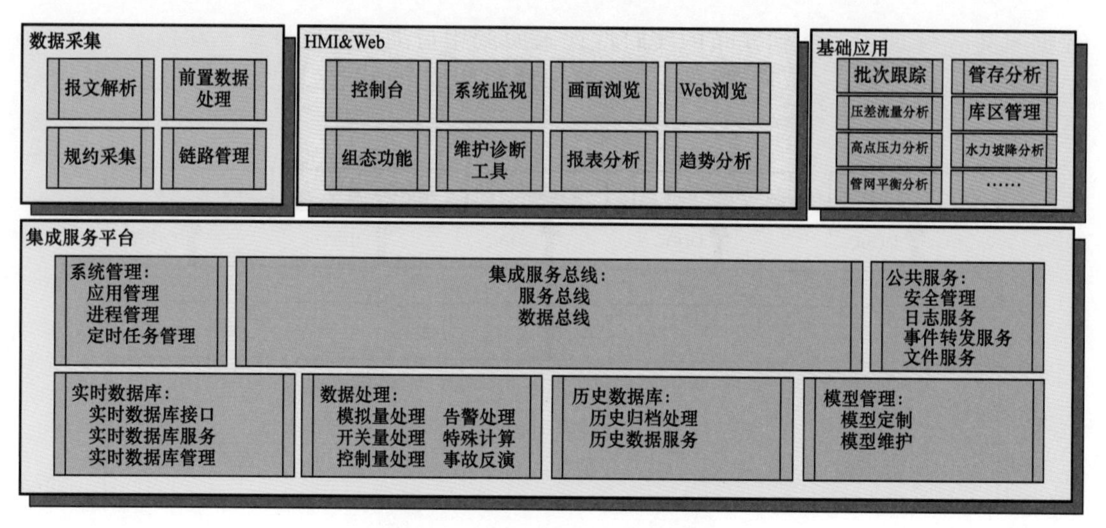

图 4-12 PCS 软件核心功能测试

表 4-6 PCS 软件调控业务应用测试表

油气管道监控画面	成品油	一级画面	管网地理图
		二级画面	总参表、工艺流程图、泵参数表、阴保参数表
		三级画面	站参数表
		四级画面	控制面板
	天然气	一级画面	管网地理图
		二级画面	日指定导入、日指定下发、流量综合图、工艺综合图
		三级画面	计量图、控制流量图、配置图、压缩机流程图、压缩机远控图、流量表、站报警图、站操作图、站参数表
		四级画面	控制面板
油气管道设备模型定义与实例化	电动阀、调节阀、定速泵、变频泵、流量计、储罐、变送器		
油气管道设备控制面板组态功能	电动阀控制面板、调节阀控制面板、定速泵控制面板、变频泵控制面板、变送器控制面板、开关量控制面板、模拟量控制面板		
管道调控辅助应用	通断检测、报表、压缩机性能曲线		
油气管道调控基础应用	顺序输送分析（液体管道）、水力坡降（液体 / 气体管道）、管道输差（液体管道）、压差流量计算、管存计算（液体 / 气体管道）、日指定分析（气体管道）		

6）PCS 软件加压稳定性试验

在主调中控试验系统工程的基础上，按照港枣线和冀宁线实际数据分布情况，在备调中控试验系统增加 10 条压力管道 17 个压力测试站场，工程总数据规模达 20 万点，重点进行了采集加压测试、实时告警加压测试、命令下置加压测试和客户端加压测试，以及系统异常、切换操作时的冗余验证。加压测试 77 天，实际调控运行 10 天，备调中控试验系统运行稳定。

试验系统于 2016 年 11 月 21 日进入监视运行阶段，调度员与在役系统进行比对监视。通过收集、统计与分析现场测试记录数据，在现场试验阶段跟踪解决了现场 250 个工程问题、136 个软件缺陷，针对 22 项新需求进行了开发。PCS 软件经逐步消缺和优化，完全满足港枣成品油管道和冀宁天然气管道调控业务的应用需求。

参 考 文 献

[1] 黄泽俊．石油天然气管道 SCADA 系统技术［M］．北京：石油工业出版社，2013.
[2] 祁国成．油气管道 SCADA 系统关键技术研究［M］．北京：石油工业出版社，2017.

第五章　输油气管道关键阀门开发与应用

在2006年之前，输油气管道阀门以进口为主，增加了建设和运营成本，而且进口产品一般供货周期较长，制约了管道建设的快速发展。中国石油于2013年开展了长输管道关键阀门国产化，包含的阀门有调压装置关键阀门、压力平衡式旋塞阀、轴流式止回阀、轨道式强制密封阀、高压大口径全焊接球阀、氮气轴流式泄压阀、套筒式调节阀和防喘阀等8种。

为使国产化关键阀门具有先进性，中国石油对标API、ASME、ISO、NACE等国际先进标准和国际先进阀门相关技术指标，结合现场运行条件以及阀门制造商实际情况，制定了长输管道关键阀门技术条件、工厂试验大纲、工业试验大纲等一系列规范，以指导关键阀门研制、试验等。为试验和验证阀门性能、可靠性等，中国石油建立了衢州、黄陂、昌吉、烟墩等阀门工业试验场及试验规范，对国产油气长输管道关键阀门性能的验证与提升和为油气长输管道关键阀门全面国产化奠定了坚实的基础。

从2013年至2015年，中国石油相继成功研制了国产化样机输油套筒式调节阀2台、输油氮气轴流式泄压阀2台、轴流式止回阀6台、压力平衡式旋塞阀6台、调压装置关键阀门12台等，分别应用于庆铁四线、西气东输二线等输油气管线及昌吉阀门试验场。经工业运行考核，国产化产品各项性能达到技术条件要求，工作可靠，满足实际生产需要。

第一节　输油气管道关键阀门现状

一、国内外技术现状分析

在国产化之前，输油气管道关键阀门应用现状及国内阀门技术现状见表5-1和表5-2。

表5-1　进口输油气管道关键阀门应用现状

序号	阀门名称		国外主要设备生产商	进口设备比例
1	调压装置关键阀门	轴流式调压阀	RMG、Mokveld、Emerson（Fisher）	全部进口
		自力式监控调压阀		
		安全切断阀		
2	压力平衡式旋塞阀		Serck Audco、Nordstorm	全部进口
3	轴流式止回阀		Mokveld、Goodwin、Crane	大口径设备全部进口
4	轨道式强制密封阀		ORBIT、General	进口设备占90%以上
5	56in Class900全焊接球阀		SCHUCK	无进口
6	氮气轴流式泄压阀		M&J公司（原DANIEL公司）；MOKVELD；ANDERSON GREENWOOD	进口设备占90%以上
7	套筒式调节阀		FISHER；CCI	进口设备占90%以上

表 5-2　国产输油气管道阀门技术现状

序号	阀门名称	国内技术现状	需要解决问题
1	调压装置关键阀门	橇体已国产化，调压阀、安全切断阀及监控阀全部进口	目前国内用于4MPa低压管道的调压阀等产品结构与长输管道分输站场调压装置所使用的安全切断阀、监控调压阀及工作调压阀结构形式不同，在高压大流量分输条件下，由于结构缺陷导致噪声和振动大，调压精度和动态响应等特性有待完善
2	旋塞阀	以下规格已经全部国产化：42MPa/8in及以下、5MPa/12in及以下、15MPa/24in及以下、10MPa/36in及以下	阀门操作力矩较国外偏大；阀体、旋塞、阀杆表面涂层摩擦系数较大，密封脂种类较少
3	止回阀	中小口径已国产化	大口径高压阀门缺乏应用案例，大口径止回阀无法测试其压力降
4	强制密封阀	有部分应用案例	（1）将军阀：密封件质量和寿命需要进一步提高，滑片橡胶的粘结工艺需要进一步研究，高压力大口径可靠性有待考证。（2）轨道球阀：阀杆轨道槽的加工精度和硬化；高压力大口径可靠性有待考证
5	56in Class900全焊接球阀	48in Class900全焊接球阀已国产化	适用于ϕ1422mm X80管线的56in Class900大口径高压阀门研制、运输、安装等难题
6	泄压阀	具备国产化条件	氮气控制系统部分功能缺失，泄放精度有待提高，需要建立阀门泄放性能试验装置和研究测试技术；缺乏性能测试及试验方法研究；需要示范工程应用系统创建
7	调节阀	具备国产化条件	大流量套筒结构调节阀；新产品性能测试及试验方法研究；示范工程应用系统创建

二、国内外关键阀门技术差距对比分析

1. 调压装置关键阀门

国内外自力式安全切断阀、自力式监控调节阀、轴流式调压阀技术现状见表5-3～表5-5。

表 5-3　国内外自力式安全切断阀技术现状

项目	天津贝特尔 BTER（国内）	EMERSON（国外）	RMG（国外）
结构图	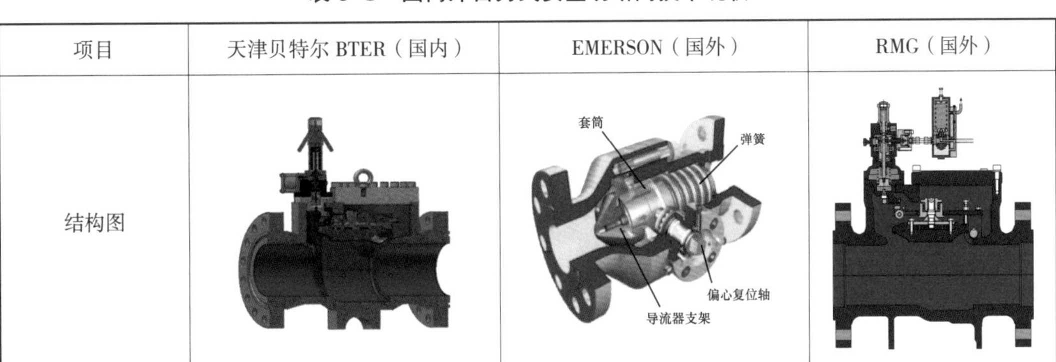		

续表

项目		天津贝特尔 BTER（国内）	EMERSON（国外）	RMG（国外）
结构对比		单一阀体结构； 旋启式翻板结构； 直通型流道结构	两段锻造阀体结构； 套筒形结构； 流线型流道结构	单一阀体结构； 旋启式翻板结构； 直通型流道结构
功能对比		超压、欠压、远程、就地切断四种功能	超压、就地切断二种切断功能	超压、远程、就地切断三种功能
主要技术指标对比	响应时间	≤1s	≤1s	≤1s
	切断精度	±1%	±1%	±1%
	密封能力	开关 100 次后泄漏量＜5mL/min	开关 100 次后泄漏量＜5mL/min	开关 100 次后泄漏量为零

表 5-4　国内外自力式监控调压阀技术现状

项目		天津贝特尔 BTER（国内）	EMERSON（国外）	RMG（国外）
结构图			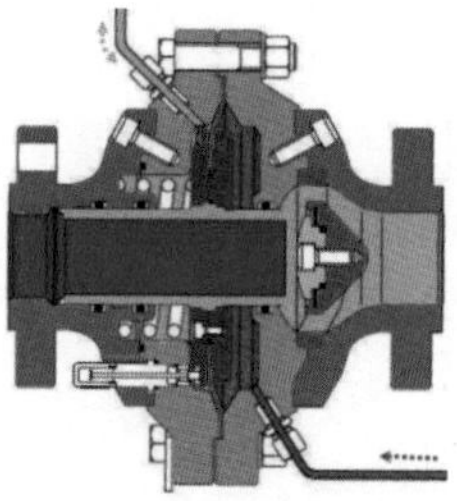	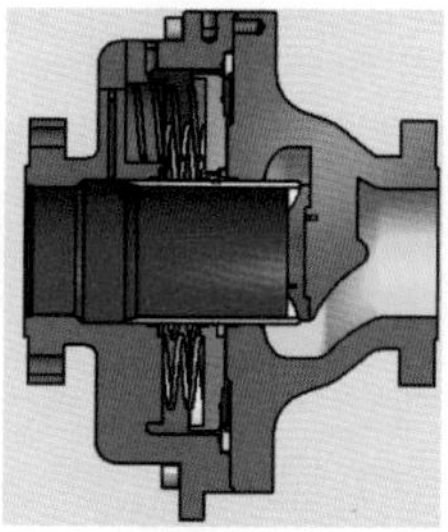
结构对比		三段式阀体结构； 套筒式阀芯结构； 圆台式阀座结构	四段式阀体结构； 套筒式阀芯结构； 平面式阀座结构	二段式阀体结构； 套筒式阀芯结构； 圆台式阀座结构
主要技术指标对比	稳压精度等级	≤AC1	≤AC1	≤AC1
	关闭压力精度等级	≤SG5	≤SG5	≤SG5
	密封能力	线性密封，密封可靠	平面密封，密封可靠	线性密封，密封可靠

表 5-5　国内外轴流式调压阀技术现状

项目	天津贝特尔 BTER（国内）	MOKVELD（国外）	RMG（国外）
结构图		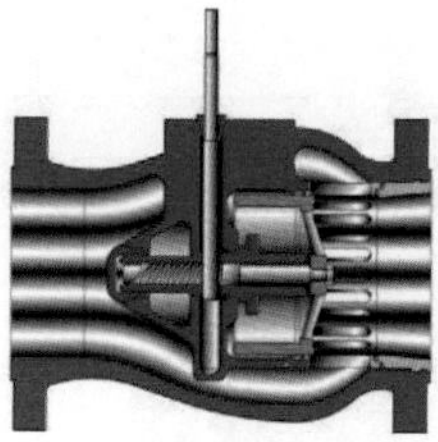	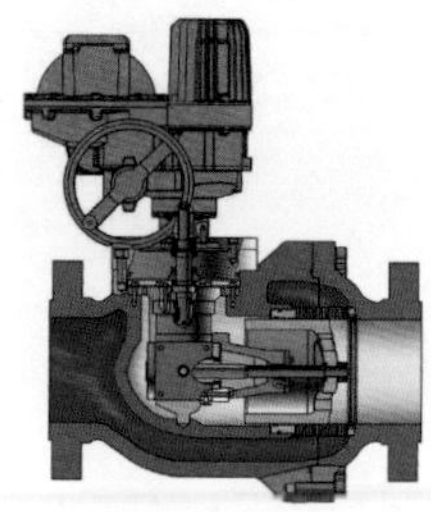

续表

项目		天津贝特尔 BTER（国内）	MOKVELD（国外）	RMG（国外）
结构对比		单一阀体结构； 斜齿条传动结构； 阀芯配合多层套筒式结构	单一阀体结构； 斜齿条传动结构； 阀芯配合多层套筒式结构	二段式阀体结构； 齿轮齿条传动结构； 阀芯配合多层套筒式结构
主要技术指标对比	基本误差	优于 ±1.0%	优于 ±1.0%	优于 ±1.0%
	回差	≤1%	≤1%	≤1%
	密封能力	端面密封，活塞杆密封，密封可靠	端面密封，活塞杆密封，密封可靠	端面密封，密封可靠

与国外产品相比的技术差距：

（1）国内现有产品缺乏在长输管道上应用的经验。国内现有一些调压设备产品在大口径高压力长输天然气分输站场并未得到应用，因此经验相对缺乏。国外的产品经过不断的改进，产品在功能、性能、质量方面均比较完善。

（2）国内现有产品口径小压力等级低。国内阀门生产厂家很少有针对 DN200、10MPa 大口径高压输气管道特点而开发的产品，类似产品主要应用在城市燃气等低压天然气系统中，其口径在 DN150 以下。

（3）国内现有产品性能不够稳定。长输天然气分输站场调压设备分输量大，下游用户要求不停输连续运行，因此要求设备工作性能稳定可靠，国产设备在结构设计、加工制造精度等方面，与国外差距较大，产品稳定性没有经过实际应用考核。

2. 压力平衡式旋塞阀

国内外压力平衡式旋塞阀技术现状见表 5-6。

表 5-6　国内外压力平衡式旋塞阀技术现状

项目	压力等级	通径	使用温度，℃	主材料	密封泄漏等级	寿命 a	适用介质	密封面料	密封脂特性	结构形式	承压件质量
国外	1500 900 600	≤24	-40～343	ASTMA105 ASTMA216 WCB、WCC ASTMA350LF2 ASTMA352 LCB、LCC	ISO5208 A 级	30	天然气、 原油、 成品油	塞体表面涂镀耐磨合金	耐高低温、抗老化性能优	基本一致	优
国内	2500 1500 900 600	≤8 ≤12 ≤24 ≤36	-46～160			30			耐高低温、抗老化性能差		良

早期，由于此类产品国内开发起步较晚，国内虽然已经有少数厂家开始研制、生产，但是提供的产品的范围有限，批量化程度不高。自 2012 年开始，在国家重大装备国产化政策鼓励下，国内已有多个厂家开始了本产品的研制、生产和推广应用。截至 2016 年底，四川精控阀门制造有限公司（以下简称“四川精控”）成功研制了 NP1～NP36 口径范围，Class150～Class2500 压力磅级系列压力平衡式旋塞阀，并在我国新建、扩建油气管线工程

项目上得到了推广应用。

目前，主要产品的承压件，包括阀体、旋塞等，其结构的刚性指标、抗应力应变水平、密封性能、安全性能等指标达到了国外同类产品的先进水平。但由于近年国内总的需求采购量有限，导致产品的实际应用量少。

3. 轴流式止回阀

国内外轴流式止回阀技术现状见表 5–7。

表 5–7　国内外轴流式止回阀技术现状

项目		自贡新地佩尔	Mokveld	Goodwin
结构图				
结构对比		单一阀体结构； 前后双支撑结构； 单弹簧结构； 圆形阀瓣； 流线型流道	单一阀体结构； 单支撑结构； 单弹簧结构； 圆形阀瓣； 流线型流道	单一阀体结构； 导流支撑结构； 多弹簧结构； 环形阀瓣； 流线型流道
主要技术指标对比	结构长度	API 6D、企业标准	API 6D、企业标准	企业标准
	压降水平	Δp<0.02MPa	Δp<0.02MPa	Δp<0.02MPa
	密封能力	硬密封，复合密封，密封能力可靠	硬密封，复合密封，密封可靠	硬密封，密封可靠

与国外产品相比的技术差距：

（1）密封可靠性方面：国内轴流式止回阀在役时间较短，密封可靠性有待长时间考证。

（2）压降水平方面：国内目前尚没有进行压降试验。

（3）加工精度方面：加工设备、加工工艺与国外先进水平相比有一定差距。

（4）材料水平方面：部分材料（如铸件）性能较国外同等级材料差。

（5）数值分析方面：国内的模拟仿真分析尚处于初步阶段。

（6）流阻试验方面：国内厂家几乎都没有做流量试验。

（7）弹簧疲劳测试方面：国内厂家几乎没有进行弹簧的疲劳测试。

4. 强制密封阀

国内外强制密封阀技术现状见表 5–8。

与国外产品相比的技术差距：

（1）阀性能方面：国外厂商能做到软密封情况下零泄漏，硬密封情况下达到同口径所规定的一半的泄漏量，目前国内厂商基本能做到软密封零泄漏，而硬密封情况下的密封性能与国外厂商尚有一定的差距。在操作力矩上，国外产品较国内同型产品小 15%～20%。在使用寿命上，目前国外厂商生产的强制密封球阀一般能服役 30 年以上，而国内厂商生产的同类阀门尚处于起步阶段，其具体使用寿命还尚待考证。

表 5-8 国内外强制密封阀技术现状

项目		新地佩尔 / 成都航利	美国 ORBIT	荷兰、美国 RSBV
结构图			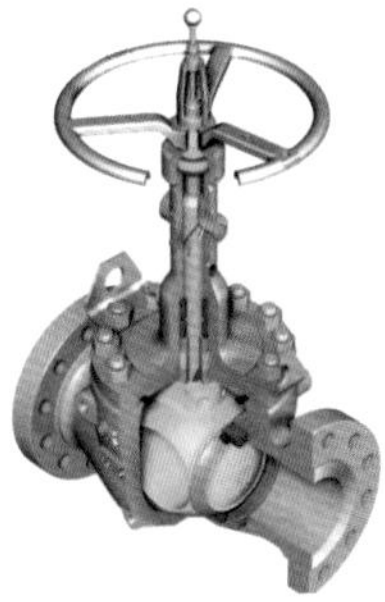	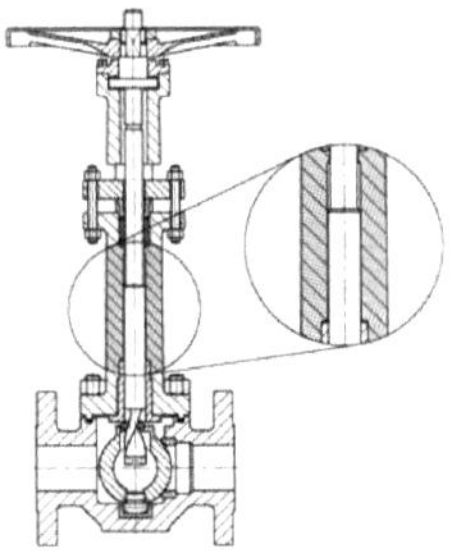
结构对比		开关无摩擦； 自清洁功能； 阀座在线检漏； 双阀杆导向销； 阀杆楔形面； 阀杆填料密封	开关无摩擦； 自清洁功能； 阀座在线检漏； 双阀杆导向销； 阀杆楔形面； 阀杆填料密封	开关无摩擦； 自清洁功能； 阀座在线检漏； 阀杆楔形面； 阀杆填料密封
制造规格		1/2～24in， Class150～2500	1/2～24in， Class150～2500	1/2～24in， Class150～2500
分析手段		强度分析、结构分析	强度分析、结构分析	强度分析
加工手段		数控车床、加工中心	数控车床、加工中心	数控车床、加工中心
试验手段		压力试验机（密封试验）	不详	不详
性能对比	结构长度	API 6D、企业标准	API 6D、企业标准	API 6D、企业标准
	结构分析	阀杆和轨道行程做了进一步的改进	阀杆和轨道出现过些问题	阀杆头部加工难度大
	密封能力	硬密封，复合密封，阀杆三层密封能力可靠	复合密封可靠，阀杆处泄露严重	复合密封可靠

（2）设计工艺方面：国外厂商已经着手采用现代化设计软件结合有限元分析软件对强制密封球阀的关键零件进行仿真分析，并通过计算结果优化了其产品结构，使其结构更为合理，性能更为可靠。同时可以对阀门在实际使用工况中的流体动态特性进行系统分析，对阀门可能存在的安全隐患和故障点提供了更为有力的依据。而目前在这些方面国内尚处于起步阶段，理论分析虽然可以满足该阀门的设计需要，但是这些先进的仿真模拟分析对于强制密封球阀的设计开发依然必不可少。在生产工艺方面，国内产品较国外厂商也有着不小的差距。特别是一些零部件专用模具的开发及原材料生产工艺的落后。

（3）制造设备方面：国外厂商拥有众多新型多轴数控加工中心及零部件专用机床设备。这些专用机床的使用大大提高了强制密封阀主要零部件的生产精度和生产效率，为产品成本控制提供了强大的支撑。国内厂商还使用很多普通通用机床来完成零部件的生产，有些设备尚能勉强应付，但是遇到高压大口径等产品零部件加工时就很难保证其精度。

（4）测量设备方面：在螺旋轨道的精度测量、球面的形状测量、位置测量、密封圈的形状和位置精度测量、阀体等形位公差的精度要求都很高，高精度的带可编程的自动三维测量机在测量中起到重要作用，自动测量技术在国外的阀门公司已使用了多年，而我国还在刚起步阶段。

（5）试验设备方面：国外厂商不仅通过三维实体仿真与有限元数值分析等方法在设计初期就逐步验证了强制密封球阀的性能和可靠性。在试验设备上也拥有能够模仿实际使用工况的流体试验系统。国内只有较少数几家实力相对雄厚的阀门厂商拥有完整的试验设备和试验系统，能够满足试验不同口径、不同压力级的产品。

5. 56in Class900 全焊接球阀

国外产品业绩较少，德国舒克公司具有生产 56in Class900 全焊接球阀能力，并有少量业绩。国内尚无厂家试制。

6. 泄压阀

国内外泄压阀技术现状见表 5-9、表 5-10。

表 5-9 外接能源式泄压阀（氮气控制）

项目	国外（M&J）	国内（重庆科特①、自贡新地佩尔②）
结构特点	轴流活塞式	轴流活塞式
控制方式	氮气控制	氮气控制
口径，in	2～16	1～24
压力等级	Class150～Class900	Class150～Class900
适用温度 t，℃	-46～121	-46～121
响应时间，s	≤0.1s	≤0.1s
设定精度	±2%	±2%

① 重庆科特工业阀门有限公司。

② 自贡新地佩尔阀门有限公司。

表 5-10 先导式泄压阀

项目	国外（M&J）	国内（重庆科特、自贡新地佩尔）
结构特点	轴流活塞式	轴流活塞式
控制方式	先导自力控制	先导自力控制
口径，in	2～16	1～24
压力等级	Class150～Class1500	Class150～Class900
适用温度 t，℃	-46～121	-46～121
响应时间，s	≤0.1s	≤0.1s
设定精度	±1%	±1%

与国外产品相比的技术差距：

（1）设计制造方面：国外全部采用数控技术，国内只有部分厂家采用数控技术。

（2）试验设备方面：国外厂家具有完善的试验装备，国内仅具有阀门生产检测技术手段。

7. 调节阀

国内大多数厂家已能按美国ASME、API、MSS、德国DIN、英国BS、日本JIS等标准生产常温常压阀门，国内外阀门的差距不大。在结构上，国产阀门完全能够替代国外阀门，但仍有一部分特殊、非标、高技术含量、高质量、高寿命及高可靠性的产品，如专门用于易燃、易爆介质，石油、天然气长输管线的高压大口径调节阀、自动阀门及驱动装置还不能完全满足工程配套，在产品结构、材料、制造水平和技术上与国外知名品牌均存在较大差距，这些产品目前尚在大量进口。

与国外产品相比的技术差距：

（1）国内产品在高温、高压（PN≥10MPa）、易燃易爆介质工况、大口径（DN≥300）调节阀存在卡塞、振动、噪声大、驱动力矩过大、可靠性低、使用时间短、密封填料易漏等问题。

（2）在材料技术上：如在输油气管道中由于介质含有硫，因此对阀门材料有严格的要求，必须做抗硫实验，对材料的金相成分要严格限制。国内在材料的金相组织分析、硫、磷等杂质成分控制方面要逊色一些，目前不能达到国外的水平。

（3）在加工工艺水平：在某些关键密封面的表面粗糙度国外能达到0.1μm，国内目前不能达到如此工艺水平。

（4）在试验装备水平上：国内阀门厂家大都仅能做流量实验，没有完整的实验设备来完成一系列噪声分析与修正。而国外公司利用其在资金和技术上的优势能够实验模拟现场工况，以此来验证阀门的性能，并进行优化。

8. 油气管道关键阀门可靠性检测与评价技术

国内外在提高阀门使用性能和使用寿命等方面进行了大量的研究工作，包括阀门的可靠性分析、可靠性设计、可靠性试验和提高阀门可靠性的各种方法。国内在阀门可靠性检测与评价技术方面与国外还有一定差距：

（1）可靠性设计方面：目前国外厂商采用设计软件结合有限元分析软件进行仿真结构分析、流通能力仿真分析、动态特性仿真试验，并通过计算结果优化其产品结构，使其结构更为合理，性能更为可靠，国内在该方面尚处于起步阶段。

（2）可靠性试验方面：目前国内厂家在密封性能、强度试验、调节性能、动作性能、寿命试验、加速试验和各种特殊可靠性试验方面还缺乏相应的检测设备。

（3）可靠性维护方面：目前国外通常采用基于可靠性的维护管理技术，采用最优化的设备可靠性维护策略，国内在该方面尚处于起步阶段。

（4）可靠性评价数据系统：国外可靠性元件数据库系统建立比较完善，相对而言国内较为落后。因此，必须运用阀门研制、试验和使用过程中记录的各个方面的性能数据，建立阀门的可靠性数据库，辅助阀门的可靠性分析、设计、试验，使阀门的可靠性研究进一步规范化和程序化。

第二节 输油气管道关键阀门国产化技术条件

基于长输油气管道现场使用条件和要求，参照国际标准，对比国外先进同类产品，制定了调压装置（安全切断阀、自力监控阀、电动调压阀）、压力平衡式旋塞阀、轴流式止回阀、轨道式强制密封阀、高压大口径全焊接球阀、氮气轴流式泄压阀、套筒式调节阀等阀门技术条件，以规定研制产品达到的各项性能指标和质量要求，从而使国产化产品达到先进性。

一、输气管道调压阀装置关键技术条件

1. 安全切断阀关键技术条件

（1）国产化安全切断阀为自力式的直通翻板结构。

（2）安全切断阀应具有为超压、欠压和远程切断功能，阀门弹簧动作响应时间应≤2s，设定压力的允许偏差应≤±2.5%。

（3）安全切断阀应具有远方控制及远方和现场阀位指示功能，能够接收来自控制系统的控制命令，自动关断安全切断阀。当安全切断阀打开或关断时，其配带的位置开关应能输出无源触点信号至站控系统进行阀位指示，触点容量不小于24V（DC）、1A。

（4）安全切断阀必须在具备安全完整性等级（SIL）的认证后才可以正式使用在中国石油天然气管道调压装置中。安全切断阀应具备整体不低于SIL2的认证。安全切断阀的SIL必须取得TUV认证或EXIDA等专业机构或同等权威机构的认证，并出具相应的证书或报告。安全切断阀的SIL认证应是阀门的整体认证，包括切断阀、指挥器、电磁阀及其他附件。应有第三方专业机构对其验证。

（5）阀门应满足天然气站场防火防爆要求，防爆等级不应低于Exd Ⅱ BT4，防护等级不应低于IP65。

（6）安全切断阀在结构上应设有用于压力平衡的压力旁通阀，便于人工就地开启阀门。

（7）正常运行时，安全切断阀安装处不应有泄漏。安全切断阀在阀门关闭时阀座的泄漏等级应能够达到ISO 5208 A级标准。

2. 监控调压阀关键技术条件

（1）自力式调压阀的指挥器动力源取自阀门本体的入口处，为保证调节准确度及指挥器的使用寿命，在指挥器的入口处应随设备配套带有精细过滤器，精度不低于5μm。

（2）自力式调压阀调节范围应在最大流通能力的5%～100%之间，其流通能力及可调比应满足工艺要求。

（3）阀内件需有足够的阻力通道或减压级，以保证调压阀工作在最恶劣的工况下时，阀芯出口流速不应超过0.2马赫[1]（Mach）。对于进出口等径的阀，出口流速不宜大于40m/s；在最恶劣的工况下，在距阀1m处的噪声不得超过85dB。

（4）监控调压阀调节准确度应优于±2.5%。

[1] 1马赫 = 340.3m/s。

（5）自力式调压阀应附带位置变送器，可以将阀门的开度转换为4～20mADC的标准模拟信号，输出至控制系统进行显示并参与控制。该位置变送器的配置应合理，能够正确反映阀门的开度。

（6）阀门应满足天然气站场防火防爆要求，防爆等级不应低于Exd Ⅱ BT4，防护等级不应低于IP65。

（7）自力式调压阀阀座的泄漏等级应能够达到IEC60534-4标准中的第Ⅳ级。

3. 工作调压阀关键技术条件

（1）工作调压阀采用轴流式电动调压阀。

（2）电动执行机构和阀门配套后的整体调节准确度应保证优于±1.0%，回差小于1.0%。

（3）调压阀的尺寸应按照在最小最大流量条件下，阀的开度在5%～90%之间进行计算。所有的计算应符合ISA75标准。计算基础数据和结果应以书面方式说明。在工艺系统中，调节阀的调节范围应满足所有定义的流量条件。定义的最小流量条件也应为可控制的。流量计算必须以最大流量的110%为基础。

（4）调压阀内件需有足够的阻力通道或减压级，以保证天然气在最恶劣的工况下连续流过阀内件时，其速度头低于480kPa，阀芯出口流速不应超过0.2马赫（Mach），调压阀出口法兰处流速不超过40m/s。在最恶劣的工况下，距离阀门1m处和阀门下游的噪声不得超过85dB。

（5）调压阀适用于压比（阀前压力与阀后压力的比值）大于等于1.6或压差大于等于1.6MPa的大差压工况，调压阀可采用轴流式多级减压结构。

（6）调压阀的流量特性选用等百分比或近似等百分比。

（7）调压阀应具有正向调节功能及反向流通能力。

（8）调压阀阀座的泄漏等级应能够达到IEC60534-4标准中的第Ⅳ级。

（9）阀门应满足天然气站场防火防爆要求，防爆等级不应低于Ex d Ⅱ BT4，防护等级不应低于IP65。

二、输气管道压力平衡式旋塞阀关键技术条件

（1）阀门应能满足连续运行30年以上，且相关性能（操作与密封）能长期满足工况要求。

（2）阀门都应是耐火安全型的。阀门的耐火设计执行API Spec 6FA/API Spec 607标准。

（3）旋塞阀应采用压力平衡结构。

（4）流通面积：规则型阀门（最窄）通孔的横截面积不应小于接管横截面积的60%，文丘里型阀门（最窄）通孔的横截面积不应小于接管横截面积的50%。

（5）使用有限元分析进行验证。

三、轴流式止回阀关键技术条件

（1）阀体应为整体铸造。

（2）阀门应能满足连续运行30年以上，且相关性能能长期满足工况要求。对于焊接连接的止回阀应该选择高可靠性且能够无需备件能够连续运行30年。对于原油或成品油

介质，供货商应提供减速度为 $5m/s^2$ 情况下的动态模拟图。

（3）对焊连接止回阀的焊接坡口应按照 ASME B31.8 的规定或 ASME B31.4 执行。法兰连接止回阀按照 ANSI B16.5 规定为凸面法兰。

（4）带法兰的阀门只能采用突面类型的法兰。

（5）无碰撞轴流式止回阀必须在规定流量范围内压降不高于 0.01MPa。止回阀最小开启压力应不大于 2kPa。

（6）止回阀的面到面尺寸可采用厂家标准，面到面尺寸宜尽可能长以满足文丘里原理。

（7）如果数据单中没有特殊说明，无碰撞轴流式止回阀主密封采用金属对金属密封。

（8）如果在数据单中指定采用软密封，那么阀门均应为防火安全型，且能满足 API 6FD 的要求，并取得证书。

四、轨道式强制密封阀关键技术条件

（1）强制密封阀应该满足单向零泄漏的要求。具体要求为：

① 阀门应采用提升式轨道阀杆，达到无摩擦操作方式。阀的密封是由执行机构提供的强制力实现的，不依赖于管线的压力。

② 阀门应采用顶装结构，阀门的设计与制造应遵循本技术规格书及 API 6D、API 607、API 6FA 等相关标准规范的要求。

③ 阀门应内嵌阀球销钉。销钉要求与阀门同寿命。拆卸阀门的内部零件时，应通过拆卸阀门顶装式的阀盖实现。

④ 首台套阀门需进行气体介质全压差下开关 100 次试验，要求阀门密封达到 GB/T13927—2008《工业阀门压力式验》A 级。阀门应采用金属密封。后续批量生产阀门技术与质量要求应与首台套阀门保持一致。阀门的设计应该是自清洗式的。即当阀门在关闭和开启时，高速流体冲刷可以对阀门的球体表面和阀座实现自动的清洗。

⑤ 为了便于阀门现场维护，特别是管线带压情况下对阀杆密封的修复，阀杆的密封设计应采用可注入式密封设计。

⑥ 阀座结构应为可更换设计，确保阀门关闭时可在线检验阀座密封的完好性。

⑦ 阀门应具有在线检测阀门泄漏功能，阀体应带有检漏口。

（2）所配有的电动执行机构应满足天然气站场防火防爆要求，防爆等级不应低于 Exd Ⅱ B T4，防护等级不应低于 IP65。

（3）所有阀门均应为防火安全型，且能满足 API6FA 和 API 607 的要求，并提供其证书。

（4）阀门应带齿轮传动机构（DN150 以上）及手轮，手轮操作力不大于 250N。

（5）阀门与管线采用法兰连接，法兰为 ANSIB16.5 标准法兰。配对法兰材料屈服强度不低于管线屈服强度。

（6）使用有限元分析进行验证。

五、56in Class900 大口径全焊接管线球阀关键技术条件

（1）阀门应能满足连续运行 30 年以上，且相关性能（操作与密封）长期满足工况要求。

（2）球阀应为全焊接结构。球阀与管线的连接采用焊接形式，56in 球阀两端配管为 ϕ1422mm，壁厚为 30.8mm，材料为 API5L X80，满足《天然气输送管道用 ϕ1422mm X80 直缝埋弧焊管技术条件》；球阀两端应采用袖管，袖管部分长度应不小于 400mm，袖管椭圆度应不大于 0.6%，满足《天然气输送管道用 ϕ1422mm X80 直缝埋弧焊管技术条件》，并保证球阀两端在现场焊接操作时不会对密封材料产生影响；球阀与袖管的连接端应保证材质强度的适配性和可焊性；球阀袖管对焊连接端坡口应遵守 ASME B31.8 的要求。

（3）干线球阀应是全通径（球体通径不小于管道内径）、固定球结构，能满足清管操作的需要。

（4）球阀应为双截断—泄放（DBB）功能球阀，并配有双隔断和泄放阀座（DIB-1 双向双密封阀座），每一侧都能承受 15MPa（Clsss900）的全压差。阀座应为金属密封和非金属密封双重密封结构，金属密封要求做表面镀镍硬化处理。

（5）球阀均应为防火安全型，且能满足 API 6FA/607 的要求，且应根据 ISO 17292 做防静电设计。

（6）所有的焊缝均应按照 ASME 第 IX 卷要求进行焊接工艺评定，并增加硬度试验、金相、腐蚀试验（SSC，HIC）、-46℃ CTOD。需要进行 -46℃低温冲击试验，且冲击值应满足有关规范要求。所有焊缝应采取措施消除焊接应力。

（7）阀体主焊缝应采用射线 + 磁粉或多通道超声波 + 磁粉探伤方式，角焊缝采用磁粉探伤，袖管与阀体焊缝采用射线探伤，焊缝坡口表面均应进行渗透探伤。探伤比例均为 100%。检测标准执行《压力容器无损检测》（JB4730），II 级合格或执行 ASME 第 V 卷，并提交相应的检测报告，以验证焊缝质量合格。

（8）阀体主焊缝同一部位最多只能返修 1 次，与袖管连接焊缝仅允许返修 1 次。

（9）如采用 ASME Ⅷ（第二部分）有限元方法设计，需有限元计算；厂家如采用 ASME Ⅷ（第一部分）规则方法、实验方法进行设计，需提有资质的第三方的设计认证。

（10）需第三方权威部门安全评估阀体焊缝焊报告。

六、输油管道泄压阀关键技术条件

（1）应保证水击泄压阀的阀体、阀芯等不易更换部件以及水击泄压阀的整体使用寿命至少 30 年。

（2）氮气水击泄压阀阀体应满足 1.5 倍设计压力承压要求；氮气流通通道部分应满足相应的承压要求。

（3）氮气水击泄压阀的阀体结构应为轴流式。

（4）氮气水击泄压阀为零泄漏阀门（ISO5208 中相应规定的 A 等级）。

（5）氮气水击泄压阀为快开型的，快速响应时间应小于 0.1s。氮气式水击泄压阀的设定精度不低于 ±1%。

（6）氮气水击泄放阀必须具有现场调整其设定值的功能。将氮气水击泄放阀调整至规定的整定压力，应考虑铅封功能。

（7）所有的电气元件都应按（FM）Class 1 Division2 and Group D 防爆等级进行设计，防爆 / 防护等级不低于 Exd Ⅱ B T4/IP65。

七、输油管道调节阀关键技术条件

（1）国产化调节阀研制仅考虑直通套筒式调节阀。

（2）阀门材料应能够适应露天安装处的工艺条件及现场环境气候条件，安装环境温度 -40～60℃。

（3）调节阀的选型和尺寸应根据实际操作条件和设计的参数计算后选择适合工况条件的阀门。设计参数包括压力、温度、允许压降、流量、流体的成分、允许的渗漏等级和最大噪声等级等。

（4）调节阀的流通能力应满足在最大的流量条件下，阀的开度不大于85%；最小的流量条件下，阀的开度不低于5%。出站压力调节阀门在全开的工况下阀门的压降应在0.05MPa以下。试制方应向试用方和设计方提交所有的计算书。

（5）应对调节阀进行有限元分析，包括分析一次应力、二次应力、流场、声场等。调节阀的性能参数见调节阀数据表。

（6）阀座的泄漏等级应能够达到或优于IEC 60534-4检验和例行试验标准中Ⅳ级。

（7）压差≥3MPa的工况，为防止间隙流对阀门内件的破坏，泄漏等级必须为V级。

（8）最大的关断压差应在调节阀设计中进行计算和说明。最大关断压差应该在调节阀设计参数数据表中说明。对于执行机构的选型应提供执行机构的负荷计算。计算书中要求说明执行机构最小的负荷参数，在最大关断压差下阀门所需的推力以及执行机构所能提供的推力，以满足调节阀最大压差工况下的关断要求。

（9）调节阀的尺寸应按照在最小差压最大流量条件下，阀的开度在5%～85%之间进行计算。所有的计算应符合ISA 75.01《调节阀口径计算公式》标准。

（10）调节阀内件需有足够的阻力通道或减压级，对于油品介质，保证在最恶劣的工况下阀门出口介质流速必须≤6.0m/s。

（11）在最恶劣的工况下，距离阀门1m处的噪声必须小于85dB。对于油品介质，噪声计算应符合ISA 75.17标准。

（12）对于阻塞流工况，应提供气蚀、流速以及噪声计算书。

（13）流量计算必须以最大流量的110%为基础。

第三节　输油气管道关键阀门设计制造

一、输气管道调压关键阀门

1. 整体结构及工作原理

调压关键阀门通常包括工作调压阀、安全切断阀和监控调压阀。

1）工作调压阀

工作调压阀设计为轴流式结构（图5-1），驱动方式为电动。主要由阀体、电动执行器、平衡密封圈、阀杆、推杆、上阀盖等部件组成。阀体采用整体铸造，法兰连接结构。阀门采用压力平衡时结构，使用较小的扭矩就可以快速动作。电动执行器为调节型，能接收4～20mA DC的模拟控制信号。还具有转矩过载保护、阀门限位保护、能够提供阀位全开、阀位全关、就地/远控状态信号。

工作调压阀主要是通过电动执行接收的信号来控制阀芯与套筒相对流通面积的改变，从而实现对介质流量、压力的调节，达到节流调控的目的。

2）安全切断阀

安全切断阀设计为自力式直通翻板结构，由出口压力来控制指挥器动作，从而实现切断功能（图 5-2）。主要由阀体、阀座、旋启式翻板、脱钩机构、指挥器（导阀）、重锤、中法兰盖板、旋启式翻板旋转轴、缓冲机构和电磁阀等部件组成。阀体采用整体铸造，全通径，法兰连接结构。阀门具有超压、欠压、远程、就地紧急切断功能。阀上设置了用于压力平衡的压力旁通阀和手轮，便于人工就地开启阀门。

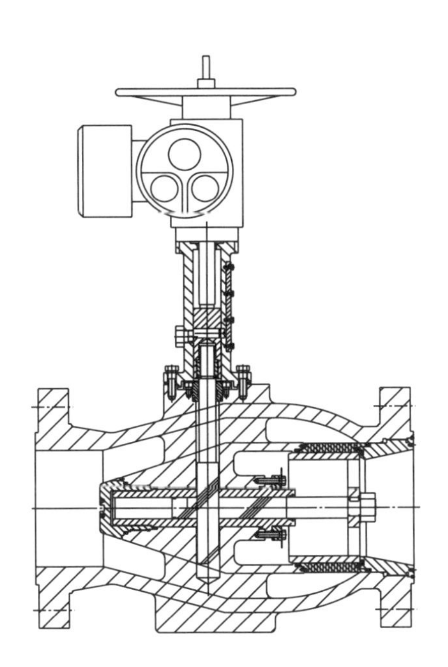

图 5-1　工作调压阀

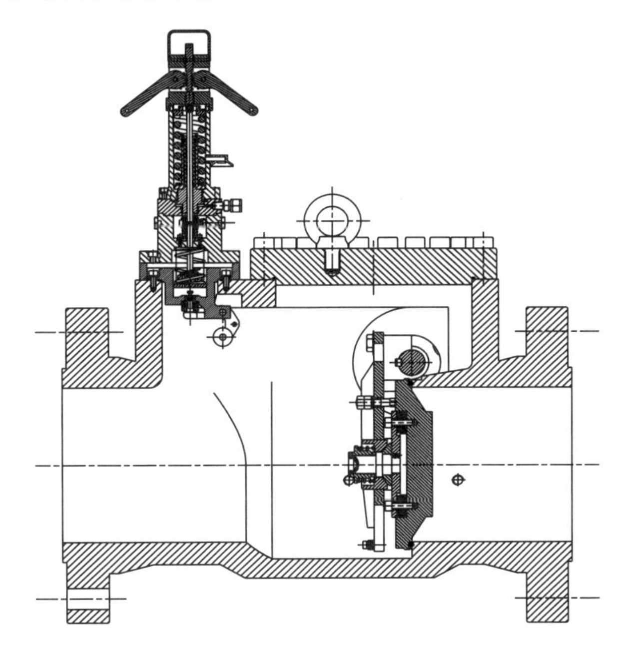

图 5-2　安全切断阀

安全切断阀在调压装置中是一种安全保护装置，当工作调压阀出口压力因故障升高或降低到切断设定值时，它将自动切断气源，从而保护下游管道和设备不受损坏。在紧急情况下，现场和控制室人员也可通过手动按钮或远程 ESD 联动功能来强制关闭安全切断阀。

3）监控调压阀

监控调压阀设计为自力轴流式结构（图 5-3），主要由阀体、前置指挥器、控制指挥器、膜片、套筒和弹簧等部件组成。阀体采用锻造，为前阀体、中阀体和后阀体三段式阀体，法兰连接结构。前置指挥器为控制指挥器提供一个稳定的进口压力，消除管线不稳定对控制指挥器调压的影响。控制指挥器作用是调节和稳定出口压力。指挥器入口配置了精细过滤器。

监控调压阀主要作用是正常工作时，其处于全开状态，当工作调压阀出现故障时，代替工作调压阀进行工作。工作原理是：入口压力经指挥器调压后输出负载压力进入阀后腔，推动膜片克服弹簧的作用力，使阀口打开，通过调整指挥器的设定值，实现减压和稳定的流量输出。

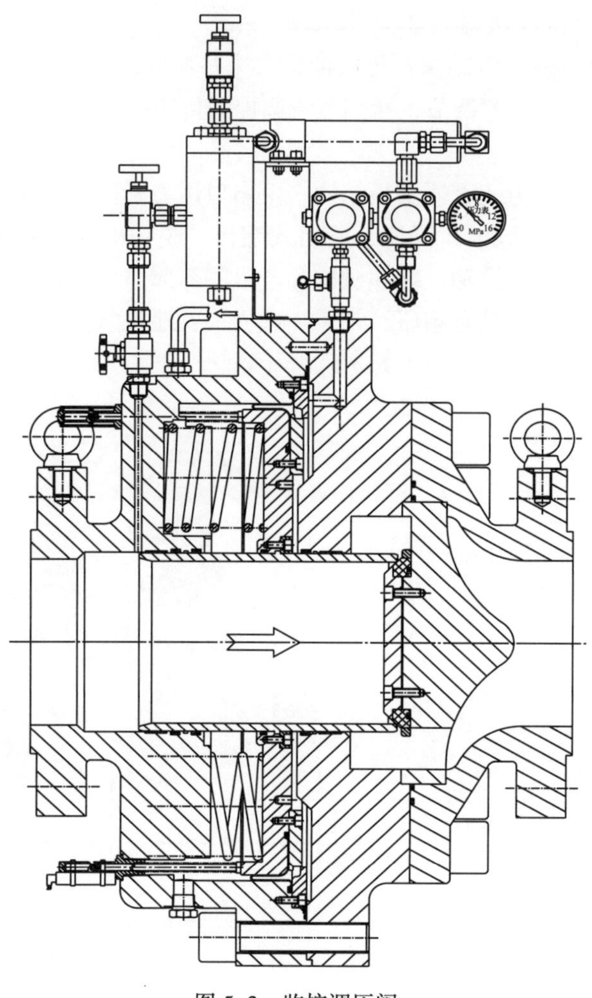

图 5-3　监控调压阀

2. 功能特点

1）工作调压阀

（1）轴流式设计，通道流畅，噪声低，振动小。

（2）平衡活塞设计使阀门所需扭矩与阀门前后压差无关，可以选择相对较小的电动执行器。

（3）精确的 45° 斜齿条设计减小了超程和滞后。

（4）多层套筒设计可减小介质流速，降低噪声。

2）安全切断阀

（1）直通式流通结构，压力损失小。

（2）顶装式结构可在线维修，更换阀内件无需拆下阀体。

（3）配套阀门开启压力平衡阀。

（4）具有超压、欠压、远程、就地切断功能。

3）监控调压阀

（1）轴流式阀体结构，流通能力大。

（2）调节范围大，适用于大压差，调节精度高。

（3）套筒特殊涂层减小滑动阻力。

（4）可配出口变径减噪装置或内部减噪装置。

二、输气管道压力平衡式旋塞阀

1. 有限元分析

1）三维实体模型

对 3 种结构（图 5-4～图 5-6）的三维模型采用有限元分析方法，施加相同的边界条件和约束条件进行分析，以对比其在相同条件下的应力状态，从而得出最优设计。对于结构 C 来讲，其最大等效应力、最大主应力、第一主应力均小于材料的屈服强度极限 275MPa，说明结构 C 的阀体在强度试验时是安全的。

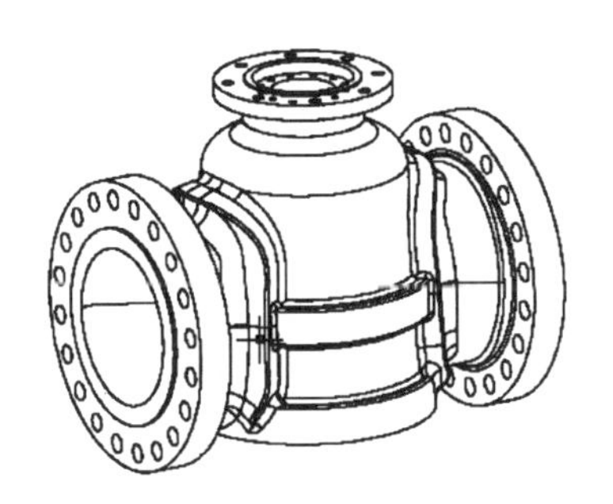

图 5-4　结构 A

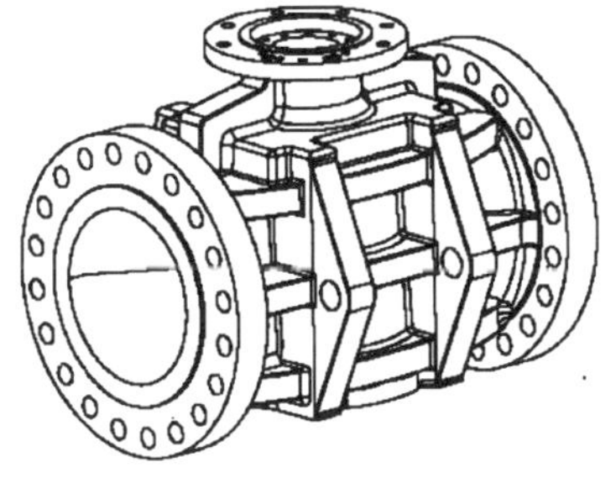

图 5-5　结构 B

图 5-6　结构 C

2）材料的物理性能参数

表 5-11 为材料 A352 LCC 的物理性能参数。

表 5-11　材料 A352 LCC 物理性能参数

材料	抗拉强度 MPa	屈服强度 MPa	弹性模量 GPa	抗剪模量 GPa	泊松比	密度 kg/m^3
A352 LCC	485	275	202	77.7	0.30	7750

3）约束条件

由于结构的对称性，取模型的 1/4 进行有限元分析。对模型采用静强度分析，分别对其右端和底部的法兰螺栓内孔进行固定约束，对 XY、YZ 截面分别施加 Z 方向和 X 方向的对称约束，并对阀体的内腔表面施加均布载荷 23.25MPa（取材料在 38℃时的压力—温度额定值的 1.5 倍，在 38℃ /CL900 时，A352 LCC 的压力额定值为 15.51MPa），图 5-7～图 5-9 为边界条件及载荷定义后的模型。

4）有限元模型

截取计算模型，采用四面体单元对模型进行网格划分，几何模型和有限元网格模型如图 5-10～图 5-15 所示。

5）应力情况分析

（1）结构 A 的应力分析。

图 5-16 为计算后的结构 A 的等效应力云图。在阀体的上下相贯部位仍然存在应力集中现象，特别是上部相贯处的等效应力最大，最大值为 322.8MPa。

图 5-7　结构 A 的边界条件及载荷图

图 5-8　结构 B 的边界条件及载荷图

图 5-9　结构 C 的边界条件及载荷图

图 5-10　结构 A 几何模型

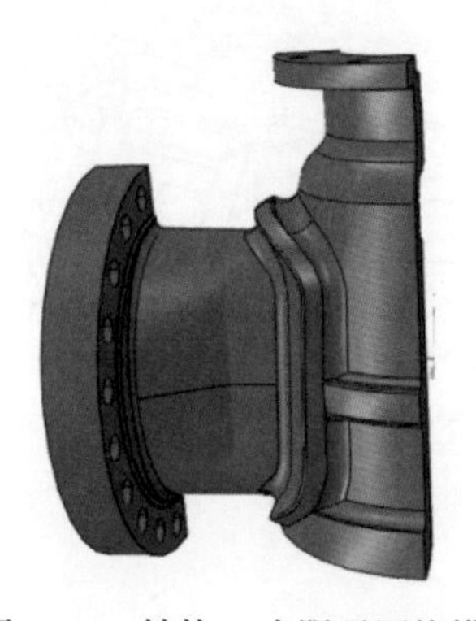

图 5-11　结构 A 有限元网格模型

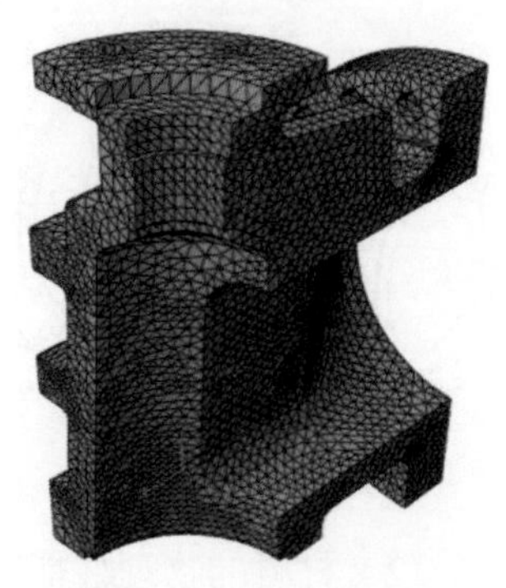

图 5-12　结构 B 几何模型

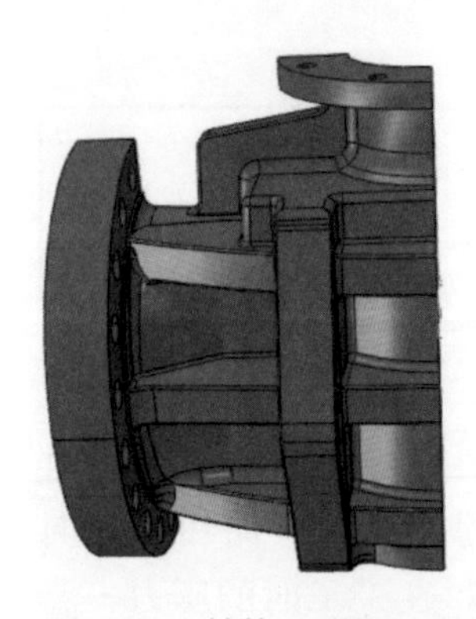

图 5-13　结构 B 有限元网格模型

图 5-14　结构 C 几何模型

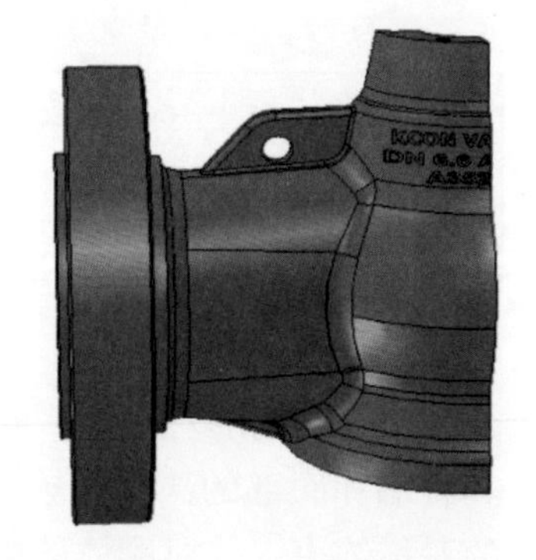

图 5-15　结构 C 有限元网格模型

图 5-17 为结构 A 阀体的最大主应力云图和第一主应力云图。由图 5-17 可知，阀体的最大主应力拉应力，且最大值仍出现在内腔的相贯部位，但是最大主应力为 322.2MPa，且第一主应力的最大值为 319.5MPa。

对于结构 A，其最大等效应力、最大主应力、第一主应力均大于材料的屈服强度极限 275MPa，说明结构 A 的阀体在强度试验时，存在较大的危险性。

（2）结构 B 的应力分析。

通过计算，当流体压力值为 23.25MPa 时可知，结构 B 阀体在阀门内腔的上部分的应力值最大，为 206.1MPa（图 5-18）。

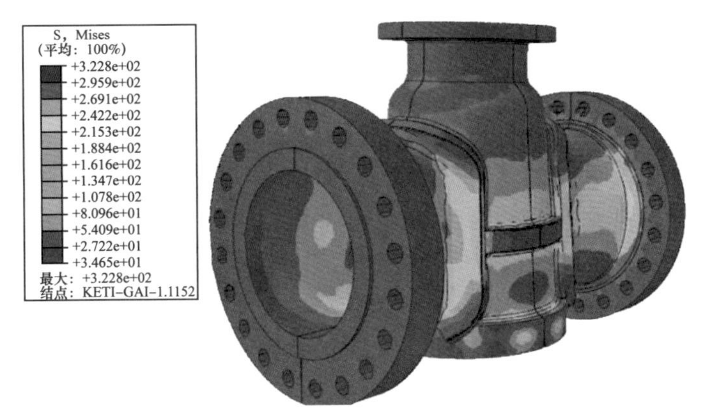

图 5-16　结构 A 等效应力云图

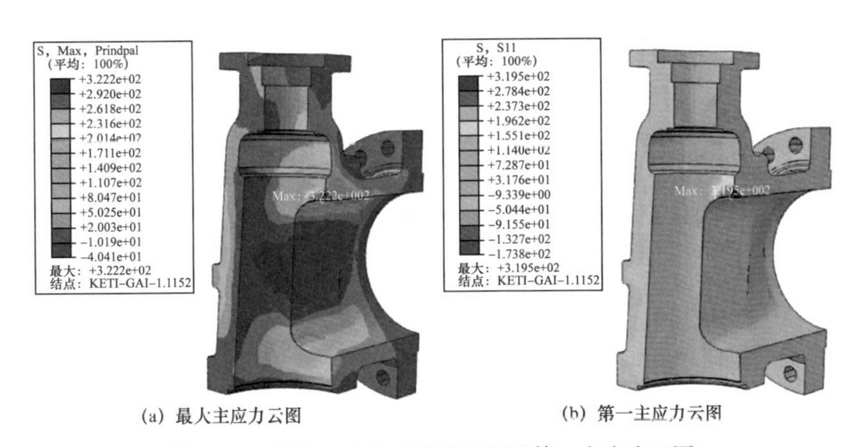

（a）最大主应力云图　　（b）第一主应力云图

图 5-17　结构 A 最大主应力云图和第一主应力云图

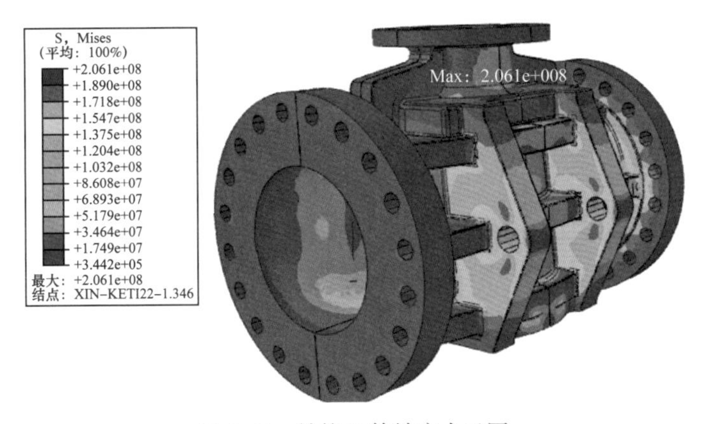

图 5-18　结构 B 等效应力云图

图 5-19 为结构 B 最大主应力和第一主应力的应力云图。由图 5-19 可知，阀体的内腔相贯部位处于拉应力状态，阀体的最大主应力为 204MPa，第一主应力的最大值为 195.1MPa。

对于结构 B，其最大等效应力、最大主应力、第一主应力均小于材料的屈服强度极限 275MPa，说明结构 B 的阀体在强度试验时是安全的。

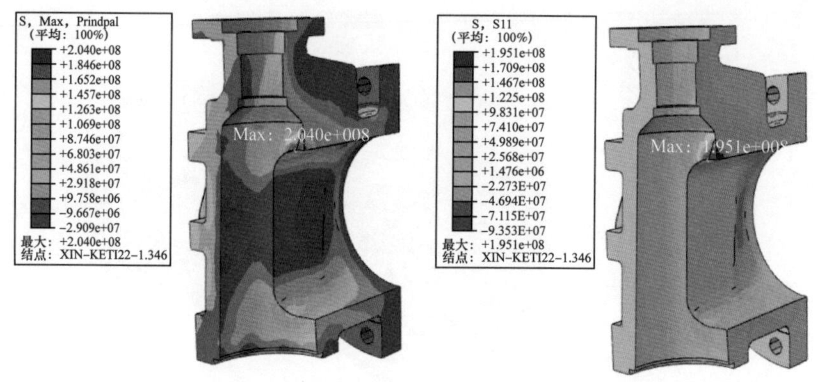

(a) 最大主应力云图　　　　(b) 第一主应力云图

图 5-19　结构 B 最大主应力云图和第一主应力云图

（3）结构 C 的应力分析。

通过计算后，当流体压力值为 23.25MPa 时可知，结构 C 阀体在阀门内腔的上部分的应力值最大，为 271.7MPa（图 5-20）。

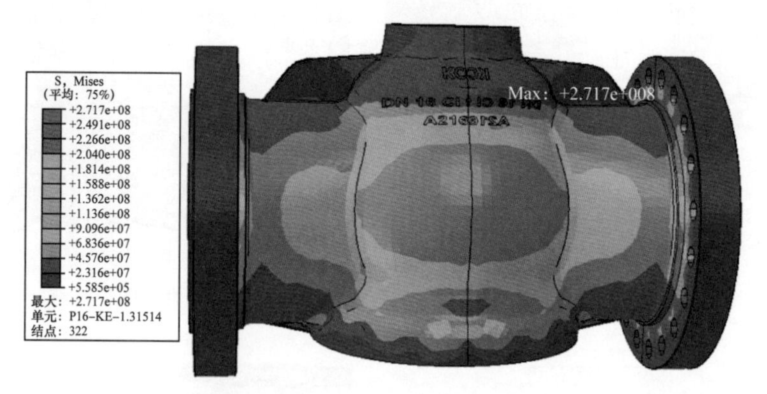

图 5-20　结构 C 等效应力云图

图 5-21 为结构 C 的最大主应力和第一主应力的应力云图。由图 5-21 可知，阀体的最大主应力为 262.6MPa，第一主应力的最大值为 261.5MPa。

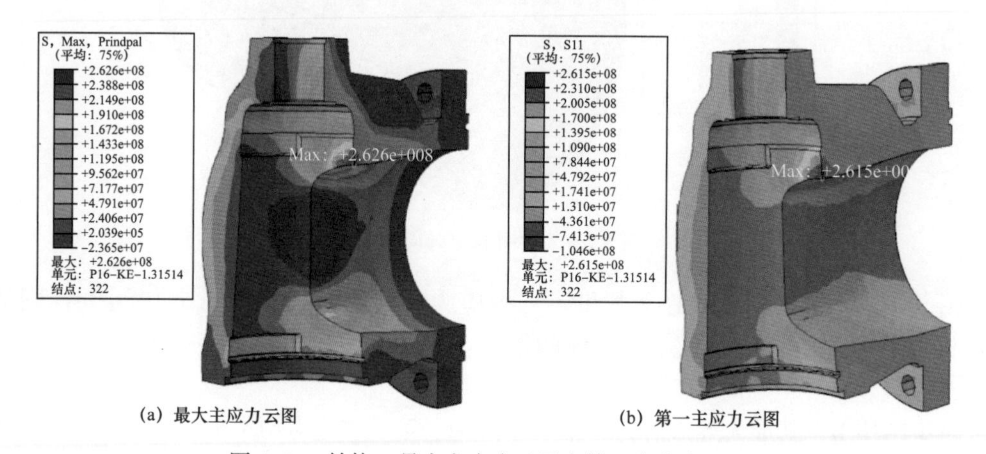

(a) 最大主应力云图　　　　(b) 第一主应力云图

图 5-21　结构 C 最大主应力云图和第一主应力云图

对于结构 C 来讲，其最大等效应力、最大主应力、第一主应力均小于材料的屈服强度极限 275MPa，说明结构 C 的阀体在强度试验时是安全的。

（4）三种不同结构阀体的应力分析比较见表 5–12。

表 5–12　三种不同结构阀体应力分析比较

阀门结构	最大等效应力，MPa	最大主应力，MPa	第一主应力，MPa	强度要求
结构 A	322.8	322.2	319.5	不满足
结构 B	206.1	204.0	195.1	满足
结构 C	271.7	262.6	261.5	满足

由表 5–12 可知，对于加筋结构的阀体来讲，当筋的数量较少时，阀体强度往往不能满足强度要求，如结构 A 所示。随着筋的数量增加到一定程度时，阀体强度也能满足强度要求，如结构 B 所示。而球形结构的阀体，很容易满足强度要求。

2. 射线探伤的可操作性

阀体上筋的存在是进行射线探伤的严重障碍。首先，布片方式受到局限，只能在阀腔内部放置胶片。其次，缺陷位置判定的难度极大，不能确定缺陷是位于阀体壁内，还是位于筋的内部。若要准确判定缺陷位置，必须在筋和阀体壁不重叠的方位进行射线照射，但胶片又无法布置。因此，带筋结构的阀体是无法进行射线探伤的。

与带筋结构阀体比较，无筋的球形结构阀体（结构 C）的外部是连续完整的曲面。这种结构能够避免上述不足。而且，进行射线探伤的方式也变得很灵活，可以根据需要进行阀腔内部布片，阀体外部投照，或者进行阀体外部布片，阀腔内部投照。使得射线探伤的操作和胶片判读的准确性都易于实现。

3. 对比分析结果

从有限元分析的角度，加筋结构的阀体和球形结构的阀体均能满足使用强度要求，但是，加筋结构的阀体只有当筋的数量增加到一定的程度时，才能满足强度要求。从铸造（特别是砂型铸造）的角度，球形结构的旋塞阀阀体的铸造工艺简单，型腔构造圆润连贯，浇注钢水的流动性较好，且脱模容易，不易垮砂，铸件质量易于控制；而加筋结构的旋塞阀阀体，型腔结构复杂，导致浇注钢水的流动性较差，且脱模不易，砂型容易垮砂，铸件缺陷多，质量难于控制。从射线探伤的角度，加筋阀体的结构不利于进行射线探伤；而球形结构的阀体，可以进行射线探伤，并具有很大的操作灵活性和准确性。

因此，在工程应用中，当对阀体承压件有射线探伤的要求时，选择无筋的球形阀体设计是比较正确和科学的。

三、轴流式止回阀

1. 轴流式止回阀结构及工作原理

轴流式止回阀是安装在压缩机、泵等的出口防止介质回流的装置。当压缩机、泵等工作时对介质做功，使介质动能增加，当介质流动到阀瓣位置时，流动受阻，一部分动能转化为压力势能，推动阀芯，阀门开启。当压缩机、泵等停止工作时，在弹簧和回流介质作用下阀门关闭阻止介质回流，保护设备。如图 5-22 所示。

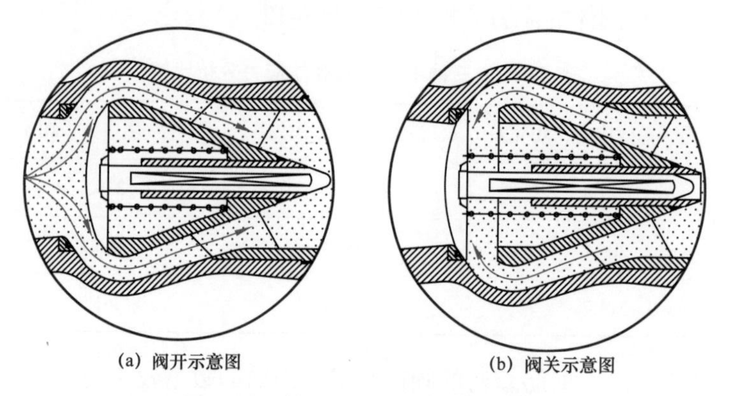

(a) 阀开示意图　　(b) 阀关示意图

图 5-22　轴流式止回阀启闭示意图

2. 轴流式止回阀功能特点

（1）防倒流功能。所有止回阀的基本功能特性。

（2）低流量开启功能。通过采用流场分析方法仿真计算流场特性并对流道和过流元件的优化设计，项目产品真正具备低流量开启功能。即便是在现场流量极低的工况条件下，项目产品也具备优异的开启性能。

（3）流通能力强、压降损失低。按照文丘里原理和流线型设计阀体流道结构和过流元件，阀门流阻系数小，流通能力大。

（4）防水击功能。精确的弹簧设计和过流面积的巧妙配置，轴流式止回阀工作时可迅速响应回流的介质，较短的关闭行程保证阀门在关闭时无撞击，同步响应回流介质也避免了水击现象的发生，轴流式止回阀的动态特性曲线与其他阀门的比较曲线。

（5）防火功能。通过合理的防火结构设计并经过严格的防火试验，轴流式止回阀具备防火功能。

轴流式止回阀与其他阀动态特性曲线比较如图 5-23 所示。

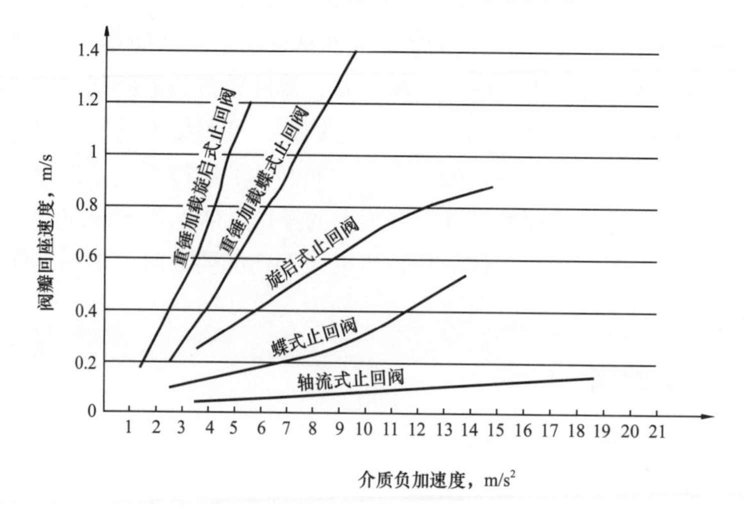

图 5-23　止回阀动态特性曲线

四、轨道式强制密封阀

1. 设计

运用 UG、Solidworks、Ansys 等先进软件，全部零件均使用三维仿真（图 5-24），在完成零件加工制作前，已进行可视化仿真装配和动态模拟。针对阀腔内的流体运动状况进行流态分析，改进了零件的形状、结构，优化流场特性，确保了阀门的自清洁效果，又避免介质过度冲刷。

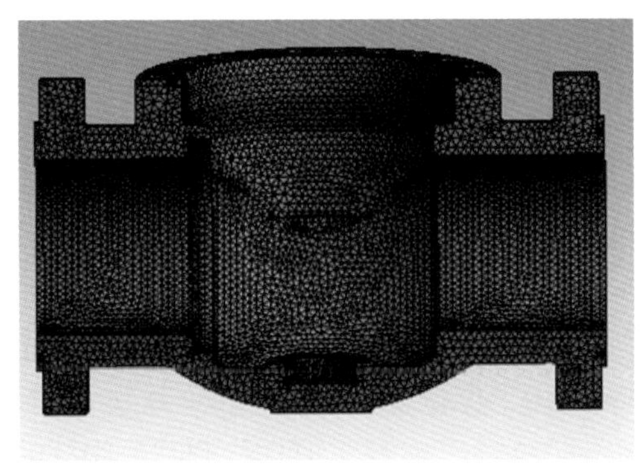

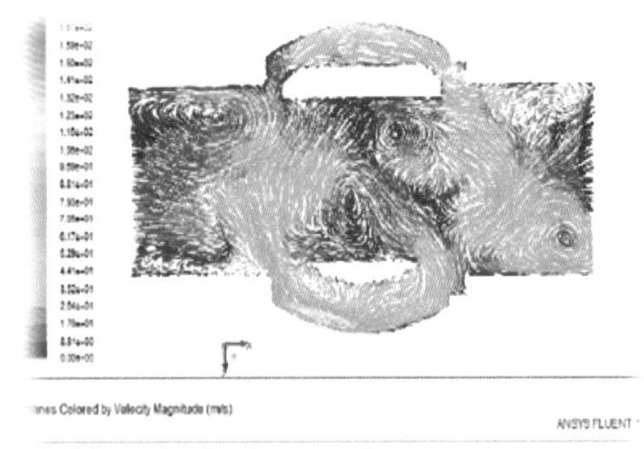

图 5-24　三维仿真图

吸收国外产品特点，创新研发了组合式阀杆，在保证阀杆强度、刚度的前提下，控制了阀杆的几何尺寸。组合阀杆由螺杆（驱动件）和阀杆头（施力件）两部分组成，其中粗大的阀杆头部，便于增大直槽和螺旋槽规格，保证强度、刚性需求承载能力强；宽大的螺旋槽配套大规格的轨道销，提高了阀门的安全可靠性；细长的螺杆，既满足功能需要，又利于减小阀盖、电动头等配套件尺寸，确保阀门整体结构尺寸合理。

阀芯为整体式结构。整体铸造阀芯的强度、刚性好，高压工作状态下，密封面、枢轴无变形，确保阀门的密封性能。整体结构的阀芯同时包含多个曲面异形球体，尺寸精度、形位公差要求高，加工、检测难度远高于组合结构。

设计两道密封面，具有自适应功能，密封可靠，确保阀门零泄漏。阀座环两道密封面中间有检漏孔。关闭阀门，打开阀体外的检测装置。若有一道密封面微漏，介质就会渗漏到阀座外圆的环槽内，经阀体上的小孔导出体外，可以反映阀座环的密封状况。

阀门开启时，阀芯偏移一定的角度，阀芯和阀座形成环隙，从而使阀芯与阀座脱离，高压介质从环缝中高速流过，沿 360 冲刷密封面，将粘贴在密封面上的污秽清除掉。环隙越小，介质冲刷的速度越高，清洁效果越好，但是对阀芯、阀座密封面的冲刷、磨损也越严重，影响密封面寿命。通过试验对比，阀芯摆角控制在 1°，既可保证阀芯密封副自清洁效果，又可减低流速避免过度冲刷密封面。

顶装一体式阀体克服了组合式阀体刚性差，在工作状态下易发生变形的缺陷。整体铸造阀体的强度、刚度好，在 100t 高压力作用下阀芯、阀座环安装基准无变形，保证阀芯和阀座密封性能。

2. 加工制造

（1）针对阀体、阀芯等关键件和加工难度大的零件开展机械加工工艺研究，突破了技术瓶颈，完全满足设计要求。

如整体式阀芯加工：该零件尺寸大、重500kg、形状不规则。三个大小不同的局部球面（SR1、SR2、SR3）精度要求高，其中密封面SR2和支承面SR1是同心、不同半径球带，同心度偏差应控制在0.015mm以内，球面精度控制在2.5μm Ra0.1以内，阀芯销孔 d_1、d_2 应垂直与过球面SR2、SR3球心的轴线垂直，偏差控制在25μm以内。利用高精度的工艺定位基准面；用数控车床加工球面；控制二次装夹偏差小于0.02mm，采用陶瓷刀具精加工球面，减少了球面粗糙度；采用数控球面磨床对球面进行精加工；利用精密耦件研磨技术精密研磨密封球面，实现密封面圆度误差小1/1000，粗糙度达到Ra0.1。

（2）开展热处理研究，实现国产材料基本达到进口材料的技术指标。制订水淬＋回火处理工艺处理阀体、阀盖铸钢，材料性能达到ASTM A 352 LCC《低温受压零件用铁素体和马氏体铸件技术规范》和JB/T 7248—2008《阀门用低温钢铸件技术条件》规定，取样检测硬度HRC22，–46℃低温冲击平均值大于20J，单个试样最小值大于14J。采用Ir192射线对阀体和阀盖无损检测，达到ASME B16.34的二级要求。阀座进行固溶（1040℃）＋淬火（液体620℃）处理，材料性能达到ASTM A182M标准要求。阀杆为马氏体沉淀硬化不锈钢，1040±10℃固溶退火，空冷至室温；760±10℃保温2～3h以上，一次沉淀硬化，空冷至室温；620±10℃保温4～5h，二次沉淀硬化，空冷至室温。取样检测结果阀杆的强度、韧性完全满足ASTM A352要求。委托中国石油西南油气田分公司耐腐蚀中心检测阀体、阀盖、阀芯、阀座、阀杆等关键件材料进行抗腐蚀试验，经720h SSC和96h HIC试验检测结果均合格。

（3）开展表面特种工艺研究，解决高硬度金属不能用于腐蚀性天然气环境，而阀杆等驱动件又必须有高耐磨要求的难题。采用了深层QPQ（氮化盐浴和氧化盐浴复合）处理工艺，这种技术实现了渗氮工序和氧化工序的复合，氮化物和氧化物的复合，耐磨性和抗蚀性复合，热处理技术和防腐技术的复合。在零件表面形成三层氧化膜，外表氧化膜处于多孔状态，可以储油，减少摩擦，对提高耐磨性有利，同时还有美化外观的作用，中间化合物层主要组成为Fe2–3N，提高耐磨性和抗蚀性也很好，内部扩散层可以提高工件的疲劳强度。经QPQ处理后，耐磨性可以达到常规淬火的30倍，离子渗氮的2.8倍，镀硬铬的2.1倍。抗蚀性比镀硬铬高20倍以上，达到铜镍铬三层复合镀的水平。

（4）运用航空零件的堆焊技术，完成堆焊硬质合金工艺研究，阀芯（LCC）、阀座（304）密封面采用钨极氩弧焊接堆焊Co基合金（分别为HS112、HS111）。制订合理的焊接工艺，控制焊件预热温度，控制焊接缩小热影响区、合金材料稀释率。控制焊去应力热处理温度、保温时间、冷却速度，避免合金区域裂纹。保证阀芯、阀座密封面硬度大于HRC40，且硬度均匀，光滑无裂纹。

五、56in Class900大口径全焊接管线球阀

56in Class900大口径全焊接管线球阀的设计与制造是为了西气东输四线、五线、六线和中俄西伯利亚东线、西线而开发的国产化项目，其目的是大型管线球阀轻量化，发展球形壳体的管线球阀，降低制造成本和管线工程造价，提供一种达到和超过国际技术水平的管线紧急切断阀，这一规格和压力等级的阀门产品已超过API 6D标准的范围。产品设计制造中技术要点如下。

1. 结构特征与功能设计

通过阀体、球体和阀座的应力和应变设计，阀门零部件几何尺寸的精密制造，以及产品的出厂试验和工业性运行试验。这些试验超过 API 6D（24 版）的试验内容和技术要求，符合 API 6D 标准，满足《56in Class900 全焊接管线阀门的技术条件》和“调压装置工业性试验大纲”。产品结构特征与设计功能可归纳为：

（1）压力等级：Class900。

（2）公称通径：56in（DN1400mm）。

（3）整体结构：球形或筒形壳体、固定球、浮动阀座、支撑板或支撑轴设计。

（4）密封阀座：组合密封阀座，包括耐火金属密封，带尼龙支撑圈（刮片）的橡胶软密封，以及紧急状态下的注脂密封；上游阀座和下游阀座均为双活塞效应设计，具有双向密封隔离功能。

（5）功能特点：双隔离（DIB-I）功能与腔体压力安全泄放功能；双截断和排放功能（DBB）；防火、防静电设计；阀杆防吹出设计与直埋地下阀杆延伸设计；正确的阀门限位设计。

（6）硫化氢工况设计：阀门材料及焊缝达到 NACE MR0175 的技术要求。

（7）阀门涂层及工艺：阀体表面经喷丸处理后，立刻进入油漆工艺防止表面氧化，对直埋地下或野外安装的阀门，施以氟碳面漆 + 环氧树脂底漆，涂层厚度 1.5mm。

2. 制造

1）壳体和焊缝结构的选择

阀门壳体结构主要有球形和筒形两种类型，以美国 Cameron 格罗夫工厂、意大利 Perar 和 VALVITALIA、捷克 MSA 等公司为代表的筒形壳体，和美国 Camcron、德国 Shuck、日本 TIX、俄罗斯图拉等公司为代表的球形壳体结构。两种类型的壳体形式，各有优缺点：球形具有更优的内压受力条件，具有重量轻的优点，但工艺更复杂，而筒形具有刚性更好、工艺性更好的优点，但重量较球形稍重。无论球形壳体还是筒形壳体，须符合 API 6D 7.1，且在所选用设计规范或标准的设计压力上，应考虑 API 6D 11.3 中的水压试验压力可以使用。

（1）筒形壳体。

筒形壳体是最成熟的结构，整体结构强度高，刚性较好，尤其是经过锻造工艺改进和先进的有限元计算校核的新一代筒形壳体结构，比传统的筒形阀体具有显著的轻量化效果。阀门没有交叉焊缝，侧阀体内腔避免了堆焊轴承座支撑台的问题，因此比堆焊轴承座支撑台的球形壳体工艺性更优，生产效率提高 15%。除过渡段和袖管外，筒形壳体一般由三段锻造的壳体装配后焊接而成，结构紧凑、整个球阀浑然一体。主焊缝是根据 ASME Ⅷ 锅炉压力容器中规定的 B 类焊缝，在制造中可采用自动埋弧焊填充、盖面的焊接方法，具有比球形壳体 A 类焊缝更优的工艺性。

（2）球形壳体（包括椭球壳体）。

球形壳体比筒形壳体具有更为合理结构强度，整体结构符合静力学原理，抗弯曲、拉伸、挤压等外部载荷，更适用于地震、泥石流等地质灾害场合，结构紧凑、重量轻、施工方便、节省投资。与管线焊接后，介质流动特性、管线的应力线特性匹配佳，是管线阀门结构的较佳选择，其整机重量理论上可比传统筒状结构节省 1/3，是产品轻量化设计的趋向。球形壳体的焊缝结构，有美国Cameron四块、四条焊缝拼接；德国Shuck二块、二条焊缝拼接；和日本二块三条焊缝拼接。在国产化产品开发中，根据各企业现有工业基础，可采用二块、二条焊缝，也可以采用三块、二条焊缝拼接，从技术上考虑主要是避免十字交叉焊缝和制造工艺合理性。

球形壳体若按ASME Ⅷ－2进行设计计算，球形壳体上的焊缝无论处于何种位置都是ASME Ⅷ锅炉压力容器中规定的A类焊缝。标准规定应采用I型焊接接头形式，即采用单面焊双面成型的焊接方法和焊接工艺，以确保焊缝全焊透。因此，在制造中采用氩弧打底，埋弧焊填充、盖面的焊接方法，从而确保焊缝的焊接符合ASME Ⅷ的要求。

（3）焊后不进行热处理技术。

由于阀门内安装有非金属密封件，不能进行焊后热处理消除焊后残余应力，因此须确保焊后不进行热处理的安全性。首先，不同于普通可焊接优质碳素钢，全焊接壳体材料须通过对材料的冶炼、化学成分、锻造工艺和热处理等方面进行改性，提高材料的强度和韧性以提高材料抵抗应力和止裂纹的能力，形成专用材料牌号：A105 MOD 、LF2 MOD、LF6CL2 MOD等；其次，从降低产生焊接应力的角度进行焊接坡口设计，设置焊接自由变形的空间、采用减小总热输入的深窄焊口、控制热输入量；第三，科学的焊接结构设计、制造工艺，避免焊接高温对非金属密封件的不利影响；最后，基于CTOD（Crack Tip Opening Displacement 裂纹尖端张开位移）试验和理论的焊后不进行热处理安全评估方法，相关标准有API 1104、BS7448-2、GB/T 21143—2014等。

2）壳体的强度设计

根据ASME Ⅷ－（1）和（2），球形壳体强度设计计算程序是：按ASME Ⅷ－（1）UG27计算最小理论壁厚；按ASME Ⅷ－（1）UG36至38对阀颈和流道开孔进行补强；按ASME Ⅷ－（2）第4.5.15节提示，用WRC-107公报应力叠加原理，计算在内压与外载荷复合作用下的壳体局部应力，并按第三应力强度理论对应力给以限制。最后，用按ASME Ⅷ－（2）第五篇“按分析法设计”用数值分析法，将应力分解为一次薄膜应力、弯曲应力和峰值应力，选择应力路径，对结果进行线性化处理，并用第三强度理论计算当量应力，用锅炉压力容器应力分类法则来进行分类和限制。全面校核阀体强度，确保阀体安全服役。

3）壳体强度的实验应力测试

球形阀体的实验应力测试的内容是测得在工作压力（12MPa）和阀门磅级压力（15MPa）下阀体在特征点上的压力、应变值。试验在大型液压试验机上进行，壳体上分布了16个应力测试点，在压力为15MPa时，阀体上最高应力为124.92MPa，最大应变534.9×10^{-6}，证明阀体在弹性变形范围内，小于阀体材料的许用应力166MPa，阀体强度是安全的。测试值与有限元分析值有5%～25%的偏差，总的趋向是一致的。按ASME Ⅷ设计的阀体重量为15000kg，如果按B16.34设计阀体重量为22000kg，在保证阀体强度的基础下，有效地降低了阀门整机重量。

4）球体的变形分析

56in Class900的管线球阀的规格已超出API 6D的规范。因此，标准没有给出最小流道尺寸，这样球体的外径不能按传统设计来确定，需重新设计球体的外径，来保证球体在工作压力作用下的变形，能满足阀门的密封要求。其方法是用数值分析法计算已成功应用的56in Class600和48in Class900球体在工作压力下的变形值，然后对56in Class900

的球体外径作为变量，计算不同球体外径下的不同球体变形值，当获得的变形值与56in Class600、48in Class900球体变形一致时，这一球体外径作为56in Class900阀体的球体外径。经有限元分析这一数值的球径为2080mm，在产品试制中证明是正确的。为超大口径阀门提供一个重要的设计参数和计算方法。

5）密封阀座结构的研究

56in Class900的阀座开始采用进口的标准阀座，在产品试验时发现金属阀座发生变形引起大量泄漏，经测定其内径发生了缩小变形，这是由于在中腔试压时，薄壳结构的金属阀座发生屈曲失稳，是一个圆筒形壳体在外压作用下稳定性问题。因此，放弃选用该进口设计产品，而自行设计制造。金属阀座的结构设计根据ASME Ⅷ－（1）UG26“外压壳体厚度”来计算最大许用工作压力，但是其设计参数已落入标准提供的图表范围之外，不再适用。在研究中采用弹性力学中拉美公式计算金属阀座的厚度，在外压作用下，其环向应力与轴向应力满足许用应力的限制条件，重新确定阀座内径为1345mm，并采用更高强度的LF6作为阀座材料，解决阀座的变形问题，通过了各项密封试验。达到国际先进水平。

6）超大型液压试验设备的制造

为56in Class900超大型管线球阀的制造需4600t及以上超大型液压设备。4600t、5000t阀门液压试验设备的试制成功，为国产化大型管线球阀批量生产提供保障。

六、输油管道泄压阀

1. 总体结构构成

氮气式水击泄压阀设计为由泄放主阀和氮气控制系统两大部分组成。氮气式水击泄压阀总体结构如图5-25所示，氮气控制系统主要由控制系统橇装部分和调节氮气瓶组成。泄压主阀通过管路与氮气控制系统相连接，由此构成一个整体。

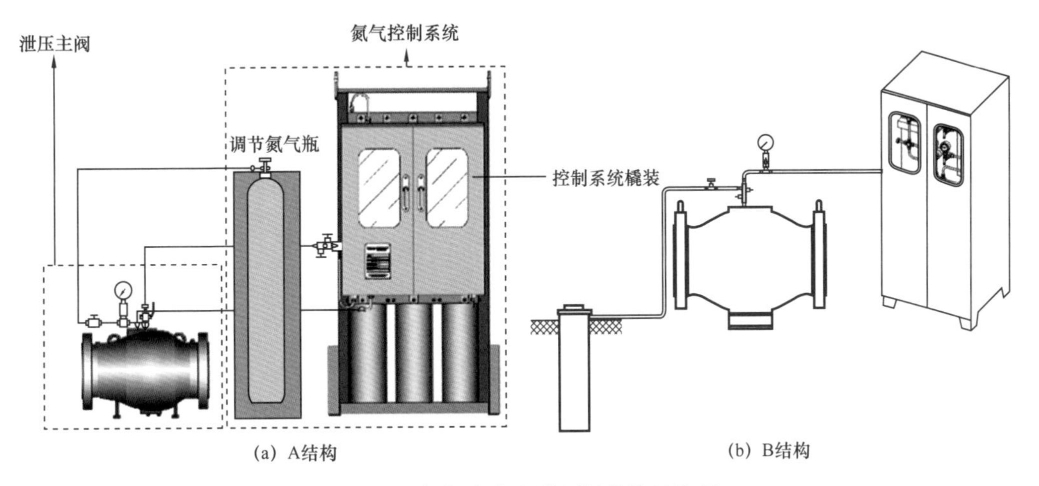

图5-25　氮气式水击泄压阀总体结构图

2. 泄压主阀结构及特点

（1）泄压主阀结构组成。

如图5-26所示，泄压主阀由阀体、活塞、文丘里段、阀座支承圈、阀座、阀座压环、氮气密封环、减振垫、减振垫压环、轴套、轴套盖、传感器压环、保护盖、弹簧套圈、弹簧、传感器、排污阀、密封圈、内六角螺钉等组成。其中，阀体是承压件，是泄压主阀的壳体，其结构为轴流式结构；活塞、氮气密封环、减振垫、减振垫压环等由内六角螺钉连接在一起，设置在阀体内，该部分是泄压主阀中起开启和关闭作用的运动件；密封圈设置在氮气密封环外环上，密封圈设置在轴套与阀体间，密封圈设置在保护盖与轴套盖之间，该几道密封圈将来自氮气控制系统的氮气封闭在阀体与活塞之间的腔体内，由此产生将活塞推向阀座的力；活塞外壁与阀体内壁配合形成摩擦副；轴套由内六角螺钉连接在阀体上，其内孔与活塞配合形成摩擦副；阀座、阀座支撑圈设置在阀体前端，是与活塞接触实现密封的零件；弹簧设置于由阀体和活塞形成的腔内，是为活塞提供关闭力的关键零件。

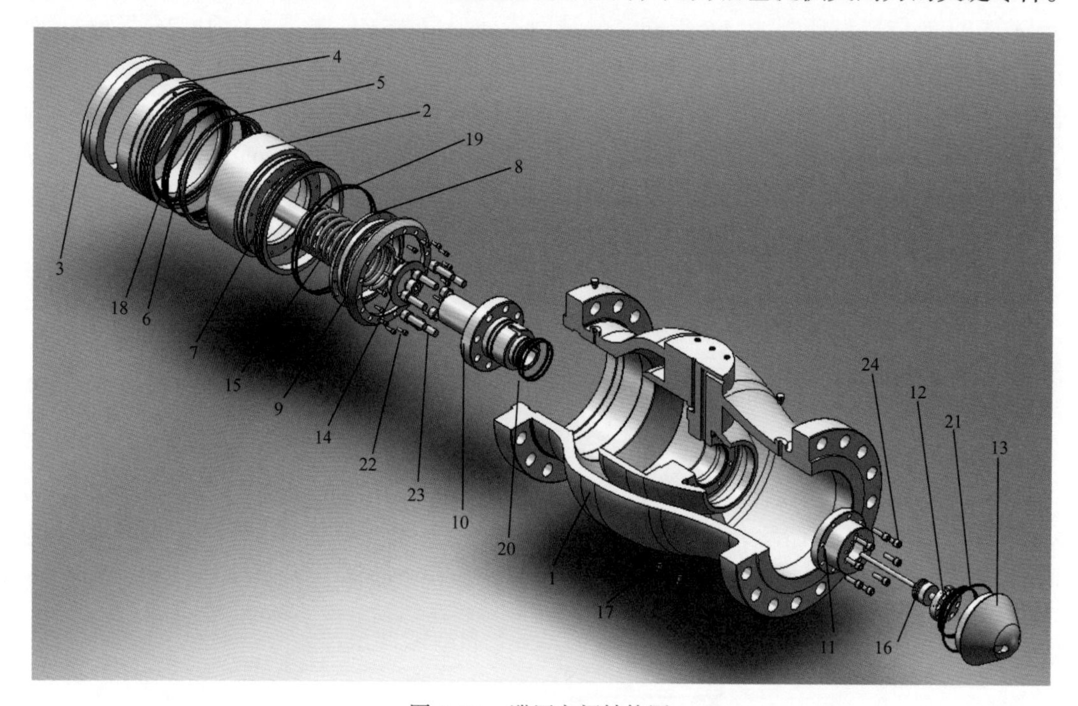

图 5-26　泄压主阀结构图

1—泄压主阀由阀体；2—活塞；3—文丘里段；4—阀座支承圈；5—阀座；6—阀座压环；7—氮气密封环；8—减振垫；9—减振垫压环；10—轴套；11—轴套盖；12—传感器压环；13—保护盖；14—弹簧套圈；15—弹簧；16—传感器；17—排污阀；18，19，20，21—密封圈；22，23，24—内六角螺钉

（2）泄压主阀结构特点：

① 阀体内部各主要零件轴向布局，所有运动件均为一维运动，确保了阀门快速动作和快速响应介质压力变化而启闭。

② 内置活塞腔轴流式阀体结构：阀体为轴流式结构单一铸造阀体结构，阀体中间包含一活塞腔，该活塞腔与阀体整体铸造在一起，用于安装活塞，活塞与活塞腔配合后，主要起控制氮气压力、防止氮气泄漏并为活塞提供关闭力的作用。

③ 活塞与阀杆一体结构：活塞与阀杆制造成一体结构，与衬套配合、活塞外壁与活塞腔壁配合，实现对活塞前后运动的导向作用，活塞与阀杆一体化制造保证了与活塞外壁的同轴度，确保了活塞可靠的动作。

④ 活塞腔上部开一竖立孔，该孔与氮气控制系统相连接，是泄压主阀连接氮气控制系统的通道。

3. 氮气控制系统结构组成及作用

（1）氮气控制系统结构组成。

如图 5-27 所示，氮气控制系统主要由高压氮气瓶组 1、防爆接线盒 4、压力变送器 5 和 9、减压阀 6 和 7、安全阀 8、调节氮气瓶 11 和其他零件等组成。

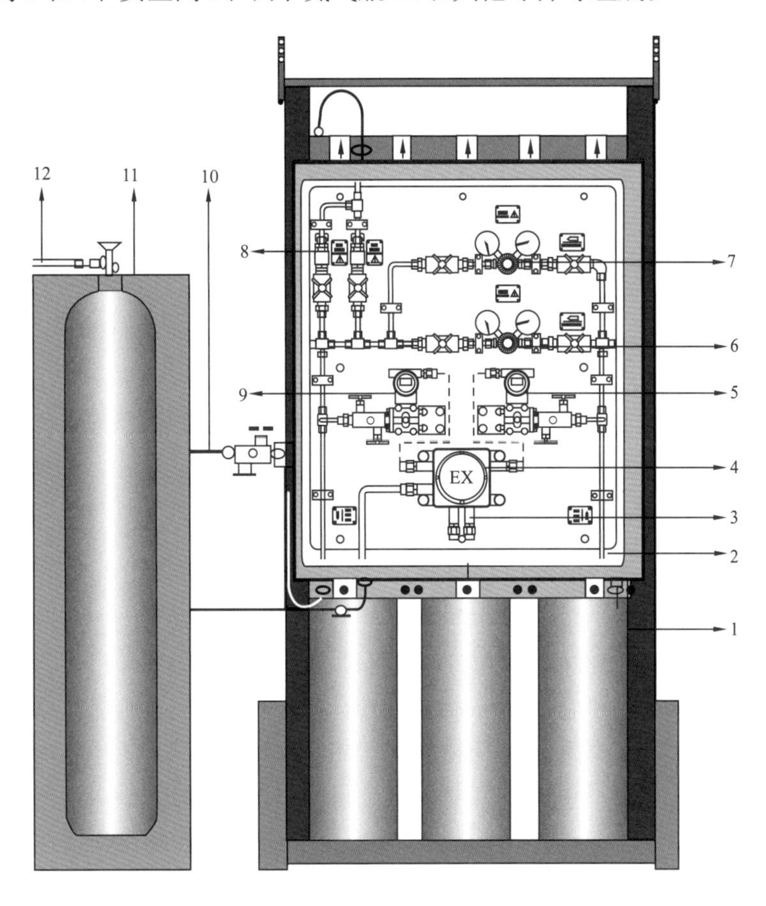

图 5-27 氮气控制系统组成图

1—高压氮气瓶组；2—控制系统入口管路；3—接线端子；4—防爆接线盒；5，9—压力变送器；6，7—减压阀；8—安全阀；10—控制系统出口管路；11—调节氮气瓶；12—连接管路

（2）氮气控制系统作用。

氮气控制系统的作用主要由高压氮气瓶组 1、防爆接线盒 4、压力变送器 5 和 9、减压阀 6 和 7、安全阀 8、调节氮气瓶 11 体现，其作用分别如下：

① 高压氮气瓶组 1 由三个存储高压氮气的标准氮气瓶和连接管道组成，该三个氮气瓶均与控制系统入口管路 2 相连接，其中一个氮气瓶作为直接气源，其他两个作为备用气源。

② 减压阀 6 和 7 的作用是将高压氮气瓶组 1 中的高压氮气减压至需要的氮气压力值，设置两个减压阀的目的是其中一个作为备用，另一个作为正常使用。

③ 压力变送器 5 与控制系统入口管路 2 连通，其作用是监测控制系统入口管路 2 内氮气压力值，并设定低压压力报警值；当控制系统入口管路 2 内氮气压力值低于设定低压

压力报警值时，表明氮气压力较低，需要更换氮气瓶，压力变送器5将发送4～20mA电流信号至中控室，以告知更换高压氮气瓶，或切换高压氮气瓶组1内氮气瓶，保证氮气压力足够。

④ 压力变送器9与控制系统出口管路10连通（控制系统出口管路10与泄压主阀阀体内的氮气腔连通），其作用是监测控制系统出口管路10内氮气压力值，并设定低压压力报警值和高压压力报警值；当控制系统出口管路10内氮气压力值低于设定低压压力报警值时，表明因某种原因导致泄压主阀氮气腔内压力不足，压力变送器5将发送4～20mA电流信号至中控室，以告知所需压力不足，须检查并查找原因；当控制系统出口管路10内氮气压力值高于设定高压压力报警值时，表明因某种原因导致泄压主阀氮气腔内压力过高，压力变送器5将发送4～20mA电流信号至中控室，以告知所需压力过高，须检查减压阀是否损坏或查找其他原因。

⑤ 为了防止氮气式水击泄压阀充气超压，在控制系统中装有安全阀8，安全阀8与控制系统出口管路10连通，当控制系统出口管路10因某种原因出现过高的情况，安全阀8将起到安全泄放的作用，防止氮气压力超高而破坏泄压主阀内的氮气腔或其他零件。

⑥ 调节氮气瓶11通过连接管路12与泄压主阀氮气腔连接，并与控制系统出口管路10连接，其作用是：当氮气式水击泄压阀开启时，活塞开启并压缩活塞腔内氮气，由于活塞腔与调节氮气瓶11连通，调节氮气瓶11体积远远大于活塞腔的体积，当温度不变的情况下，调节氮气瓶11的设置确保了活塞腔内介质压力不会升高太多，从而保证了氮气式水击泄压阀可以快速打开，提高了氮气式水击泄压阀的可靠性和实用价值。

4. 氮气式水击泄压阀工作原理

氮气式水击泄压阀的工作原理为：减压阀将高压氮气瓶组内高压氮气减压输出到泄压主阀的活塞腔内，活塞感应输送主管道内压力变化，并与活塞腔内氮气压力进行比较，进而实施启闭动作。当管道处于正常输送状态时，管道压力低于设定压力，阀门处于关闭状态；当水击产生时，管道压力急剧上升，活塞前端的压力大于氮气作用在活塞后端的压力，氮气式水击泄压阀自动打开泄压；当水击消除后，活塞前端的管道压力小于氮气作用在活塞腔的压力，氮气式水击泄压阀自动关闭。

5. 氮气式水击泄压阀功能

综合起来，氮气式水击泄压阀具备以下功能：

（1）超压保护功能：自动泄放水击压力，自动回关功能。

（2）设定压力可调功能：设定压力可在一定范围内调节。

（3）安全泄压功能：氮气腔压力超高后，自动安全泄压。

（4）报警功能：氮气控制系统供气压力低压报警，氮气腔设定氮气压力高压报警，氮气腔设定氮气压力高压报警。

（5）温差补偿功能：设置埋地或保温氮气瓶，平抑因环境温度变化对氮气设定压力的影响。

（6）阀门开度显示功能：显示阀芯的开度情况。

（7）设定压力点检查功能：连接调压泵，每半年对设定压力点进行检查。

（8）多种控制功能：一套NCSA型控制系统支持控制一台泄压主阀；一套NCSB型控制系统支持控制两台泄压主阀。

6. 氮气式水击泄压阀关键性能参数

（1）高泄流能力，Cv 值大。

（2）设定压力精度高：≤1%。

设定压力精度＜1%，更换阀座后压力设定漂移≤2%，二次调试设定压力精度＜2%。

（3）响应迅速。

开启时间＜100ms，实测开启时间∈（30～70ms）。

（4）密封性能。

密封性能等级：ISO 5208 A 级 /ASME B 16.104 VI 级。

（5）其他性能参数：单一氮气瓶更换周期＞60d。

七、输油管道调节阀

输油管道调节阀的设计包括确定参数及特殊要求、设计整机结构、零件设计、强度及稳定性校核、专业软件流体模拟等过程。

1. 确定参数及特殊要求

输油管道调节阀设计初期，除了需要确定输油管道口径、压力、流量、温度等工艺参数之外，更重要的是跟踪输油管道工况的特殊性及现场的特殊要求。比如，油品的温度，以便选择合适的阀门材料；油品中含有的最大颗粒及颗粒量，依据其进行免堵型结构设计及耐冲刷结构设计。只有完全明确输油工况，才可能设计出最佳产品。

2. 整机结构及零件设计

整机结构如图 5-28 所示，设计主要包括阀芯结构、阀芯与阀座密封结构、阀芯与套筒密封结构、阀芯导向结构、阀杆导向结构、填料密封结构以及阀芯与阀杆结构、上阀盖压紧结构、填料压紧结构等设计。零件设计阶段是依据整机结构设计，并拆解整机结构图的过程。对于输油管道调节阀，包括阀体、上阀盖、阀芯、阀座、上套筒、套筒、阀杆等零件的设计。

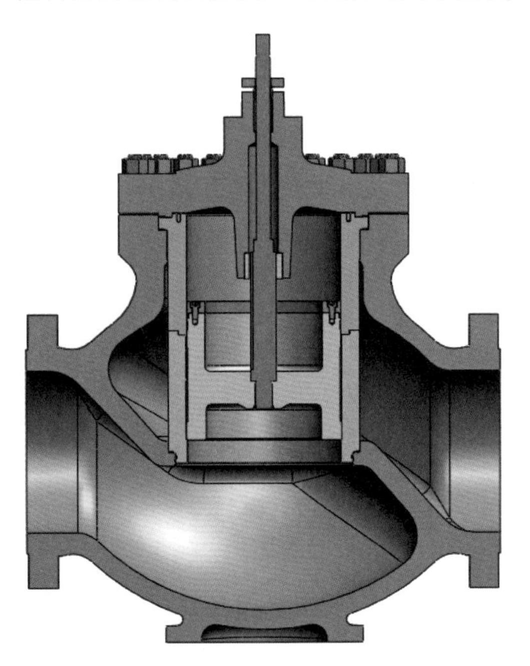

图 5-28 调节阀结构

3. 强度校核

强度校核主要包括阀体壁厚校核、中法兰连接校核、上阀盖法兰厚度校核、阀杆强度校核等。

（1）阀体壁厚计算及校核：

阀体壁厚根据：$t_1 = 1.5 \times \left(\dfrac{p_{cd}}{2S - 1.2p_c} \right)$（ASME B16.34—2009）进行计算或者查 ASME B16.34—2009《法兰、螺纹和焊接端连接的阀门》表 3 得到的最小壁厚值（mm）；

根据：$t_2 = \dfrac{pD_N}{2.3\left[\sigma_L\right] - p} + C$（第四强度

理论壁厚计算式）进行校核。

（2）法兰连接校核：

法兰连接按：$p_c \frac{A_g}{A_b} \leqslant 0.45S_a \leqslant 9000$（ASME B16.34：2009）进行校核。

（3）上阀盖法兰厚度校核：$t_B = D_{DP}\sqrt{\frac{1.78F_{LZ}S_G}{pD_{DP}^3}\cdot\frac{p}{[\sigma]}}$

上阀盖法兰厚度按 ASME 标准校核。

（4）阀杆强度校核：

阀杆强度按公式：

$\sigma_L \leqslant [\sigma_L]\tau_N \leqslant [\tau_N]\sigma \leqslant [\sigma]$ 校核。

4. 专业软件流体模拟

零件设计完成后，首先应基于 ANSYS 软件，对调节阀承压零件（阀体、上阀盖等零件）进行实体建模，通过 Te-tmesh 完成对阀体网格划分，对可能产生应力集中的区域进行网格的局部细化，进行全面的应力分析，以优化零件设计结构图，如图 5-29 所示。

图 5-29　调节阀网格图

然后，应使用 CFD 专业模拟软件对阀体组件进行流体流场模拟分析（图 5-30），判断流体流场的流动稳定性及流量调节的准确性。该阶段至关重要，直接关系到调节阀的调节性能。

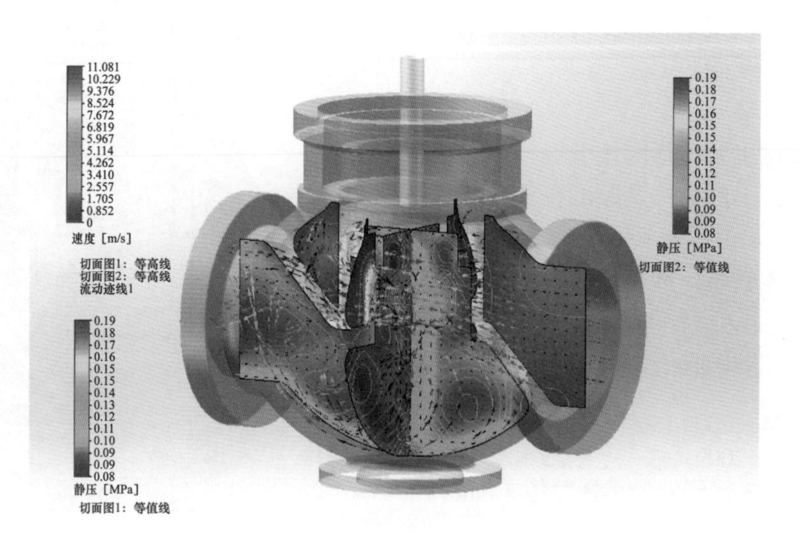

图 5-30　调节阀流体流场模拟

第四节　输油气管道关键阀门试验与应用

输油气管道关键阀门试验与应用分为出厂试验、工业性试验、试验结论和应用推广等四个环节。

一、输气管道调压关键阀门

1. 出厂试验

1）安全切断阀

安全切断阀出厂试验和检验试验应在清洁的场地进行，水压试验介质应为5～50℃清洁水（水中可含有水溶油和防锈剂），充入液体介质时要排除阀体内的气体；气压密封试验用介质为氮气或干燥空气。出厂试验和检验内容至少应包括以下内容。

（1）静态测试和检查：

① 数量检查（包括附件）；

② 外观检验（包括漆面质量、连接法兰密封面、附件、铭牌、标志等检验）；

③ 尺寸、壳体壁厚检测（包括整体尺寸）；

④ 紧固件、连接管路等是否有松动现象；

⑤ 连接件形式、尺寸符合标准及数据单要求；

⑥ 安全完整性等级、防爆和防护等级的认证证书检查；

⑦ 材质是否与试制方提供的证明相符（内部件，外壳、连接件等）；

⑧ 阀位反馈信号检测。

（2）动态测试：

① 壳体强度测试（试验压力1.5倍额定压力）；

② 外密封试验（试验压力1.1倍额定压力）；

③ 内密封试验（试验压力0.1MPa和1.1倍额定压力）；

④ 超压切断压力精度；

⑤ 响应时间；

⑥ 超压切断复位压差；

⑦ 阀门可靠性试验（100次切断动作）。

2）监控调压阀

监控调压阀出厂试验和检验试验应在清洁的场地进行，水压试验介质应为5～50℃清洁水（水中可含有水溶油和防锈剂），充入液体介质时要排除阀体内的气体；气压密封试验用介质为氮气或干燥空气。试验至少应包括以下内容。

（1）静态测试和检查：

① 外观检验（包括漆面质量、连接法兰密封面、附件、铭牌、标志等检验）；

② 尺寸、壳体壁厚检测（包括整体尺寸）；

③ 紧固件、连接管路等是否有松动现象；

④ 连接件形式、尺寸符合标准及数据单要求；

⑤ 防爆和防护等级的认证证书检查；

⑥ 材质是否与试制方提供的证明相符（内部件，外壳、连接件等）；

⑦ 阀位变送器信号检测。

（2）动态测试：

① 壳体耐压强度测试（试验压力为1.5倍额定压力，试验介质为水，无可见泄漏和变形）；

② 外密封测试（试验压力1.1倍额定压力，试验介质为空气或氮气）；

③ 工作膜片耐压差测试；

④ 流量系数测试；

⑤ 特性曲线和滞后带测试；

⑥ 关闭压力的测试和内密封的确认；

⑦ 在给定进口压力范围下的精度等级、关闭压力等级、关闭压力带等级、最大流量和最小流量的确认；

⑧ 噪声测试（噪声不得超过85dB）。

3）工作调压阀

工作调压阀出厂试验和检验试验应在清洁的场地进行，水压试验介质应为5～50℃清洁水（水中可含有水溶油和防锈剂），充入液体介质时要排除阀体内的气体；气压密封试验用介质为氮气或干燥空气。试验至少应包括以下内容。

（1）静态测试和检查：

① 外观检验（包括漆面、连接法兰密封面、附件、铭牌、标志等检验）；

② 尺寸、壳体厚度检测；

③ 紧固件等是否有松动现象；

④ 连接件形式、尺寸符合标准及数据表的要求；

⑤ 防爆和防护等级的认证证书检查；

⑥ 材质是否与试制方提供的证明相符（内部件，外壳、连接件等）；

⑦ 执行机构的绝缘性、控制和状态信号检测。

（2）动态测试：

① 壳体耐压强度试验（试验压力为1.5倍额定压力，试验介质为水，无可见泄漏和变形）；

② 外密封试验（试验压力1.1倍额定压力，试验介质为空气或氮气）；

③ 阀座泄漏测试（分别进行高、低压试验。符合IEC 60534中泄漏等级Ⅳ级）；

④ 基本误差试验（精度应保证优于 ±1.0%）；

⑤ 回差和死区试验（回差小于1.0%）；

⑥ 额定流量系数；

⑦ 固有流量特性；

⑧ 动作可靠性试验（开关400次）；

⑨ 阀门最大转矩测试；

⑩ 噪声测试（噪声不得超过85dB）。

2. 工业性试验

中国石油在西二线及上海支干线输气站场（洛阳分输站、黄陂压气站及萧山分输站，见图 5-31），结合实际生产系统，创建了调压装置关键阀门现场工业性试验考核系统，为检验 DN250/10MPa 和 DN300/12MPa 系列规格的国产化新产品的安全性、可靠性及适应性等提供了保障。工业性试验项目如下：

（1）安全切断阀试验项目：

① 周期性检测项目：外漏检查，外观质量检查。

② 操作检测项目：内泄漏检测，响应时间测试，电气信号测试，关断功能检验，内件质量检验。

（2）监控调压阀试验项目：

① 周期性检测项目：外漏检查，噪声测试，质量检查。

② 操作检测项目：内泄漏检测，开关动作灵敏性检验，调节性能检验，内件质量检验。

（3）工作调压阀试验项目：

① 周期性检测项目：外漏检查，噪声测试，质量检查。

② 操作检测项目：内泄漏检测，阀门开度检验，远控状态指示检验，调节性能检验，内件质量检验。

(a) 洛阳站阀门工业性试验现场

(b) 黄陂站阀门工业性试验现场

(c) 萧山站阀门工业性试验现场

图 5-31　阀门现场工业性试验

3. 工业性试验结论

中国石油承担的油气管道关键设备国产化调压装置关键阀门工业性试验项目，依据国产化产品工业性试验大纲要求，结合生产实际，分别在西气东输二线洛阳分输站、萧山站黄陂压气站，完成了对国产化DN250/10MPa和DN300/12MPa系列调压装置关键阀门（安全切断、监控调压、工作调压）12台样机产品的4000h的工业运行试验考核，试验结果证明，国产化产品工作性能稳定可靠，操作方便，各项性能参数指标满足生产运行工况要求，达到了项目试制技术条件及工业性试验大纲的技术要求，具备现场工业性试验验收条件。

4. 调压关键阀门应用推广

调压关键阀门主要用于长输天然气管道站场的分输系统，调节控制分输到下游用户的天然气压力和流量，是分输站场的关键设备之一。2015年，根据国产化项目计划安排，中国石油组织完成了2套调压关键阀门国产化新产品的推广应用。分别为DN250 PN10系列调压关键阀门（包括安全阀、监控调压阀和电动工作调压阀）和DN300 PN12系列调压关键阀门（包括安全阀、监控调压阀和电动工作调压阀）各一套。其中，DN250 PN10系列调压关键阀门应用于西气东输二线洛阳分输站，替代了国外同类产品，自2015年1月投入运行以来，设备运转良好。DN300 PN12系列调压关键阀门应用于西气东输二线黄陂压气站。2015年2月6日完成3台国产化关键阀门的安装调试，自投入使用以来，设备运行平稳。

截至2016年，调压关键阀门已经在西气东输站场改扩建工程及新建管道工程全面推广应用。调压关键阀门国产化产品取代同类进口产品后，有效降低了工程成本，节省建设周期，全面提升油气管道设备的保障能力，给国家带来显著的经济效益。

二、输气管道压力平衡式旋塞阀

1. 工厂试验

（1）抗静电试验。在阀门处于干燥的情况下，用不大于12V的直流电压，分别测量阀杆与阀体之间、旋塞与阀体之间的电阻，电阻值不能超过10Ω。

（2）壳体水压强度试验。阀门处于半开状态，试验介质：水；试验压力：22.5MPa；保压时间：≥240min；验收标准：无可见泄漏。

（3）阀座水压密封试验。阀门处于全关状态，试验介质：水；试验压力：16.5MPa；保压时间：≥5min；验收标准：无可见泄漏。

（4）低压气密封试验。阀门处于全关状态，试验介质：气；试验压力：0.6MPa；保压时间：≥15min；验收标准：无可见泄漏。

（5）高压气密封试验。阀门处于全关状态，试验介质：气；试验压力：16.5MPa；保压时间：≥15min；验收标准：无可见泄漏。

（6）开关阀门转矩测试试验。阀门由关到开，试验介质：水；试验压力：15MPa；检测要求：记录在0～100%行程内的转矩值。

（7）全压差开关100次试验。阀门由关到开，试验介质：气；试验压力：12MPa；检测要求：每开关阀门1次后，检测阀门的密封性能，允许注脂的次数不大于20次。

（8）动力电源10%波动范围内动作试验。阀门由关到开，在由开到关；试压介质：

水；试验压力：12MPa；检测要求：阀门及执行机构开关性能良好。

（9）注脂试验。阀门处于关闭位置；检测要求：半开阀门或打开观察，密封脂均匀分布于阀座及阀杆一圈。

（10）耐砂冲刷试验。试验介质：压缩空气；试验压力：0.6MPa；阀门连续开关次数：100 次；砂粒状态：20 目砂粒 + 焊渣；检测要求：连续开关完成后，重新注入密封脂后检测阀门密封性能；验收准则：无可见泄漏。

2. 工业性试验

（1）阀门运行状态巡检。阀门整体防腐层和阀门日常巡检记录。

（2）噪声检测。用分贝仪距离阀门 1m 处噪声小于 80dB。

（3）扭矩检测。通过执行机构测试 0～100% 行程内阀门的操作产生的扭矩值。

（4）检测阀门密封。操作执行器驱动阀门关闭，放空阀门下游或上管线，通过阀门上下游压力表观测阀门是否内漏，要求阀门关闭一周内，阀门前后压力没有变化。

（5）全压差开关试验（30 次）。阀门处于关闭状态，阀门上游或下游的管线放空，操作执行器驱动阀门打开。然后关闭阀门，执行检测阀门密封项目，要求操作正常，开关到位。

（6）检测阀门放空、排污、注脂管线上根部隔离阀的密封性能。观测放空、排污、注脂管线上根部隔离阀是否泄漏，要求按照 ISO5208 要求进行检测。

（7）注脂试验。每注脂 1 次，开关阀门 6 次，进行阀门密封试验一次。要求按照 ISO5208 要求进行检测。

（8）阀门返厂试验。监督开箱后进行低压和高压密封试验、阀门强度试验、全压差开关扭矩测试、阀门解体检查、阀门冲刷试验、再次低压气和高压气密封试验。

其中现场操作检查如图 5–32 所示，运用声发射检漏仪器进行严格的测试，如图 5–33 所示。

图 5–32　输气管道压力平衡式旋塞阀现场操作检查

图 5–33　阀门内漏声发射检测

3. 工业性试验结论

中国石油承担的油气管道关键设备国产化旋塞阀工业性试验项目，依据国产化产品工业性试验大纲要求，结合生产实际，在昌吉阀门试验场完成了对国产化 6in Class900、16in Class900 压力平衡式旋塞阀 6 台样机产品的 30 次工况下全压差开关考核，试验结果证明，国产化产品工作性能稳定可靠，操作方便，各项性能参数指标满足生产运行工况要求，达到了项目试制技术条件及工业性试验大纲的技术要求，具备现场工业性试验验收条件。

4. 应用推广情况

压力平衡式旋塞阀产品主要用于长输天然气管道站场的放空系统，应用于干线天然气放空、站场内 ESD 全站放空和站场流量调节，是输气管道系统的关键设备之一。2015 年，根据国产化项目计划安排，中国石油组织四川精控等单位研制旋塞阀（4in Class600）目前已在西一线红柳压气站（1 台）、柳园压气站（2 台）、玉门压气站（2 台）、酒泉压气站（1 台），雅满苏压气站（1 台）工业性应用 7 台国产化新产品的推广应用，运行情况良好。

近三年来，四川精控拓展了压力平衡式旋塞阀系列产品的研制与推广应用范围，已实现同类产品口径、压力范围全覆盖，是国内口径最全、压力范围最宽、资质最完整、工程业绩最丰富的压力平衡式旋塞阀制造商，产品已陆续应用于：中国石油西气东输一线 4 座压气站、西气东输二线广深支干线、西气东输三线 14 座压气站、锦郑线廊坊输气站、西气东输蒲县 / 中卫 / 彭阳压气站、克乌成品油管线；中国石化的榆济线、济青二线、川气东送一线、涪陵页岩气、加纳近海天然气、重庆天然气管道；山东天然气管道、气化邯郸天然气管道、陕西天然气管道、湖南天然气管道；埃及 GASCO 世界最大联合循环发电厂燃气计量加热调压项目；孟加拉国家天然气管道公司 Chittagong-Feni-Bakhrabad 平行管道等工程项目。其中：NPS36 Class600 成功应用于中国石油埃及 GASCO 公司的世界最大联合循环电厂的燃气计量加热调压装置上，是目前国际上最大规格同类阀门成功应用唯一案例；NPS20 Class900、NPS8 Class2500 为同等压力下的国内最大口径成功应用于孟加拉国家天然气管道公司 Chittagong-Feni-Bakhrabad 平行管道等工程项目，获得业主一致好评。

三、输油气管道轴流式止回阀

1. 出厂试验

阀门出厂试验和检验项目包括：

（1）主要零件原材料拉伸试验。

（2）主要零件原材料 -46℃低温冲击试验。

（3）主要零件原材料硬度试验。

（4）主要零件原材料化学成分分析。

（5）阀体金相分析。

（6）阀体射线探伤。

（7）密封面着色探伤。

（8）阀体、阀瓣材料的腐蚀（SSC，HIC）试验。

（9）主弹簧刚度测试试验。

（10）主弹簧疲劳试验。

（11）阀门外观检查。

（12）阀门寿命试验。

（13）导静电试验。

（14）壳体水压强度试验。

（15）阀座高压水压密封试验。

（16）最小开启压力试验。

（17）低压气密封试验。

（18）阀座高压气密封试验。

（19）阀体外防腐层性能检测。

（20）耐火试验。

2. 工业性试验

中国石油在昌吉阀门试验场结合实际生产系统，创建了轴流式止回阀现场工业性试验考核系统，为检验 36in Class900、24in Class900 系列规格的国产化新产品的安全性、可靠性及适应性等提供了保障。工业性试验项目如下：阀门 30 次开启试验，外漏密封性检测，防腐、噪声等性能试验，2 次反向密封试验（24h）。

3. 工业性试验结论

中国石油承担的油气管道轴流式止回阀工业性试验项目，依据国产化产品工业性试验大纲要求，结合生产实际，在昌吉阀门试验场开展了 10 台样机产品的工业运行试验考核，试验结果证明，国产化产品工作性能稳定可靠，操作方便，各项性能参数指标满足生产运行工况要求，达到了项目试制技术条件及工业性试验大纲的技术要求，具备现场工业性试验验收条件。

4. 应用推广情况

轴流式止回阀主要用于长输天然气管道站场的压缩机出口管线、站内工艺管线，用于防治介质反向流，是天然气站场的关键设备之一。2015 年，根据国产化项目计划安排，中国石油组织完成了 36in Class900 止回阀在西二线连木沁压气站、红柳压气站、嘉峪关压气站、张掖压气站等共 6 台轴流式止回阀工业性应用。

截至 2016 年，轴流式止回阀已经在西部管道站场改扩建工程及新建管道工程全面推广应用。取代同类进口产品后，有效降低了工程成本，节省建设周期，全面提升油气管道设备的保障能力，给国家带来显著的经济效益。

四、轨道式强制密封阀

1. 出厂试验

轨道式强制密封阀出厂试验和检验项目包括：

（1）主要零件原材料拉伸试验。

（2）主要零件原材料 –46℃低温冲击试验。

（3）主要零件原材料硬度试验。

（4）主要零件原材料化学成分分析。

（5）阀体金相分析。

（6）阀体射线探伤。

（7）密封面着色探伤。

（8）阀体、阀瓣材料的腐蚀（SSC，HIC）试验。

（9）阀门外观检查。

（10）阀门寿命试验。

（11）导静电试验。

（12）壳体水压强度试验。

（13）阀座高压水压密封试验。

（14）反向50%设计压力密封性试验。

（15）低压气密封试验。

（16）阀座高压气密封试验。

（17）阀体外防腐层性能检测。

（18）耐火试验。

2. 工业性试验

中国石油在昌吉阀门试验场结合实际生产系统，创建了轨道式强制密封阀现场工业性试验考核系统，检验16in Class900、14in Class900系列规格的国产化新产品的安全性、可靠性及适应性等提供了保障。工业性试验项目如下：外观检查、外部泄漏检查、噪声检测等，阀门密封性试验、在线检漏孔密封性试验、全压差开关30次、反向50%设计压力（7.5MPa）开关2次。

3. 工业性试验结论

中国石油承担的油气管道轨道式强制密封阀工业性试验项目，依据国产化产品工业性试验大纲要求，结合生产实际，在昌吉阀门试验场开展了6台样机产品的工业运行试验考核，试验结果证明，双道硬密封、带在线检漏孔且零泄漏，生产难度较大。建议继续采用软硬密封制造轨道式强制密封球阀。

五、56in Class900 大口径全焊接管线球阀

1. 出厂试验

56in Class900全焊接球阀完成样机制造后，在工厂内试验项目如下：

（1）阀座水压密封试验。

（2）双截断—泄放功能试验（DBB）。

（3）阀座双向双密封试验（DIB-1）。

（4）腔体泄压试验。

（5）低压气密封试验。

（6）高压气密封试验。

（7）带袖管，排放、放空、注脂及取压管强度试验。

（8）阀门放空、排污管线上根部隔离阀的密封试验。

（9）开关阀转矩测试试验。

（10）抗静电试验。

（11）全压差开关75次试验。

（12）动力电源10%波动范围内动作试验。

（13）注脂试验。

（14）耐火试验。

（15）阀门外观检查。

（16）焊缝无损探伤检查。

（17）阀体和焊缝硬度、金相、腐蚀试验（SSC，HIC）、-46℃ CTOD和-46℃低温冲

击试验。

（18）阀体防腐涂层性能测试。

（19）阀杆密封试验。

2. 工业性试验

56in Class900 全焊接球阀分三个批次在新疆哈密烟墩阀门试验场完成了现场工业性试验测试工作。试验现场照片如图 5–34 所示，试验内容如下：

（1）阀门开关动作测试：工况条件下，开关阀门 3 次，验证是否有卡组、泄漏现象。

（2）密封性检查 –1（DBB 测试）：开启、关闭阀门一次后，对阀腔进行放空，静置 2h，观察阀腔压力变化判断是否有泄漏。

（3）密封性检查 –2（DIB 测试）：开启、关闭阀门一次后，保持阀腔带压，放空阀门上下游管道，静置 2h，观察阀腔压力变化，判断是否有泄漏。

（4）全压差测试（重复 5 次）：关闭阀门，阀腔放空，阀门上游充压（≥10.5MPa），阀门下游放空，开启阀门，观察阀腔压力变化，判断是否有泄漏。

（5）复核试验：全压差试验结束后，再次进行 DBB 和 DIB 密封测试。

图 5–34　烟墩压气站阀门工业性试验现场

3. 工业性试验结论

中国石油承担的油气管道关键设备国产化 56in Class900 全焊接球阀工业性试验项目，依据国产化产品工业性试验大纲要求，结合生产实际，在烟墩国产阀门试验场完成国产化 56in Class900 系列球阀 6 台样机产品工业运行试验考核，试验结果证明，国产化产品工作性能稳定可靠，操作方便，各项性能参数指标满足生产运行工况要求，达到了项目试制技术条件及工业性试验大纲的技术要求，具备现场工业性试验验收条件。

4. 应用推广情况

国产化 56in Class900 系列球阀产品主要用于长输天然气管道站场的站场、线路截断位置，根据集团公司统一安排，完成工业性试验验收的国产化 56in Class900 系列球阀将在已经开建的中俄东线项目进行应用推广。

六、输油管道泄压阀

1. 出厂试验

国产化泄压阀完成样机制造后，在工厂内试验项目如下：

（1）壳体水压强度试验。

（2）阀座水压密封试验。

（3）氮气控制系统，高压气密封试验。

（4）温度对氮气控制系统的影响。

（5）阀门性能测试。

（6）流通量试验。

（7）低温试验。

（8）氮气控制系统中安全保护装置试验。

（9）噪声检测。

2. 工业性试验

氮气式水击泄压阀在中国石油庆铁四线梨树泵站和农安站进行现场工业性试验，试验内容如下：

（1）阀门运行状态巡检：阀门整体防腐层完整度，阀门日常巡检记录。

（2）检测阀门密封试验：关闭泄压阀前截断阀门，憋压，通过阀门上游压力表观测阀门是否内漏。

（3）检测阀门设定值精度：关闭泄压阀前截断阀门，憋压，通过阀门上游压力表观测阀门，记录泄压值偏离设定值不大于1%。

（4）稳定性测试：关闭泄压阀前截断阀门，阀门上游加压（5次），测试阀门设定值的稳定性。

（5）氮气控制系统测试：现场模拟氮气系统超压、低压等状况，记录压力远传及故障报警。

（6）模拟水击试验：根据现场实际运行压力，降低氮气控制系统压力至实际运行压力，直到氮气泄压阀动作。

（7）外观质量检查：检查阀体表面、氮气控制系统、紧固件。

3. 工业性试验及结论

两台国产化样机在大流量试验后分别安装于庆铁四线梨树泵站和农安泵站，从2014年10月26日运行以来，运行平稳、启闭稳定、密封可靠。运行两年后，对国产化氮气式水击泄压阀实施验收和现场试验。产品各项性能指标满足技术规范和要求，具备推广应用条件。

4. 应用推广情况

截至2016年，国产化泄压阀产品已经在中国石油管道公司中俄原油管道二线工程、鞍大线等新建工程推广应用。

七、输油管道调节阀试验与应用

1. 出厂试验

国产化调节阀完成样机制造后，在工厂内试验项目如下：

（1）外观检验。

（2）材料证书检查。

（3）防爆和防护等级认证证书检查。

（4）执行机构的绝缘性、控制和状态信号测试。

（5）阀门抗静电测试。

（6）阀体耐压。

（7）强度试验。

（8）填料函及其他连接处密封性试验。

（9）阀座泄漏试验。

（10）基本误差试验。

（11）回差试验。

（12）死区试验。

（13）额定流量系数。

（14）固有流量特性。

（15）动作可靠性试验。

（16）阀门最大转矩测试。

2. 工业性试验

中国石油在庆铁四线林源输油站和梨树输油站进行调节阀现场性能试验，试验内容如下：

（1）外泄漏检查：检测阀体、连接处泄漏。

（2）噪声测试：用分贝仪，距离阀门 1m 处噪声小于 85dB。

（3）绝缘性能测试：在不同天气下测试执行机构的绝缘性能。

（4）外观质量检查：各表面无损害、腐蚀、涂层脱落、电动执行机构内无水蒸气。紧固件不得有松动、损伤等现象。

（5）阀门开度检验：所有工况下，阀的开度在 5%～85% 范围内。

（6）远程状态指示检验：站控系统中阀位、开、关、故障和就地远控状态指示应和执行机构指示相符。

（7）调节性能检验：调节阀出口压力稳定，波动范围 ±1.0%。

（8）阀内件质量检验：阀门拆解检查，要求阀内部不应有不适当的磨损、黏结物、腐蚀、损坏或其他影响调压阀长期性能的缺陷。阀笼窗口无堵塞。

（9）压降试验：最大流量的工况下阀门全开时压降小于 0.05MPa。

3. 工业性试验及结论

两台国产化样机在工厂试验后分别安装于庆铁四线林源输油站和梨树输油站，从 2014 年 10 月 26 日运行以来，运行平稳、启闭稳定、密封可靠。

于 2016 年 6 月 23—24 日，国家能源局委托中机联和中国石油主持对输油管道调节阀进行了现场工业性试验验收会，对国产化研制厂家设计制造的调节阀实施验收和现场试验，验收产品各项性能指标满足技术规范和《调节阀国产化研发协议》的要求，具备推广应用条件。验收委员会一致同意通过了工业性试验现场验收。

4. 应用推广情况

国产化调节阀已经在中国石油中俄原油管道二线工程、鞍大线等新建工程推广应用。

第六章　执行机构开发与应用

执行机构是一种利用某种驱动能源在某种信号控制下提供直线或旋转运动的驱动装置。在油气管道上，执行机构用于驱动管道阀门的开启、关闭或者开度控制，其驱动方式有气液、电液、电动。我国执行机构的研制起步较晚，20 世纪 60 年代末 70 年代初从苏联有触点的电动执行机构进行仿制开始逐步发展。经过多年发展，电动执行机构技术相对成熟，多数产品实现了智能化，主要应用在市政、电力、冶金等普通场所，在长输油气管道、核电的核岛、火电厂的电动执行机构还是依赖进口。特别是在大口径高压力的长输管道干线阀门上，由于其大扭矩、快开关速度的特性要求及使用环境和高可靠性的要求，也基本上使用进口产品。气液执行机构在国内刚刚起步，而且国内生产厂家不多，国产气液执行机构的性能及可靠性有待提高。国内自 20 世纪 90 年代起，部分厂家开始研制电液执行机构，但发展至今，与国外先进产品的差距依然较大。输油管线应用的电液执行机构多为 REXA 公司生产的调节型（XPAC）和开关型（MPAC）执行机构。因此，在“十二五”期间，中国石油为满足管道业务快速增长对关键设备的需要，全面提升油气管道设备的保障能力，紧密结合油气管道工程建设，联合国内优势设备制造商对选定的进行攻关，提出油气长输管道的高压大口径特种阀门配套的电动执行机构、气液执行机构、电液执行机构产品国产化目标。

为使国产化执行机构具有先进性，中国石油对标 API、ASME、ISO、ISA、IEC 等国际标准和国际先进执行机构相关技术指标，结合现场运行条件以及执行机构制造商实际情况，制定了执行机构技术条件、工厂试验大纲、工业试验大纲等一系列规范，以指导执行机构研制、试验等。

2013—2015 年，中国石油相继成功研制了国产化样机电动执行机构 12 台、气液执行机构 6 台、电液执行机构 4 台，并分别应用于西二线、西三线、庆铁四线。经工业运行考核，国产化产品各项性能达到技术条件要求，工作可靠，满足实际生产需要。

第一节　执行机构技术现状

一、国外执行机构技术现状

1. 电动执行机构

目前我国天然气长输管道所配套的电动执行机构主要依赖进口，国际上电动执行机构主要生产厂商为英国 ROTORK、美国 LIMITORQUE、德国 AUMA 等。而我国天然气长输管道大口径球阀所配的电动执行机构主要为英国 ROTORK 公司的产品。

近年来 ROTORK、LIMITORQUE 和 AUMA 等国外著名执行机构厂家纷纷开始新一代产品的研发和市场投放，三个主要厂家的技术特点如下：

（1）外形设计方面：ROTORK 和 LIMITORQUE 公司的外形设计均为流线型，并且较为紧凑，体积较小。AUMA 公司的外形设计为模块拼接形式，主机分体放置，但在小规格产品中，体积较其他产品要大。

（2）行程检测方面：三家公司都采用了绝对值编码器作为行程检测的解决方案。LIMITORQUE 公司采用了光电式的绝对值编码器，AUMA 公司采用磁电绝对值编码器。ROTORK 公司在原有的霍尔磁效应脉冲编码器的基础上研发了磁电绝对值编码器，采用双路磁电传感器检测位置。LIMITORQUE 公司的光电式绝对值编码器优点在于总圈数多，精度高，缺点是功耗大，不适合用于掉电情况下用电池进行掉电跟踪。AUMA 公司的磁电绝对值编码器采用单个磁电传感器，缺点在于分辨率低。

（3）扭矩检测方面：LIMITORQUE 公司采用了通过测量电动机电压、转速和温度的方式来检测执行机构转矩，对电动机一致性的要求较高。AUMA 公司利用磁电编码器测量蜗杆转动的角度来测量扭矩，优点在于可以与行程磁电编码器做成统一模块。ROTORK 公司采用了压电陶瓷晶体直接测量蜗杆轴向窜动力的方式来测量输出轴扭矩，测量精度高，一致性好，缺点是对加工精度要求比较高。

（4）智能显示和操作方面：三家公司的就地显示液晶屏，其中 AUMA 公司和 LIMITORQUE 公司采用了图形点阵式液晶显示屏。而 ROTORK 公司采用了创新的 OLED 多层显示技术，既功耗低，又可以显示更多的数据。三家公司都具备了蓝牙和红外遥控技术，利用手持式设备均可完成辅助调试和诊断的功能。

2. 气液执行机构

国外气液执行机构的厂家主要集中在意大利、德国和美国。气液执行机构始于 20 世纪 70 年代，依靠机械而进行控制，生产复杂，调试设定麻烦，误动作不易判断。在 20 世纪 90 年代末期，随着电子科学的持续发展，其电子设备的小型化、可靠性和低功耗等技术应用，以 SHAFER 和 BIFFI 公司为代表的厂家推出了电子控制保护单元，结束了长输天然气管道一直采用机械式控制保护单元的历史，把气液执行机构的应用推向了一个新的时期。

3. 电液执行机构

电液执行机构，从控制原理角度来区分，主要分为泵控和阀控两种技术路线，比较成熟的阀控品牌主要以 REINEKE、BIFFI 公司品牌为代表，采用高精度伺服阀或者比例阀为流量控制单元，以普通电动机给蓄能单元储能，控制伺服阀或者比例阀的开度来实现对阀门的控制。成熟的泵控品牌以美国 REXA、韩国 RPM 为例，使用伺服电动机和液压油泵作为动力单元直接实现电能到动能的转化，配备高精度的流量匹配模块，通过对液压油流的控制来实现阀门的控制。

国外主要品牌电液执行机构如图 6-1 所示。

国外调节型电液执行机构主要产品特点如下：

（1）德国 REINEKE 电液执行机构：控制原理是电液伺服原理，核心部件是电液伺服阀，具有高调节精度。但是对油品的超高要求导致其对应用条件要求苛刻；另外，其蓄能部分的超大体积对现场安装带来很大的麻烦，而且，裸露的电动机等部件，使其无法适应比较恶劣的工作环境，尤其是粉尘大、湿度高和防爆要求高的场合。

（2）美国 REXA 电液执行机构：美国 REXA 智能型电液执行机构，其原理是电动机控制齿轮泵，核心部件为精密度很高的流量配备系统。在精密的调节性能要求下，其独特

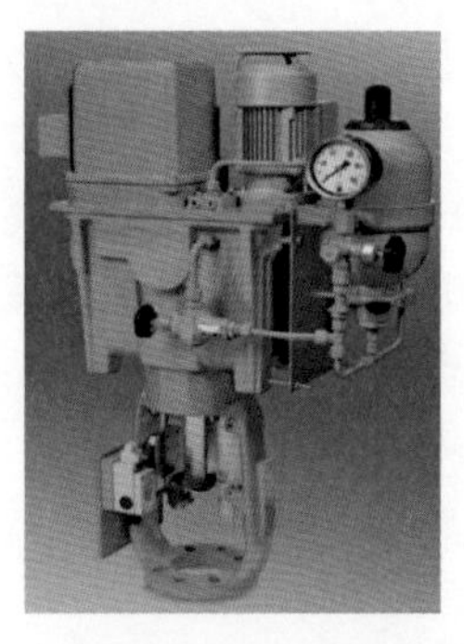

(a) 德国REINKEE电液执行机构　(b) 美国REXA电液执行机构　(c) 韩国RPM电液执行机构

图 6–1　国外主要品牌电液执行机构

的双动力系统完美地解决了精度与速度的矛盾。另外，REXA 电液执行机构采用液压闭式系统，完全密闭的油源保证了为动力单元提供可靠的低压油源，稳定等量液压循环。

（3）韩国 RPM 电液执行机构：原理也是电动机控制，调节品质比 REINEKE 电液执行机构和 REXA 电液执行机构低，但其结构原理简单，适用于要求精度不高的工况。另外，整体防护外壳能够提供 IP68 级的防尘防水要求，也能满足隔爆要求，使得产品适用性大幅提高，在粉尘大、湿度高、震动频繁，又要求防爆的恶劣工作环境下，也能稳定可靠运行。在实际使用中出现了程序死机、控制板烧坏等严重故障，后期虽然不断改进，基本克服了这些问题，但其适应市场的能力偏弱，进化节奏慢。

目前国内新建输油管线应用的电液执行机构多为 REXA 公司生产的调节型（XPAC）和开关型（MPAC）执行机构。

二、国内执行机构技术现状

1. 电动执行机构

电动执行机构主要由电动机、减速器、力矩行程限制器、开关控制箱、手轮和机械限位装置以及位置发送器等组成。我国电动执行机构，从 20 世纪 60 年代末 70 年代初仿制苏联有触点的执行机构开始，经过几十年发展，多数产品实现了智能化，技术相对成熟，以天津埃柯特测控技术有限公司（简称天津埃柯特）、重庆川仪自动化股份有限公司（简称重庆川仪）、特福隆团有限公司（简称特福隆）等公司为代表的不少厂家具备一定规模的生产能力和研发能力。但国内产品主要还应用于市政、电力、冶金等普通场所，在核电的核岛、火电厂的关键阀门以及长输油气管道的大多数阀门电动执行机构还是依赖进口。特别是在大口径高压力的长输管道干线阀门上，由于其大扭矩、快开关速度的特性要求及使用环境和高可靠性的要求，目前基本上使用进口产品。

2. 气液执行机构

气液执行机构的结构主要有拨叉式和旋转叶片式两种。在 20 世纪 90 年代末期，国内曾经研制了拨叉式的气液执行机构，并在中国石油西南油气田的天然气管道上应用了十余套，但由于误动作频繁、设定不方便、没有记录和无法分析执行机构误动作的原因，最终被弃用。2013 年以前，国内生产气液执行机构的厂家不多，国产气液执行机构的性能及可靠性有待提高。成都中寰流体控制设备有限公司（简称成都中寰）从 2008 年开始研制拨叉式及叶片式气液执行机构，截至 2013 年 8 月在国内分支管线上已有额定输出扭矩

150kN·m拨叉式的应用业绩，但还没有300kN·m及以上的产品。截至2016年底，已掌握450kN·m及以下拨叉式气液执行机构的关键技术和制造工艺，尚无国产旋转叶片执行机构产品。

目前国内所使用的气液执行机构，主要采用电子式紧急自动关断系统。通过压力传感器检测管线压力和微处理芯片控制，在压力超高、过低或者压降速率过大时自动发出信号到导阀或电磁阀，控制执行机构关闭阀门。

3. 电液执行机构

开关型电液执行机构主要用于输油管线阀门的ESD关断和调节阀的开度控制，在原油及成品油密闭输油生产过程中，起到稳定管道压力和缓和水击现象的作用。要求较高的输出推力和响应速度，具备良好的隔爆性能，并可在-40～45℃的户外环境下常年连续工作。电液执行机构由动力模块、油缸、反馈传感器和电控箱组成。

在中国石油的支持下，无锡三信传动控制公司在20世纪90年代研发生产了DDYZ55型分体式电液执行机构，在大庆、长春、沈阳、锦州、大连、秦皇岛等输油气分公司共应用了30多台大功率电液执行机构。应用时间最长的已达16年，均处于自动和无渗漏的状态，未发生过失灵和误动情况，维护量很少。

近些年，随着液压技术、计算机技术、电子控制技术的发展，传统液压站式分体的电控液压系统已经落伍，取而代之的是一体化的电液式执行机构，这种一体化的电液将传统的液压、传动和控制部分集中为一体，体积大幅减小的同时，又很好地解决了防护与防爆的问题，不仅使得安装、操作和维护都变得更加方便，还具有故障率明显降低，大出力（扭矩）的优势。国内输油管线的现场应用较多的美国REXA电液执行机构不带油源，不需伺服控制系统，维护量较国内产品要少；国产电液执行机构大多需要独立的油源和复杂的伺服控制系统。

近年来，国内厂家也陆续开发出民族品牌的电液产品，比如重庆川仪、成都中寰、张家港艾罗、九江寰球、无锡三信等，并且一批厂家正在进行电液执行机构产品的开发。相对国际电液执行机构品牌来说，国内的电液执行机构，在综合性能及相关认证方面并未达到世界水平。国内电液执行机构各厂家技术水平发展不平衡，存在以下几个特点：

（1）总体技术研发能力偏弱，缺乏具有竞争力的核心技术。

（2）电液执行机构技术水平参差不齐，结构多种多样，不统一。

（3）产品研发偏向市场，对电液执行机构真正技术上的研究鲜有成果，几乎没有理论研究。

（4）试验装置不完善，国家相关标准缺乏，对产品的正规试验和认证难度大。

第二节 执行机构国产化技术条件

一、电动执行机构技术条件

（1）电动执行机构为两位式90°旋转控制的驱动设备。选用智能型电动执行机构进行国产化。试制方应该对电动执行机构的正确运行和型号的正确选择负责。电动执行机构研发试制初步确定使用在按照与56in Class900大口径全焊接球阀配套，试制要求执行机构公称（额定）转矩不小于200kN · m，执行机构试制方应根据实际阀门最大关断压差下所需的推力或力矩，配置相应推力或力矩的执行机构。决定电动执行机构选型的其他因素有操作速度（阀门开关时间）等。阀门和联轴器应该能够承受电动执行机构产生的最大扭矩。

（2）电动执行机构的选型应能满足数据单中规定的最恶劣操作条件下的阀门运行要求，并且电动执行机构的最大控制转矩应具有不小于1.5倍公称（额定）转矩（300kN · m）的安全系数。

（3）电动执行机构输出的最大扭矩不应对阀门造成破坏，输出的扭矩能保证阀门的正常开启。执行机构输出扭矩在现场可调。

（4）电动执行机构应为非侵入式智能型，对执行机构进行任何外部调节、调试、故障诊断及设定值的修改均可通过外部操作进行，不需要拆开执行机构的密封端盖。

（5）电动执行机构的阀位指示应为连续指示，递增量为1%。执行机构在外部电源断电时仍然可以就地\远传显示阀位状态及相关报警，并可实时反映因就地手轮操作而使阀位发生的变化。电动执行机构内部控制器的精度应≤1%，电动执行机构和阀门配套后的整体精度应保证≤1.5%。

（6）智能型电动执行机构具有每次通电后的自检功能，以使设备正常工作。同时智能型执行机构具有数据及事件记录功能，所记录各种参数及事件均可安全下载。阀门断电后再通电时，应保持阀位。

（7）电动执行机构应能通过LCD面板上显示与阀门、控制回路、执行机构本身的故障及报警。

（8）多回转电动执行机构的防爆/防护等级不低于ExdIIBT4/IP68。减速机构的防护等级应不低于IP65。

（9）执行机构应具有安全性、可靠性的认证。安全功能完整性等级宜进行SIL2认证。

（10）多回转执行机构使用寿命不低于开关全周期（≥8000次）。整机开关试验次数≥120次。

（11）执行机构应包括电动机、齿轮减速器、联轴器、限位开关、扭矩限制开关、手轮、手轮自动断开装置、就地阀位显示以及安全平稳运行所需的其他部件。执行机构整体组装应该是密闭的，独立的且满足现场环境条件下稳定运行。

（12）减速机构润滑系统在寿命期内应免维护。

（13）在操作过程中以及在开启点，所需手轮最大操作力不应超过360N，以保证一个操作工无需借助加力工具就可以操作。使用手动操作时，阀门开或关一次所需手轮圈数宜小于7500转。

（14）在就地手动操作过程中，电动机通过手动、电动切换装置的离合器断开。

（15）涡轮蜗杆的机械传动效率≥35%。

（16）正常带动阀门时，在100%额定电压情况下电动机任何部分的温升都不超过允许范围。

（17）电动机应该是整体封闭的，采用自然冷却。能满足沿线站场所在位置的气候条件。

（18）电动机应有过热保护装置。当阀门在局部卡死的情况下仍能开启阀门，电动机的短时间堵转（失速）力矩应能达到额定力矩的2倍。

（19）电动执行机构应具有限位保护、过力矩保护、正反向联锁保护，电动机过载、过热保护，防冷凝的加热保护和控制回路过载及短路保护，相位自动校正能力。

（20）执行机构内应防止生成冷凝物。电气部分外壳的防爆等级应不低于ExdIIBT4，并具有授权实验室的认证。

（21）电动执行机构应有带锁的就地/停止/远控选择开关。选择开关在就地位时，执行机构由就地的开关（按钮）控制。选择开关在远控位时，执行机构由远程开关或控制系统控制。选择开关在停止位时，执行机构只能通过手轮操作。阀门所配的电动执行机构的就地开关操作为自保持型，远控开关操作可设置为非自保持型/自保持型。

（22）电动执行机构内部控制器的精度应≤1%，在相同方向要使电动执行机构动作需要的最大信号变化量为1%。电动执行机构和阀门配套后的整体精度应保证≤1.5%。

（23）执行机构应具备故障自诊断和报警功能。电动执行机构本身应有状态指示和开度指示，能向远方发送开/关/停状态指示的触点信号及故障报警等触点信号。LCD应能适应现场环境的温度要求，执行机构LCD就地指示在阀门任何安装位置均可正视操作者。

（24）执行机构应包括足够的可组态的继电器用以实现远程显示。

（25）执行机构应具有输出扭矩在线实时显示功能。

二、气液执行机构技术条件

（1）执行机构输出扭矩不小于300kN·m。

（2）开启/关闭阀门需要的推力或力矩及阀杆的最大承受力和阀杆尺寸等数据应从试用方（根据试用地点实际参数，由阀门供货商提供给试用方）处获得，并作为执行机构的选型依据。

（3）执行机构的最大推力或力矩不应低于最大关断压差下阀门所需的推力或力矩的1.5倍，最小推力或力矩应能保证阀门的正常开启和关闭。同时，执行机构的最大推力或力矩不应高于阀门机械结构允许承受的最大推力或力矩，应具有可靠的推力或力矩过载保护功能；最终所选执行机构应使用试制方提供的计算公式进行验证。

（4）输气管道线路截断阀配套的执行机构使用的动力气源应从阀门所在位置上游地面旁通管道取气；站场进/出站截断阀配套的执行机构使用的动力气源应从站场内侧地面管道取气。执行机构动力气源进口处应设置过滤器，过滤器应满足设备正常工作及使用周期的要求。

（5）电气单元防爆等级不应低于ExdIIBT4，防护等级不应低于IP65。

（6）执行机构与阀门的连接法兰标准，按ISO5211执行。

（7）适应-46～70℃的环境条件。

（8）线路截断阀配套的执行机构：

①执行机构应能检测截断阀下游压力和压降速率信号（配套电子控制单元时）。

②当压力或压降速率检测信号超过设定值（且延时）后，执行机构应能接受控制命令自动关闭截断阀。

③执行机构应具有在现场设定压力或压降速率动作阀值的设定值和延时值（配套电子控制单元时）。

④监视阀室配备的执行机构，应具备完成压力和压降速率检测和自动关闭截断阀的

功能（配套电子控制单元时）以及阀位反馈功能。

⑤ 监控阀室的配备的执行机构，除要求具备完成压力和压降速率检测和自动关闭截断阀功能外（配套电子控制单元时）以及阀位反馈功能，同时应具备接受远程（开启、关闭阀门）命令的功能。非故障关闭阀门，经确认后，可远程开启阀门。

⑥ 无论在执行机构置于就地还是远控状态，当压力或压降速率检测信号超过设定值（且延时）后，执行机构均能自动关闭截断阀（配套电子控制单元时）。

（9）站场配套的执行机构：

① 用于进出站的执行机构，具备接受远程（开启、关闭、ESD关）命令的功能。

② 用于压气站具有越站功能的执行机构，具备接受远程（开启、关闭）命令的功能。

③ 执行机构至少应提供阀门全开、阀门全关、就地 / 远控状态信号。状态信号采用无源接点，接点容量最小为24V（DC）、1A。

④ 执行机构应有带锁的“就地 / 远控”选择开关。选择开关置于就地位置时，执行机构由就地的开关（按钮）控制，远控命令对于执行机构无效。选择开关在远控位置时，执行机构由远程开、关或控制系统控制。启用ESD命令时，应不受就地 / 远控开关的限制。

（10）储气罐容量应满足阀门在工况下的2个行程（包括关闭1次和打开1次阀门）的耗气量，供货厂家应提供相应的计算书。

（11）执行机构应配置现场开 / 关阀操作装置。无论阀门处于开或关的位置，都可以利用该装置（气动或液动能量）来就地驱动执行机构操作阀门动作，当执行机构的动力气源满足要求时可气动就地驱动执行机构工作；当执行机构的动力气源不满足要求时可用手动就地驱动执行机构工作。使用手动操作时，最大操作力不宜超过250N，应便于操作。手动就地操作装置应可以被锁定。

（12）执行机构应具有设置阀门开 / 关时间的设定装置，该装置应能够独立设定阀门开启和关闭的全行程时间。阀门（开启、关闭）的全行程时间应按照执行机构数据单中所给出的时间进行出厂设定。

（13）室外安装的执行机构，应采用配置消音器等措施，保证距离执行机构1m远处，执行机构所产生的噪声不能高于85dB。

（14）线路截断阀配套的执行机构气源连接管路和电气连接管路均要求与阀门、管道间保持有效电气绝缘，同时应考虑在最恶劣的条件下，如户外雨雪环境中的电气绝缘方案，以便防止阴极保护电流漏失。绝缘卡套中的金属部件应采用316不锈钢加工。绝缘材料应抗紫外线、吸水率低，并在操作及环境条件下保持强度和完整性。

（15）执行机构应提供2个方向的动力气源接口及金属丝堵，用户可根据阀门安装位置任意选择其中1个接口连接动力气源。不用的接口用丝堵封堵。

（16）监控阀室的执行机构，应配套提供电子控制单元和2个（开启、关闭）电磁阀，不需要配套提供太阳能供电系统，由RTU提供24V（DC）电源并控制电磁阀。

（17）用于进出站紧急关断和站内紧急放空气液阀的执行机构，应配套提供3个（开启、关闭、ESD）电磁阀。不需要配套提供电子控制单元和太阳能供电系统，由站控制系统直接供电和控制。

（18）执行机构的故障应使阀门保持原位，并应不影响到阀门其他部分功能，并且可在线维修和更换。

（19）电子控制单元：

① 电子控制单元至少应包括微处理器、控制单元、备用电池、必要的输入 / 输出模块、数据通信接口以及一个用于电气连接的接线箱。

② 电子控制单元应是以微处理器技术为基础的智能设备，应提供中文操作界面，宜选用 16bit 以上的微处理器。其内存和存储器的容量应满足阀门控制和数据采集及通信的需要。

③ 电子控制单元抗电磁干扰应满足国标 GB/T6113 和 GB/T17618 及等同的国际标准。

④ 在通信信号、开关信号以及供电电源处，设置浪涌保护器。浪涌保护器的选择应满足 GB18802 及等同的国标标准。

⑤ 执行机构中的电气（子）元器件的质量、可靠性等指标需满足 GB/T28270 中的要求。同时电子控制单元的平均无故障时间应为 70000h 以上。

⑥ 电子控制单元应带有隔爆的按键和显示面板，并配有保护罩。显示面板应适合全天候观看，采用 OLED（有机发光二级管）低温显示技术，在现场环境条件下，均能正常显示和操作。现场参数设定应在显示面板中操作。

⑦ 电子控制单元配套提供的压力测量仪表由旁通管线取压，其测量准确度不低于 ±0.5%，并应提供权威检测机构的检定报告。

⑧ 电子控制单元应具有安全防护功能，能设置安全级别，应能避免无关人员对阀门参数进行修改。

⑨ 电子控制单元应具有数据、信息、事件的记录、存储功能，该记录应带有时间标签，事件及报警数据存储条目不低于 1000 条。

⑩ 试制方应提供完整的编程、组态软件。

⑪ 电子控制单元应具有事件记录和自诊断功能，并能输出故障报警和状态信息。至少包括以下信息：压力、压降速率检测信号；对阀门的操作；阀门全开位、阀门全关位、管线故障信息和执行机构故障信号；时钟、电池电压、参数设定时间、压降速率极值。输气管线故障信息包括压力超低报警和压降速率超高报警事件，以及发生以上报警事件时管线的压力和压降速率。高、低压及压降速率报警设定值可调整及使能设置。

⑫ 电子控制单元应配置微型电脑现场编程组态接口及用于数据远传的通信接口，通信协议为 MODBUSRTU 协议。就地传输至少应包括一个外置 USB 接口，在不进行传输数据时电控单元箱应满足 ExdIIBT4 的防爆等级要求，鼓励采用全时段满足防爆要求的方式实现就地通信。

⑬ 电子控制单元的工作电源应为 24V（DC），电源波动范围在 24±10% V（DC）之内，电子控制单元应能正常工作。电子控制单元应配后备电池，其使用寿命不低于 3 年。

⑭ 输出报警和状态信号应为触点信号，触点类型为 SPDT（单刀双掷开关），其触点容量不应小于 24V（DC）、1A。

⑮ 电子控制单元对于压力检测信号、供电电压异常情况，应有一定的容错功能，避免发出误关断信号。

（20）太阳能自供电系统（仅用于监视阀室）：

① 由执行机构试制方配套提供按数据单具体要求执行。

② 太阳能供电系统提供的功率应满足执行机构所有耗电设备的需求，提供的电源的

波动范围应不大于12±10% V（DC）。

③ 太阳能供电系统工作状态应通过执行机构控制系统提供给SCADA系统，至少包括蓄电池剩余电压、供电系统故障等。

④ 后备电池需在保证执行机构正常工作的条件下能持续稳定供电15天，其使用寿命不低于3年。

⑤ 太阳能供电系统技术要求应满足CDP-S-GU-EL-012-2009B中的规定。

（21）电磁阀：

① 执行机构配套的电磁阀功能上应独立，不得用一个电磁阀的不同状态（导通、截止）来实现阀门的不同功能（阀门的开启、关闭）。

② 电磁阀的防爆等级不低于ExdⅡBT4，并需要提供电磁阀的防爆证书。

③电磁阀应能在工作电源为24±10% V（DC）波动范围内正常工作，应采用低功耗（≤3W）电磁阀。

④ 用于阀门正常开启、关闭的电磁阀应按非励磁方式设计；用于阀门ESD关闭的电磁阀应按励磁方式设计，具有不低于SIL2认证，并应提供相应的认证证书。需要时，用于ESD关闭的电磁阀可以冗余设置。

⑤ 电磁阀的选择应考虑所处环境条件，阀体应为不锈钢材质。

（22）防爆与防护：

① 电子控制单元气路部分（包括压力变送器、电磁阀等）应放置于箱体外部（电路与气路部分完全分离）。电子控制单元及配套提供的电磁阀及压力变送器的防爆等级不低于ExdIIBT4、防护等级不低于IP65。

② 电子控制单元设置电源开关，开箱时应可保证断电。

三、电液执行机构技术条件

电液执行机构是电液执行机构在输油管线上主要用于ESD关断和控制调节阀的开度，在原油及成品油密闭输油生产过程中，起到稳定管道压力和缓和水击现象的作用。电液执行机构及其所驱动的阀门设备要求自动化程度高，执行机构既要安全、可靠、连续运转周期长，易于运输、安装、维护和维修，且能实现远程监控。国产化电液执行机构技术要求如下。

1. 总体要求

（1）电/液执行机构应结构紧凑，模块化设计。自带油源，无需外接油源和管路。控制器和执行机构应为一体结构。

（2）执行机构应具有行程调节和限位功能，以补偿阀门和执行机构的制造公差。应详细说明如何实现行程调节和限位功能。

（3）执行机构上应设全开和全关状态的限位开关，状态信号为触点信号（SPDT）。

（4）执行机构自带封闭油源，无需外接油源和管路液压油应在全封闭的环境内流动，以避免液压系统非密闭循环导致油液污染。执行机构在安装前应保证有足够阀门正常工作的液压油。

（5）液压油应能在现场条件下正常工作，试制方应提供液压油的品牌及性质，便于用户日后采购。执行机构液压油对于执行机构内部（如密封材料等）不应具有腐蚀性，能够保证平滑的驱动阀杆动作。液压油应能够适应现场环境温度，其清洁度应符合 ISO 4406 中 Class19 级或其他试用方规定的要求。液压油对环境及人体应是无污染和无危害的。

（6）执行机构的所有电气部分都应能满足现场防爆等级和防护等级的要求，防爆等级应不低于 ExdⅡBT4，防护等级应不低于 IP65。

（7）执行机构蓄能用电动机采用低功耗电动机，用于站场开关型阀门的执行机构的电动机可选用 380V（AC），三相，220V（AC），单相，用于阀室开关型阀门的执行机构的电动机为 24V（DC），且功率不大于 500W。

（8）电源的电压处于额定电压的范围内、工作频率处于额定频率的范围内，电液执行机构应能正常工作，不应因为电源的波动影响执行机构的正常工作。试制方应列出执行机构使用的电源及功率消耗。

（9）控制系统的工作电源应为 24V（DC），电源波动范围在 24±10%V（DC）之内，电子控制单元应能正常工作。

（10）电磁阀的供电采用 24V（DC），低功耗。

（11）电磁阀应能在工作电源为 24±10% V（DC）波动范围内正常工作，应采用低功耗电磁阀。

（12）用于阀门 ESD 关闭的电磁阀应单独设置，并按励磁方式设计，具有不低于 SIL2 认证，并应提供相应的认证证书。ESD 的控制及状态信息不受执行机构的蓄能控制及通用状态信息影响。

（13）距执行机构 1m 远处，执行机构产生的噪声不应大于 85dB。

（14）具有完整知识产权的电子控制单元，能够适应 -45℃的极端低温环境。

2. 用于开关型阀门的电液执行机构

（1）执行机构应有就地控制、远程控制、实验控制的选择开关，且选择开关应有安全保护措施（如带锁）。当选择开关置于远程控制时，执行机构由 SCADA 系统控制；当选择开关置于就地控制时，执行机构由就地按钮控制；当选择开关置于实验控制时，阀门可关闭 10%～15%；后重新回到全开位置。

（2）带有 ESD 功能的执行机构执行 ESD 关断后，开启需要现场人工复位。当执行 ESD 关断时，无论选择开关置于远程控制，还是就地控制状态，都能使阀门迅速关断。

（3）执行机构至少为 SCADA 系统提供以下状态信息：

①阀门全开、阀门全关；

②阀门处于就地控制、远程控制、实验状态；

③阀门故障报警；

④阀门正在开、正在关；

⑤电源、电动机、蓄能器、执行机构等故障报警，并就地显示具体故障信息。

（4）应确保在长期断电的情况下，阀门处于全开状态，不允许自行关闭；只有当接到 SCADA 系统关阀信号时，方可关闭，此时应保证阀门有足够的动力。

（5）阀门所配执行机构和控制系统的故障不应影响到阀门的其他部分，并且其维修和更换应能保证阀门的正常工作。

（6）电液执行机构以电动泵为蓄能器蓄能；当执行操作时，电磁阀控制驱动液压油从双作用油缸的一端到另外一端的工作方式，到达正确的位置时，电磁阀关断驱动液压油路。

（7）执行机构应具有独立控制阀门全开、全关速度的功能。同时，在现场可以进行速度的调整。

（8）执行机构应具有现场试验阀门关的能力，当试验时，阀门关闭的角度不能影响工艺过程的正常运行，试制方应提供试验的方法及设备。

（9）电/液执行机构应包括集成型电液动力装置、蓄能设备、联轴器、手动操作装置、电磁阀、按钮、接线盒、电控箱以及其他附属设备。

（10）执行机构应配一台用于就地开关阀门的手动液压泵，用于当电源中断时就地手动开关阀门。并应保证最大差压时仍易于进行手轮操作。手轮的旋转应是顺时针关闭。在操作过程中以及在开启点，所需手轮最大操作力不应超过 250N，以保证一个操作工无需加力工具可以进行操作。

（11）电/液执行机构应有蓄能设备，当执行机构动力电源中断时，保证阀门能运行到指定的开关位置或维持原位，蓄能器的保压时间不得低于 30 天，应详细说明为实现 30 天保压而采取的技术措施。

（12）通过电/液执行机构的电动泵对蓄能器自动蓄能，使蓄能器随时处于满负荷状态，并保持在一定安全状态内。执行机构的蓄能器至少满足阀门运行 3 个行程（开 2 次，关 1 次）的要求。

（13）由于电液线路截断阀两端未加绝缘接头，干线阴保电流可能进入电液执行机构，试制方必须采取相应的绝缘措施，保证干线阴保电流不漏失，同时保证安全。

（14）输出报警和状态信号应为触点信号，触点类型为 SPDT，其触点容量不应小于 24V（DC）、1A。

3. 用于调节性阀门的电液执行机构

（1）执行机构具有就地手动、就地自动和远程控制选择开关。就地手动位时，由执行机构手轮操作；就地自动位时，由就地按钮操作；远程控制位时，由远方控制按钮或站控制系统程序自动控制操作。就地自动控制或远方控制时，手轮应能自动脱离操作位置，不应随执行机构的动作而动作。

（2）执行机构至少为 SCADA 系统提供以下状态信息：

① 阀门全开、阀门全关。

② 阀门开度。

③ 阀门处于就地手动、就地自动和远程控制状态。

④ 阀门故障报警。

⑤ 电源、电动机、执行机构等故障报警，并就地显示具体故障信息。

⑥ 蓄能器等故障报警（适用于进站调压带有 ESD 功能的控制阀）。

（3）电液执行机构以泵驱动液压油从双作用油缸的一端到另一端的工作方式，到达正确的位置时，驱动泵的电动机停止且不需要动力来维持，电动机应采用步进或伺服电动机。

（4）执行机构的定位死区应可调。

（5）电液执行机构应保证控制阀的全行程时间 10～30s 可调，并可根据设计出厂设定。在电液执行机构故障时，输出故障信号，信号为触点信号（SPDT）。

（6）在就地 / 远方操作切换时，就地 / 远方操作的切换状态信号输出到站控制系统，状态信号为触点信号（SPDT）。

（7）电液执行机构应加装液压油罐油压传感器，用于故障锁定和报警。

（8）带有 ESD 功能的执行机构执行 ESD 关断后，开启需要现场人工复位。当执行 ESD 关断时，无论选择开关置于远程控制，还是就地控制状态，都能使阀门迅速关断。

（9）电液执行机构应包括集成型电液动力装置、蓄能设备（适用于进站调压带有 ESD 功能的控制阀）、联轴器、手动操作装置、电磁阀、按钮、接线盒、电控箱以及其他设备。

（10）在执行机构便于人工操作的位置上，应配有手轮装置，并应保证最大差压时仍易于进行手轮操作。手轮的旋转应是顺时针关闭。在操作过程中以及在开启点，所需手轮最大操作力不应超过 250N，以保证一个操作工无需加力工具可以进行操作。

（11）电液执行机构应有蓄能设备，当执行机构动力电源中断时，保证阀门能运行到指定的开关位置或维持原位（适用于进站调压带有 ESD 功能的控制阀）。

（12）对于直行程的执行机构机械式位置指示器的最小刻度为 1mm。

维护间隔：250000 个全行程；

使用寿命：216000h/1000000 个全行程；

控制精度：优于 0.2%；

半年运行稳定性：优于 2%；

重复性：优于 0.15%；

响应时间：小于 0.2s；

频响：大于 3Hz。

（13）电连接应在接线盒的适当位置，接线盒可作为执行机构的一部分。提供给用户的接线孔应为：2 的接线孔 NPT（F）和 2NPT（F）NPT（F）。

（14）执行机构应可以接受以下阀门的控制信号：阀门调节信号，ESD 信号。其中阀门调节信号为 4～20mA DC，ESD 信号为继电器输出的有源（24V DC）触点信号（ESD 信号适用于进站调压带有 ESD 功能的控制阀）。

（15）输出 4～20mA DC 的阀门开度信号，该位置变送器应为有源型，工作电压 24V（DC），输出信号的精度应达到 0.1% 以上。

（16）执行机构状态接点容量：24V（DC）、1A。

第三节　执行机构设计制造

一、电动执行机构

国产化电动执行机构主要包括第一级的多回转智能型电动执行机构，以及由第二级的直齿减速器和第三级的蜗轮减速器组成的减速器部分。其中第一级包括了机械传动、电动机驱动、嵌入式控制以及远程通信等技术，第二级和第三级主要为机械传动技术。

1. 技术路线

国产化电动执行机构的技术路线为：先根据技术条件改进第一级多回转电动执行机构，提升多回转电动执行机构的技术水平；同时，研制第二级和第三级减速器，形成整机产品；然后研制产品的试验和测试装置，根据试验大纲完成工厂试验和工业性运行试验；最后，产品投入市场，实现大规模生产。

2. 设计计算

通过对电动执行机构技术条件的分析和参照 GB/T 28270《智能型阀门电动装置》标准，并根据国外产品参数对比，确定了机座分档和各级传动的转矩。按照机械设计过程对各传动件进行了详细的计算，并辅助以数字样机的有限元分析，对箱体及主要传动零件进行了强度校核和结构优化。

产品数字样机设计采用 Solidworks/NX/Autodesk Inventor 设计软件，完成一级多回转电动执行机构和减速器的数字样机设计。

机械工程图纸采用 Caxa/Autocad 计算机辅助绘图软件完成，嵌入式控制电路板图纸均采用 Protel 软件完成。所有的图纸设计均采用规范化标准。

根据技术条件要求，除了达到产品标准要求的材料选择外，充分考虑了油气管道现场环境的特殊要求，使用环境温度为：-46～70℃；同时外露部件需要考虑盐雾腐蚀、沙尘侵蚀和紫外线照射等特殊条件。

3. 制造技术

1）箱体加工

箱体加工一直是加工中的重点，其难点在于定位孔多且各个面均有分布，为保证加工精度，箱体加工均在加工中心上进行，并选用专业刀具和工装夹具，确保加工尺寸精度和批次零件的一致性。加工中心加工实现一次工装夹完成多道工序，避免了箱体加工中多次定位的麻烦和误差，确保箱体的加工质量。埃柯特现有数控立车和数控镗铣床，负责基础定位面加工，大型加工中心负责箱体的镗铣序加工。

2）蜗轮副加工

蜗轮副的效率是产品性能好坏的关键因素。为提高蜗轮副的效率和寿命，通过设计特殊滚刀，并在加工时对蜗轮副进行啮合测试，通过齿面啮合情况，对滚齿机角度及齿形精度进行调整。通过滚齿工艺的保证，使蜗轮齿面具有良好的进油润滑和受力面形成油膜，以保证蜗轮的寿命和蜗轮副的效率。蜗轮的加工均通过数控加工设备进行加工，保证产品的批量生产稳定性。

3）嵌入式控制器制作

嵌入式控制器作为电动执行机构的大脑，其可靠性决定了整个电动执行机构的可靠性。为了保证嵌入式控制器的批量稳定性和可靠性，对于各类电子元器件，尽可能采用设备去检测其精度，进行筛选。电路板裸板的制造，选用拥有 ISO 和 UL 等认证的优质供货商，并委托制造厂对每块电路板进行飞针测试。电子元器件焊接到电路板上的制造过程均在工厂内拥有的自动化焊接生产线上完成，并实现每步必检，特别是贴片器件在表面贴装技术（SMT）流水线上焊接完成后，将进行第一次检验，以便及早发现问题，缩短检测返修和调试的周期，降低生产成本，提高产品的合格率。焊接完成后的电路板将首先进行高温老化，然后在测试箱上完成单板测试，最后进行整套控制器测试，提供装配车间安装。

为了进一步提高国产化执行机构的工艺制造水平，保障国产化产品的质量稳定性和一致性，研制厂家还进行了执行机构智能生产线的建设，如图 6-2 所示。

图 6–2　国产化执行机构智能生产线

二、气液执行机构

国产化气液执行机构主要包括扭矩输出机构、气体控制组件、气液转换及液压换向组件和电子控制单元等。

1. 技术路线

国产化气液执行机构的技术路线为：通过各单元开展的标准设计及严格质量控制加工过程，产出整机产品；然后研制产品的试验和测试装置，根据试验大纲完成工厂试验和工业性运行试验；最后，产品投入市场，实现大规模生产。

2. 设计计算

（1）电磁阀的结构设计满足模块式总装要求，满足防爆 / 防护等级 Exd IIB T4 IP65 要求；电磁阀气隙设计、强度设计满足工作压力≤15MPa 下 SIL2 要求。

（2）扭矩生成机构设计，油缸设计包括缸体、缸盖、活塞、活塞杆和连接螺栓等。拨叉机构设计包括滑块、传动销、导向块、拨叉和轴套等。

（3）储气罐、气液罐设计，根据《油气管道工程气液执行机构技术规格书》6.3.4 储气罐容量应满足阀门在工况下的 2 个行程（包括关闭 1 次和打开 1 次阀门）的耗气量公司完成《储气罐容积校核》；按 GB150《固定式压力容器》，TSG 21—2016《固定式压力容器安全技术监察规程》，具有设计资质的压力容器制造厂完成储气罐、气液罐设计。

（4）气控阀组设计，气控阀组的结构设计满足模块式总装要求。气控阀组强度设计满足工作压力≤15MPa 下 SIL2 要求。

（5）中 / 英文操作界面，管理更加方便。

（6）OLED 显示技术，宽视角，高亮度，在太阳光下、黑暗中和 –46℃仍能正常显示。

（7）系统增加了管线状况极值记录，为用户对系统参数的设定提供依据。

（8）增加有阀全关、阀全开、阀位异常数据采集及显示，同时可选择增加上、下游压力检测数据上传功能。

3. 制造技术

1）机加工工艺

通过数控车床、立式加工中心解决的关键部件如高压电磁阀、气控阀组、导向块等加工精度问题，并且已经验证了由装备保障了气液联动执行机构的关键部件高压电磁阀、气控阀组的功能可靠性，也就保证了整个执行机构的功能可靠性。为了保证国产化项目关键部件的加工精度，使用进口数控镗铣加工中心满足了拨叉、拨叉箱等关键零件的精度要求。

2）焊接工艺

由于气液执行机构系列产品是小批量、多品种的生产方式，所以拨叉箱、拨叉采用焊接结构。针对此次项目执行机构工件尺寸大，焊接量多的特点，专门针对性地进行了焊接工艺评定，并制定了《焊接工艺卡》，保证材料的低温适应性、焊接工艺可行性，并且严格按热处理规范进行消除焊接应力处理。

3）表面防腐工艺

采用表面喷砂处理、选用高品质油漆（国际知名的阿克苏诺贝尔漆），并制定了《涂装作业指导书》和《喷砂、喷漆生产工序路线单》，固化喷漆工艺，确保产品的防腐涂层结实、耐用、美观。

4）组装工艺

针对各个部件，制定了各部件的装配工艺文件和《气液联动执行机构部件生产工序路线单》，按文件化固定组装工艺以保证各部件机械结构组装精度高，组装辅料（如润滑脂、密封脂）可靠并受控，接头 / 接管密封可靠布局美观一致。每个部件的制造过程通过跟踪记录表、检查表进行记录确认。针对整机装配，制定了《气液联动执行机构配管及附件安装作业指导书》《气液联动执行机构整体装配生产工序路线单》等相关文件，按文件化固定组装工艺保证气液执行机构的功能质量（机械功能、控制功能）可靠稳定。

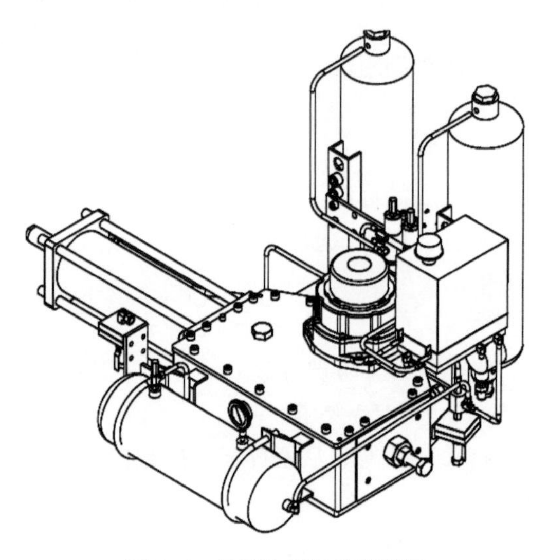

图 6-3　气液执行机构外观图

气液执行机构的外观如图 6-3 所示。

三、电液执行机构

1. 开关型电液执行机构

开关型电液执行机构包括扭矩输出机构、液压控制系统、电子控制单元等部分。扭矩输出机构是电液执行机构的主体，是最终的力矩输出部件。

拨叉式电液执行机构由油缸和拨叉两部分组成，结构如图 6-4 所示。

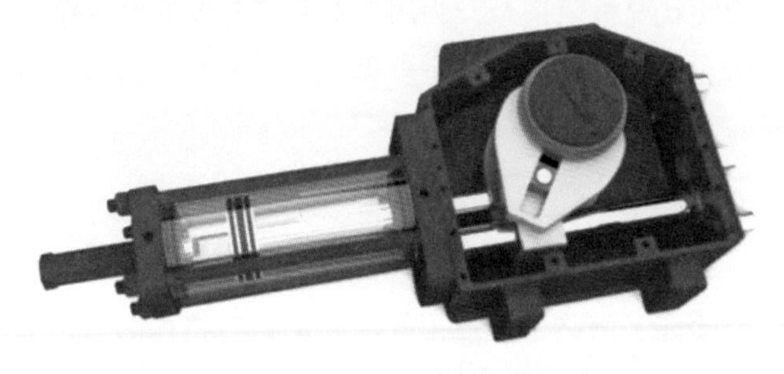

图 6-4　拨叉式电液执行机构结构图

开关型电液执行机构需要通过液压控制系统实现远程开/关阀、就地液压手动开/关阀、ESD开/关阀、部分行程测试等控制功能。为了保证各功能的独立和功能安全要求，每个功能需要独立的控制阀，这就要求3至4组控制通道并行驱动和回油，并且要实现各组功能互不干扰以及控制的优先级要求，相对难度较大。在消化吸收美国REXA、德国Reineke、德国Fahlke、英国Rotork等产品设计基础上，最终设计了一种简单可靠并易于模块化设计的液压回路。根据不同的功能需求，更换控制模块可以实现以下控制功能组合。

电子控制单元是开关型电液执行机构进行系统保压和阀门动作的核心控制部件，同时，对系统异常的工作状况进行反馈、记录与报警。

电子控制单元的硬件主要包括电源模块、检测模块、存储模块、驱动输出模块、通信模块、时钟模块以及控制器，如图6–5所示。开关型电液执行机构外观如图6–6所示。

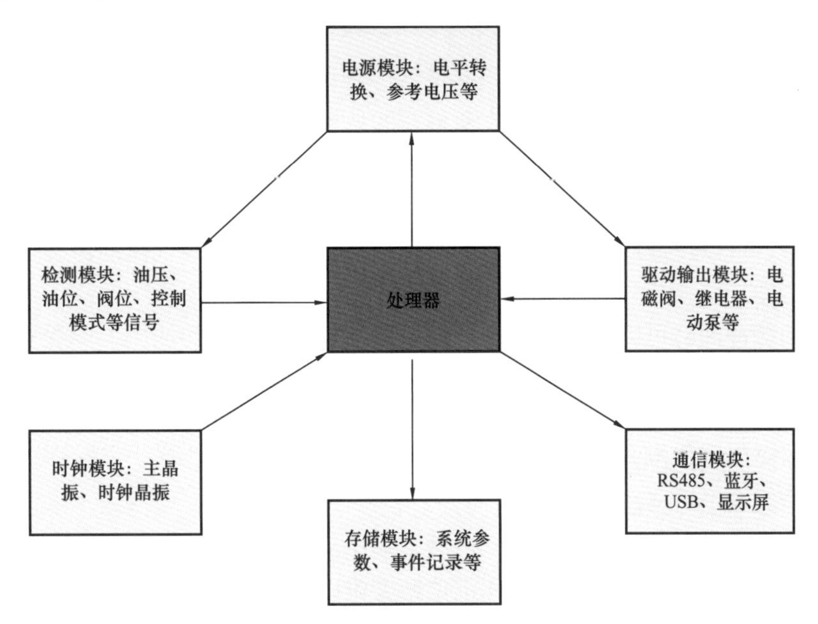

图6–5 开关型电液执行机构电子控制单元原理图

2. 调节型电液执行机构

液压系统采用了自容式双向液压泵换向，省去了换向电磁阀，使油路更为简洁高效。

动力系统采用一定流量比的两套动力系统协调工作，大流量动力系统提供高速度，小流量动力系统用以精确定位，这样有效扩展了动力系统的动态范围，较好地解决了速度和定位精度的矛盾。

电控系统采用高性能单片机配合优化的控制软件能实现优良的控制效果和丰富的操作功能，是最优的解决方案。整体结构方案如图6–7所示。

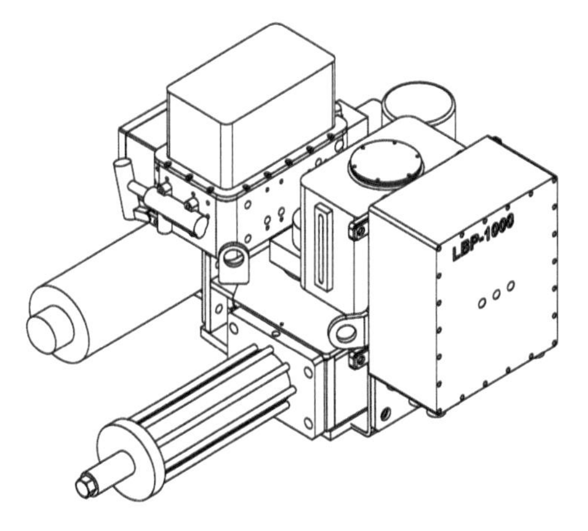

图6–6 开关型电液执行机构外观图

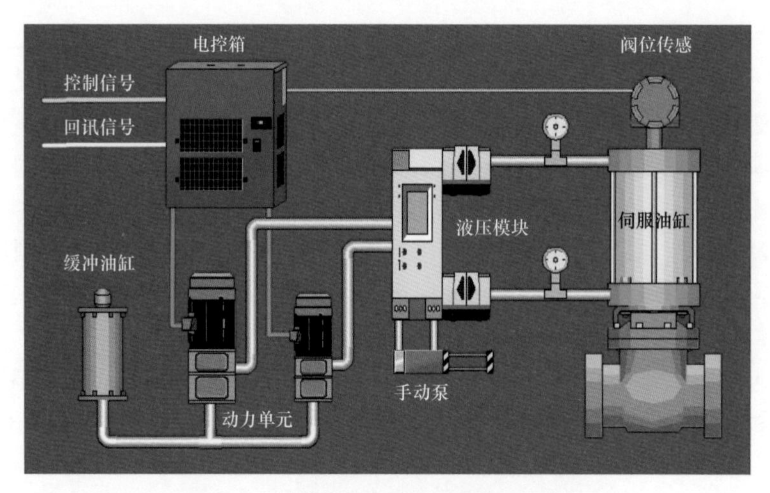

图 6-7　调节型电液执行机构整体结构方案

调节型电液执行机构在设计中吸收和更新的技术主要有：

（1）自容式液压回路设计。

自容式液压回路设计，采用带有弹簧的缓冲油缸作为油箱，利用活塞隔绝液压油与环境大气的接触，可以使液压油免于环境中的微粒、水汽、腐蚀性气体的污染，也防止了液压油被氧化变性。

带弹簧的缓冲油缸可以维持一个合适油泵进油口压力要求的油压，不受安装位置的和大气压力影响，使系统供油更为可靠。

采用自容式液压回路设计，可以显著提高执行机构的可靠性，延长维护间隔，使执行机构可根据不同的阀门位置，采用灵活的安装方式而不受限制。

（2）加速泵双动力系统设计。

采用合理比例搭配的双动力系统，扩展了输出动力液流的动态范围，可以有效克服因齿轮泵变速范围小而造成的执行速度和定位精度难以兼顾的困难，达到高速、高精度定位的伺服效果。

（3）非接触式高精度传感器。

传统的电阻式直线位移传感器是接触式传感器，这种传感器非但线性差，抗震性能差，而且随着内部接触点的摩擦积累，性能变得更差。严重影响传感器使用寿命，不适合在频繁往复调节的场合使用。

磁致伸缩传感器是一种新型的非接触式位移传感器，其非线性误差比电阻式传感器小 1～2 数量级，而且具有优良的温度稳定性和抗震性能。由于是非接触式磁感应工作原理，传感器内部没有活动部件，其机械寿命几乎是无限的，非常适合调节型执行机构的工况。

（4）光电隔离信号接口。

工业现场的设备密集，线路复杂，电磁干扰强烈，为了提高控制精度和可靠性，需要提高远距离控制信号的抗干扰性能。光电隔离是一种良好的抗共模干扰措施。不同信号间的相互隔离，使执行机构可以良好兼容不同的控制系统结构，不会引起多控制系统的电平冲突。模拟信号的光电隔离，会影响信号的传输精度，一直是业界的难题，目前的新技术，使传输精度达到 0.1% 以上，而且具有很高的隔离绝缘性能和较宽的工作温度范围。

（5）独立手泵操作模块。

使用齿轮离合机构的手泵操作结构，由于和电动机传动结合在一起，传动机构复杂，故障率高，维护困难。艾罗的独立手泵操作模块，采用独立回路设计，和动力单元没有机械动力连接，相互影响小。手动操作简单可靠，轻松方便，不会因为误操作而损坏动力部件。

国产化调节型电液执行机构外观设计效果和实物外观如图 6-8 和图 6-9 所示。

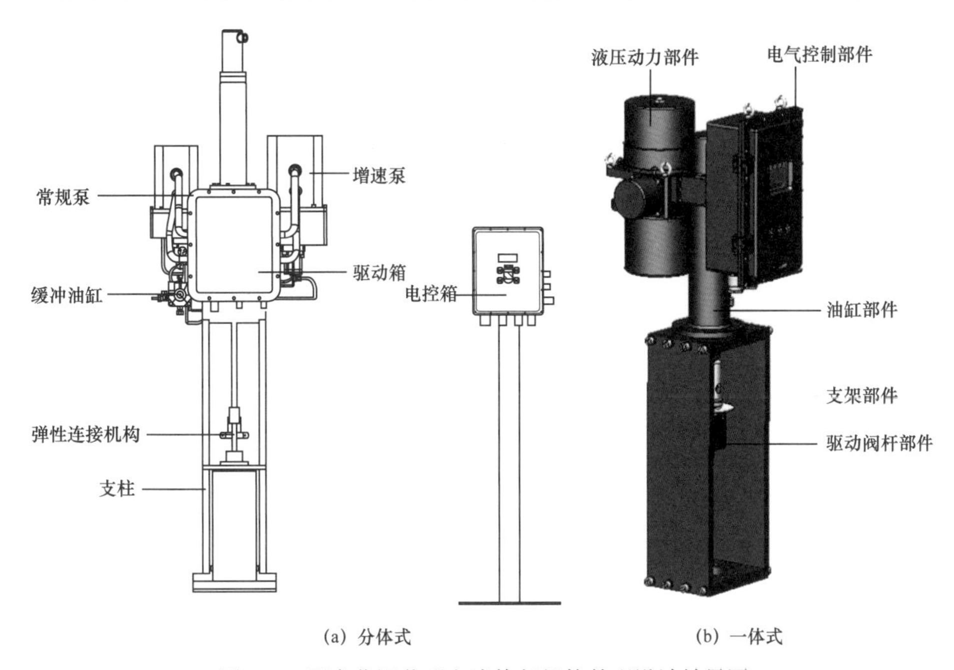

(a) 分体式　　(b) 一体式

图 6-8　国产化调节型电液执行机构外观设计效果图

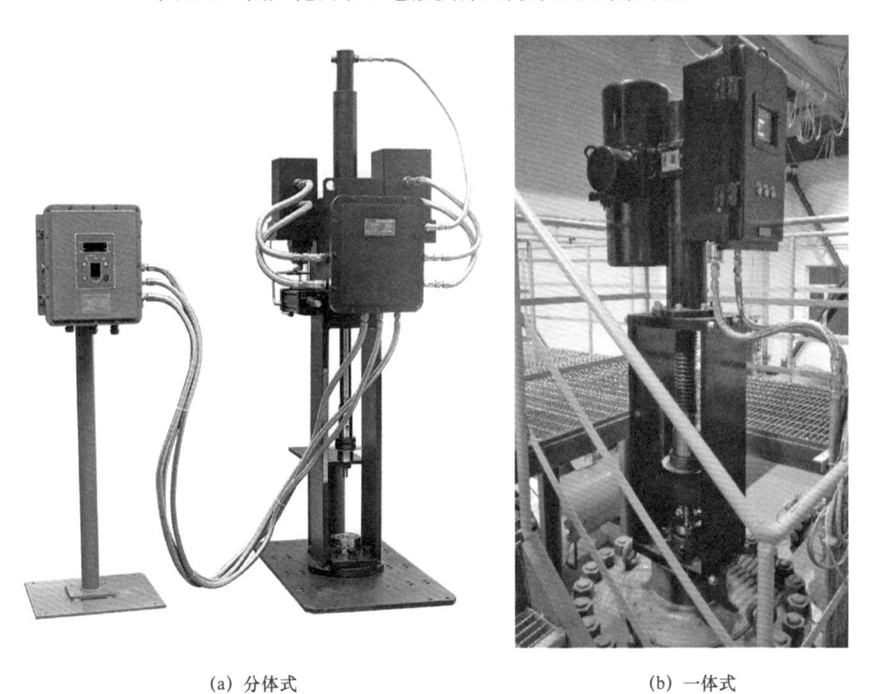

(a) 分体式　　(b) 一体式

图 6-9　国产化调节型电液执行机构实物外观图

第四节 执行机构试验与应用

一、出厂测试

1. 电动执行机构

根据技术条件和试验大纲要求，国产化电动执行机构转矩试验需要使用具备300kN · m 连续稳定加载能力的试验台，通过 300kN · m 转矩传感器和自动液压加载系统，完成对首台套试验样机的型式试验和项目产品的测试。试验台通过计算机程序可以实现自动加载，实时转矩显示，转矩曲线记录，并可以完成整个行程过程中的转矩变化情况跟踪。

主要检查和测试项目为：外观检验、电气接线、导线检查、爬电距离、电气间隙检查、绝缘电阻检查、手轮检查、防护等级检查、控制与设定检查、运行状态检查、故障自诊断检查、阀门指示与输出阀位信号检查、通信与数据记录检查、手—电动切换检查、输出力矩检测、力矩控制重复精度检测、行程控制重复精度检测、承受载荷检测、寿命试验、噪声检测、耐振检测、环境温度适应性检测、电磁兼容性检测、防爆等级检查。电动执行机构工厂测试如图 6-10 所示。

图 6-10 电动执行机构工厂测试

2. 气液执行机构

由于气液执行机构这种产品在安全性、可靠性要求很高，需要电磁兼容性、电子控制单元检测精度、防爆 / 防护等级、功能安全完整性等级（SIL）、电子控制单元交变湿热、整机高低温适应性、整机振动老化等型式试验。按《气液执行机构工厂试验大纲》对产品的有关性能指标、功能进行逐项检验、试验并出具含甲方、甲方委托的第三方监理、乙方会签的《气液联动执行机构工厂试验报告》。两套样机涉及的储气罐、气液罐按其容积、设计压力，根据 TSG 21—2016《固定式压力容器安全技术监察规程》，属于强检产品由专业机构对此产品的设计、制造进行了监检并出具监检报告，压力容器铭牌上也打印了监检标记。气液执行机构工厂测试如图 6–11 所示。

图 6–11　气液执行机构工厂测试

3. 开关型电液执行机构

工厂内测试内容和检测标准见表 6–1。

表 6–1　开关型电液执行机构工厂测试内容和检测标准

序号	试验项目	试验方法	检测标准和要求	说明
一、执行机构的测试				
1	液压回路泄漏试验	按照应用压力的 15%～25% 选择两个点进行测试，同时按照执行机构允许最大压力的 143% 进行测试	BS EN 15714–4 4.5 部分泄漏中的要求	
2	机械运行及行程测试	（1）就地按钮控制将执行机构开关动作，测量旋转角度； （2）用手动液压泵操作执行机构开关，测量旋转角度。并记录手动泵行程次数； （3）机械限位装置测试，电子限位触电信号反馈的检测	旋转角度不小于 0°～90°+3°，可调节。且限位装置可调节形成在 0°～90°，精度在 0.5° 之内	开关型
3	执行机构扭矩测试	在数据单规定的设计压力状态下，执行机构需进行 0°～90° 开和关测试，并绘制扭矩、时间及开关位置曲线图	满足阀门开关需求扭矩值且不小于 1.5 倍安全系数	开关型
4	满足环境测试	执行机构在极端环境下的使用情况	测试数据单中的环境温度下，可正常使用	
5	绝缘测试	电控单元与壳体等的绝缘性能测试		
		电动机具有不低于“F”级的绝缘		

续表

序号	试验项目	试验方法	检测标准和要求	说明
6	振动试验	按 GB/T2423.10 规定方法进行	受试设备无破损、变形及零部件松动，能正常工作	
7	交变湿热试验	按 GB/T2423.4 规定方法进行	设备可正常工作	
8	试验关能力	切换到就地控制后，触动现场试验按钮，执行机构旋转 5～10 地，后自动回归开位置	可正常完成执行机构试验操作	
二、电控单元的测试				
1	远程开 / 关功能测试	试验方法：远程分别给执行机构开、关指令，控制电压 24VDC ± 20%，并记录执行机构电路板根部电压。24VDC+20% 时，执行机构均能响应远程控制指令	需进行 24VDC+20% 时的远程开关测试，能够正常控制执行机构	
2	就地操作	测试开、关、停控制；正在开，正在关	（1）各项控制操作正常，无间断连接现象。 （2）符合《电液执行机构试制技术要求》中的规定	
3	功耗计算	控制电路待机功率损耗，操作电路功率功耗		
4	ESD 失电关阀功能测试	远程电控电路 24VDC 断电，ESD 自动关阀，且 ESD 电磁阀电压允许 ±20% 波动，不进行误操作	执行机构可按照数据单要求关闭或保位	需在数据单中给定
5	失效操作	液压油缺失，各类电控信号消失情况下，执行机构进行保位	执行机构可按照数据单要求保位	需在数据单中给定
6	液压系统自检测功能	控制系统自检测功能	（1）执行机构电路板输出无动作。 （2）以上电磁阀非 ESD 的励磁电磁阀	测试电路智能化程度，可实现控制板对供电电路的控制能力
7	蓄能罐自动蓄能测试	当蓄能罐压力达到低点设定值时，蓄能罐自动蓄能，当蓄能罐压力到达高点设定值时，自动停止蓄能	能够自动蓄能及反馈蓄能状态	
三、执行机构与阀门的成套测试（需根据最终数据单确定）				
1	限位装置调整测试和电子限位信号反馈的检测	可调整阀门的开 / 关限位，开关位输出对应触点信号	限位调整正常，信号正确	
2	噪声测试	在工厂情况下，无载荷单机测试	分贝仪器测试 1m 处不大于 80dB（A）	

续表

序号	试验项目	试验方法	检测标准和要求	说明
3	整体测试	（1）压差最大，开关性能与时间的测试； （2）油气管路密封检测； （3）其他标准规范规定的相关测试	（1）正常开关，时间满足用户要求，次数为各1次； （2）蓄能罐不进行自动蓄能的情况下耗量能够满足执行机构全行程操作3次； （3）其他相关标准的对于整体组装的要求	

4. 调节型电液执行机构

调节型电液执行机构工厂测试主要内容和检测标准见表6–2。

表6–2　调节型电液执行机构工厂测试主要内容和检测标准

序号	试验项目	试验方法	检测标准和要求	说明
一、执行机构的测试（此段部分测试可在制造过程中进行测试）				
1	蓄能罐壳体水压强度试验	产品由容器制造厂试验并提供报告以及特种设备制造监检报告	无可见泄漏	参照GB150执行
2	蓄能罐水压密封试验	外购产品由容器制造厂试验并提供报告以及特种设备制造监检报告	无可见泄漏	参照GB150执行
3	液压回路泄漏试验	按照应用压力的15到25%选择两个点进行测试，同时按照执行机构允许最大压力的143%进行测试	BS EN 15714–4 4.5部分泄漏中的要求	BS EN 15714–4
4	机械运行及行程测试	（1）行程长度测试； （2）用手动液压泵操作执行机构开关，测量旋转角度。并记录手动泵行程次数； （3）机械限位装置测试，电子限位信号反馈的检测	行程测试需大于300mm，信号反馈4～20mA	开关型
5	执行机构推力测试		满足阀门开关需求推力值并有不小于1.5倍安全系数	开关型
6	满足环境测试	执行机构在极端环境下的使用情况	测试数据单中的环境温度下，可正常使用	
7	噪声测试	在工厂情况下，无载荷单机测试	分贝仪器测试1m处不大于80dB（A）	
8	绝缘测试	电控单元与壳体等的绝缘性能测试		
		电动机具有不低于“F”级的绝缘		
9	控制精度	优于0.2%		

续表

序号	试验项目	试验方法	检测标准和要求	说明
10	行程时间	全行程时间10～30s可调		
11	振动试验	按GB/T 2423.10规定方法进行	受试设备无破损、变形及零部件松动，能正常工作	
12	交变湿热试验	按GB/T 2423.4规定方法进行	设备可正常工作	
二、电控单元的测试				
1	远程行程功能测试	远程电控两路24V（DC）通电，分别实现执行机构的调节操作，电压允许±20%波动，并记录执行机构电路板根部电压值	需进行远程开关测试，能够正常控制执行机构	
2	基本误差试验	输入信号4～20mA（DC）（开度从100%到0%），并在正、反行程方向记录输入信号和执行机构行程值	每个测量点上每次测量值其基本误差满足要求	IEC 60534
3	回差试验	输入信号4～20mA（DC）（开度从100%到0%），并在正、反行程方向记录输入信号和执行机构行程值	每个测量点上每次测量值其回差满足要求	IEC 60534
4	死区试验	输入信号量程的25%、50%和75%三点进行试验	每个测量点上的死区范围满足要求	IEC 60534
5	功耗计算	控制电路待机功率损耗，操作电路功率功耗		
6	失效操作	液压油，信号没有	执行机构可按照数据单要求保位	
7	自检测功能	控制系统自检测功能 执行机构开机自检测、液压系统检测	（1）执行机构电路板输出无动作； （2）以上电磁阀非ESD的励磁电磁阀	测试电路智能化程度，可实现控制板对供电电路的控制能力
三、执行机构与阀门的成套测试（需根据最终数据单确定）				
1	限位装置调整测试和电子限位信号反馈的检测	可调整阀门的开/关限位，开关位输出对应触点信号	配合阀门全开，全关位置，调整阀门的开/关限位共三次。分别在开位和关位测试对应触点通断是否正常	
2	整体测试	（1）压差最大，开关性能与时间的测试； （2）油气管路密封检测； （3）其他标准规范规定的相关测试	（1）正常开关，时间满足用户要求，次数为各1次； （2）其他相关标准的对于整体组装的要求	

二、现场测试

1. 电动执行机构

天津埃柯特、扬州恒春、重庆川仪、特福隆 4 家单位参与“56in Class900 大口径全焊接球阀配套电动执行机构”研制，中国石油组织 4 家单位分三个批次在烟墩阀门试验场完成了现场工业性试验测试工作。

电动执行机构试验内容包括：

（1）测试端与外壳、隔离端绝缘性能测试（>1MΩ）。

（2）手 / 电动就地切换，就地 / 远程开关阀门测试，验证阀门行程控制重复精度及信号反馈，记录动作时间。

（3）就地手动开关阀门，检查阀门开关状态，记录手轮直径、动作次数及时间。

（4）全压差测试（重复 3 次）：关闭阀门，阀门上游充压（≥10.5MPa），阀门下游放空，远程驱动开启阀门，观察阀门动作状态、阀位信号反馈，记录电动执行机构的电流、电压、扭矩等参数，记录动作时间。

（5）验证通过人及界面进行行程、力矩设置，数据实时显示、读取、记录并具备下载功能。

电动执行机构现场测试如图 6–12 所示，测试结果见表 6–3。

图 6–12　电动执行机构现场测试

表 6–3　电动执行机构现场测试结果

试验厂家	驱动形式	试验数量	配套阀门	试验结果
天津埃柯特	电动	1 台	上海电气	通过
扬州恒春	电动	1 台	上海电气	通过
重庆川仪	电动	1 台	成都成高	通过
特福隆	电动	1 台	五洲	通过

2. 气液执行机构

2017 年 8—9 月中国石油西部管道公司组织成都中寰、特福隆 2 家单位在烟墩阀门试验场完成了“56in Class900 大口径全焊接球阀配套气液执行机构”现场工业性试验测试工作。

气液执行机构试验内容：

（1）气液回路密封检查（静、动态）。

（2）就地 / 远程气动开关阀门测试，验证阀门行程控制重复精度及信号反馈，记录动作时间。

（3）液压泵手动开关阀门，检查阀门开关状态，记录动作次数及时间。

（4）全压差测试（重复 3 次）：关闭阀门，阀门上游充压（≥10.5MPa），阀门下游放空，远程驱动开启阀门，观察阀门动作状态、阀位信号反馈，记录气液执行机构电流、电压、扭矩等执行机构参数，记录动作时间。

（5）ESD、高 / 低压、压降速率保护紧急关断测试。

（6）验证通过人及界面进行行程、力矩设置，数据实时显示、读取、记录，并具备下载功能。

气液执行机构现场测试如图 6–13 所示，测试结果见表 6–4。

图 6–13　气液执行机构现场测试

表 6–4　气液执行机构现场测试结果

试验厂家	驱动形式	试验数量	配套阀门	试验结果
成都中寰	气液	1 台	成都成高	通过
特福隆	气液	1 台	五洲阀门	通过

3. 电液执行机构

1）调节型电液执行机构测试

为检测国产化调节型电液执行机构的性能及与国际先进产品的性能对比，2016 年 4 月 13—14 日，中国石油对两台国产化调节型电液执行机构和一台美国 REXA 调节型电液执行机构进行对比测试。3 台国产化产品和国际先进的调节型电液执行机构进行测试，最终的测试结果见表 6–5。

从测试结果来看，2 台国产化产品的静态指标方面优于国际先进产品，国产化样机在响应时间和频率响应方面与国外先进产品还是有差距：

表 6–5 调节型电液执行机构性能测试结果

指标名称	精度 %	重复精度 %	回差 %	死区误差 mA	行程距离 mm	全行程时间 s	响应时间 s	频率响应 Hz
技术要求	≤0.2	≤0.15	≤0.2	≤0.05	300	≤10	≤0.2	≥3
国际先进产品	0.2	0.03	0.1	0.08	300	10	0.08	7
国产化产品 1	0.04	0.02	0.04	0.01	300	6.5	0.16	3
国产化产品 2	0.20	0.11	0.19	0.08	300	10	0.17	4

（1）在精度方面，2 台国产化样机均采用了磁致伸缩传感器作为执行机构行程反馈测量元件，该种传感器的测量精度能达到微米级，故整机控制精度较好，而国际先进产品采用电阻式位移计，其精度稍差。

（2）与国际先进产品对比在动态指标方面存在不足。在结构上，3 台被测产品结构类似，影响执行机构动态性能的关键元件为动力单元和液压模块。故测试结果表明，国产化样机在动力单元和液压模块等方面性能还有提升空间。

2）开关型电液执行机构测试

2016 年 5—6 月中国石油组织成都中寰、特福隆在庆铁四线垂杨站做了“28in Class400 全焊接球阀配套开关型电液执行机构”现场工业性试验测试工作。图 6–14 为开关型电液执行机构现场测试现场。

图 6–14 开关型电液执行机构现场测试现场

电液执行机构试验内容：

（1）液压回路密封检查（静、动态）。

（2）就地 / 远程开关阀门测试，验证阀门行程控制重复精度及信号反馈，记录动作时间。

（3）液压泵手动开关阀门，检查阀门开关状态，记录动作次数及时间。

（4）ESD 保护紧急开阀（FO）测试。

（5）验证通过人及界面进行行程、力矩设置，数据实时显示、读取、记录并具备下载功能。

试验结果表明国产化电液执行机构的功能和性能达到进口 REXA 的水平。

第七章 流量计开发与应用

流量计是油气长输管道油气计量的关键设备，超声流量计、涡轮流量计主要用于天然气计量，质量流量计主要用于成品油计量。上海中核维思仪器仪表有限公司是国内唯一一家生产高压气体超声流量计的仪表生产企业，但产品覆盖范围、远程诊断功能不够完善，其产品长期运行的稳定性较差。国内生产气体涡轮流量计生产厂家较多，但在耐压等级、准确度等级、诊断等方面与国际先进水平有较大差距。成品油管线使用的质量流量计基本都为国外产品，美国 EMERSON 和德国 E+H 公司产品最为广泛。因此，为满足管道业务快速增长对关键设备的需要，全面提升油气管道设备的保障能力，中国石油联合国内优势设备制造商对气体超声流量计、涡轮流量计、科氏质量流量计进行攻关。

为使国产化流量计具有先进性，中国石油对标 API、EN、A.G.A、ISO 等国际先进标准和国际先进流量计相关技术指标，结合现场运行条件以及流量计制造商实际情况，制定了流量计技术条件、工厂试验大纲、工业试验大纲等一系列规范，以指导流量计研制、试验等。

2013—2015 年，中国石油相继成功研制了国产化样机超声流量计 6 台、涡轮流量计 8 台、质量流量计 1 台，并分别应用于西一线、西二线、西三线、港枣线。经工业运行考核，国产化产品各项性能达到技术条件要求，工作可靠，满足实际生产需要。

第一节 流量计技术现状

一、国外技术现状

1. 气体超声流量计

国外如荷兰 Instromet、美国 Daniel、德国 Sick、德国 RMG 等知名厂家的气体超声流量计自 20 世纪 90 年代技术趋于成熟，产品开始批量商业化应用。美国、英国、荷兰、德国、加拿大等发达国家自 90 年代末，相继采用气体超声流量计作为天然气贸易输送系统的计量仪表，迅速得到了市场的认可。目前，气体超声流量计在欧洲已被指定为燃气贸易结算的主要计量器具。

国外几家知名的气体超声流量计厂家在前期推出的流量计产品的基础上开始了流体不均匀分布、故障诊断技术、现场仪表标况流量显示的研究。德国 Sick 公司引入八声道的气体流量测量技术，具备双四声道冗余技术，为旋转流、不对称流的测量提供了基础条件，计量系统可根据流体的实际分布情况进行修正和补充，以提高系统的测量准确度；德国 RMG 推出的六声道产品，具有管道底部积液检测功能；荷兰 Instroment（Elster）公司开发的新产品中引入了温度、压力以及气体组分的采集功能，最终现场仪表可以直接输出和显示标况流量，另外采用编码多脉冲发射技术，提高超声信号的抗干扰性；美国 Daniel 公司推出的上位机故障诊断软件除了对每个声道的声速、信噪比、自动增益值、前置信号的定量判断，并可通过网络实现远程诊断外，还可以对电子芯片的功能和老化程度进行检测和诊断。

2. 气体涡轮流量计

自20世纪30年代第一台贸易计量用气体涡轮流量计在德国诞生以来，气体涡轮流量计技术已基本成熟。目前，气体涡轮流量计的口径可以从DN25直到DN600，而压力可以达到15MPa或更高，准确度等级可以达到1级、0.5级，甚至0.2级。气体涡轮流量计的主要技术特点集中在：可替换式测量芯技术、直读式机械计数器技术。前者可以通过更换预先标定的测量芯来缩短现场维修服务时间，而后者可以通过计算机系统直接读取机械表头读数，以达到欧洲计量法规的要求。

由于气体涡轮流量计是纯机械式流量计，其诊断功能相对有限。据悉，以荷兰Elster公司为代表的国际知名气体涡轮流量计生产厂商正在积极研发相关设备和技术，以达到运行中自诊断功能，以期提高气体涡轮流量计的可靠性。

3. 液体质量流量计

科里奥利质量流量计（以下简称科氏流量计）是美国MicroMotion公司于1977年首先研制成功的一种基于处于旋转系中的流体在直线运动时产生与质量流量成正比的科里奥利力原理的新型质量流量计，可直接、高精度地测量流体质量，并可同时获取流体密度值。目前质量流量计最高精度可达0.05%。

数字信号处理技术是最为核心技术，其处理结果直接决定科氏质量流量计流量测量结果，而流量测量的准确性是考核科氏质量流量计最为重要的性能指标。因此，数字信号处理方法的优劣对科氏质量流量计整体性能起着决定性的作用。经过多年的发展，这种新型质量流量计测量性能有了很大的提高，一些国外的质量流量计厂商也开始推出一些使用基于数字信号处理技术方法的产品。2000年底MicroMotion公司就率先推出了MVD（MultiVariableDigital）多参数数字变送器，其特点是使用了数字信号处理技术。与使用时间常量去阻抑和稳定信号相比，使用数字信号处理技术的主要好处之一是能够以一个高的采样率去过滤实时信号，这使得流量计对流量的阶跃变化的响应时间快多了，使用MVD技术的变送器的响应时间比使用模拟信号处理的传统变送器快2～4倍，更快的响应时间会提高批量控制的效率和精确度。

二、国内技术现状

1. 气体超声流量计

上海中核维思仪器仪表有限公司（以下简称“中核维思”）是国内唯一一家生产高压气体超声流量计的仪表生产企业，当时生产的时差法气体超声流量计有二声道和四声道两种形式，口径范围DN100～DN400，耐压等级10MPa，计量准确度等级优于1.0级，产品的基本功能和技术指标符合GB/T 18604—2014《用气体超声流量计测量天然气流量》和JJG 1030—2007《超声流量计检定规程》的要求。截至2013年立项时，其产品在我国天然气长输干线、地方天然气管网及大型用气企业等已有200多套的应用业绩。立项时存在的主要问题是远程诊断功能不够完善，长期运行的稳定性尚需做进一步的验证。

未来国内气体超声流量计将具有远程诊断智能化、能源计量管理通用化、微功耗、宽工作温度范围、大量程比、多声道高精度、自核查功能等发展趋势；通过超声波编码多脉冲发射技术的应用，提高超声波信号采集的信噪比，提高流量测量的可靠性，扩大气体超声流量计的适用范围。

2. 气体涡轮流量计

目前国内生产气体涡轮流量计生产厂家较多，主要有天信仪表集团有限公司（简称“天信仪表”）、浙江苍南仪表集团股份有限公司（简称“苍南仪表”）、合肥精大仪表有限公司等。三家企业生产的气体涡轮流量计的基本功能和技术指标满足GB/T 21391—2008《用气体涡轮流量计测量天然气流量》的要求，口径范围DN50～DN300，耐压等级最高6.3MPa，计量准确度等级优于1.0级。国内气体涡轮流量计正在追赶国际先进水平，未来将向着高压力、高准确度等级、双脉冲输出比对诊断、在线润滑与故障诊断等技术方向发展。

目前，上述三家国内生产的气体涡轮流量计在城市低压管网中应用较多，每年的销售量达数万台套。但由于其耐压等级较低，在高压输气管道中应用较少。

3. 液体质量流量计

目前成品油管线使用的质量流量计基本都为国外产品，美国EMERSON和德国E+H公司产品最为广泛。原油管道应用较少，主要因为结蜡问题使流量计内部形成挂壁，影响测量精度。

国内合肥工业大学、北京航空航天大学等对质量流量计的相关理论进行了较为深入的研究，开发了多种不同结构形式的质量流量计。西安东风机电有限公司（简称“东风仪表”）和太原太航电子科技有限公司等是国内较早开发质量流量计的厂家，产品质量与国外产品差距不大，目前在长庆油田、华北油田、中国石油西北销售公司等得到应用。西安东风仪表公司曾在金陵石化进行了与国外仪表的对比试验，试验效果较好，但在长输管道中尚处于试用阶段。

国内气体超声流量计、气体涡轮流量计和质量流量计的技术现状见表7-1。

表7-1 流量计国内技术现状

设备名称	目前国内厂家	技术现状	存在问题
天然气 超声流量计	中核维思	在长输管线的使用刚刚起步，仍在首次检定周期内	可靠性需进一步考证，市场认知不够
天然气 气体涡轮流量计	天信仪表 苍南仪表	低压、城市燃气等管道应用较多	缺乏高压长输管道应用经验
质量流量计	东风仪表	在长输管线的使用刚刚起步	可靠性需进一步考证，市场认知不够

第二节 流量计国产化技术条件

一、天然气超声流量计

1. 总体要求

（1）天然气超声流量计形式为时间差法气体超声流量计，由超声流量计、流量计算机及相关的附属设备组成的流量计量系统能够适合天然气流量的连续测量，适应管道内介质的组分、流量、压力、温度的变化，满足现场安装、使用环境的要求。

（2）流量计应为四声道及以上气体超声流量计，声道数量为探头的对数。流量计的设计、制造、性能应满足 GB/T 18604 的要求，并作为最低要求。

（3）流量计和信号处理单元处于爆炸危险场所区域内，其防爆等级不应低于 ExdⅡBT4。

（4）所有设备的压力等级应不低于管道的设计压力 12MPa。所有设备和附件的材料选择应在环境温度 -40～70℃、介质温度在 0～93℃环境条件下运行，还应考虑介质温度和介质组分的影响，介质组分符合 GB17820 的要求。

（5）在对任何系数调整之前，气体超声流量计的流量测量性能应满足以下要求：

① 分辨力：0.001m/s；

② 速度采样间隔：≤0.5s；

③ 零流量读数：每一声道≤6mm/s；

④ 流量计的重复性不得超过相应准确度等级规定的最大允许误差绝对值的 1/5；

⑤ 准确度等级应达到 1.0 级，未经修正技术指标应满足以下要求：

重复性：≤0.1%，$q_t \leqslant q_i \leqslant q_{max}$；

重复性：≤0.2%，$q_{min} \leqslant q_i < q_t$；

最大峰间误差：0.7%，$q_t \leqslant q_i \leqslant q_{max}$；

其中流量计的分界流量 $q_t=0.1q_{max}$。

a. 口径 DN200、DN400 的气体超声流量计：

最大允许误差：± 0.7%，$q_t \leqslant q_i \leqslant q_{max}$；

最大允许误差：± 1.4%，$q_{min} \leqslant q_i < q_t$。

b. 口径 DN80 的气体超声流量计：

最大允许误差：± 1.0%，$q_t \leqslant q_i \leqslant q_{max}$；

最大允许误差：± 1.4%，$q_{min} \leqslant q_i < q_t$。

（6）超声流量计的口径为 DN400、DN200、DN80，各口径超声流量计测量范围如下：

DN80：14～420m^3/h；

DN200：55～2750m^3/h；

DN400：125～10000m^3/h。

（7）流动调整器推荐采用低噪声、不锈钢材质 Zanker 式流动调整器。流动调整器应为Ⅲ级锻件，厚度满足（0.12～0.15）D 的范围内；各圈开孔的直径公差应小于 ±0.1mm，在各圈开孔的直径上，每个开孔应均匀分布，其公差应小于 ±0.05mm；各口径流动调整器开孔率应满足表 7-2 要求。

表 7-2　各口径流动调整器开孔率

DN	开孔率（约）
80	0.4278
200	0.425
400	0.5394

流动调整器正反面的表面粗糙度 Ra 均优于 3.2μm；所有开孔均为通孔，孔的两端面倒角 1.5×45°；开孔内表面粗糙度 Ra 应优于 1.6μm。

2. 超声流量计

（1）流量计的表体应进行耐压强度试验，试验介质为水，试验压力为 1.5 倍的公称压力，并至少保证 5min，经检查无泄漏和损坏；对装有超声换能器和取压隔离阀的流量计应进行气密性试验，试验介质为干空气或者氮气，试验压力为 1.05 倍的公称压力，并至少保证 5min，经检查无泄漏。

（2）超声流量计应具备抗噪声设计（包括探头频率、电路设计）。

（3）流量计上应有至少一个用于测量静压的取压孔，用于连接压力补偿计算用压力变送器；取压孔结构、位置应符合 GB/T 18604《用气体超声流量计测量天然气流量》的相关规定。取压孔应带有取压截止阀；取压截止阀的材料应为不锈钢，公称直径为 DN15，连接螺纹为 1/2NPT（F），压力等级应不小于流量计最大操作压力。

3. 信号处理单元

（1）气体超声流量计的信号处理单元至少具有下列输出信号接口：

① 代表工况条件下流量的频率信号接口；

② 串行数据信号接口，例如 RS-232、RS-485 或等效的数据接口；

③ 针对工况条件下流量的 4～20mA 模拟信号接口；

④ 以太网接口。

（2）具有双向流量计量功能，并提供正反向独立的流量输出。

（3）信号处理单元能根据信号衰减情况对信号进行自动增益补偿。

（4）信号处理单元应有远程诊断和故障报警输出的能力，可按照 JJG1030《超声流量计检定规程》开展现场使用中检验。

（5）信号处理单元应设置小流量切除功能，即当流量低于某一最小值时设定其输出为 0。

（6）所有输出信号应与地隔离并具备必要的电压保护。

（7）信号处理单元参数设置应具备密码保密功能。

（8）信号处理单元能将流量计历史数据和报警记录保留两年以上，且不受低电压、更换电池等因素的影响。

（9）信号处理单元具备流量计系数多点内插修正功能并保存修正痕迹。

（10）信号处理单元供电为 24V（DC）电源。

（11）信号处理单元应具备进行自诊断和故障报警输出的能力，流量计诊断信息将被送往流量计算机或站控计算机上，用以显示故障情况。诊断信号采用以太网传输方式，流量计应具有以太网接口，支持 ModbusTCP 通信协议。

4. 流量计诊断技术要求

信号处理单元应通过以太网接口提供下列信号用于诊断：

（1）通过流量计的平均轴向流速。

（2）每一声道的流速（或相当于评价流速分布）。

（3）沿每一声道的声速。

（4）平均声速。

（5）平均时间间隔。

（6）每一声道接收到的脉冲的百分比。

（7）状态和测量效果指示。

（8）报警和故障指示。

（9）每一声道的信号噪声比。

（10）自动增益。

（11）流速比。

（12）脉动比。

（13）对称性系数。

（14）横向流系数。

（15）旋转角。

5. 运行状态核查功能

流量计应具有运行状态核查功能，核查以下各项指标并与实流检定现场安装运行后一个月内首次检查的数据进行比较，其偏差应在产品说明书允许的范围内，并符合 GB/T 30500—2014《气体超声流量计使用中检验　声速检验法》的要求。如果存在过大偏差，应将流量计送检。

（1）声速核查指标：

声速最大允许误差：±0.2%；各声道间的最大声速差：0.5m/s。

（2）信号接收率核查：

接收率>90% 属于正常范围；90%≥接收率≥70% 属于警告范围；接收率<70% 属于故障范围。

（3）信噪核查指标：

信噪比>5.0 属于正常范围；2.0≤信噪比≤5.0 属于警告范围，需要检查探头情况；信噪比<2.0 属于故障范围。

（4）自动增益控制（AGC）核查（在使用的压力范围内）：

50≤AGC≤800 属于正常，800<AGC≤960 或 40≤AGC<50 属于警告范围；AGC>960 或 AGC<40 属于故障状态。

二、气体涡轮流量计

1. 总体要求

（1）气体涡轮流量计及相关的附属设备能够适合天然气流量的连续测量，适应管道内介质的组分、流量、压力、温度的变化，满足现场安装、使用环境的要求。

（2）气体涡轮流量计应满足 GB/T 21391—2008《用气体涡轮流量计测量天然气流量》的要求，并将它作为最低要求。

（3）流量计处于爆炸危险场所区域内，其防爆等级不应低于 ExdⅡBT4，防护等级不应低于 IP65；

（4）所有设备的压力等级应不低于管道的设计压力 12MPa。所有设备和附件的材料选择应在 -40～70℃环境条件下运行，还应考虑介质温度和介质组分的影响。

（5）流量计的口径为 DN50、DN80，各口径气体涡轮流量计测量范围如下：

DN50：（10～100）m^3/h；DN80：（13～250）m^3/h。

（6）流量计计量性能要求。准确度等级应达到 1.0 级，气体涡轮流量计技术指标应满足以下要求：

最大允许误差：± 1.0%，$q_t \leqslant q_i \leqslant q_{max}$；

最大允许误差：± 2.0%，$q_{min} \leqslant q_i < q_t$；

重复性：≤0.2%，$q_t \leqslant q_i \leqslant q_{max}$；≤0.4%，$q_{min} \leqslant q_i < q_t$，且每台流量计各流量点操作条件下流量的重复性应不超过流量计最大允许误差的 1/3。其中，流量计的分界流量：$q_t=0.2q_{max}$。

（7）气体涡轮流量计的过载能力指标：$1.2q_{max}$ 下可持续运行 30min。

2. 气体涡轮流量计结构和配置要求

（1）流量计表体和其他所有部件，包括承压构件和电子元件，应当选用适合于流量计工作条件的材料进行设计和制造，确保使用寿命和测量准确度。

（2）流量计的最大设计工作压力应当是下列部件的最大工作压力中的最小者：流量计表体、法兰、传动部件、加油装置、高频信号传感器及其安装联接件。

（3）每台流量计的表体应进行耐压强度试验，试验介质为水，试验压力为 1.5 倍的公称压力，并至少保持 5min，经检查无泄漏和损坏。

（4）对出厂的气体涡轮流量计应进行气密性试验，试验介质为干空气或者氮气，试验压力为 1.1 倍的公称压力，并至少保证 5min，经检查无泄漏。

（5）流量计上游应安装符合要求的过滤器以滤掉较大杂质后，流量计不应受介质中所含较小固体颗粒的影响，无论在何种情况下，流量计都不应该被介质中所含杂质卡死；试制方应推荐过滤器的目数与过滤面积的最低要求。

（6）流量计的设计结构和制造公差应满足相同尺寸和类型的流量计可互换的要求。

（7）流量计表体的连接法兰应符合通用的国家标准 GB/T 9115—2010《对焊钢制管法兰》，如需根据现场实际情况进行调整，应由厂家提供法兰连接方式，并保证与前后直管段连接处的密封要求和流量计表体的耐压等级。

（8）流量计上应有至少一个用于测量静压的取压孔，用于连接压力补偿计算用压力变送器；取压孔结构、位置应符合 GB/T 21391—2008 的相关规定；连接螺纹为 1/4NPT（F），压力等级应不小于流量计最大操作压力。

3. 电气特性要求

（1）显示方式：

① 远传显示：高频脉冲信号输出（配流量计算机等显示仪表）；

② 现场显示：机械计数器显示累积流量，单位 m^3。

（2）输出功能：

① 高频脉冲信号输出，电压值由供电电源确定，如外电源为 24V（DC），则 $v_{p-p} \geqslant 20V$；

② 当配置电子体积修正仪或流量计算机时，可带脉冲输出或 4～20mA 两线制电流输出。

（3）供电电源：

① 带高频脉冲和核查脉冲信号输出或配流量计算机的流量计，一般采用 24V（DC）外电源供电；

② 如配电子体积修正仪，可采用内电池供电，电池应可以连续使用 5 年。

4. 流量计算机技术条件

流量计算机应是已获得国内有资质的省级以上第三方技术机构的全性能测试报告，允许专门用于商贸交接的流量计算机，它将与流量计以及相关的仪表组成流量计量系统，用于贸易计量和流量检测。流量计算机应具有很高的可靠性和稳定性，其技术特性至少应能满足以下要求：

（1）流量计算机应是基于微处理器的智能型仪表，应选用 32bit 或 64bit 的微处理器，其内存的容量至少应为 2MByte，应能满足流量计算及数据存储的要求。

（2）流量计算机的计算软件应含有多种可选择的商贸计算标准，应能通过简单的组态或选项进行计量标准选择并锁定。正常计算时，不应受其他计量标准的影响。

（3）应根据流量计的类型选择相关的计算标准。可选择参考压力和参考温度，根据选用的相关标准完成参比条件（如 101.325kPa，20℃）下的体积流量、质量流量、能量流量（天然气）等瞬时流量的计算和各自的累积流量计算。同时能够向站控系统传送流量、压力、温度、气体组分和热值等原始数据。

（4）应能显示标准参比条件下瞬时流量、累积流量和能量流量（天然气），并能对历史数据进行存储和显示，并且应能显示前 1h、前 1 天及当天的累积流量。同时，应能显示工作压力、温度、仪表工作状态等信息。

（5）流量计算机的储存器应在每 5min 对流量计算结果进行一次归档，至少能够存储不少于 30 天的累积流量、压力、温度、报警等数据资料。

（6）应采用带背景光的 LCD 显示方式，其面板按键菜单式操作，可任意选择显示内容。流量计算机的显示精度应能达到小数点前 6 位及小数点后 4 位，瞬时流量和累积流量可设定为 10*n*，其中 *n* 应可根据需要进行设定。显示流量单位应为国家法定计量单位。

（7）流量计算机应选用非防爆的盘装型仪表，并安装在控制室仪表盘上。流量计算机与现场流量计之间的连接电缆不大于 200m。

（8）流量计算机应选用 24V 直流供电电源。

（9）流量计算机应配有安全系统，以控制进入其内部通道，避免人为对采集的数据、计算标准、校准系数等参数进行越权修改。

（10）流量计算机至少应能提供两个标准的 RS–485 或 RS–232 接口，其输出应符合标准 MODBUS 通信协议。

（11）流量计算机应既能自动接收上位计算机控制系统下载的分析仪器测得的油品、天然气品质等信息，又可以从分析仪器上直接自动接收，也可通过计算机或面板人工输入（写入）该信息。同时还应自动接收温度、压力变送器传来的补偿用测量信号。该测量值可以是标准模拟信号（4～20mA DC），也可以是数字信号（HART 协议）等。

（12）流量计算机天然气压缩因子的计算方法应满足 GB/T 17747.1～17747.3—2001 的要求。

（13）流量计算机应具有掉电保护功能，当外部电源突然断开时，流量计算机内部存储的数据不应丢失。当电源恢复后，应能显示相关的掉电及报警信息，并能将此信息上传至上位计算机控制系统。

（14）流量计算机应能输入流量修正系数，应能存储多组仪表系数（或流量计系数）与流量关系数据，并能自动进行内插修正。

（15）流量计算机应具有打印机接口，可以根据有关指令打印相关数据。

（16）流量计算机可接收来自上位计算机控制系统等时钟校准信号；模拟输入、输出应优于16位以上的A/D和D/A转换器，转换过程不损失现场仪表的准确度；频率输入、输出误差为1个脉冲。

（17）流量计算机的输入、输出的信号通道至少应包括：

模拟输入：3路，标准4～20mA DC，并支持HART协议；

模拟输出：1路，标准4～20mA DC；

频率输入：1路，频率符合所选流量计的标准；

通信接口：2路，RS-232或RS-485接口；

通信接口：以太网口（ETHERNET）。

三、成品油质量流量计

1. 总体要求

质量流量计系统应包括质量流量计及信号处理单元（流量变送器）、配对法兰、垫圈、螺栓、螺母和垫片。

流量计及附件采用成套整体供货方式。流量计及其相关的附件应适合原油、成品油流量的连续测量，适应被测介质流量、压力、温度的变化，满足现场安装、使用环境的需求。

流量计的型号、口径应根据被测介质的工况流量确定，流量计的公称通径不宜大于150mm。最大设计流量不应超过流量计连续标称最大流量的75%。通常流量计的过载能力在短时间内应达到1.2倍额定流量。

流量计上游用过滤器滤掉较大杂质后，流量计不应受介质中所含固体颗粒的影响，无论在何种情况下，流量计都不应该被介质中所含杂质卡死而导致停输。

流量计的设计结构和制造公差应满足允许相同尺寸和类型的流量计的测量部分可互换。

流量计的最高设计工作压力应取所有承压部件（如流量计壳体、法兰、传感器、传感器接头等）最高设计工作压力的最低者。所有设备的压力等级应不低于管道的设计压力。所有设备和附件的材料选择应考虑在最低环境温度条件下运行，还应考虑介质温度和介质组分的影响。所有设备的压力等级在最低环境温度条件下不小于管线设计压力。

2. 信号处理单元

质量流量计的信号处理单元（流量变送器）是可将被测介质的流量准确、稳定、可靠的转换为标准的高频脉冲信号、数字信号（RS-485）、模拟信号（4～20mA）。传感器、信号处理单元的供电电源应优先采用24V（DC）。

质量流量计信号处理单元的脉冲发生器输出频率范围0～10.0kHz，输出信号为双脉冲信号。应具有同时向2台相互独立的流量计算机（装置）提供独立的流量信号的能力，以完成流量计算和流量计的标定功能。

信号处理单元应适于在户外和爆炸危险性场所安装，其防爆等级不应低于ExdⅡBT4，防护等级不应低于IP65。信号处理单元应具有在就地显示计量数据及现场对系统参数具有更新设置的能力。信号处理单元应具有自诊断功能和故障报警输出。信号处理单元应具有对流体温度、压力变化进行补偿的功能。

3. 材料

敏感管材料：00Cr17Ni14Mo2。

弹性模量温度系数：流量温度补偿 5.13%/100℃。

密度温度补偿：4.39%/100℃。

具体数值以实际材料试验数据为准。

其他：0Cr18Ni9。

接线盒（分体安装）：铸铝，外表喷塑。

IPT100（一体化安装）铸铝，外表喷塑。

4. 接口参数

工作频率范围（空振）：40～120Hz。

检测部件的输出：由工作频率确定，每赫兹对应的电压值为 1×（1±5%）mV/Hz；允许 A、B 检测部件输出信号幅值差为 ±5%（A 信号幅值）。

机械振幅：0.5～0.8mm。

灵敏度：1g/s 的流量对应的输出时间差为 120～150μs（单位敏感元件的输出）。

温度测量：采用 Pt100 测温元件，三线制输出。

引线口：分体安装接线盒接口 G3/4；一体安装同变送器要求。

传感器和变送器的连接（分体安装）：采用内有单独屏蔽导线的电缆，其电气参数符合防爆要求。传感器和变送器间的连接电缆长度≤10m（特殊要求的也不得超过 150m）。

5. 技术指标（基本要求）

各技术指标符合 SY/T 6659—2016《用科里奥利质量流量计测量天然气流量》的要求，具体如下：

1）流量范围与额定压力

流量范围与额定压力见表 7-3。

表 7-3　流量范围与额定压力

传感器型号	额定流量范围，t/h	最大流量范围，t/h	额定压力，MPa
P15	0～3	0～6	10
P25	0～17	0～32	10
P50	0～65	0～90	10
P80	0～130	0～150	10
P100	0～300	0～360	10

2）误差

流量基本误差：

10：1 量程内 $E_{0i}=\pm 0.1\%$；

10：1 量程外 $E_{0i}=\pm 0.1\% \pm q_o/q_i \times 100\%$。

流量重复性误差：

10：1 量程内 $E_{0i}=\pm 0.05\%$；

10：1 量程外 $E_{0i}=\pm 0.05\% \pm q_o/2q_i \times 100\%$。

式中 E_{oi}——第 i 点的流量基本误差；

q_o——该表的零点稳定性；

q_i——第 i 点的质量流量

零点稳定性详见表 7–4。

表 7–4 零点稳定性

传感器型号	零点稳定性，t/h
P15	0.0003
P25	0.0020
P50	0.0050
P80	0.02
P100	0.04

3）环境适应性

使用环境温度：存储 -40～70℃；使用 -40～55℃。

使用环境相对湿度：0～95%（传感器无冷凝；+25℃）。

应用场合：适用于含ⅡC、ⅡB、ⅡA 级 T4～T6 组爆炸性危险场所 1 区、2 区。

防护等级：IP67。

第三节 流量计设计制造

一、天然气超声流量计

1. 天然气超声流量计设计

1）信号处理单元（转换器）

信号处理单元如图 7–1 所示。

CPU：ARM，主频 72MHz。

实时时钟：采用双时钟机制，CPU 内部 RTC 和外部 PCF8563 时钟芯片。

存储器：采用 NandFlash+FRAM 组合方案，FRAM 访问速度快，寿命长，实时保存数据，掉电恢复；NandFlash 容量大，可保存大量的数据。

显示：段码液晶显示器（中英文并存），小数显示位可设置（0～2 位或自动移位），累积流量范围 0.01～9999999999m^3，瞬时流量范围 0.01～9999999m^3/h；当瞬时流量、温度或压力超出报警范围时，屏幕闪烁报警。

按键：由两个霍尔元件组成，Key1 按下激活 LCD 背光，背光持续 30s 变暗；Key1+Key2 组合，一起按下持续 30s 系统恢复出厂设置。

频率输出：CPU 内部定时器产生或 AD9833 频率产生芯片。

流向指示：输出电平可选 5.0V，指示气体流向。

模拟输入：4 路模拟输入，其中 2 路带 HART 输入，另外两路预留接口，可以配置为

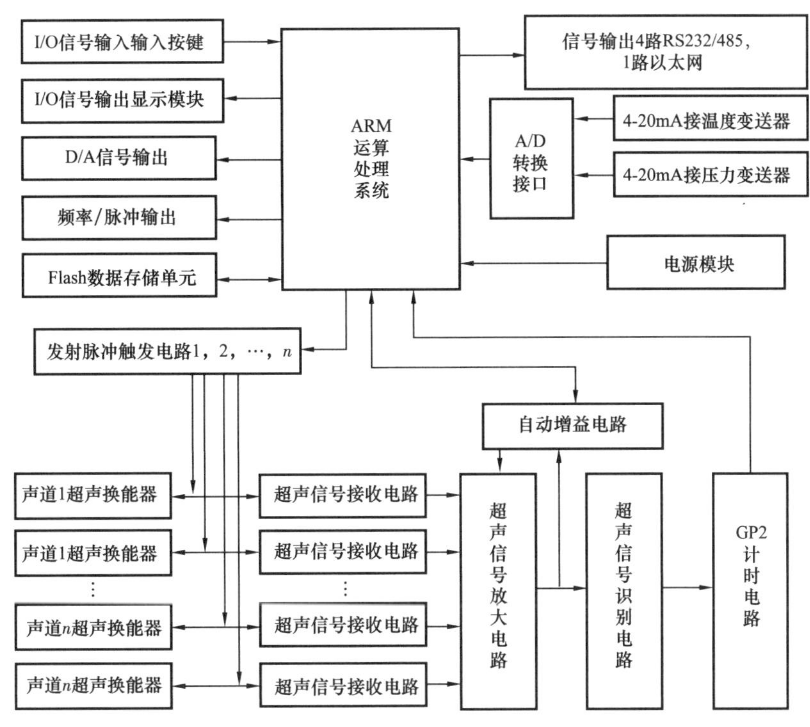

图 7-1 天然气超声流量计信号处理单元示意图

接温度变送器或压力变送器，测量范围可以设置，变送器类型可以设置，压力变送器类型包括绝对压力变送器，相对压力变送器和设定值，温度变送器类型包括温度变送器和设定值；输入需要修正。

COM 口：COM1（RS485）功能固定，可以接入 RS485 通信网络，抄表用，通讯参数可以设置（波特率等）；COM2/COM3（RS232）功能可配置为接组分分析仪，通讯参数可以设置（波特率等）。

数字量输入 / 输出：DI/DO1～4 预留接口，输出电平 5.0V。

超声波信号处理单元：包括超声波信号发射，接收，峰值检波，自动增益，带通滤波，波形整形，测时等功能模块。

2）嵌入式软件

压缩因子计算任务块：任务等级低，可设定运行周期。

声时测量任务块：包括超声波信号发射和接收、信号幅度测量、信噪比计算、使用率计算和声时测量等，运行周期，采样次数可设定。

流量计算任务块：流速计算、瞬时流量计算、累计流量计算、声速计算、曲线修正等，运行周期。允许根据 API11.1 校正压力、温度和密度。

串口通信任务块：和上位机、组分分析仪等通信。

存储功能模块：存储表体参数、工作状态、实时数据、历史记录、掉电记录、报警记录等。

RTC 功能模块：通过用户软件设置转换器系统时钟。

显示刷新任务块：显示正反向累计流量、瞬时流量、温度、压力及报警信息。

按键输入模块：点亮显示背光、恢复厂方设置。

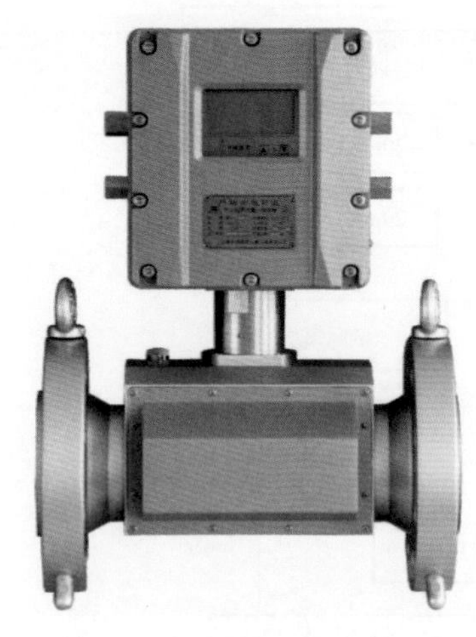

图 7–2　天然气超声流量计整机外观图

温度测量任务块：测量管道内温度。

压力测量任务块：测量管道内压力。

温度测量较准功能模块：对温度输入校准。

压力测量较准功能模块：对压力输入校准。

频率 / 脉冲输出模块：输出频率或脉冲。

3）机械设计部分

按照整体锻件的加工工艺重新梳理表体长度，并根据换能器试验结果适当调整测量探头的入射角度，使得高流速状态下系统运行更稳定。换能器为适应高工作压力的要求，改进换能器的整体结构，去除外露的减振用非金属材料，外壳采用耐腐蚀的钛合金材料。表体上换能器安装孔位的机械结构进行调整，以适应新型换能器的安装配套要求，换能器及传输信号线整体设计成隐蔽式安装结构，如图 7–2 所示。

2. 天然气超声流量计制造

按照整体锻件的加工工艺重新梳理表体长度，并根据换能器试验结果适当调整测量探头的入射角度，使得高流速状态下系统运行更稳定。换能器为适应高工作压力的要求，改进换能器的整体结构，去除外露的减振用非金属材料，外壳采用耐腐蚀的钛合金材料。表体上换能器安装孔位的机械结构进行调整，以适应新型换能器的安装配套要求，换能器及传输信号线整体设计成隐蔽式安装结构。

通过技术攻关，中核维思完成了 CL–1–4S 型气体超声流量计和 FCL–3 流量计算机整机的设计、制作和测试工作，编制了设计图纸、样机调试和测试大纲，并依据测试大纲进行各项功能和性能测试。工厂试验完成后，按照鉴定大纲的要求，委托第三方对 CL–1–4S 型气体超声流量计和 FCL–3 型流量计算机进行全性能测试，并进行了相关软件的认证。图 7–3 为流量计算机生产路线图。

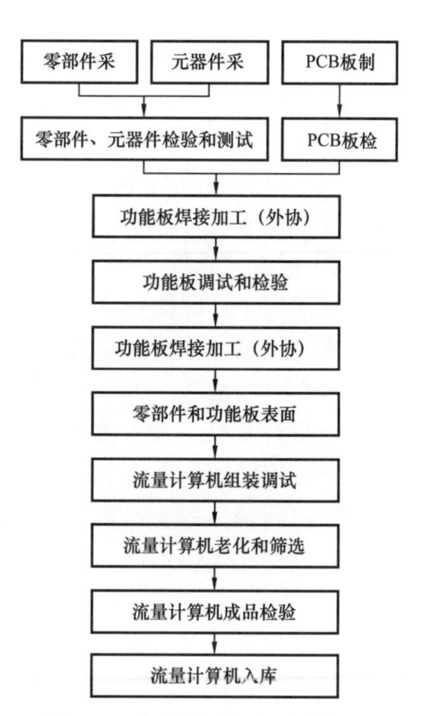

图 7–3　流量计算机生产路线图

二、气体涡轮流量计及配套流量计算机

1. 气体涡轮流量计设计

根据目前国际先进的气体涡轮流量计制造厂商的技术水平，通过消化创新，并根据原有设计与生产基础对气体涡轮流量计的整体结构进行具有自主知识产权的内部结构设计和整机外观设计。

（1）通过内部测量芯整合结构设计，有效地避免盗气现象并能通过更换预先检定的测量芯来缩短现场维修服务时间。

（2）通过机芯与涡轮防尘槽设计成功有效避免管道与燃气中的杂质对主轴轴承的影响。

（3）采用新型高频脉冲信号传感器和滤波技术，有效地通过检测涡轮叶片旋转进行信号采集的高频脉冲信号，提高了流量计的抗干扰能力和分辨力，并解决了涡轮高速旋转时的信号丢失难题，提高了流量计小流量检测的灵敏度和测量精度，更便于用户检定操作等。

（4）高压供油系统结构设计。将原有的中低压下油泵结构改进，增加两个单向阀，并将“O形密封圈”固定在基座上，与活塞接触密封，通过活塞反复运动实现供油润滑，能大幅度提高油泵抗回流性能并延长油泵的使用寿命。

（5）机芯组件结构设计。将主轴的前后轴承作用力分开，前轴承为径向旋转作用、后轴承为轴向推力作用，这样有效地抑制了流体瞬时冲击力，配合涡轮形成反向推力并能较快地将涡轮调整至平衡状态，从而改善气体涡轮流量计的寿命与准确度。

气体涡轮整机外观和机芯结构如图 7–4 所示。

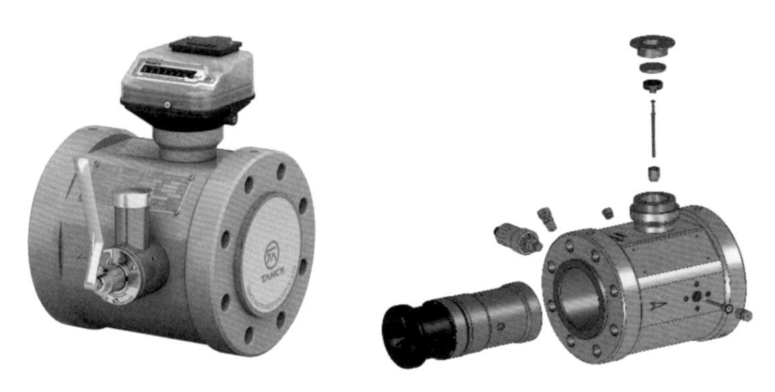

图 7–4　气体涡轮整机外观和机芯结构图

2. 气体涡轮流量计制造

2013 年 8 月，完成了流量计整机外观结构设计、叶轮与机芯等核心零部件的设计以及工装夹具、壳体等其他零件模具设计等工作，并多次对整机结构等关键问题进行探讨与改进，并完善了全套图纸和工艺等技术文件的输出。2013 年 10 月全面进入样机试制阶段，10 月完成首批样机的制造。主要试制工作如下：

（1）按计划率先落实样机零件加工原材料、标准件、试验用连接件、密封件等的采购与订制进货检验标准，同时对前导流体、后导流体、机械计数器以及传动齿轮等重要零件模具制作和壳体锻造坯件的外协。

（2）全面组织样机零部件机加工、装配及试制测试工艺装备的制作，及时落实所有自制零件的加工、清洗、表面处理的过程质量检验；尤其对主要承压部件壳体需严格按 NB/T47008 中Ⅲ级锻件验收，确保每个壳体均通过超声无损检测；对关键零件制造中出现的问题，及时组织各方面技术人员进行研究，对各加工难点的技术攻关，确保所有零件试制满足设计的技术要求；同时做好对重要试制零件严格实行全检，并作好记录。

（3）在完成各零件的试制后，组织项目样机的装配，通过装配进一步验证设计的可行性和零部件试验的有效性，对可能存在局部的设计与试制地方作进一步地改进与完善。

（4）完成 TBQM–DN80–G160 与 TBQM–DN50–G65 两个规格各 8 台样机的装配后，按技术要求进行初步测试，检验设计样机整体的外观、强度、密封性和计量性能。在此过程我们进行了大量反复的测试——调整完善——测试，经过不断改进与调整，克服技术上的每一个难点，最后所有试制样机全部达到设计要求。

3. 流量计算机

流量计算机主要用于较重要场合的集中计量和管理，因此要求其具有较高的计量精度，因此计量最大综合误差设计如下：

——±0.05%（流量为脉冲信号，压力、温度为 Hart 信号）；

——±0.3%（流量为脉冲信号，压力、温度为模拟量信号）。

为了满足流量计算机对多通道数据处理的要求，同时考虑到硬件配置的灵活性，流量计算机采用模块化的结构设计方案，数据采集模块采用可插拔的板卡形式，每张板卡都配置有单独的微处理器，由该处理器负责接收处理输入到该数据采集模块的电信号，这些电信号与流量、温度和压力相关，同时数据采集模块可根据输入信号的不同进行相应的配置。流量计算机结构原理如图 7–5 所示。

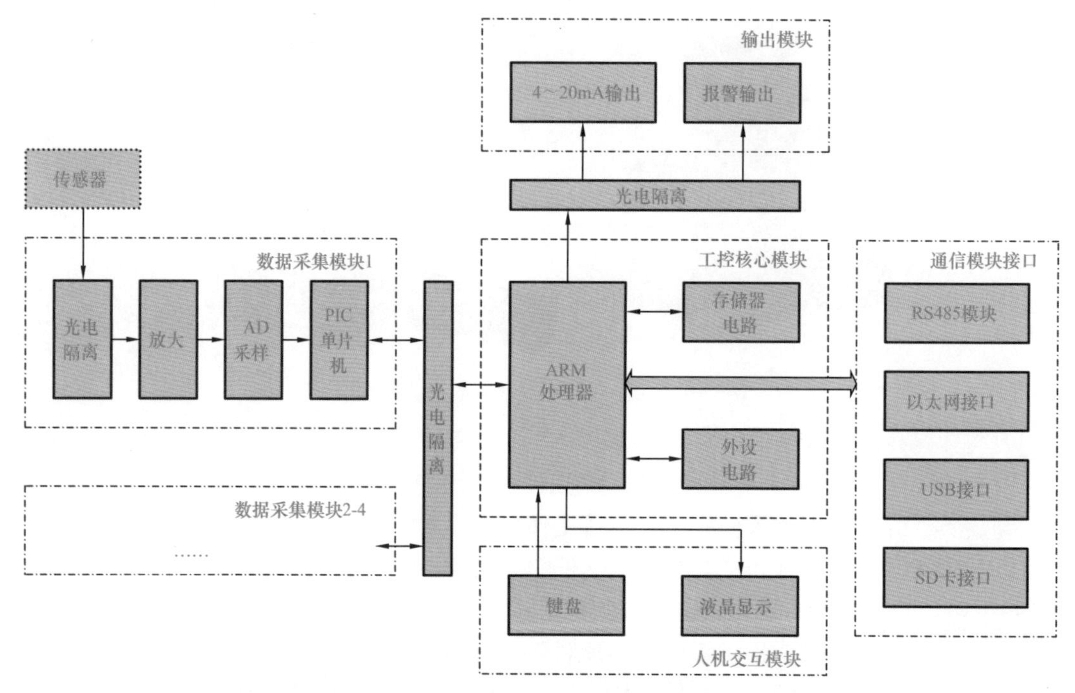

图 7–5 流量计算机结构原理图

数据处理模块支持脉冲输入、电流输入、Hart 信号输入等方式，板卡采用 PIC18F6393 微处理器，每板卡独立负责单通道的脉冲计数处理和温度、压力的信号处理。数据采集模块硬件结构图如图 7–6 所示。

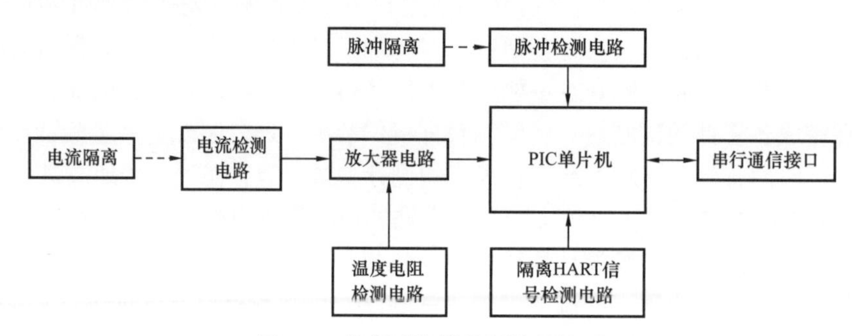

图 7–6 数据采集模块硬件结构图

软件主要由各通道流量、温度、压力信号采集、流量计算程序、历史数据管理、通信程序、显示与查询、信号输出等几大部分组成。流量、温度、压力信号采集，流量计算处理程序可同时计算 4 路的温度、压力修正通道数据和 2 路脉冲信号输入的不修正通道数据；还可通过 RS485 通信方式显示管理 8 路的流量计数据，也可接收色谱仪的热值参数满足能量计量的需要，RS485 通信兼容多种通信协议；具备各通道历史数据的保存与查询功能；历史数据查询与显示可选择数字方式和图形方式；内置多种压缩因子计算模型，包括天然气的压缩因子 AGANX-19、AGA8-92DC、SGERG-88 和固定值及其他气体的相应模型；流量、温度、压力信号的采集因流量计和输入信号的不同以及温度压力输入信号的不同共有 8 种温度、压力修正组合模式；为了提高参数修改效率和远程参数修改的需要还设计了 WEB 服务程序实现操作面板的远程控制。流量计算机的软件架构设置如图 7-7 所示。

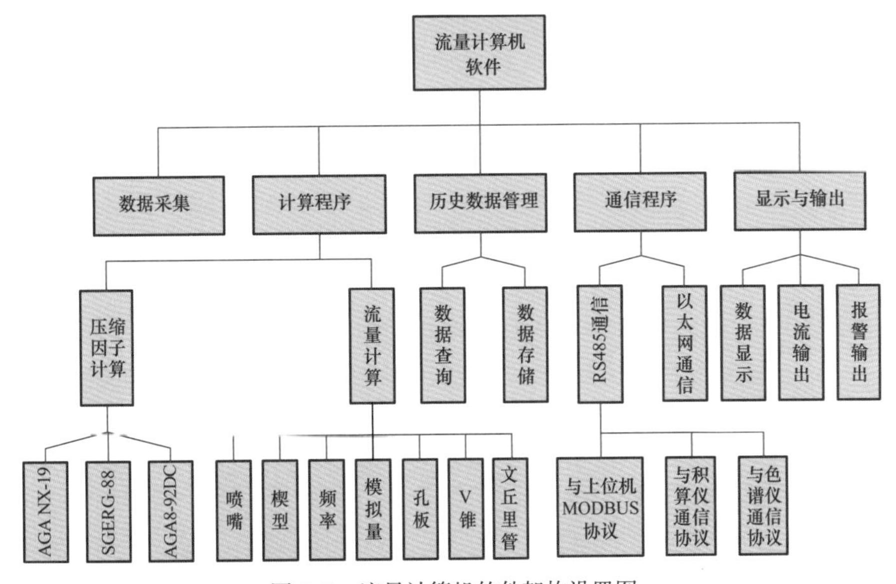

图 7-7　流量计算机软件架构设置图

经过技术攻关，完成了整机的设计、制作和测试工作，编制了设计图纸、样机调试和测试大纲，并依据测试大纲进行各项功能和性能测试。工厂试验完成后，按照鉴定大纲的要求，委托浙江省质量技术监督局进行产品性能检测，以及通过了上海仪器仪表自控系统检验测试所的计算机软件确认测试，技术指标达到设计要求。

流量计算机工艺流程如图 7-8 所示，流量计算机整机外观图 7-9 所示。

三、成品油质量流量计

1. 成品油质量流量计设计

1）硬件设计

总体硬件系统设计框图如图 7-10 所示。整个硬件系统可以划分为模拟与数字两个部分。在系统模拟部分中，位于 U 形测量管两侧的左、右拾振器输出两路有相位差的同频正弦信号，模拟信号处理电路对此两路信号进行滤波、放大然后进行过零检测，转换为两路有相位差的同周期方波信号 AP、BP，与放大后的正弦信号 A，B 和由温度传感器得到的温度信号一同作为数字部分的输入。

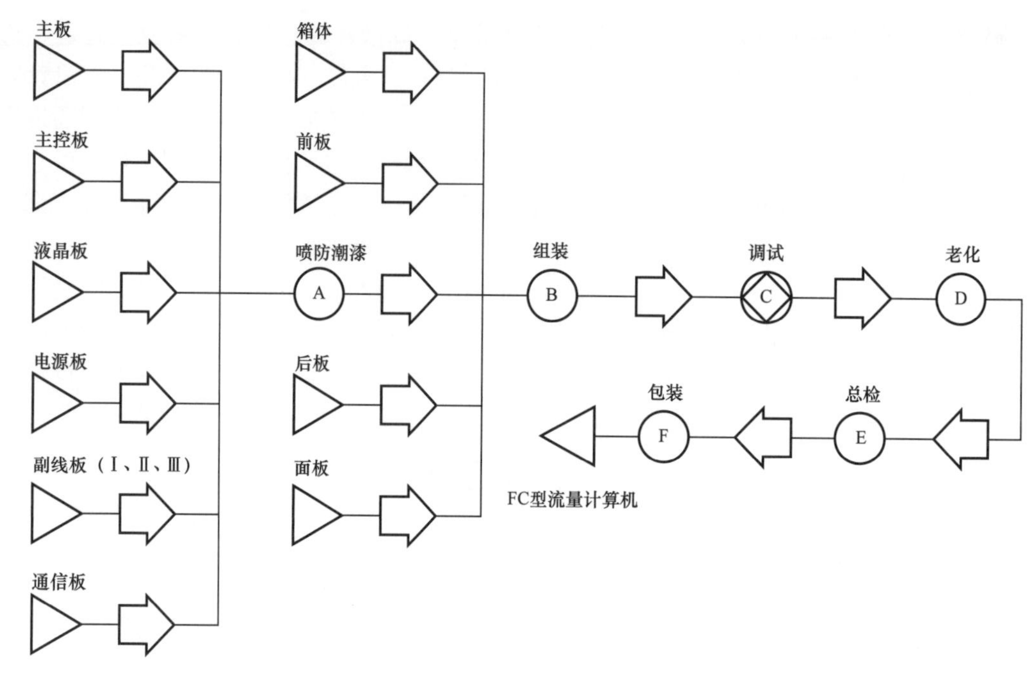

图 7-8　FC 型流量计算机工艺流程图

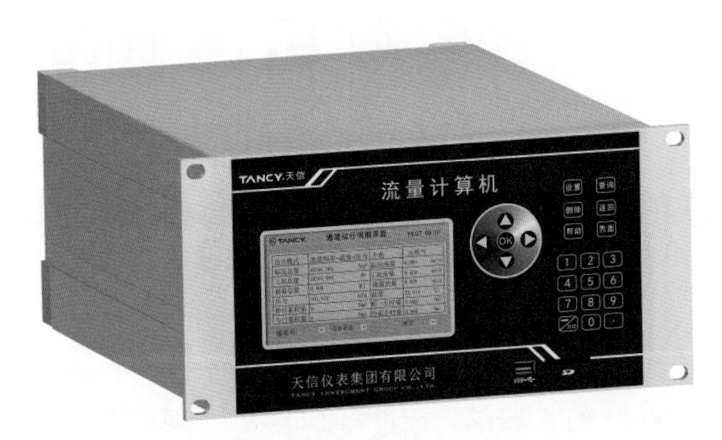

图 7-9　流量计算机整机外观图

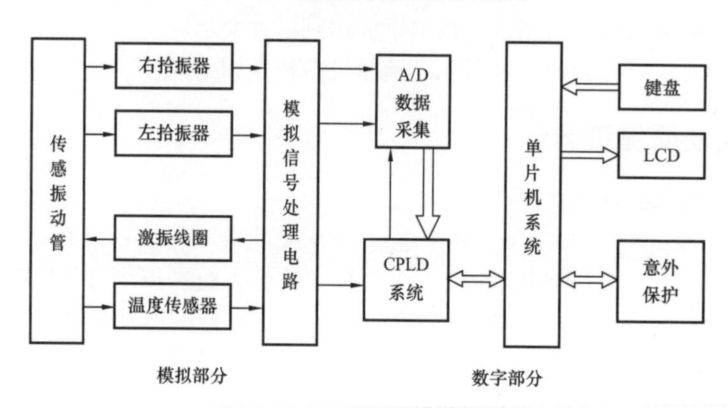

图 7-10　硬件系统设计框图

科里奥利质量流量计是通过对传感器信号的信号处理从而得出频率信息与相差信息，从而得出质量流量结果。因此需要将传感器的信号通过 AD 进行模数转换，然后送到单片机中进行数据处理。

国产化 DPT 系列变送器采用基于 DSP 的数字解算技术，将来自传感器的双路速度信号经双通道 A/D 同步采样，在 DSP 中进行数字处理，得到相位差，先经过滤波处理，再进行谐波分析，由基波的瞬时相位得到相位差。由于变送器才用了全数字解算技术，最大限度地抑制噪声，提取信号携带的有用信息，保证微弱信号测量准确，极大程度的提高信号的测量范围，宽量程比为仪表在气体测量领域中应用奠定了基础。

2）软件设计

科里奥利质量流量计是利用流体流过振动管道时产生的科里奥利效应对管道两端振动相位的影响来测量流过管道的流体质量的。但在工业现场，由于环境噪声和干扰很大，检测到的信号信噪比很差，两路振动信号相位差的检测精度大大降低，这就大大制约了流量测量精度。

提高科里奥利质量流量计流量测量精度途径有：优化结构参数、改进传感器和电路性能；提高激振幅度、改进信号处理方法。结构优化与传感器、电路改进有一定限度；提高激振幅度受到振动疲劳寿命的制约，而且从节能和降低系统成本的角度来讲，也不宜于提高激振幅度。数字处理方法相对于模拟方法的特点是充分利用微处理器的功能，对传感器进行分析处理。

科里奥利流量计中单片机的核心任务就是计算传感器的频率以及两路信号的相差。为了实现这个目标，单片机系统需实现下述功能：

（1）系统初始化。

（2）传感器自环起振，单片机提取频率信息，并送出激励信号。

（3）采集两路传感器信号，滤波处理。

（4）计算相差。

（5）实现结果显示。

软件系统采用模块化设计，其软件模块设计框图如图 7-11 所示。

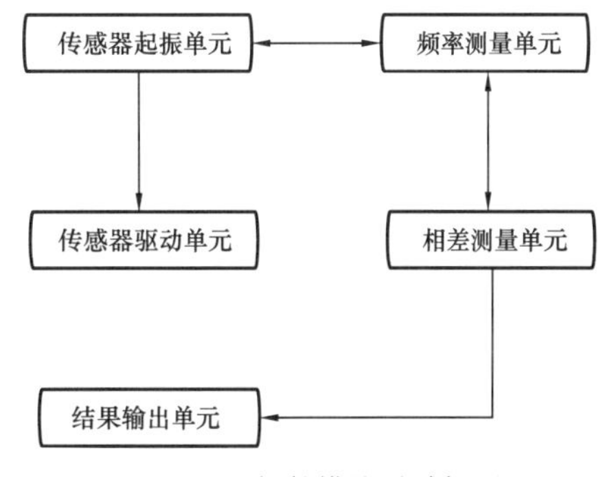

图 7-11　软件模块设计框图

2. 成品油质量流量计制造

成品油质量流量计由两大关键部件组成，分别是传感器和变送器。

传感器生产工艺流程如下：

（1）弯管：按管径大小分别在小、中、大型弯管机上弯成 C 形或 U 形敏感管。

（2）装夹：敏感管，线圈支架和磁铁支架。

（3）钎焊：进真空炉焊接。

（4）加工：加工敏感管的工艺留量。

（5）体焊 A：支承管、分流体、法兰的焊接。

（6）镗孔：分流体镗孔。

（7）体焊 B：敏感管和分流体的焊接。

（8）压力试验：系统的试压。

（9）体焊 C：壳框的焊接。

（10）电装配：检测部件和驱动部件装配、输出输入检测。

（11）点壳：外壳初焊。

（12）封壳：外壳终焊。

（13）表面光饰：喷丸处理。

（14）检定：流量计流量检定（领取成品变送器和传感器）。

（15）终装：功放接线部件。

（16）入库：流量计入库。

变送器生产流程如下：

（1）电子元件来料检验。

（2）线路板焊接。

（3）线路板检验。

（4）线路板测试。

（5）变送器装配。

（6）变送器老化。

（7）变送器整机调试。

（8）整机检验。

（9）变送器入库。

成品油质量流量计的样机如图 7-12 所示。

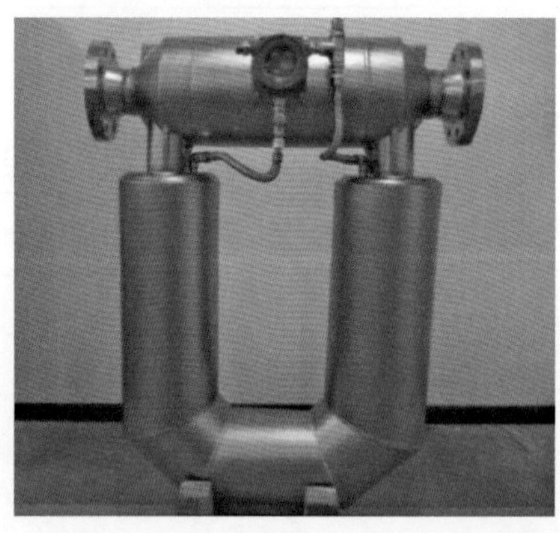

(a) 传感器

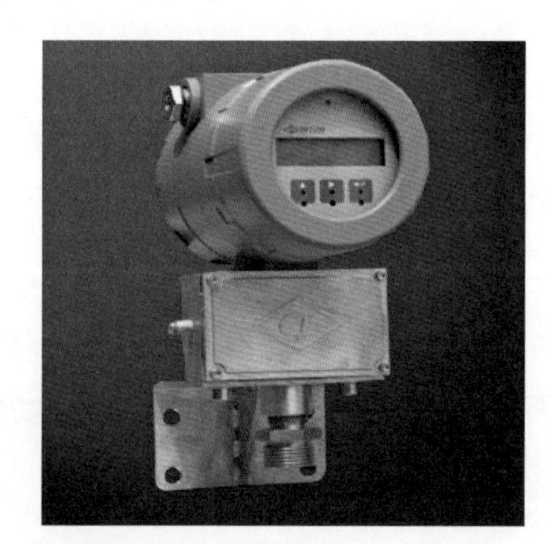

(b) 变送器

图 7-12 成品油质量流计的样机

第四节 流量计试验与应用

一、出厂测试

1. 天然气超声流量计

（1）每台试制超声流量计均应按本大纲规定进行相关性能试验和测试。

（2）试验前试制方应根据本试验大纲要求，结合自身试验装置条件等制定完善的试验方案或实施细则。

（3）超声流量计工厂试验应满足实际工程需要的《油气管道计量和非标设备工程应用研究—超声流量计技术条件》中规定的特定项目的试验。

（4）超声流量计试制方应提前提供全部用于工厂试验的装置的名目及装置的功能和能力，并提供主要装置的检验、校准证书复印件。

（5）超声流量计在工厂组装、安装和试验，期间经试用方或试用方指定的代表检验，试用方代表应能够监视所有的试验过程。

（6）试验前超声流量计应进行整体外观检查及核对组装配件，并有完整的合格证明；超声流量计的外观检查应包括下列内容。

① 检查流量计应有良好的表面处理，不得有毛刺、划痕、裂纹、锈蚀、霉斑和涂层剥落现象，密封面应平整，不得有损伤。

② 流量计表体的连接部分的焊接应平整光洁，不得有虚焊、脱焊等现象。

③ 流量计的取压孔轴线应垂直与测量管轴线，直径为 4～10mm。若流量计表体的壁厚小于 20mm，取压孔公称直径为 4mm，并且从流量计表体内壁起，至少在 2.5 倍。取压孔直径的长度内为圆柱形，且取压孔轴线应垂直于测量管轴线。

④ 流量计表体内壁取压孔边缘应为直角，且无毛刺和卷边。

⑤ 接插件应牢固可靠，不会因振动而松动或脱落。

⑥ 显示的数字应醒目、整齐，表示功能的文字符号和标志应完整、清晰、端正。

⑦ 流量计的各项标识正确；读数装置上的保护玻璃应有良好的透明度，没有使读数畸变等妨碍读数的缺陷。

⑧ 铭牌符合规范要求。

（7）试制方应将水压试验、气密试验、干标方案和试验计划提前提供给试用方（用户）；进行耐压和密封性能试验时，试用方或委托的第三方人员必须在现场并对试验测试记录签字确认。

（8）试制方应向试用方提供每台超声流量计的出厂测试报告及质量检验报告，该报告应是具有签署和日期的正式报告。

（9）耐压试验应在清洁的场地进行，水压试验介质应为清洁水，充入液体介质时要排除流量计内的气体；气压密封试验用介质为氮气、惰性气体或干燥空气。

（10）水压试验后，超声流量计应完全排净水，并用干燥空气或氮气进行干燥。

（11）流量计的安装。

① 流量计的安装应避免温度、振动、脉动流、声学噪声干扰的影响。

② 流量计采用水平安装，保证流量计测量管轴线与管道轴线方向一致，流量计测量管轴线与水平线的夹角不超过 3°。

③ 流量计的上游直管段长度应至少为 $10D$（D 为流量计的内径），下游直管段长度应至少为 $5D$，或根据试制方的要求选择合适的直管段长度。

超声流量计出厂试验条件和检测要求见表 7-5。

表 7–5 超声流量计出厂试验测试

序号	试验项目	试验内容及方法	检测标准和要求
1	零流量检验测试	在流量计两端连接盲法兰后，用抽吸或置换的方法把流量计内的所有空气排出，压进声速已知的纯气体（或混合气体），在这个测量腔内保持零流量。每一声道的声速应至少记录 30s	每一声道流量计的零流量读数应不大于 6mm/s
2	耐压强度测试	流量计不安装换能器，将壳体内充满水，排除空气，然后逐渐增大测量管内腔的水压至额定工作压力的 1.5 倍，保持 5min，整个试验过程中，压力指示应不下降，缓慢卸压	流量计无损坏或泄漏
3	气密性试验	在装配好换能器的流量计内用气体进行试验，试验压力为公称压力，并在该压力下最少保持 5min	测试过程中无漏气情况发生
4	绝缘电阻试验	用兆欧表测量流量计的电源端子与接地端子、输出端子与接地端子之间的绝缘电阻	分别对壳体的绝缘电阻不小于 20MΩ
5	绝缘强度试验	流量计的电源端子与接地端子、输出端子与接地端子之间应能承受 500V，50Hz，历时 1min	无击穿或飞弧现象产生
6	诊断功能测试	通过流量计算机或现场显示提供下列诊断测量数据，检查以下各项指标：自动增益控制；信号接收率；信噪声比	与前一次检查的数据进行比较，其偏差应在产品说明书允许的范围内
7	噪声试验	检测流量计准确度是否受到介质内部产生的声学噪声的干扰	无干扰
8	干标	（1）流量计几何尺寸的检定：测量流量计的声道长度 L 和声道与介质间的夹角； （2）流量计性能测试：换能器性能指标、稳定性	声道长度 L、声道与介质间夹角满足说明书要求
9	信号处理单元测试	流量计性能测试：测试信号处理单元性能指标、稳定性	信号处理单元性能、稳定性满足说明书要求
10	修正功能测试	在 q_t 以下及以上分别选至少 1 个流量点测试修正效果	修正后的数值与实流检定的数值相比较，其偏差应在产品说明书允许的范围内
11	计量性能试验	零流量读数： 试验介质为气体或高压水，在流量计两端连接盲法兰，有抽吸或置换方式把流量计内部的所有空气排出，压进纯净的水或氮气，压力不低于超声换能器的最小工作压力；当试验介质为常压液体时，可以将流量计竖直并全部浸入液体中。在这个测量腔内压力、温度保持稳定。对每一声道测量的流速至少观测并记录 30s	零流量读数不大于 6mm/s
		通过检定介质到最大试验压力，历时 5min，用目测的方法检查流量计密封性	流量计表体上各接口应无泄漏

续表

序号	试验项目	试验内容及方法	检测标准和要求
11	计量性能试验	选取流量点 q_{min}、q_t、$0.25q_{max}$、$0.4q_{max}$、$0.55q_{max}$、$0.7q_{max}$ 和 q_{max}，每个流量点的检定次数应不少于3次	—
		检定程序： （1）把流量计调到规定的流量值，达到稳定后。记录标准器和被检流量计的初始示值，同时启动标准器和被检流量计； （2）按装置操作要求运行一段时间后，同时停止标准器和被检流量计； （3）记录标准器和被检流量计的最终示值； （4）分别计算流量计和标准器记录的累积流量值或瞬时流量值	
		相对示值误差计算：参照 JJG 1030—2007 的要求计算流量计的相对示值误差	最大允许误差满足 ±1.0%
12		测量重复性计算：参照 JJG 1030—2007 的要求计算流量计的测量重复性	重复性不低于 0.2%
		测量线性度计算：计算流量计的线性度	线性度满足说明书要求
13	小信号切除功能测试	选取流量点 $0.025q_{max}$、$0.05q_{max}$、$0.055q_{max}$、$0.07q_{max}$	低于设定值流量计显示为零，高于设定值运行正常

配套开发的 FCL-3 型流量计算机采用主频为 400MHz、存储容量为 256M 的高级 ARM 系列核心模块，接口单元引入 FPGA 可编程逻辑芯片，集成化程度更高，可靠性大大提高；采用开源的 Linux 操作系统，功能扩展更加灵活便捷。FCL-3 型流量计算机的样机通过了上海仪器仪表自控系统检验测试所的全性能测试和软件认证，各项性能指标达到设计要求，见表 7-6。

表 7-6 国产化超声流量计与国外厂家产品各项指标对比表

项目	中核维思	Daniel 公司	Sick 公司	Elster 公司
声道数	4，6	4	4，8	5
表体加工	整体锻造	铸造	铸造	铸造
干标精度，级	0.3	0.5	0.5	0.3
实流检定精度，级	1.0	1.0	1.0	1.0
重复性，%	0.1	0.1	0.1	0.1
工作压力，MPa	0.08～12	Class600	Class600	Class600
换能器频率，kHz	60～120	100	200	100～200
功耗，W	5	7	1	<20

续表

项目	中核维思	Daniel 公司	Sick 公司	Elster 公司
数据储存	现场储存备份	近存贮于流量计算机		
现场流量显示	标况 \ 工况	无	工况	工况
以太网口	有	有	有	有
Hart 输出	有	有	有	无
价格	低	高	较高	较高
售后服务	全方位服务	不及时，费用高		

2. 气体涡轮流量计

（1）每台气体涡轮流量计均应按本大纲规定进行性能试验和测试。

（2）试验前试制方应根据本试验大纲要求，结合自身试验装置条件等制定完善的试验方案或实施细则。

（3）气体涡轮流量计工厂试验为满足实际工程需要的《油气管道计量和非标设备工程应用研究—气体涡轮流量计技术条件》中规定的特定项目的试验。

（4）气体涡轮流量计试制方应提前提供全部用于工厂试验的装置的名目及装置的功能和能力，并提供主要装置的检验、校准证书复印件。

（5）气体涡轮流量在工厂组装、安装和试验，期间经试用方或试用方指定的代表检验，试用方代表应能够监视所有的试验过程。

（6）试验前气体涡轮流量计应进行整体外观检查及核对组装配件，并有完整的合格证明。

（7）气体涡轮流量计的外观检查应包括下列内容。

① 检查流量计应有良好的表面处理，不得有毛刺、划痕、裂纹、锈蚀、霉斑和涂层剥落现象；流量计内部应清洁，涡轮转子转动应灵活；密封面是否平整，是否有损伤。

② 流量计表体的连接部分的焊接应平整光洁，不得有虚焊、脱焊等现象。

③ 流量计的取压孔轴线应垂直与测量管轴线，直径为 4～10mm；若流量计表体的壁厚小于 20mm，取压孔公称直径为 4mm，并且从流量计表体内壁起，至少在 2.5 倍；取压孔直径的长度内为圆柱形，且取压孔轴线应垂直于测量管轴线。

④ 流量计的取压孔轴线应垂直与测量管轴线，直径为 3～12mm，长度应小于等于孔径；取压孔直径的长度内为圆柱形，且取压孔轴线应垂直于测量管轴线。

⑤ 接插件应牢固可靠，不会因振动而松动或脱落。

⑥ 显示的数字应醒目、整齐，表示功能的文字符号和标志应完整、清晰、端正。

⑦ 按键手感适中，没有粘连现象。

⑧ 流量计的各项标识正确；读数装置上的保护玻璃应有良好的透明度，没有使读数畸变等妨碍读数的缺陷。

⑨ 铭牌符合规范要求。

（8）试制方应将水压试验、气密试验、干标方案和试验计划提前提供给试用方（用户）；进行耐压和密封性能试验时，试用方或委托的第三方人员必须在现场并对试验测试记录签字确认。

（9）试制方应向试用方提供每台气体涡轮流量计的出厂测试报告及质量检验报告，该报告应是具有签署和日期的正式报告。

（10）试验应在清洁的场地进行，水压试验介质应为清洁水，充入液体介质时要排除流量计内的气体；气压密封试验用介质为氮气、惰性气体或干燥空气。

（11）水压试验后，气体涡轮流量计应完全排净水，并用干燥空气或氮气进行干燥。

（12）流量计的安装：

① 流量计的安装应避免温度、振动、电磁干扰的影响，避免较强腐蚀性的环境。

② 流量计采用水平安装，保证流量计测量管轴线与管道轴线方向一致，流量计测量管轴线与水平线的夹角不超过3°。

③ 流量计的上游直管段长度应至少为2*D*（*D*为流量计的内径），下游直管段长度应至少为1*D*，或根据试制方的要求选择合适的直管段长度。

气体涡轮流量计出厂试验条件和检测要求见表7–7。

2014年1—4月，对LWQG气体涡轮流量计项目进行型式试验、防爆认证及生产许可取证，并进一步试制与监造。

研发的LWQG–80–G160和LWQG–50–G65的各2台国产化样机性能测试试验，包括出厂测试与实流检定，先后通过了浙江省计量科学研究院的新产品全性能试验与南阳国家防爆电气产品质量监督检验中心的防爆试验测试，分别取得型式批准证书与本安型防爆合格证，同时，也完成了苍南县质量技术监督局对该新产品制造计量器具许可的审查。

根据项目的国产化研发协议，在LWQG–80–G160与LWQG–50–G65样机进行小批量生产过程中，由上海仪器仪表自控系统检验测试所负责的监造和记录。完成制造和厂内全性能的试验后，按要求将检验测试合格后的LWQG–80–G160与LWQG–50–G65规格样机各2台，送往国家石油天然气大流量计量站南京分站进行实流检定，检定结果合格。

表7–7　气体涡轮流量计出厂验收测试表

序号	试验项目	试验内容及方法	检测标准和要求	说明
1	过载能力检验	流量计在额定温度范围内，在超过最大流量20%的流量下运行30min，测试中要求使用和计量性能中测试示值误差时相同的气体压力	仍可正常工作	
2	耐压强度测试	流量计不安装测量芯，将壳体内充满水，排除空气，然后逐渐增大测量管内腔的水压至额定工作压力的1.5倍，保持5min	整个试验过程中，压力指示应不下降，流量计无损坏或泄漏	
3	气密性试验	在装配好测量芯的流量计内用气体进行试验，输入的最小压力应为1.05倍最大允许工作压力。压力应缓慢地增加到试验压力，压力升高速率不能超过35kPa/s，并在该压力下最少保持1min	测试过程中无漏气情况发生	

续表

序号	试验项目	试验内容及方法	检测标准和要求	说明
4	计量性能试验	检定条件：流量标准装置、检定流体、检定环境条件应符合 JJG 1037—2008《涡轮流量计检定流程》的要求		
5		流量计的安装：流量计的安装应符合 JJG1037《涡轮流量计检定流程》的要求		
6		选取流量点 q_{min}、q_t、$0.25q_{max}$、$0.4q_{max}$、$0.55q_{max}$、$0.7q_{max}$ 和 q_{max}，每个流量点的检定次数应不少于 3 次		
7		检定程序： （1）运行前检查：连接、开机、预热、按流量计说明书中指定的方法检查流量计相关参数。 （2）流量计在可达到的最大检定流量的 70%～100% 范围内运行至少 5min 待流体温度、压力和流量稳定后方可进行检定。 （3）把流量计调到规定的流量值，稳定后，启动标准器和被检流量计。 （4）记录标准器和被检流量计的初始示值，按装置操作要求运行一段时间后，同时停止标准器和被检流量计。 （5）记录标准器和被检流量计的最终示值。 （6）分别计算流量计和标准器记录的累积流量值或瞬时流量值		
8		相对示值误差计算：参照 JJG 1037—2007 的要求计算流量计的相对示值误差	最大允许误差满足： ±1.0%，$q_t \leqslant q_i \leqslant q_{max}$ ±2.0%，$q_{min} \leqslant q_i < q_t$	
9		测量重复性计算：参照 JJG 1037—2007 的要求计算流量计的测量重复性	重复性不低于： 0.2%，$q_t \leqslant q_i \leqslant q_{max}$ 0.4%，$q_{min} \leqslant q_i < q_t$	
10		测量线性度计算：计算流量计的线性度	线性度满足说明书要求	

3. 流量计算机

（1）流量计算机及其辅助设备在出厂前应根据有关规范进行工厂试验，以证明所提供的每台设备在各方面均能完全符合买方的要求。

（2）流量计算机应依据相应的国家计量规程、规范进行出厂测试。

（3）供货商应向买方提供每台设备的出厂测试报告及质量检验报告，应是具有签署和日期的正式报告。

（4）供货商必须对所供设备进行 100% 的试验和检验，其内容至少应包括：

① 数量检查（包括附件）；

② 外观检验；

③ 铭牌标识是否完整、清晰；

④ 接线端子板应有接线标志；

⑤ 电源及接线是否满足要求；
⑥ 准确度测试；
⑦ 滞后性试验；
⑧复现性试验；
⑨ 模拟输入、输出通道分辨率测试；
⑩ 频率输入、输出误差测试；
⑪ 显示精度测试；
⑫ 与流量计配套后的系统准确度测试；
⑬ 与上位控制系统的通信试验；
⑭ 小信号切除测试；
⑮ 绝缘性能试验；
⑯ 电磁干扰试验；
⑰ 掉电保护试验；
⑱ 其他功能检查。

流量计算机出厂试验条件和检测要求见表 7–8。

表 7–8　流量计算机出厂验收测试表

序号	试验项目	试验内容及方法	检测标准和要求	说明
1	基本误差试验	（1）试验点取超声流量计（或气体涡轮流量计）输入信号的 0.2 倍、0.4 倍、0.6 倍、0.8 倍、1 倍量限附近；具有压力、温度补偿功能的应分别在其补偿范围内均匀选取五个点与以上选取的超声流量计（或气体涡轮流量计）输出信号交叉，共同组成检定点。 注：超声流量计（或气体涡轮流量计）输出信号选取的点如果不在流量范围内，可将 0.2 倍点提为与流量下线相一致的点。 （2）按选取检定点，流量计算机作二次循环测试。 （3）按下列公式计算每个流量点的误差： 模拟信号误差 E_{ni} ＝（q_i–q_{si}）/q_{max} × 100% 脉冲信号误差 E_{ci} ＝（q_i–q_{si}）/q_{si} × 100% 其中，q_i 为该流量检定点的流量计算机示值；q_{max} 为该流量计算机在设计状态下的最大流量；q_{si} 为该流量检定点的流量的理论计算值	误差值应满足 ± 1% 的误差要求	详细要求参考 JJG1003《流量积算仪检定流程》附录 B 的要求
2	电源变化影响	可在基本误差检定时同时进行。首先被检仪表按正常值供电，读取仪表示值，然后分别提高和降低至仪表允许供电电源上限值、下限值，此时仪表的示值分别与正常供电值相比	变化不得超过误差限的一半	
3	绝缘电阻检验	在环境温度为 15～35 ℃，相对湿度 45%～75%，大气压力 86～106kPa 条件下	各端子与外壳之间绝缘电阻不小于 20MΩ	
4	绝缘强度检验	在环境温度为 15～35 ℃，相对湿度 45%～75%，大气压力 86～106kPa 条件下，其各端子之间与外壳之间施加 500V 试验电压，保持 1min	不出现击穿或飞弧现象	

4. 成品油质量流量计

按照试验大纲，委托西安东风机电有限公司和西北流量测试中心对成品油质量流量计进行了出厂性能测试。

流量压力等测试装置由水泵、稳压罐、阀门、质量流量计、称重电子秤和蓄水池组成，如图 7–13 所示。

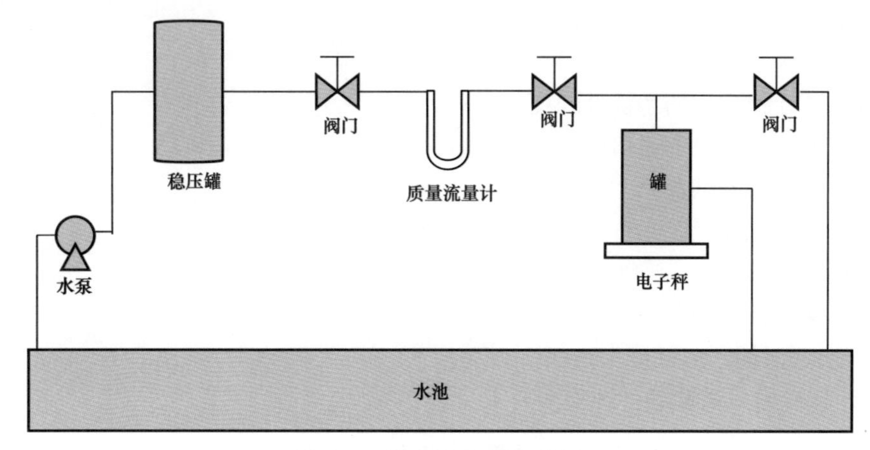

图 7–13　流量压力测试装置

（1）流量、密度误差测试。

利用上述测试装置对质量流量计样机进行了测试，测试精度达到 0.1 级。

（2）过程温度影响测试。

为了测量质量流量传感器在不同温度时测量流量和实际流量的偏差，以验证质量流量传感器的温度补偿系数及温度对零点稳定性的影响。

试验在三种不同温度下，通过质量流量为 40kg/s 的水，带压力、温度稳定后，通过称重法称量通过 30～50s 的水，计算实际流量，并进行比较。

测试结果表明，过程温度对零点稳定性的影响为 0.00072%，符合相关规定，流量温度补偿系数为 0.05%/℃。

（3）压力影响测试。

为了测试质量流量传感器在不同入口压力时，质量流量与实际流量的偏差，以便于确定质量流量传感器的压力修正系数

质量流量传感器入口压力等级分别为 0.5、1.5、2.5MPa 时通过 50kg/s 水，待流量、压力稳定，利用称重法称量 30～50s 水的质量，计算实际流量，同步记录质量流量传感器的入口压力、出口压力，正行程调节一次，反行程调节一次，每个压力点各测量 3 次。

利用上述数据进行计算，压力对流量误差影响为 –0.584% 流量值 /MPa，符合技术要求。

（4）振动、环境和电磁兼容测试。

主要测试质量流量高温、低温、振动、电磁兼容等方面内容，该部分工作委托陕西电子工业产品质量监督检验站进行检测，检测结果符合试验大纲要求。

（5）耐压、气密性试验。

为了测试质量流量计气密性和耐压能力，以水为介质打压 6MPa，维持 5min 和

20min，进行观察，未发现渗漏、破损等现象，符合技术要求。

（6）第三方流量计测试。

综合考察具有检测资质的单位，选择西北国家计量测试中心进行测试，质量流量误差不大于 0.1%，重复性不大于 0.05%，产品主要性能指标达到了国际先进水平。

二、现场测试

1. 超声流量计

1）现场测试情况

中核维思公司设计制造的 DN400、DN200、DN80 各两台超声流量计国产化样机用于工业应用分析与评估，其中，DN400 应用于中卫站，DN200 应用于角直站、DN80 应用于长沙站。样机的技术要求见表 7–9，流量计工业性试验情况见表 7–10。

表 7–9　各规格超声流量计技术要求

公称直径		DN400	DN200	DN80
最大允许误差	$Q_t \leq Q \leq Q_{max}$	±0.70%	±0.70%	±1.00%
	$Q_{min} \leq Q \leq Q_t$	±1.40%	±1.40%	±1.40%
重复性	$Q_t \leq Q \leq Q_{max}$	0.10%		
	$Q_{min} \leq Q \leq Q_t$	0.20%		
稳定性	$Q_t \leq Q \leq Q_{max}$	±0.50%		
	$Q_{min} \leq Q \leq Q_t$	±1.00%		
声速核查		±0.20%		
流量计算机		±0.20%		
流量范围，m^3/h		125～10000	55～2750	14～420

表 7–10　各规格超声流量计工业性试验情况一览表

规格型号	应用项目 / 地点	台数	备注
CL–1–4S–80	潜湘支线长沙站	1	
CL–1–4S–80	潜湘支线长沙站	1	原仙桃站
CL–1–4–200	西一线角直站	1	
CL–1–4–200	西一线角直站	1	
CL–1–4S–400	中卫站（中贵线首站）	2	

（1）DN400 超声流量计（编号 1136–005）。

该流量计于 2016 年 4 月安装在中卫站（中贵线首站）第二路，与第四路轮换与第一路 Elster 同口径超声流量计通过比对流程进行比对测试，现场工况流量在 Q_t 以上，如图 7–14 所示。2016 年 2 月和 2017 年 3 月分别通过了周期检定，2016 年 10 月开始记录比对数据。

图 7-14 DN400 超声流量计（编号 1136-005 和编号 1136-006）站场测试安装图

（2）DN400 超声流量计（编号 1136-006）。

该流量计于 2016 年 4 月安装在中卫站中贵线首站第二路，与第四路轮换与第一路 Elster 同口径超声流量计通过比对流程进行比对测试，现场工况流量在 Q_t 以上，如图 7-14 所示。2016 年 2 月和 2017 年 4 月分别通过了周期检定，2016 年 10 月开始记录比对数据。

（3）DN200 超声流量计（编号 1133-030）。

该流量计于 2014 年 6 月在甪直站安装投用，并与 Daniel 同口径超声流量计直接串接比对测试，下游用户为蓝天管网公司，现场工况流量在 Q_t 以上，如图 7-15 所示。2016 年 1 月和 9 月分别通过了周期检定，2016 年 3 月底开始记录比对数据。

图 7-15 DN200 超声流量计（编号 1133-030）站场测试安装图

（4）DN200 超声流量计（编号 1130-031）。

该流量计于 2014 年 6 月在甪直站安装投用，并与 Daniel 超声流量计通过比对流程进行比对测试，下游用户为苏州管网公司，现场工况流量在 Q_t 以上，如图 7-16 所示。2015 年 12 月和 2016 年 9 月分别通过了周期检定，2016 年 2 月底开始跟踪和分析。

图 7-16 DN200 超声流量计（编号 1130-031）站场测试安装图

（5）DN80 超声流量计（编号 1130-023）。

该流量计于 2015 年 3 月在长沙站投用，并与进口 SICK 超声流量计比对测试，2016 年 6 月和 2017 年 2 月分别通过了周期检定。

由于试验计量回路对应下游用户为 CNG 用户，每天间断分输，用气不规律，瞬时流量波动较大，日分输量（2～4）$\times 10^4 m^3$，且试验期间流量计长期工作在最小流量点以下，因此工业比对试验结果不理想。

（6）DN80超声流量计（编号1130–022）。

该流量计于2016年安装于仙桃站，与进口SICK超声流量计比对，但因仙桃站停输，后调整至长沙站，在2016年4月投用，并开展比对测试，2016年6月和2017年2月分别通过了周期检定。由于试验期间流量计工作在最小流量点以下，因此工业比对试验结果不理想。

2）工业性试验分析与评价

根据GYSY–XQDS–06《超声流量计工业性试验大纲》的要求，中国石油组织编制了《气体涡轮流量计、超声波流量计及流量计算机等国产化样机工业应用分析与评价实施方案》，并委托上海仪器仪表自控系统检验测试所开展“流量计及流量计算机等国产化样机工业应用分析与评价”工作。国产化超声流量计工业性试验测试内容主要包括超声流量计的声速核查；超声流量计的小时累计量、日累计量测量，以及指定流量下的重复性、稳定性测试。

中核维思DN400超声流量计（编号1136–006）测试数据见表7–11和表7–12。

表7–11　中核维思DN400超声流量计（编号1136–006）稳定性测试结果汇总表

检定流量	国产化样机调整量，%		参比流量计调整量，%
	首次检定	后续检定	维修后检定
Q_{max}	–0.35	–0.20	–0.11
$0.4Q_{max}$	–0.06	–0.29	–0.16
$0.25Q_{max}$	0.04	–0.31	–0.25
Q_t	0.18	–0.34	–0.30
Q_{min}	–0.15	–1.12	–1.70
检定日期	2016.2.18	2017.4.5	—

表7–12　中核维思DN400超声流量计（编号1136–006）日累积量相对示值误差汇总表

时间	2016年10月	2016年12月	2017年1月	2017年2月
月平均相对示值误差，%	0.19	0.65	0.58	0.41

天信DN80气体涡轮流量计（编号131228041）测试数据见表7–13和表7–14。

表7–13　天信仪表DN80气体涡轮流量计（编号131228041）稳定性测试结果汇总表

检定流量	国产化样机调整量，%				参比流量计调整量，%
	首次检定	后续检定	后续检定	后续检定	后续检定
Q_{max}	–0.33	0.15	0.49	0.59	–0.05
$0.4Q_{max}$	–0.42	–0.07	0.67	0.80	–0.22
$0.25Q_{max}$	–0.52	0.37	0.39	0.41	–0.19
Q_t	–0.39	0.36	0.38	0.49	–0.11
Q_{min}	–0.54	0.35	0.57	0.60	–0.77
检定日期	2013.12.22	2014.11.15	2015.11.10	2016.9.24	2013.8.20～2015.8.10

表 7-14　天信仪表 DN80 气体涡轮流量计（编号 131228041）日累积量相对示值误差汇总表

月份	1	2	3	4	5	6	7	11	12	1	2
平均相对示值误差,%	−0.68	−0.87	−0.98	−1.00	−0.97	−1.12	−0.35	0.28	0.17	0.18	0.15

2. 气体涡轮流量计

1）现场测试情况

（1）天信仪表的气体涡轮流量计。

天信仪表制造的4台气体涡轮流量计及流量计算机国产化样机用于工业应用，其中DN50、DN80各2台，DN50应用于青山站，两台DN80分别应用于镇江站、滁州站。样机的技术要求见表7-15，流量计工业性试验情况见表7-16。

表 7-15　各规格气体涡轮流量计技术要求

公称直径		DN50	DN80
最大允许误差	$Q_t \leqslant Q \leqslant Q_{max}$	± 1.00%	
	$Q_{min} \leqslant Q \leqslant Q_t$	± 2.0%	
重复性	$Q_t \leqslant Q \leqslant Q_{max}$	0.20%	
	$Q_{min} \leqslant Q \leqslant Q_t$	0.40%	
稳定性	$Q_t \leqslant Q \leqslant Q_{max}$	± 0.50%	
	$Q_{min} \leqslant Q \leqslant Q_t$	± 1.00%	
流量计算机		± 0.05%	
流量范围，m^3/h		10～100	13～250

表 7-16　各规格气体涡轮流量计工业性试验情况一览表

规格型号	应用项目 / 地点	台数	备注
TBQM-DN50-G65	西一线青山站	1	
TBQM-DN50-G65	西一线青山站	1	
TBQM-DN80-G160	西一线镇江站	1	2016年9月互换
TBQM-DN80-G160	西一线滁州站	1	

① DN80 气体涡轮流量计（编号 131228042）。

该流量计于2014年6月在滁州站安装完成，与 Elster DN80 气体涡轮流量计通过比对流程进行比对测试，现场工况流量均在 Q_t 以上，如图7-17所示。2015年11月和2016年9月分别进行了周期检定，2016年1月开始跟踪记录比对数据，2016年9月检定后与镇江站该公司另一台同型号流量计对调进行试验。

图 7-17　DN80 气体涡轮流量计（编号 131228042）站场测试安装图

② DN80 气体涡轮流量计（编号 131228041）。

该流量计于 2014 年 6 月在镇江站安装完成，并开展比对测试，2014 年 11 月和 2016 年 9 月分别进行了周期检定，2016 年 1 月开始跟踪记录比对数据，现场工况流量在 Q_t 以上，如图 7-18 所示。2016 年 9 月检定后与滁州站该公司另一台同型号流量计对调进行试验。由于镇江站工艺条件不理想，因此测试时主要选 2016 年 9 月后换到滁州站的比对数据。

图 7-18　DN80 气体涡轮流量计（编号 131228041）站场测试安装图

③ DN50 气体涡轮流量计（编号 131228036，编号 131228038）。

两台国产气体涡轮流量计于 2014 年安装至现场，与 Elster 气体涡轮流量计进行比对测试，现场工况流量在 Q_t 以上，如图 7-19 所示。由于气体中含有较多杂质和工艺条件限制等原因，2 台国产化样机和 1 台参比流量计频繁故障，大部分时间没法开展比对测试。

（2）苍南仪表的气体涡轮流量计。

① DN80 气体涡轮流量计（编号 801）。

该流量计于 2014 年 6 月在利辛站安装完成，与 Elster DN80 气体涡轮流量通过比对流程进行比对测试，现场工况流量均在 Q_t 以上，如图 7-20 所示。2016 年 2 月和 9 月分别进行了周期检定，2016 年 4 月开始跟踪记录比对数据，2016 年 9 月检定后与如皋站该公司另一台同型号流量计对调进行试验。

② DN80 气体涡轮流量计（编号 802）。

该流量计于 2014 年 6 月在如皋站安装完成，比对测试需涉及 3 台流量计，即与 Elster DN80 气体涡轮流量计并联后，再与下游门站准确度等级为 1.5 级的 Elster DN100 气体涡轮流量计进行比对测试，现场工况流量在 Q_t 以上，如图 7-21 所示。2016 年 9 月检定后，与利辛站该公司另一台同型号流量计对调进行试验。

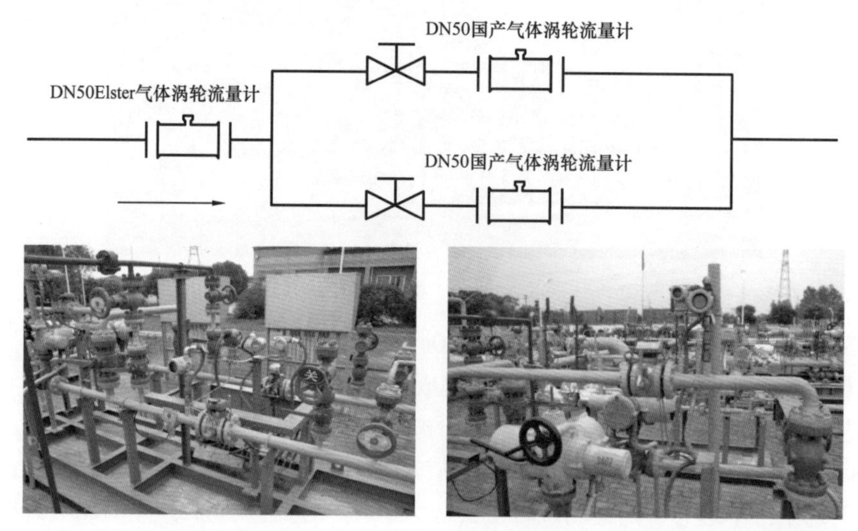

图 7-19　DN50 气体涡轮流量计（编号 131228036，编号 131228038）站场测试安装图

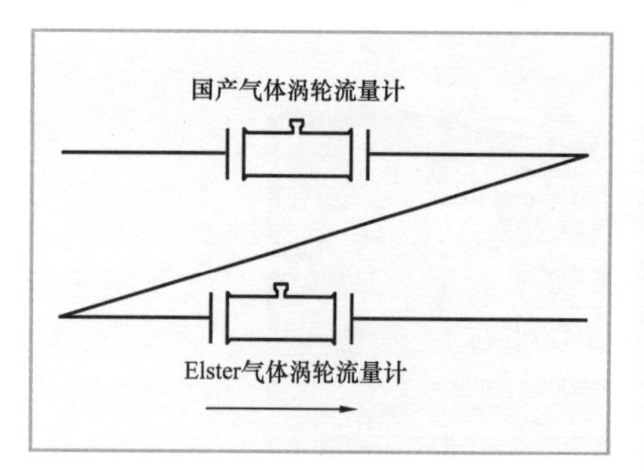

图 7-20　DN80 气体涡轮流量计（编号 801）站场测试安装图

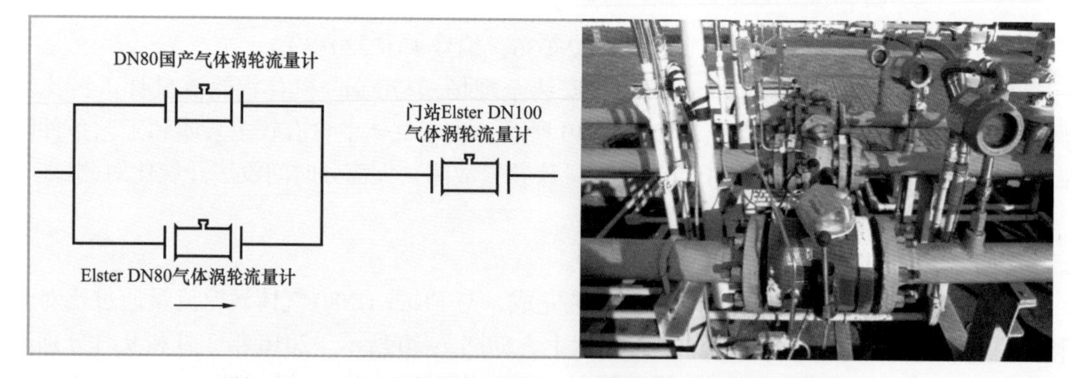

图 7-21　DN80 气体涡轮流量计（编号 802）站场测试安装图

③ DN50 气体涡轮流量计（编号 501）。

该流量计于 2014 年 6 月在南通站安装完成，与 Elster DN50 气体涡轮流量计并联后，然后与下游门站 Elster DN100 超声流量计进行比对测试。2016 年 4 月因叶轮及轴承损坏进行维修检定后，5 月重新安装，并开始记录比对数据，现场工况流量在 Q_t 以上，如图 7-22

所示。2016 年 10 月进行了周期检定。

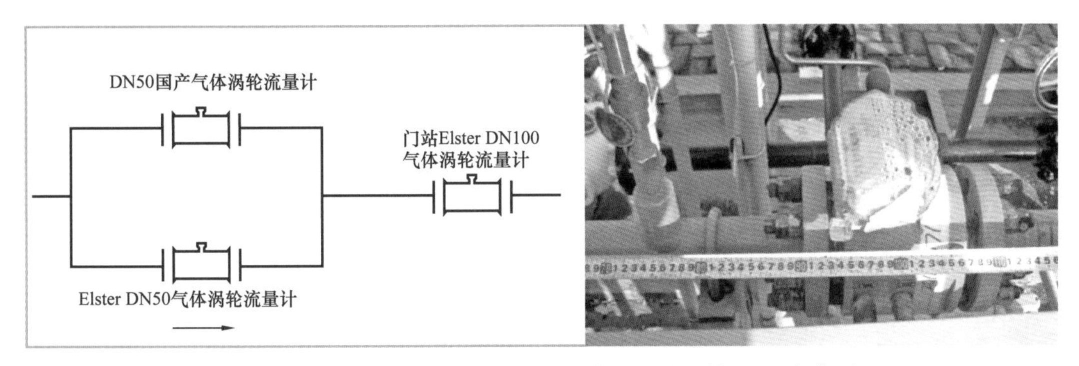

图 7-22　DN50 气体涡轮流量计（编号 501）站场测试安装图

④ DN50 气体涡轮流量计（编号 502）。

该流量计于 2014 年 6 月在如皋站安装完成，与下游门站 Elster DN150 气体涡轮流量计进行比对测试，现场工况流量在 Q_t 以上，下游用户为如皋益友，如图 7-23 所示。该流量计分别于 2016 年 1 月、7 月和 11 月出现故障，然后分别进行了维修和检定。在国产化流量计故障时，用参比流量计和下游门站流量计比对，两者的示值误差即为系统差。

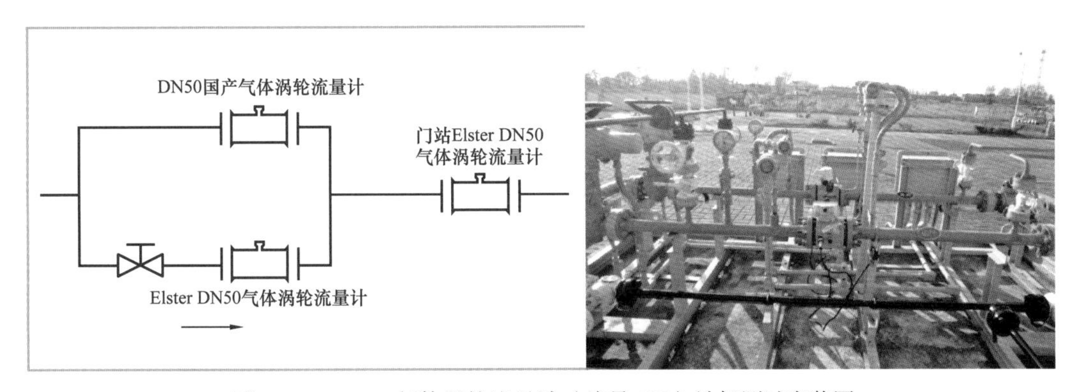

图 7-23　DN50 气体涡轮流量计（编号 502）站场测试安装图

（3）天信流量计算机。

① 与 DN80 气体涡轮流量计配套使用（编号 131227001）。

该流量计算机于 2014 年 6 月在滁州站安装完成，与 Elster F1 型流量计算机进行比对测试。该站使用 RS485 通信接口读取流量计算机的测量数据，并每日手动输入一次天然气组分数据。该流量计算机于 2015 年 10 月在上海仪器仪表自控系统检验测试所重新校准，检验合格。

表 7-17 为滁州站天信流量计算机与 Elster F1 型流量计算机日累积量相对示值误差的比较数据，从表中可以看出平均相对示值误差均保持在 ±1% 的范围内，符合《气体涡轮流量计现场工业性试验大纲》的比对误差要求。

表 7-17　天信流量计算机日累积量相对示值误差汇总表（编号 131227001 流量计）

时间	2015 年 2 月	2015 年 3 月	2016 年 3 月	2016 年 5 月
月平均相对示值误差，%	-0.54	0.28	0.18	0.20

② 与DN80气体涡轮流量计配套使用（编号131227002）。

该流量计算机于2014年6月在镇江站安装完成，并开展比对测试，2015年10月进行了周期校准。该站使用RS485通信接口读取流量计算机的测量数据，并每日手动输入一次天然气组分数据。

表7–18为镇江站天信流量计算机与进口流量计算机日累积量相对示值误差的比较数据，从表中可以看出平均相对示值误差均保持在 ±1% 的范围内，符合《气体涡轮流量计现场工业性试验大纲》的比对误差要求。

表7–18 天信流量计算机日累积量相对示值误差汇总表（编号131227002流量计）

时间	2015年12月	2016年1月	2016年2月	2016年7月
月平均相对示值误差，%	–0.31	–0.71	–0.86	–0.74

③ 与DN50气体涡轮流量计配套使用（编号131227003，131227004）。

两台国产化流量计算机于2014年安装至现场，与Flowboss S600流量计算机进行比对测试。由于气体中含有较多杂质和工艺条件限制等原因，2台国产化样机和1台参比流量计频繁故障，大部分时间没法开展比对测试。该站使用以太网通信接口读取流量计算机的测量数据，并从站控系统自动传输天然气组分给流量计算机。该流量计算机于2015年10月在上海仪器仪表自控系统检验测试所重新校准，检验合格。

表7–19为青山站天信仪表流量计算机与Flowboss S600流量计算机日累积量相对示值误差的比较数据，从表中可以看出平均相对示值误差均保持在 ±1% 的范围内，符合《气体涡轮流量计现场工业性试验大纲》的比对误差要求。

表7–19 天信仪表流量计算机日累积量相对示值误差汇总表（编号131227003，131227004流量计）

时间	2016年7月	2016年8月	2016年9月	2016年12月
月平均相对示值误差，%	–0.62	–0.20	–0.29	0.86

2）工业性试验分析与评价

根据GYSY–XQDS–07《气体涡轮流量计工业性试验大纲》的要求，西气东输公司组织编制了《气体涡轮流量计、超声波流量计及流量计算机等国产化样机工业应用分析与评价实施方案》，并委托上海仪器仪表自控系统检验测试所开展“流量计及流量计算机等国产化样机工业应用分析与评价”工作。国产化超声流量计工业性试验测试内容主要包括气体涡轮流量计的小时累计量、日累计测量和指定流量下的重复性、稳定性测试。

3. 质量流量计

1）现场测试情况

选用东风机电的DN80、PN2.5质量流量计一台成橇（以下简称“试验流量计橇座”）安装在现有枣庄站流量计橇座标定进、出口管线接口上，导通计量站流量计标定流程运行，与运行的流量计橇座形成串联，如图7–24和图7–25所示。

2016年3月15日，由国家石油天然气大流量计量站对流量计进行体积法标定（密度0.837g/cm^3；温度11.063℃；频率73.401Hz；频率–0.046μs；均流32.441μs；压力0.22MPa；首次标定误差–0.5%，原斜率638.19g/s/μs；新斜率641.38g/s/μs），如图7–26所示。

图 7-24　枣庄站流量计橇座现场操作正面照

图 7-25　枣庄站流量计橇座现场操作侧面照

测试结果表明流量计误差为 0.04%，重复性为 0.03%，详见表 7-20。

表 7-20　DN80、PN2.5 质量流量计现场测试结果

现场标定流量，t/h	标定与标准体积表误差，%	流量计重复性，%
45	-0.01	0.02
58	-0.04	0.03
75	0	0.01

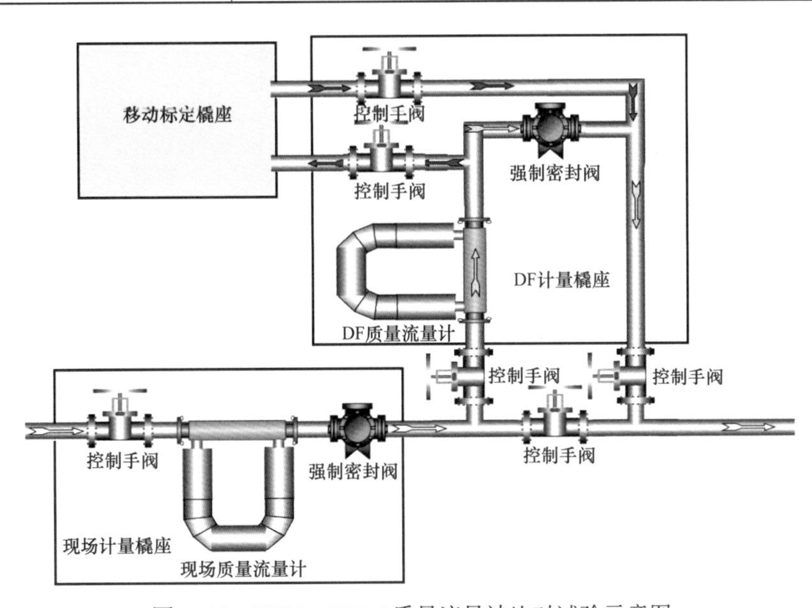

图 7-26　DN80、PN2.5 质量流量计比对试验示意图

进口质量流量计的数据从北京油气调控中心中间数据获得，各数据时间间隔为 1min。国产化质量流量计数据直接保存在现场存取单元中，其数据间隔时间为 30s。

2）批次油品累计量对比

由于港枣线分输为批次输送，为了比对方便，采用批次比对方法，即同一批次输送结束后，分别调取进口流量计和国产化流量计在该批次油品分输时的油品质量数据，并进行比对。部分比对数据见表 7-21，国产化流量计与进口流量计相比偏差较小，不大于 0.2%。

表 7-21　批次油品比对数据表

起始时间	起始累计量 t	结束时间	结束累计量 t	累计量 t	修正系数	修正后累积量	起始时间	起始累计量 t	结束时间	结束累计量 t	累计量 t	修正系数	修正后累积量	介质	差值 t	偏差 %
07月12日16:54	228.281	07月12日18:00	293.603	65.322	0.9999	65.315	07月12日16:49	442.353	07月12日17:57	507.517	65.164	1.0008	65.216	柴油	0.099	0.15
07月13日22:44	293.617	07月15日21:14	3993.07	3699.453	1	3699.453	07月13日22:14	507.52	07月15日21:10	4197.423	3689.903	1.0013	3694.7	柴油	4.753	0.13
07月19日07:04	8640.65	07月25日09:43	17093.3	8452.65	0.9996	8449.269	07月19日07:00	4197.648	07月25日09:39	12627.917	8430.269	1.0013	8441.228	柴油	8.04	0.10
08月06日09:54	23529.8	08月07日16:27	24783.7	1253.9	0.9999	1253.775	08月06日09:37	19101.168	08月07日16:22	20351.428	1250.26	1.0009	1251.385	柴油	2.39	0.19
08月07日17:03	24783.7	08月13日16:24	31639.7	6856	0.9999	6855.314	08月07日16:54	20351.428	08月13日16:21	27188.975	6837.547	1.0009	6843.701	柴油	11.613	0.17
08月15日11:47	31762.9	08月18日01:44	35534.5	3771.6	0.9996	3770.914	08月15日11:44	27188.975	08月18日01:38	30948.998	3760.023	1.0013	3764.911	柴油	6.003	0.16
08月20日12:30	38610	08月29日11:11	51153.8	12543.8	0.9996	12538.782	08月20日12:26	30950.01	08月29日11:07	43458.832	12508.822	1.0008	12518.829	柴油	19.953	0.16

续表

起始时间	起始累计量 t	结束时间	结束累计量 t	累计量 t	修正系数	修正后累积量	起始时间	起始累计量 t	结束时间	结束累计量 t	累计量 t	修正系数	修正后累积量	介质	差值 t	偏差 %
09 月 01 日 12：44	51228.3	09 月 01 日 14：53	51361.4	133.1	0.9996	133.046	09 月 01 日 12：39	43459.567	09 月 01 日 14：39	43592.328	132.761	1.0013	132.934	柴油	0.112	0.08
09 月 02 日 09：44	51361.4	09 月 09 日 15：47	59280.4	7919	0.9996	7915.832	09 月 02 日 09：39	43592.328	09 月 09 日 15：43	51488.957	7896.629	1.0013	7906.895	柴油	8.937	0.11
09 月 12 日 01：01	59280.4	09 月 14 日 00：13	62959	3678.6	0.9996	3677.129	09 月 12 日 00：30	51489.328	09 月 14 日 00：08	55157.043	3667.715	1.0013	3672.483	柴油	4.646	0.13
09 月 16 日 22：40	66394.5	09 月 25 日 18：52	78627.9	12233.4	0.9999	12232.177	09 月 16 日 22：45	55158.055	09 月 16 日 18：49	67366.406	12208.351	1.0008	12218.118	柴油	14.059	0.12
10 月 04 日 09：55	78964.5	10 月 15 日 16：10	91113.5	12149	0.9999	12147.785	10 月 04 日 09：58	67557.6	10 月 04 日 16：03	79678.5	12120.9	1.0008	12130.597	柴油	17.188	0.14
12 月 22 日 21：01	56112.9	12 月 30 日 9：42	66360.2	10247.3	0.9996	10243.201	12 月 22 日 20：52	34437.621	12 月 30 日 9：42	44659.594	10221.973	1.0013	10235.261	柴油	7.94	0.08
合计				72755.83		72738.79					72568.34		72641		97.793	0.13

图 7-27 为不同批次油品，国产化流量计与进口流量计偏差对比情况，可以看出偏差小于 0.2%。

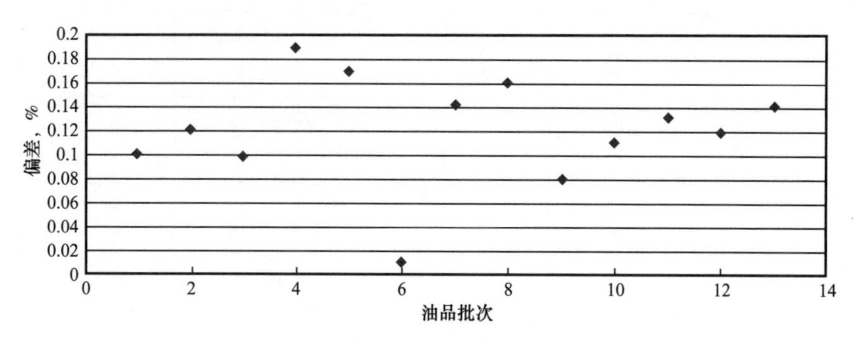

图 7-27　批次油品对比数据趋势图

3）瞬时流量对比

选取 2016 年 7 月 12 日 16：50—18：05，期间输送了 1 个批次油品，在此期间国产化流量计和进口流量计相比累计量相比偏差为 0.10%，抽取在该批次油品输送过程中的瞬时流量数据进行对比，结果如图 7-28 所示。

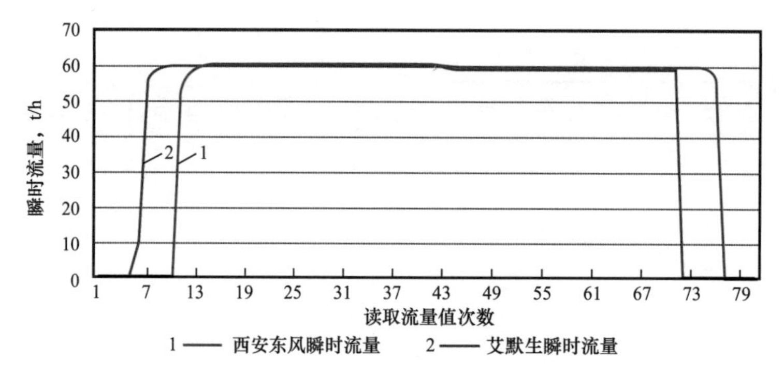

图 7-28　瞬时流量数据比对情况（2016 年 7 月 12 日 16：50—18：05）

选取 7 月 13 日 21：15—7 月 15 日 21：15 期间输送了 1 个批次油品，在此期间国产化流量计和进口流量计相比累计量相比偏差为 0.13%，抽取在该批次油品输送过程中的瞬时流量数据进行对比，结果如图 7-29 所示。

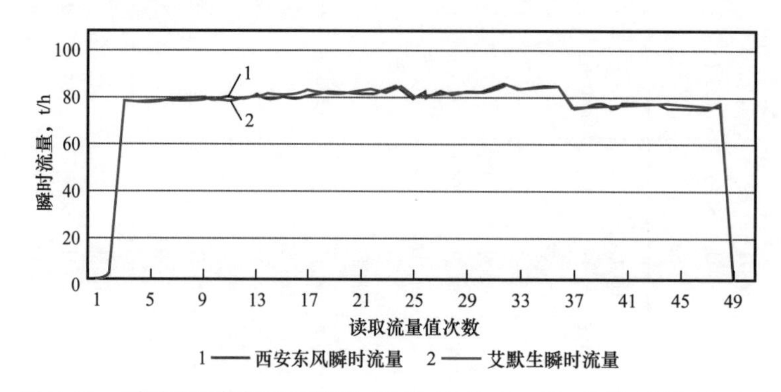

图 7-29　瞬时流量数据对比情况（7 月 13 日 21：15—7 月 15 日 21：15）

选取 7 月 19 日 5：05—7 月 25 日 12：05 期间输送了 1 个批次油品，在此期间国产化流量计和进口流量计相比累计量相比偏差为 0.10%，抽取在该批次油品输送过程中的瞬时流量数据进行对比，结果如图 7–30 所示。

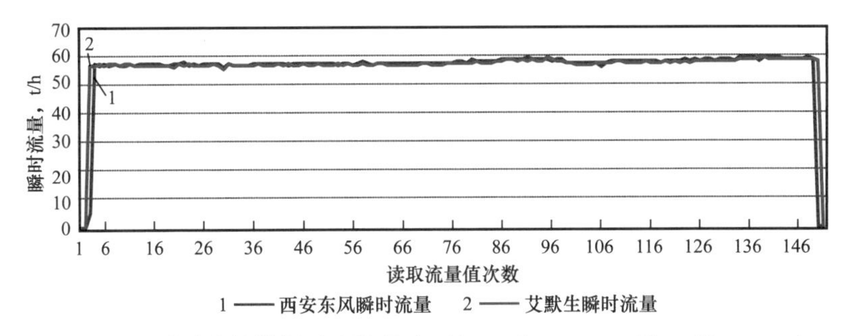

图 7–30　瞬时流量数据对比情况（7 月 19 日 5：05—7 月 25 日 12：05）

选取 9 月 11 日 23：00—9 月 14 日 0：23 期间输送了 1 个批次油品，在此期间国产化流量计和进口流量计相比累计量相比偏差为 0.13%，抽取在该批次油品输送过程中的瞬时流量数据进行对比，结果如图 7–31 所示。

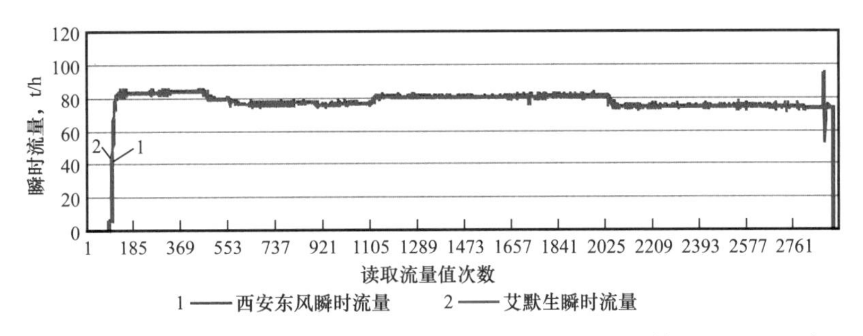

图 7–31　瞬时流量数据比对情况（9 月 11 日 23：00—9 月 14 日 00：23）

4）工业性试验现场验收

2017 年 1 月，国产质量流量计通过了现场验收工作，工业现场试验取得成果如下：

（1）该型流量计采用具有自主知识产权的全数字解算技术和稳定的传感器制造技术，并满足现场电磁干扰、射频干扰、工频干扰等技术要求。

（2）该型流量计经联合开发项目组编制的技术文件《成品油质量流量计现场工业性试验大纲》进行了现场试验，并经国家石油天然气大流量计量站 JJG1038 在线实流检定测试，测试结果合格。

（3）截至 2017 年 1 月 10 日，该型流量计经过近一年的连续运行考核，运行稳定，主要性能指标满足质量流量计相关标准要求，与进口流量计相比偏差较小。

第八章 非标设备开发与应用

非标设备是指没有按照国家颁布的统一的行业标准和规格制造、自行设计制造的设备，且外观或性能不在国家设备产品目录内的设备。快开盲板和绝缘接头是两种油气管道常用非标设备，作为管道工艺系统重要组成部分，其产品质量的可靠性对杜绝安全生产隐患、提升管道本质安全有重要意义。油气管道快开盲板、绝缘接头基本依赖进口产品。美国 PECO 公司、法国 PT 公司和英国 GD 公司生产的快开盲板结构均为环锁式，逐渐得到国内用户认可，特别是 GD 公司的盲板在长输管道中用量最大，其次是 PT 公司盲板。美国 EnPro Industries 集团的下属公司 GPT 公司是关键管道密封和电气绝缘产品的全球领先制造商，其整体式绝缘接头进入中国市场的时间也相对较早。美国 SPYRIS Solutions 集团下属的 Tube Turns 公司、德国 Shuck 公司和意大利的 Alfa Engineering 公司生产的整体式绝缘接头在国际市场的占有率也比较高。

中国石油启动了 12.6MPa DN1550 快开盲板和 12MPa DN1440 绝缘接头的国产化产品研制工作，研制的 3 套快开盲板于 2014 年 7 月 13 日完成产品性能测试并通过了由中国机械工业联合会和中国石油天然气集团公司组织的新产品鉴定。

第一节 两种关键非标设备的结构原理概述

一、快开盲板

快开盲板是用于压力容器或压力管道的圆形开口上，具有安全联锁与报警功能，并能实现快速开启和关闭的一种机械装置，是油气管道设备的关键部分，广泛应用于过滤分离器、聚结器、过滤器和收发球筒等端部。常见的快开盲板结构有牙嵌型、卡箍型、插扣型和锁环型等，其中，锁环型快开盲板的研究与应用是近些年来的热点。

典型的锁环型快开盲板的结构示意图如图 8-1 所示[1]，其主要由高颈法兰、门盖、扳手、锁环、密封圈、开门铰链机构、锁紧机构、安全联锁装置及主链铰座组成。不同于

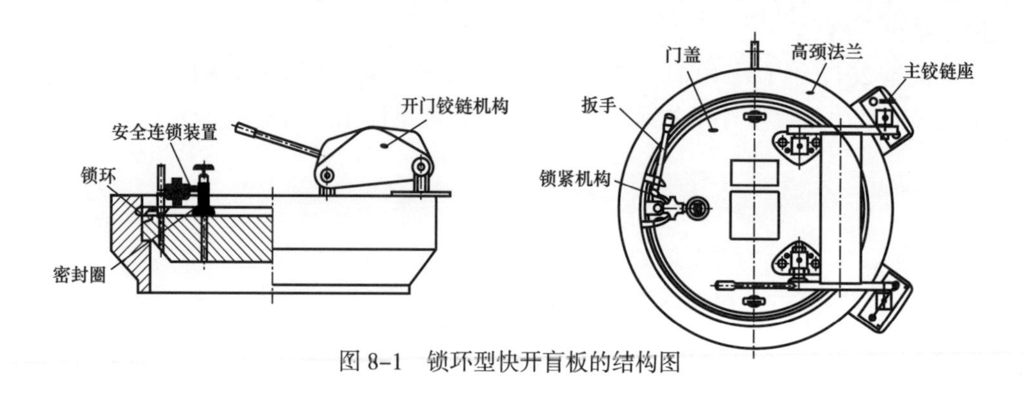

图 8-1 锁环型快开盲板的结构图

螺栓法兰结构需要逐个松开或者拧紧螺栓，快开盲板结构只需要利用其特定的锁紧机构旋转一定角度或者移动一段距离，就可以完成门盖的开启和关闭。因此，快开盲板结构特别适合作为需要频繁且快速启闭的设备门盖[2]。

二、整体式绝缘接头

绝缘接头是安装在两个管段之间，同时具有埋地钢质管道要求的密封性能和电化学保护工程所要求的电绝缘性能的管道接头的统称，被广泛应用于陆地管线、海底管线和海洋石油导管架等阴极防护系统，是长输油气管道站场的必备组件。

整体式绝缘接头是在工厂制作，用于切断钢质管道的纵向电流，把有阴极保护的管段和无阴极保护的管段隔离开，具有埋地钢制管道要求的强度、密封性能和电化学保护工程所要求的电绝缘性能，通过焊接固定而结合在一起[3]。其基本结构如图 8-2 所示，它包括左法兰、右法兰、固定环、短节、绝缘环、密封圈、绝缘密封填充材料。组焊时，绝缘接头的两个法兰分别与两段接管焊接，两法兰在固定环作用下连接在一起，法兰之间通过密封材料和绝缘材料隔开，从而达到绝缘和密封的效果。

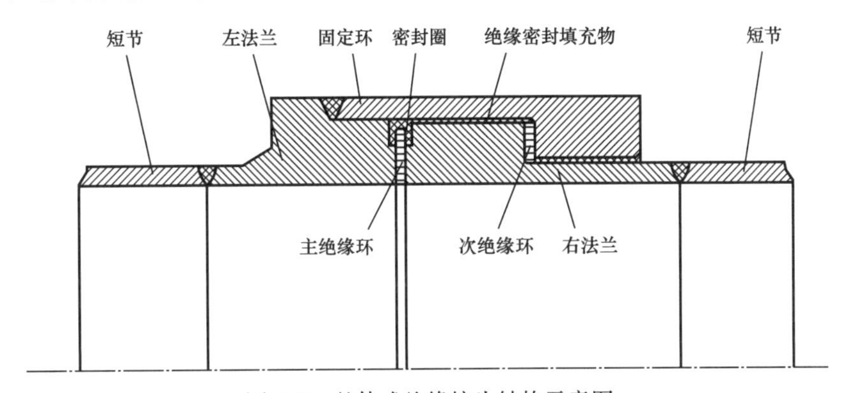

图 8-2 整体式绝缘接头结构示意图

第二节 非标设备国产化技术现状

近年来，随着我国石油、天然气工业的迅猛发展，中国长输油气管道的建设趋向高压力、大口径和高钢级，这对非标管件的设计方法和生产质量提出了更高的要求。快开盲板和整体式绝缘接头一直是制约国内高压管道站场非标管件国产化的“瓶颈”，进口的快开盲板和整体式绝缘接头价格高，周期长，严重影响工程进度。中国油气管道的建设迫切需要大口径高压快开盲板和整体式绝缘接头实现国产化。

一、快开盲板的国内外技术现状

从安全性的角度出发，英国学者 G.A.Casey 和 B.Smith 等在 20 世纪 90 年代提出了四种求解快开盲板应力强度的方法（两种数值法：有限元法和边界元法、实验法和材料力学的近似解法），得出了锁环式快开盲板结构的最大应力强度位于筒体端部法兰的锁环槽圆角处的结论，并且对快开盲板结构的应力强度因子进行了研究[4, 5]。

在国内，也有许多学者对快开盲板进行了理论研究。早在 1983 年，汪骏书等利用有限元法对锁环型快开盲板进行了计算，得到了快开盲板几个零件之间接触区域的变化规律和接触压力的分布，也计算出了各个零件在工作状态下的应力场和位移场[6]。之后，大庆石油学院张学鸿等在1991年使用有限元法对卡箍型盲板结构的变形和应力作了初步分析，所得结果与现场实测的应力结果相符[7]。2009年，辽宁石油化工大学王伟等利用ANSYS软件对插扣型快开盲板的结构进行热—应力耦合分析，并对盲板进行强度校核[8]。北京化工大学陈平、周淑敏和石莹等一直致力于对快开盲板密封圈性能和密封圈改进的研究，提出了一种新型的D型螺栓双“O”形橡胶密封圈的快开盲板结构[9]；针对大直径高压工况下的C形密封圈的密封性能进行了模拟分析，得出了不同参数下密封圈关键密封面上的接触压力以及包含钢骨架的密封圈整体应力应变分布状态[10]；基于Visual Basic.NET（VB.NET）对Ansys进行了二次开发，开发出了一款方便用户使用的锁环式快开盲板结构参数化设计软件。

国外公司对于快开盲板的研制相对较早，目前技术已经非常成熟而且种类也比较齐全。例如英国的GD Engineering公司（现属于美国斯必克流体公司旗下），其开发的王牌产品Bandlock™2锁环型快开盲板早先在国内天然气管网的应用比较广泛，在国内的熟知度也相对较高。法国Piping Technologies公司生产的快开盲板以及德国Siegfried Kempe GmbH公司生产的KEMLOCK型快开盲板虽然在国内应用较少，然而在国际市场的占有率也比较高。除此以外，美国SPYRIS Solutions公司下属的Tube Turns公司是全球唯一一家设计、制造和销售5种型号的快开盲板的公司，其产品能满足不同管道尺寸和压力。

“十一五”以来，为了打破外国厂商在该领域的垄断，通过自主创新，中国石油西部管道公司组织中油管道机械制造有限责任公司、江苏盛伟过滤设备有限公司和沈阳永业实业有限公司等单位开展联合攻关，先后研制出ϕ1219mm高压大口径管道配套安全自锁型快开盲板和ϕ1422mm第三代大输量管道配套安全自锁型快开盲板，并通过了由中国机械工业联合会与中国石油科技管理部组织的新产品鉴定，填补了国内空白。产品整体技术达到国内领先、国际先进水平，整机低温性能试验为国内首创，在防止清管器撞击方面为国内外首创，电力驱动式快开盲板获美国和欧洲发明专利，被认定为中国石油自主创新重要产品，成功打破了欧美国家在该领域的长期技术垄断，拥有系列自主知识产权，建成了专业化生产组装线，形成了中国能源行业标准，产品成功应用于国内外80多个工程。在2015年，成功应用于西三线东段和云南成品油管道，标志着中国管道建设主干线用快开盲板全面实现了国产化，在2016年，陕京四线、中靖线和中俄二期工程建设中国产快开盲板的市场占有率达到100%。

二、整体式绝缘接头的国内外技术现状

整体式绝缘接头是油气管道的薄弱环节，国内学者的研究主要集中在利用有限元法研究绝缘接头的应力影响和密封问题。2007年，同济大学杨国标等通过ANSYS软件对直径为100mm典型燃气管道绝缘接头的应力、应变、位移量等的计算和实验，得到了不同因素与管道绝缘接头应力、应变、位移量的关系，分析了在不同因素作用下埋地燃气管道绝缘接头的安全性[11]。西南石油大学马青等在2009年利用ANSYS软件建立了绝缘接头的三维温度场有限元数值分析模型，研究了整体式绝缘接头焊接热过程，得到了残余应力对

绝缘接头的影响规律[12]。西安交通大学杨政等在2016年分析了整体式绝缘接头不同状态下绝缘环的弹性应力，研究了预紧应力、外部作用、几何参数等对绝缘环应力分布及最大压应力的影响[13]。因密封失效而导致油气泄漏是绝缘接头的主要失效形式。针对绝缘接头的泄漏问题，中国石油天然气管道工程有限公司彭常飞等在2015年利用ABAQUS软件建立了整体式绝缘接头的有限元分析模型，研究了不同工况下绝缘接头“O”形密封圈的密封性能，比较了单V形沟槽和矩形沟槽密封效果[14]。

国外对绝缘接头的研发比国内要早很多，国外管道绝缘连接的形式多样，适用于不同的输送介质、不同的压力及各种不同需要的应用场合。在这些绝缘接接头中，整体式绝缘接头最适合于高、中压长输管道。美国EnPro Industries集团的下属公司GPT公司是关键管道密封和电气绝缘产品的全球领先制造商，其整体式绝缘接头进入中国市场的时间也相对较早。美国SPYRIS Solutions集团下属的Tube Turns公司和意大利的Alfa Engineering公司生产的整体式绝缘接头在国际市场的占有率也比较高。

为了打破国外厂商对我国的技术垄断，中国石油管道局先后于2009年和2014年成功研制出ϕ1219X70管道整体式绝缘接头和ϕ1422X80管道整体式绝缘接头，填补了国内空白，并通过了中国特种设备检测研究院的技术检测和中国石油天然气集团公司的新产品鉴定，总体技术达到国内领先、国际先进水平，先后获得中国石油管道局科技进步一等奖和中国石油天然气集团公司油气管道关键设备国产化三等奖。JYJT–U整体式绝缘接头系列产品已成功应用于西二线东段、伦南—吐鲁番支线、西三线、中缅、中贵等管道工程2000多台，市场占有率达到50%以上，2013年，在西三线主干线全面实现了国产化，成功打破了国外对该领域的垄断，已经成为管道工程建设中的优质、性价比高的产品，为中俄东线管道建设做好了技术准备，应用前景广阔。

第三节 非标设备国产化技术条件

一、总体要求

针对快开盲板、绝缘接头的设计、制造、材料、测试、检验、运输和验收等方面，制定了国产化技术条件。

（1）试制方应具有国家或相应国际认证机构颁发的有效的ISO14001环境管理体系认证证书、ISO9001质量体系认证证书。

（2）试制方具有国家质检总局颁发的相应级别压力容器设计、制造资质（资质中应包含A1）。

（3）制造应由具有绝缘接头的特种设备制造许可证的单位承担。

（4）焊工应具备相应的资格。

（5）试制方应接受试用方委托的第三方机构进行全过程监造。

二、设计与制造要求

1. 快开盲板

（1）快开盲板的设计应遵循本技术条件及相关标准规范的要求。

（2）快开盲板的结构设计宜选用承受压应力为主的锁环式结构形式。

（3）强度计算与结构设计应符合 GB150.1～150.4 的规定，并进行有限元分析设计和应力测试。同时考虑如冲击载荷、波动载荷等特殊工况条件。

（4）快开盲板除满足工况要求的强度和密封性能外，应能开闭灵活、方便。开启时间不应大于 1min，开启力不应超过 200N。

（5）快开盲板应具有安全联锁功能，保证带压时无法开启，盲板未关闭到位时无法升压，并在适当位置设置警示标记。

（6）快开盲板应带操作手轮或专用扳手，保证开闭灵活、方便、密封可靠、无泄漏。

（7）当快开盲板打开时应有定位装置，固定门锁，防止意外关闭。

（8）快开盲板的关闭机构和转臂应固定在盲板边缘法兰上，而不允许固定在设备筒体上。

（9）快开盲板的密封圈应采用密封效果良好的自紧式密封圈。在正常操作条件下，密封圈的使用寿命不应少于 3 年，且应具有良好的残余弹性以保证密封的可靠性。

（10）密封圈的材质应满足所输送介质特性及环境的要求，且具有抗爆裂减压性能。

（11）图纸审查：试制方应提供详细的图纸、计算书及制造工艺方案，图纸应包括主要的结构尺寸、主要的壁厚及所用材料（强度、化学成分、C_{eq} 值、P_{cm} 值等），计算书应包括传统强度计算书和有限元分析计算书。

（12）快开盲板的制造应遵循本技术条件及相关标准规范的要求。

（13）按 GB150.1～150.4 对主要受压元件及连接件的材质证明书进行确认，并按规定进行复验。

（14）与外部壳体焊接连接的坡口，应机加工成形。

（15）试制方应提交快开盲板焊接工艺程序、焊接工艺评定、无损检测程序和焊后热处理程序供试用方审查。试制方的焊接程序在试用方发出书面同意后方可开始焊接。

（16）组装前应对全部零件进行检验，合格后才允许组装。组装过程中应采用有效的防变形措施。

（17）组装后应对组装焊缝进行消除应力热处理，热处理和水压实验后应进行磁粉或着色渗透检测，符合 JB/T4730 中 Ⅰ 级规定。

2. 绝缘接头

（1）绝缘接头的结构应为 SY/T 0516 规定的焊接端整体结构。

（2）绝缘接头凸缘法兰、勾圈的许用应力分别按 GB150.2、GB50251 的规定确定，取其较小值。结构设计及强度计算应符合 GB150.3 的规定。

（3）压力密封应采用适宜形式的自紧密封圈，且密封圈应模压成型。密封圈应具有永久的残余弹性以保证接头的可靠密封。

（4）绝缘接头须采用将绝缘填料和密封材料固定于整体结构内的型式。接头内部的所有空腔应充填绝缘密封物质。环形空间的外侧应采用合适的绝缘填料，以阻止土壤内潮气渗入接头内部。

（5）绝缘接头的内径应与所接管道的内径相近或一致，绝缘接头的内径与相接管线的内径偏差不应大于 3%。

（6）绝缘接头同管线焊接时所产生的热量不应影响接头的密封性能和电绝缘性，且凸缘法兰与短管之间的环焊缝应位于勾圈以外。

（7）绝缘接头应具备防雷击保护功能，不允许采用自放电结构形式进行防雷击保护。

（8）在极限的工作条件下，应密封可靠，电绝缘性能良好。

（9）绝缘接头的使用寿命不应低于 30 年。

（10）图纸审查：试制方应提供详细的图纸、计算书及制造工艺方案供试用方审查。图纸应包括绝缘接头的详细结构尺寸、各部件所用材料（强度、化学成分、C_{eq} 值、P_{cm} 值等）、总重量；计算书应包括按标准校核的强度计算书和有限元分析计算书。试用方的审查不免除试制方对绝缘接头设计、制造、检验与验收的全部责任。

第四节　非标设备国产化设计制造

一、快开盲板

1. 技术路线

创新设计的安全自锁型快开盲板，结构紧凑，锁紧结构将一般环锁型快开盲板的剪切力转化为压应力，结构自锁，具有安全联锁与双重报警功能，开启便捷高效，外形如图 8–3 所示。

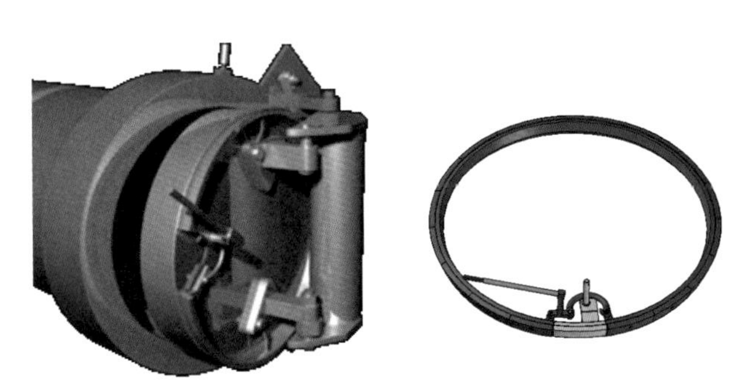

图 8–3　安全自锁型快开盲板结构和锥形自锁锁圈

2. 设计开发

采用有限元分析设计方法，对快开盲板的应力、变形和疲劳进行分析，建立了专用分析计算模型，并通过应力应变测试，验证了该类产品有限元计算模型的正确性和可靠性，将经验证有效的有限元计算模型开发形成了安全自锁型快开盲板有限元分析计算软件，适用于符合压力容器设计标准、结构相同的各种不同规格快开盲板的分析与设计，可以自动生成有限元分析报告，使用便捷高效、结果正确可靠，有限元设计及试验如图 8–4 所示。

3. 产品特点及成果

首次将电力驱动原理应用于快开盲板开启，通过低惯量、高力矩电动机使得启动后可迅速达到峰值力矩，采用有限元分析优化快开盲板承压主体所受最大力矩时产生的应力，发明的阶梯轴传动、新型止回与回转结构和平稳导向与万向调整结构，实现了大型立式快开盲板的自动化开启，安全可靠，操作便捷，属国内外首创，驱动结构如图 8–5 所示。

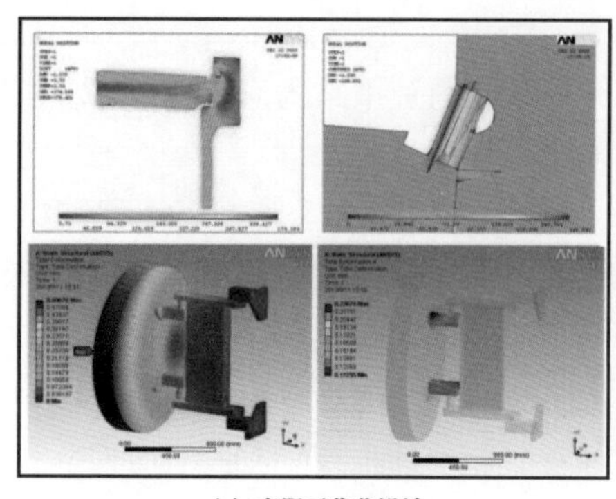

(a) 有限元优化设计

(b) 测试现场

图 8-4 快开盲板有限元优化设计及应力应变测试试验图

发明了 C 型自紧密封结构和螺纹泄放双重密封结构，实现了复杂腐蚀以及高压工况下的密封可靠性：能够承受 1.5 倍设计压力的耐压试验，无泄漏；通过 100 次从设计压力—1MPa—设计压力的压力循环（疲劳）试验，无泄漏；在 0～设计压力下的气密性试验，无泄漏。真空试验合格。

发明了一种清管器接收缓冲器，安装在快开盲板头盖的背面，采用液压缓冲、气压储能的原理，结构紧凑、体积小、重量轻，实现吸收清管器的惯性力，无回复力，安全可靠，解决了清管器进入收球筒时因惯性难以及时停止而对快开盲板造成冲击的难题。

自主研发的立式快开门式压力容器内件吊装机构，吊装机构与快开盲板连接，悬臂与盲板盖提升机构轴线成一定角度使得盲板盖在打开状态时，挂在悬臂上的防爆吊葫芦正好位居容器筒体的正中，便于吊起压力容器内的各组件，具有结构紧凑、定位精确、成本低的优点，吊装结构如图 8-6 所示。

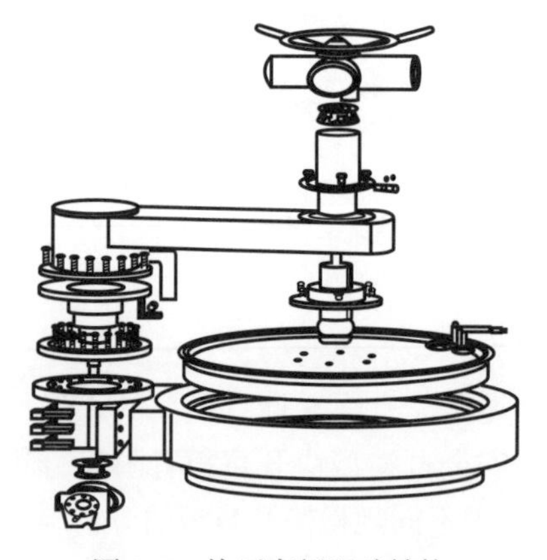

图 8-5 快开盲板驱动结构

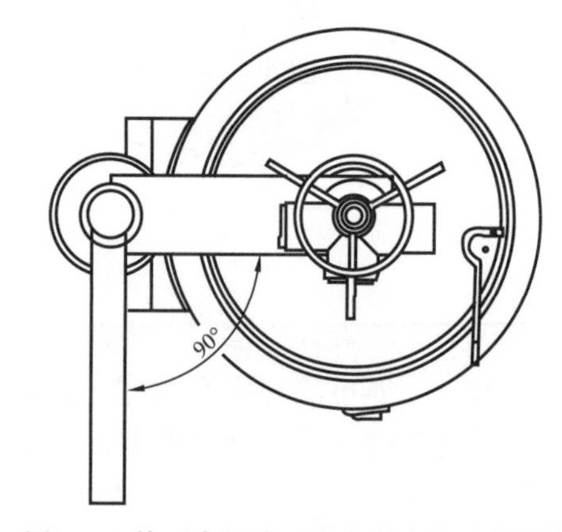

图 8-6 快开盲板式压力容器内件吊装机构

国产化的安全自锁型快开盲板具有完全自主知识产权，已获授权美国发明专利和欧洲发明专利 1 项、中国发明专利 5 项，中国实用新型和外观设计专利 7 项，登记软件著作权 1 项，形成专有技术 6 项、形成能源行业标准 1 项，先后获得中国石油管道局科技进步一等奖、中国石油天然气集团公司科技进步三等奖、石油化工自动化应用协会科技进步一等奖和河北省科技进步三等奖，2011 年被中国石油天然气集团公司认定为中国石油装备品牌和中国石油天然气集团公司自主创新重要产品，2014 年被认定为中国石油石化装备制造企业名牌产品。

4. 整机试验

为解决盲板在低温环境下的适应性问题，除了选择具有良好低温性能的材质外，还将产品在 -42℃可调控式低温实验室进行实体试验，在整个低温试验过程中快开盲板无任何渗漏，验证了快开盲板对低温环境的适应性，通过了中国特种设备检测研究院的技术检测。

二、整体式绝缘接头

1. 技术路线

创新设计的 U 型对称密封整体式绝缘接头（核心专利：ZL 2009 2 0277612.X），通过 1.5 倍水压试验、水压加弯矩试验、40 次水压压力循环试验和 1 倍设计压力下的气密性试验，耐压、密封和电绝缘性能可靠，可以承受热力变化及地壳自然运动作用于管道上的巨大弯曲和挠曲应力。

2. 设计开发

通过力学原理分析，形成了整体式绝缘接头强度、应力、水压加弯矩载荷及应力和刚度评定的计算方法；采用有限元分析设计方法，对整体式绝缘接头的应力、变形、疲劳载荷和水压加弯矩工况进行分析计算；并将两种计算方法所得结果进行对比分析和优化，从而形成了整体式绝缘接头的设计计算方法，开发出了《整体式绝缘接头强度与应力计算软件》和《整体式绝缘接头有限元分析计算软件》，软件可以自动生成计算书或有限元分析报告，使用便捷高效、结果正确可靠，有限元分析如图 8-7 所示。

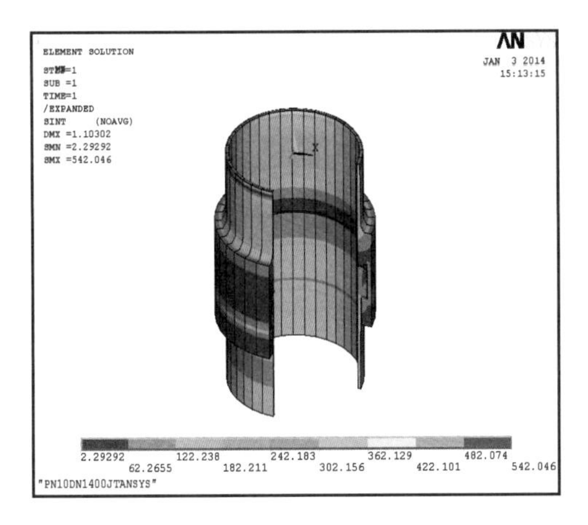

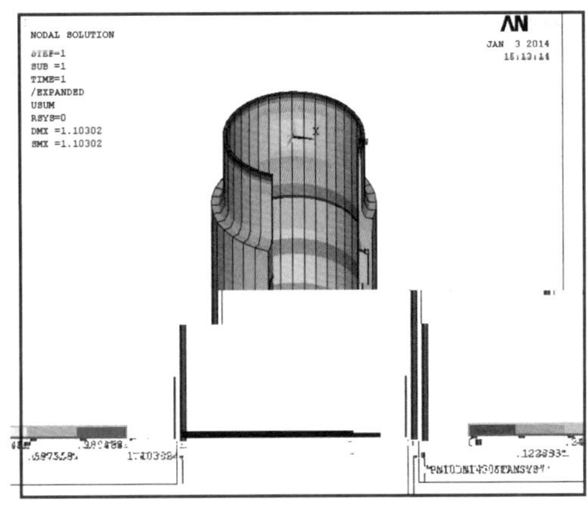

图 8-7　整体式绝缘接头应力及变形有限元分析图

3. 产品特点及成果

整体式绝缘接头的研发、生产和工业化应用，提升了管道绝缘接头的设计制造水平，形成了能源行业标准 NB/T 47054《整体式绝缘接头》。

整体式绝缘接头具有完全自主知识产权，授权中国专利 1 项，登记软件著作权 2 项，形成专有技术 4 项、能源行业标准 1 项，先后获得中国石油天然气管道局科技进步一等奖、中国石油天然气集团公司科技进步三等奖，2011 年被中国石油天然气集团公司认定为中国石油装备品牌和中国石油天然气集团公司自主创新重要产品。

第五节 国产化非标设备试验与应用

拥有完全自主知识产权的安全自锁型快开盲板已成功应用于中俄原油管道、肯尼亚管道、江苏LNG外输管道、普光气田集输管道、山西沁水煤层气田、中海油惠州油田海上平台、伊拉克哈发亚地面工程（酸性湿气环境）、伦南至吐鲁番支干线等国内外80多个项目1000多台，应用直径DN200～DN1500mm，设计压力1.6～15MPa，2015年，成功应用于西三线东段和云南成品油管道，标志着中国管道建设主干线用快开盲板全面实现了国产化，2016年在陕京四线、中靖线和中俄二期工程建设中快开盲板市场占有率100%，成功打破了国外对该领域的技术垄断，平抑了国外同类产品价格，降低了成本，缩短供货周期40%以上，提升了企业的核心竞争力和品牌影响力，带动该行业实现跨越式发展，为第三代大输量管道工程中俄东线的建设做好了技术准备，应用前景异常广阔。

自2009年以来，整体式绝缘接头已成功应用于西二线东段、伦南—吐鲁番支线、西三线、中缅、中贵等管道工程2000多台，市场占有率达到50%以上，2013年，JYJT-12/1200整体式绝缘接头在西气东输三线主干线全面实现了国产化，成功打破了国外对该领域的垄断。

参考文献

［1］周淑敏，陈平，周天旭，等．基于VB.NET和Ansys的锁环式快开盲板结构参数化设计软件［J］．化工机械，2016，43（1）：47-50.

［2］周淑敏．锁环式天然气过滤器快开盲板结构分析与改进［D］．北京：北京化工大学，2016.

［3］杨云兰，邹峰，杨朝阳，等．JYJT-U整体式绝缘接头［J］．石油科技论坛，2012，31（6）：62-63.

［4］Smith B，Hyde T H，Casey G A，et al. The Design and Analysis of a Quick-Release Pressure Vessel Door Closure［J］. ARCHIVE Proceedings of the Institution of Mechanical Engineers Part E Journal of Process Mechanical Engineering 1989-1996，1994，208（25）：139-145.

［5］Casey G A，Hyde T H，Warrior N A，et al. Stress Intensity Factors for Circumferential Cracks in Pressure Vessel Door Closures［J］. International Journal of Pressure Vessels & Piping，1999，76（1）：1-12.

［6］汪骏书，黄德武，盛沛伦，等．锁环型快开盲板的有限元计算［J］．石油施工技术，1983（2）：11-17.

［7］张学鸿，刘巨保，王守渝．卡箍型快开盲板结构应力有限元分析［J］．油气储运，1991，10（4）：43-49.

［8］王伟，蔡永梅，高兴军．插扣型快开盲板耦合应力分析［J］．石油化工设备技术，2009，30（2）：35-38.

［9］陈平，王博，刘浩波．新型D形螺栓双“O”形环快开盲板结构［J］．化工设备与管道，2010，47（3）：16-18.

［10］石莹，陈平，周淑敏．高压大型天然气快开盲板用C形橡胶圈密封性能分析［J］．润滑与密封，2015（5）：89-93.

［11］杨国标，朱启荣，曾伟明，等．带套筒构件埋地燃气管道绝缘接头的密封性研究［J］．力学季刊，2007，28（1）：75-80.

[12] 马青，陈浩，张鹏，等. 整体绝缘接头焊接残余应力有限元模拟[J]. 重庆科技学院学报：自然科学版，2009，11(6)：128-130.

[13] 杨政，刘迎来. 整体型绝缘接头绝缘环应力分析[J]. 应用力学学报，2016，33(1)：50-54.

[14] 彭常飞，张志强，赵振兴，等. 整体式绝缘接头密封性能和强度研究[J]. 压力容器，2015，32(5)：58-63.

第九章　管道漏磁内检测器开发与应用

管道漏磁内检测器是管道内检测的最主要工具，通过运行管道漏磁内检测器可以有效地检测出管道存在的缺陷，消除管道运行的安全隐患，为管道的安全生产保驾护航。管道漏磁检测技术于20世纪90年代初期引进国内，经历了设备引进、零部件国产化、技术引进、技术合作开发到全面国产化和系列化的发展历程。1994年到1997年中油管道检测技术有限责任公司先后从美国引进了ϕ273mm、ϕ529mm和ϕ720mm三套管道漏磁检测器，在应用的同时开展了部分国产化的研制。2003年与英国Advantic公司开展技术合作，联合开发ϕ1016mm高清晰度漏磁检测器，并掌握了漏磁检测器的全部核心技术，经过十几年的研究应用，已经实现了漏磁检测器的全部国产化和系列化，同时独立开发了三轴高清漏磁检测器和横向励磁漏磁检测器。开发的漏磁检测器在国内外的市场上得到了广泛的应用，累计完成管道内检测16×10^4km。管道漏磁内检测器正朝着更高精度发展，对管道上存在的缺陷检出率不断提高，对缺陷的量化水平不断提升，如三轴高清漏磁检测器、超高清晰度漏磁检测器、横向励磁漏磁检测器。

第一节　管道内检测技术介绍

截至2016年底，我国长输油气管道基本形成西北、东北、西南、海上四大油气战略通道，大多数长输管道已进入中老年期。在役时间较长，经几十年的运行，腐蚀、磨损、意外损伤等原因导致的管线泄漏事故频发，而且日趋严重。管道内检测可为管道的安全运行评估提供基础数据。所以对油气管道进行管道内检测十分重要。

管道内检测技术是通过装有无损检测设备及数据采集、处理和存储系统的智能清管器，在不影响管道运行的情况下，检测管道内外腐蚀、局部变形以及焊缝裂纹等缺陷，也可间接判断涂层的完好性，同时也为制定有效的管线完整性检测和评估方案奠定了基础。

管道内检测技术主要有激光检测技术、电视测量法、涡流检测法、电磁超声（EMA）检测法、漏磁通法、超声波法以及近年来出现的超声导波技术等。各类检测法的优缺点如下：

（1）激光检测法具有效率和精度高、采样点密集、空间分辨力高、非接触式检测、能直观地显示被检管道等优点，缺点是只能检测物体表面。

（2）电视测量法需要与其他方法配合使用。

（3）涡流检测法只能检测表面腐蚀。

（4）电磁超声技术的优点是无需任何耦合介质，缺点是有较大的插入损耗，转换效率低、易受噪声污染及接收信号质量较差等。

（5）漏磁法的优点是无需耦合剂，不会发生漏检，缺点是表面检测，抗干扰能力差，空间分辨力低，检测数据需校验及会出现虚假数据。

（6）超声波法的优点是材料敏感性小、可检测厚壁管道、对壁厚无限制、能测出缺陷的深度及位置、检测数据准确，缺点是需要传播介质。

（7）超声导波技术的优点是快速、长距离、成本相对低、简便实用及数据精确可靠，缺点是不能对缺陷定性、复杂管道系统检测结果解释难度大等。

目前，成熟的长输管道在役检测技术以漏磁检测和压电超声检测技术为主。其中漏磁检测以适用性强，检测灵敏度高等特点被广泛应用。因此，国内长输管道在役管道主要依靠漏磁检测技术进行检测。

第二节　漏磁内检测器磁学基础及管道漏磁内检测原理

漏磁内检测技术是目前国内外应用范围最广、检测效果最好的油气管道缺陷检测技术。作为一种无损检测技术（NDT），漏磁内检测法利用管道被磁化后表现出来的磁学性质来检测管道内外壁的腐蚀、裂纹等缺陷。因此，漏磁内检测的原理与磁场的基本性质，以及金属管道的磁学特性密切相关。

一、漏磁内检测磁学基础[1]

1. 磁场的基本概念

无论是天然磁石或是人工磁铁都有吸引铁、钴、镍等物质的性质，这种性质叫作磁性。任何形状的磁铁都有两个磁性最强的区域，叫作磁极。磁铁在地磁场作用下，其中指北的磁极是北极（用N表示），指南的一极是南极（用S表示）。

磁极在自己周围的空间里产生一个磁场，在磁场中要受到磁力的作用。磁场的性质用磁感应强度 $\boldsymbol{B}$ 表示，$\boldsymbol{B}$ 是一个矢量，$\boldsymbol{B}$ 的方向表示磁场的方向，$\boldsymbol{B}$ 的大小表示磁场的强弱。为了更形象地描述磁场的方向和强弱，用假想的一组有方向的曲线反映磁场的强弱和方向，这样的曲线称为磁力线。U形磁铁的磁力线如图9-1所示。

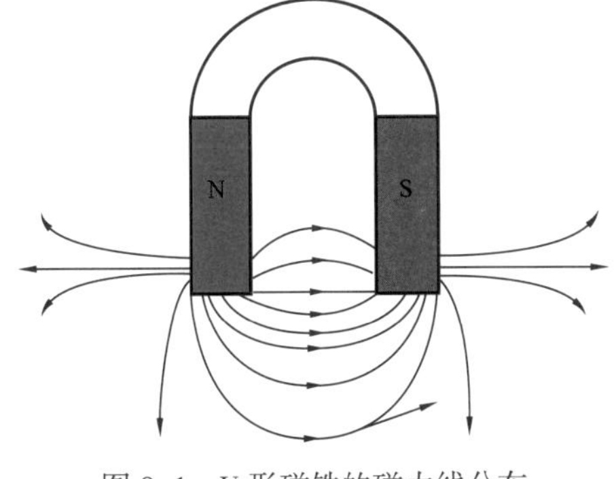

图9-1　U形磁铁的磁力线分布

2. 磁力线特点

（1）磁力线互不相交。

（2）磁力线的稀疏表示磁场的强度。

（3）磁力线上每一点的方向表示该点磁场的方向，也就是磁感应强度的大小。

（4）磁力线是闭合的曲线，在磁体外部由N极到S极，在内部从S极到N极。

（5）通过某一截面的磁力线的总条数称为该面的磁通量，用 Φ 表示。磁通量是标量，但它可有正、负之分。

3. 介质中的磁场

放在磁场中的任何物质称为磁介质。放在磁介质中的磁介质会被磁化，磁化了的磁介质也会产生附加磁场，从而对原磁场产生影响。

假设物质被磁化后的总磁感应强度为 $\boldsymbol{B}$，$\boldsymbol{B}$ 为原磁感应强度 $\boldsymbol{H}$ 与附加磁感应强度的矢量和，$\boldsymbol{B}$ 与 $\boldsymbol{H}$ 满足以下关系：

$$\boldsymbol{B}=\mu\boldsymbol{H} \tag{9-1}$$

或

$$\mu=\boldsymbol{B}/\boldsymbol{H} \tag{9-2}$$

式中　μ——物质的磁导率，H/m。

真空中的磁导率用 μ_0 表示，$\mu_0=4\pi\times10^{-7}$H/m。空气中的磁导率近似真空中的磁导率。其他物质的磁导率可用相对磁导率表示：

$$\mu_{\mathrm{r}}=\frac{\mu}{\mu_0} \tag{9-3}$$

式中　μ_{r}——物质的相对磁导率（用来比较各种材料的导磁能力），无量纲。

管壁（铁磁性材料）的相对磁导率远大于 1，为顺磁性物质。

由磁导率为 μ 的物质所形成的截面积为 S、长度为 l 的磁路的磁阻为：

$$R_{\mathrm{m}}=\frac{l}{\mu S} \tag{9-4}$$

可见物质的磁导率与其磁阻成反比。磁力线总是沿磁阻最小路径通过。

二、管道漏磁内检测工作原理

管道漏磁内检测的原理如图 9-2 所示，当管道内检测器在管道内运行时，管壁（铁磁性材料）被外加强磁场饱和磁化，磁力线从磁铁的 N 极发出并回到 S 极。若管壁无缺陷时，如图 9-2（a）所示。此时，由于铁磁性材料是连续、均匀的，则材料中磁力线将被约束在材料内部，几乎没有磁力线从材料的表面穿出。当管壁有腐蚀、裂纹等缺陷时，如图 9-2（b）所示。缺陷位置金属材料变成空气介质时，由于空气的磁导率与真空的磁导率接近，比铁磁性材料的磁导率小，导致缺陷位置的磁阻很大，磁力线将会改变路径。而磁力线总是沿磁阻最小的路径通过，所以大部分改变途径的磁通将会优先从磁阻较小的材料（管壁）内通过。当管壁内部的磁感应强度比较大时，由于材料可容纳的磁力线数目是有限的，部分磁力线会泄漏到空气中，形成漏磁通。用传感器检测缺陷处空气中的漏磁通，将磁场信号转化为电信号再存储到计算机中，对电信号进行处理，就分析出缺陷处的信息。

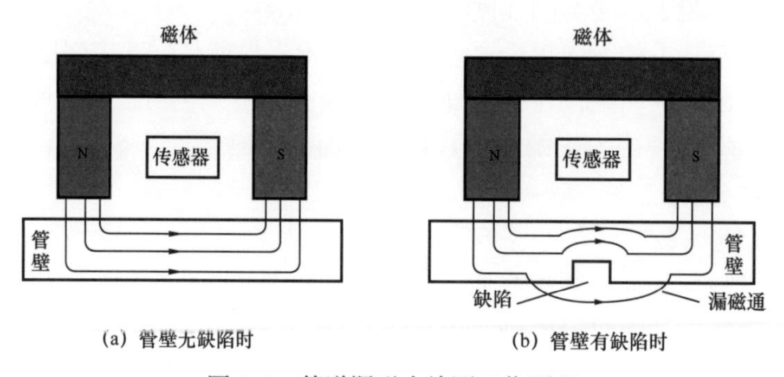

图 9-2　管道漏磁内检测工作原理

第三节 管道漏磁内检测技术的发展及国内外现状

一、漏磁检测理论的发展及其国内外研究现状

管道漏磁检测技术是漏磁检测技术在管道探伤中的应用，而漏磁检测技术是建立在铁磁材料的高导磁率和磁导率的非线性的基础之上发展起来的，在外加磁场的作用下，铁磁性材料被磁化，在缺陷处形成漏磁场，因此，对漏磁检测理论的研究首先是对缺陷漏磁场的研究。早期的研究人员都是用磁粉来显示被磁化的钢体上缺陷产生的漏磁场，但随着霍尔元件的发明，越来越多的研究人员采用以霍尔器件作为传感器的测量仪器，具有较高的精度。然而，研究还只是停留在定性的阶段，没有形成比较完善的理论体系。

1966 年，苏联学者 Zastsepin 和 Scherbinin 最早提出了无限长矩形裂纹的漏磁场解析方程，也就是磁偶极子模型，被认为是漏磁场检测解析法的基础理论之一[2]。随着有限元法的提出与发展，1975 年，Lord 和 Hwang 首次将有限元法引入到漏磁场的计算中去，把磁性材料磁导率与漏磁场幅值联系起来，并研究了不同形状、不同倾角的缺陷与漏磁场不同分量之间的关系[3-5]。在这之后，1986 年，Foster 对 Lord 和 Hwang 的结果进行了修正，他认为：当缺陷长度增大时，磁感应强度会减小[6]。Atherton 改进了前人的研究成果，在 1987 年和 1988 年用二维有限元法分析了管道检测中缺陷信号和缺陷大小之间的关系[7, 8]。Eduardo Altschuler 在 1995 年提出了钢管检测的非线性裂纹缺陷检测模型，改进了 Foster 的实验方案[9]。之后的研究人员一直致力于分析影响漏磁检测因素的研究，美国的 Sunho Yang 等人对影响漏磁场和漏磁信号的因素进行了研究，得到了关于漏磁场的矢量偏微分方程[10]。

随着电子技术、神经网络和人工智能技术的发展，以及工程实际中对漏磁检测技术的要求不断提高，对于漏磁信号的处理、信号反演算法和缺陷形状重构等方面的研究日益活跃。2002 年 Jens Haueisen 和 Ralf Unger 等人提出了最大熵、L_1 和 L_2 范数等线性和非线性的信号反演算法，为计算缺陷的位置提供理论依据[11]。2004 年，Park Gwan 和 Soo Sang Hopark 利用有限元法建立的三维模型仿真分析了速度效应在漏磁检测过程中的影响，并提出了速度效应的补偿方法[12]。2006 年，R. Christen 等人把神经网络引入到了提取模型特征的算法中去，用于实现漏磁检测中缺陷的自动检测[13]。同年，Ameet Joshi 等人提出了基于自适应小波神经网络的反演算法，可以有效地预测缺陷的三维轮廓[14]。2007 年，K.C.Hari 等人结合遗传算法，通过仿真对缺陷内表面形状进行重构[15]。2008 年，Reza KhalajAmineh 等人着重研究了漏磁信号的切向分量，用来描述表层裂纹的几何参数[16]。2014 年，日本东京大学 Nara T 等人利用离散傅立叶变换处理漏磁信号，实现对管道裂纹的检测[17]。同年，韩国釜山国立大学 Hui M.K 等人为了克服轴向小缺陷难以检测的问题，采用轴向漏磁检测和三维有限元法对轴向定向裂纹的检测进行了研究[18]。

在国内，漏测检测技术也引起了广泛的关注，很多大学和研究机构也很早就开展了对这一领域的研究，取得了较大的进展。清华大学李路明教授和黄松岭教授等在 20 世纪 90 年代末开始利用有限元法优化了漏磁检测的方法，检测到漏磁场的大小受工件内部磁场和

传感器提离值的综合影响，并且研究了表面裂纹宽度对漏磁场Y分量的影响；采用软硬件相结合的方法，特别是采用独特的“程序滤波”方法处理漏磁检测信号[19-21]。沈阳工业大学杨理践教授等也很早就开始了对于油气管道漏磁检测信号处理和数据压缩技术的研究；利用有限元分析方法研究了漏磁信号与缺陷参数之间的关系，分析了管道裂纹角对漏磁检测信号的影响；提出了基于神经网络及数据融合的管道缺陷定量识别方法，并且开展了精度管道漏磁内检测系统的研究[22-26]。天津大学王太勇教授和蒋奇等对管道缺陷检测进行了定量化的研究，采用了谱熵分析法选取并分析了缺陷漏磁场特征量，并提出了缺陷外形参数的评价方法[27, 28]。华中科技大学康宜华教授和武新军教授等在对磁化技术和磁信号测量技术作了系统研究的基础上，研究了漏磁信号的反演以及超强磁化下漏磁检测的穿透深度[29-32]。上海交通大学阙沛文教授和金涛等也一直致力于对于漏磁信号的处理与分析，把小波理论和BP神经网络应用到了漏磁信号的处理中去[33, 34]。

二、管道漏磁内检测器的发展及其国内外现状

国外管道漏磁检测仪器的研制起步较早。1965年，美国Tuboscope公司研制出了世界上第一台管道漏磁检测仪器Linalog，尽管还属于定性检测，但是取得了良好的效果，对管道检测器的研究作出了巨大的奉献。1977年，英国British Gas公司研制了一款高分辨率ϕ600mm管道漏磁检测仪器并进行了检测，第一次采用定量分析的方法，对管壁腐蚀情况作了分析。2000年，加拿大BJ公司开始了超高分辨率第三代漏磁检测器的开发，首次将三维漏磁传感器技术应用到管道内检测中，再一次提高了结果的精度。

目前国际上处于领先地位的管道漏磁检测公司有美国的GE PII、Baker Hughes、TDW公司和德国的Rosen公司。这些公司的产品已经基本达到系列化和多样化，可以有效地检测到金属缺失、腐蚀凹坑和裂纹等很多缺陷，并且能提供非常高的灵敏度和准确性。美国通用GE PII的前身就是英国British Gas公司，经过几十年的迅速发展，目前该公司管道漏磁内检测器主要有MagneScan HR/SHR、SmartScan和TranScanTFI（可以检测轴向缺陷）三个系列。Baker Hughes公司在2010年收购了加拿大BJ公司，在2012年收购了Intratech在线检测服务有限公司，扩大了其管道检测业务。如今，Baker Hughes公司在高分辨率、三轴和速度控制型漏磁技术方面作出了很多创新性成果。2016年底，GE公司油气部门与Baker Hughes公司合并为BHGE公司，在管道检测市场中的占有率进一步增加。德国Rosen公司管道检测的典型产品和服务覆盖面非常广，其管道漏磁检测装备应用了包括高分辨率三维数据融合技术、轴向裂纹检测技术、速度控制技术和定位技术等，处于行业领先位置。TDW公司的特色产品为螺旋漏磁内检测技术，能有效解决普通漏磁内检测的一些问题，该公司在北美的管道漏磁检测市场具有较高的占有率。除了以上几家占有率较高的公司，也有其他几家公司提供管道漏磁检测服务，拥有自己的市场。例如美国的Enduro管道服务公司、挪威的Dacon公司和阿联酋的LIN SCAN公司[35, 36]。

在国内，管道内检测技术的发展已经有20多年的历史。从20世纪80年代初期，我国开始对管道检测技术进行研究，并取得了初步成果，但没有投入到实际的工业应用中。真正应用于实际管道检测并取得实际结果应该从1994年从美国引进漏磁检测设备起。在“十二五”期间，我国的管道检测技术水平取得了巨大的飞跃。从全套设备引进到零部件的国产化，到整套检测设备的全面国产化和系列化，从引进的只能用于输油管道的传统清

晰度检测设备到适用于输气管道的中等清晰度检测设备，进而发展高清晰度检测设备，实现高清晰度检测器的系列化。在“十二五”期间已开发完成三轴漏磁检测器的系列化工作，可满足国内各种口径的油气管道的检测工作。近期正在开发横向励磁检测器、压电超声检测器等。

国内检测技术从最早设备引进到目前自主研发，经历了20多年的发展，主要发展历程如下：

（1）设备引进。

1994年，管道局从美国VETCO公司引进ϕ273mm、ϕ529mm管道漏磁腐蚀和变形检测器，在国内完成了阿塞线360km、新疆北火三线130km、青海花格线430km等的ϕ273mm管道的腐蚀及变形检测；完成了秦京线360km、新疆克乌线295km等的ϕ529mm管道的腐蚀及变形检测。1997年从美国TUBSCOPE公司引进ϕ720mm管道漏磁检测器，在国内完成了鲁宁线、东北管网等的ϕ720mm管道腐蚀检测，在国外完成了苏丹1500km的ϕ720mm管道的腐蚀检测。由此中油管道检测技术有限责任公司成为国内最早从事管道内检测业务的专业化公司。

（2）消化吸收及系列化。

在进行检测技术服务的同时，中油管道检测技术有限责任公司一直进行引进设备的消化吸收，并对一些零部件进行国产化研制。1998年，该公司自行研制成功了ϕ377mm管道漏磁检测器，并在“克—乌”线的应用取得圆满成功。这是我国首次自行研制的管道漏磁检测设备，获得国家实用新型专利。

与此同时，中油管道检测技术有限责任公司在ϕ377mm管道漏磁检测器研制和应用基础上进行设备系列化，并对原有进口设备进行技术改造，系列化产品已基本满足了ϕ273～ϕ720mm各种口径管道的检测需求。

（3）技术升级。

2002年，中油管道检测技术有限责任公司同英国ADVANTICA公司合作研制出适用于输气管线检测的ϕ660mm管道漏磁检测器，并成功应用于陕京一线全线检测。

（4）高清晰度检测技术。

2003年到2005年该公司同英国ADVANTICA公司合作，成功研制出ϕ1016mm高清晰度管道漏磁检测器。2007年开始进行高清晰度漏磁检测器的系列化研制，截至2016年底已完成ϕ219mm至ϕ1219mm高清晰度漏磁检测器的系列化，该公司的高清晰度漏磁检测技术基本覆盖了国内长输油气管道的各口径范围。实现了高清晰度管道漏磁腐蚀检测器的系列化，并在新疆轮库线、南京港华城市燃气管道、东北抚营线、苏丹124区、苏丹37区等国内外油气管道上进行了工程应用，效果良好。该系列的实物图如图9-3～图9-7所示。

图9-3　ϕ168mm高清晰度管道漏磁腐蚀检测器

图 9-4 ϕ355mm 高清晰度管道漏磁腐蚀检测器

图 9-5 ϕ660mm 高清晰度管道漏磁腐蚀检测器

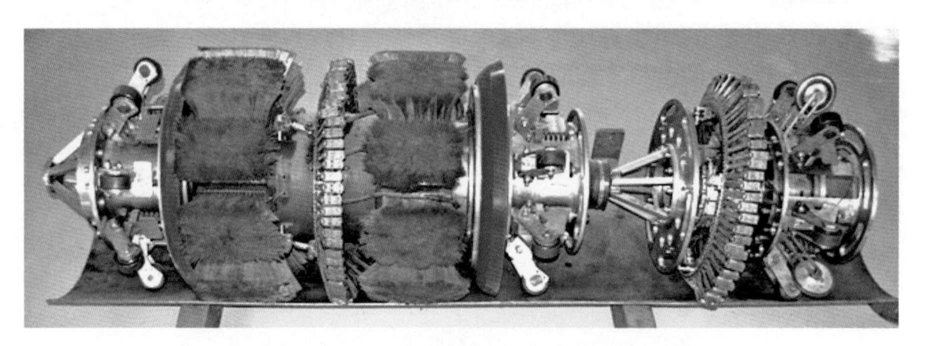

图 9-6 ϕ813mm 高清晰度管道漏磁腐蚀检测器

图 9-7 ϕ1016mm 高清晰度管道漏磁腐蚀检测器

（5）油气管道裂纹检测技术的研究。

对于高压、高强度大口径输气管道裂纹的危害强于腐蚀，中油管道检测技术有限责任公司针对国内外管道检测的需求适时提出了油气管道裂纹检测技术研究项目，已研制出可用于油气管道裂纹检测的 EMAT 裂纹检测器样机。如图 9-8 和图 9-9 所示。

图 9-8　ϕ1219mm 裂纹检测器样机

图 9-9　ϕ1219mm 裂纹检测器样机试验图

电磁超声裂纹检测器样机作为裂纹检测系统的载体，通过在管道内的运行，实现对石油、天然气在用管道裂纹缺陷的检测。检测器本体从外部结构分为两节：第一节为检测泄流节，第二节为仪表节，中间通过万向节连接。其中检测泄流节包括探头模块、皮碗驱动系统和支承系统及气体泄流速度控制单元等；仪表节包括支承系统、探头模块、电池组、记录仪、测绘系统及里程轮系统等。

（6）三轴高清漏磁检测器及系列化。

三轴漏磁腐蚀检测器的探头沿管道的轴向、周向和径向都布置了传感器，比单轴探头多采集了两维的信息，这样就能获取更多的缺陷处磁场分布特性，从而为缺陷的精确描述奠定基础，而且三轴漏磁腐蚀检测器能更灵敏地识别出横向沟槽和焊缝，获取更多信息能大大帮助分析和量化缺陷，使数据分析人员掌握更多的数据从而为业主提供更详细、精确的检测报告。三轴漏磁腐蚀检测器比传统的单轴检测器采样间距更小，检测精度更高，如图 9-10～图 9-12 所示。

图 9-10　三轴高清晰度漏磁腐蚀检测器系列化

图 9-11　ϕ711mm 三轴高清晰度漏磁腐蚀检测器

图 9-12　ϕ711mm 三轴高清晰度漏磁腐蚀检测器工业现场试验收发作业

所以，为提高检测器的缺陷量化精度及检测概率，中油管道检测技术有限责任公司于 2012 年最先研制了 ϕ711mm 三轴漏磁检测器后，按照现场不同口径的管道需要，不断研制出适应不同口径油气管道的三轴漏磁检测器，同时，根据现场应用情况不断对三轴漏磁检测器进行优化改造升级，已基本实现三轴检测器系列化工作。“十二五”期间已研制出三轴系列化检测器的口径为：ϕ273mm、ϕ406mm、ϕ457mm、ϕ508mm、ϕ610mm、ϕ711mm、ϕ813mm、ϕ1016mm、ϕ1067mm、ϕ1219mm 等。目前，三轴漏磁检测设备已广泛应用于管道内检测实际工程中。

第四节　国产管道内检测器的系列化及工程应用

一、高清晰度漏磁腐蚀检测器及系列化

成熟的长输管道在役检测技术以漏磁检测和压电超声检测技术为主，其中漏磁检测以适用性强，检测灵敏度高等特点被广泛应用。国内长输管道在役检测主要依靠漏磁检测技术。高清晰度管道检测系统由磁化器、磁路耦合器、驱动系统、承载系统、电子系统、传感器、里程计组成的高清晰度检测器，和地面标记器、数据分析与缺陷评估系统组成。

高清晰度漏磁腐蚀检测器的主要用途是确定或描述管道因外腐蚀或内腐蚀引起的金属损失，能区分内外腐蚀缺陷，其次也能检测出管道的凹痕、焊缝、管道阀门、弯头、法兰等管道特征。

表 9-1 给出了缺陷量化精度指标。

表 9-1　高清晰度漏磁腐蚀检测器缺陷量化指标

项目	大面积缺陷（4A×4A）	坑状缺陷 2A×2A）	轴向凹槽（4A×2A）	周向凹槽（2A×4A）
检测阈值（90% 检测概率）	$10\%W_t$	$10\%W_t$	$10\%W_t$	$10\%W_t$
深度精度（80% 可信度）	$\pm10\%W_t$	$\pm10\%W_t$	$\pm15\%W_t$	$\pm15\%W_t$
长度精度（80% 可信度）	±20mm	±20mm	±15mm	±15mm
宽度精度（80% 可信度）	±20mm	±20mm	±20mm	±20mm

注：（1）W_t 为管材的壁厚；（2）A 是与壁厚相关的几何参数，当壁厚小于 10mm 时，A 为 10mm；当壁厚大于等于 10mm 时，A 为壁厚。

高清晰检测技术及系列化设备完成了 ϕ219mm、ϕ273 mm、ϕ355 mm、ϕ426 mm、ϕ508 mm、ϕ559 mm、ϕ610 mm、ϕ711 mm 等的研制任务，并有多套腐蚀检测器在新疆轮库线、港华燃气管道、东北抚营线、苏丹 124 区、苏丹 37 区等国内外油气管道上进行了工程应用，效果良好，取得了巨大的经济效益。并且实现了轴向采样距离 3.3mm，周向探头间距 6.9mm，最小缺陷深度 10% T，长度测量精度 ±10mm，宽度测量精度 ±10mm，可信度达到 90% 的国际领先水平。

二、三轴漏磁腐蚀检测器及系列化

传统的高清漏磁腐蚀检测器仅在管道轴向布置 4 个传感器，而三轴漏磁腐蚀检测器在管道的轴向、周向和径向都布置有 4 个霍尔传感器，能记录三个独立方向的漏磁信号。根据检测信号分析和开挖验证结果分析，发现三轴信号特征明显，显著增强了对缺陷尺寸判断的准确性，提高了检测精度，与开挖检测的结果吻合度较高。

1. 技术优势

三轴漏磁腐蚀检测器比传统单轴高清检测器探头多采集了两个方向的信息，这样就能获取更多的缺陷处磁场分布特性，从而为缺陷的精确描述奠定基础，而且三轴探头能更灵敏地识别出横向沟槽和焊缝，获取更多信息能大大帮助分析和量化缺陷，使数据分析人员掌握更多的数据从而为业主提供更详细、精确的检测报告。

三轴漏磁腐蚀检测器与单轴腐蚀检测器相比：

（1）探头的数量变为原来的 3 倍，采集的数据量也变为原来的近 3 倍；

（2）在缺陷的量化精度上有很大的提高，特别是在宽度和深度方面有明显提高；

（3）由于三轴探头相比单轴探头多采集了周向和径向二维方向的缺陷数据，因此以往单轴腐蚀检测器不能识别的缺陷，三轴漏磁腐蚀检测器能够识别到，如轴向长槽等。

2. 设备自主研发

管道局检测公司从 2009 年立项开始研究三轴漏磁探头及数据分析软件，进行了前期的探头和软件研究，取得初步的成果。2012 年开始立项研制三轴漏磁腐蚀检测器设备，到 2013 年已经成功研制了首套 ϕ711mm 三轴高清漏磁腐蚀检测器，如图 9-11 所示，并在四川西南油气田某输气管道完成 6 次工业现场试验。

3. 缺陷量化精度指标

三轴漏磁腐蚀检测器缺陷量化指标较普通的高清晰度漏磁腐蚀检测器缺陷量化指标有明显提升，见表9-2。

表9-2　三轴漏磁腐蚀检测器缺陷量化指标

项目	大面积缺陷（$4A \times 4A$）	坑状缺陷 $2A \times 2A$）	轴向凹槽（$4A \times 2A$）	周向凹槽（$2A \times 4A$）
检测阈值（90% 检测概率）	$5\%W_t$	$8\%W_t$	$15\%W_t$	$10\%W_t$
深度精度（80% 可信度）	$\pm 10\%W_t$	$\pm 10\%W_t$	$\pm 15\%W_t$	$\pm 10\%W_t$
长度精度（80% 可信度）	± 10mm	± 10mm	± 15mm	± 12mm
宽度精度（80% 可信度）	± 10mm	± 10mm	± 12mm	± 15mm

注：（1）W_t 为管材的壁厚；（2）A 是与壁厚相关的几何参数，当壁厚小于10mm时，A 为10mm；当壁厚大于等于10mm时，A 为壁厚。

4. 三轴设备功能集成

三轴漏磁腐蚀检测器在满足管道内外腐蚀检测及管件识别等基本功能的基础上，将目前一些主流技术进行集成和模块化。目前，三轴漏磁腐蚀检测器的功能如下：

（1）管道腐蚀检测；

（2）内外腐蚀区分；

（3）速度控制单元；

（4）管道走向检测；

（5）腐蚀与变形复合检测；

（6）变径管道漏磁腐蚀检测技术；

（7）三轴漏磁腐蚀检测器设备系列化及应用。

管道局检测公司研制开发了 ϕ273mm、ϕ325 mm、ϕ355 mm、ϕ406 mm、ϕ426 mm、ϕ457 mm、ϕ508 mm、ϕ610 mm、ϕ711 mm、ϕ813 mm、ϕ1016 mm、ϕ1067 mm、ϕ1219 mm 系列化的三轴漏磁腐蚀检测器及配套三轴数据分析软件，所研制的三轴漏磁腐蚀检测器基本已经覆盖我国所有油气管道的口径。实现了三轴漏磁腐蚀检测器的系列化研制。并有多套腐蚀检测器在西气东输、西部管道、西南油气田等国内外油气管道上进行了工业现场应用，效果良好。2014—2016年，对西部管道、西气东输、西二线、深圳燃气、泰国PTT国家石油公司AMATA-TNP等管道进行共计29次工业应用。

三轴漏磁腐蚀检测器系列化研制的完成，标志着我国漏磁腐蚀内检测技术全面迈入三轴时代，大大提升了我国内检测技术水平，平抑了国内外三轴检测市场价格，其意义显著。

三、测绘检测技术与装备的应用

国际管道业一种常用的测绘方法是在管道内检测器上加载惯性测量单元（IMU）（图9-13），在完成管道内检测的同时进行管道测绘。惯性测量单元采集的数据通过后处理软件进行计算，即可得出管道轨迹；再通过地面参考点的GPS坐标加以修正，即可精确计算出管道中心线坐标。利用管道测绘成果，能够计算出各种管道缺陷及管道特征的GPS

坐标，为管道的完整性管理提供数据支持，同时为管道维修方案的制定与开挖定位提供便利。

惯性测量单元是一种通过高精度的陀螺和加速度计，测量运动载体的角速率和加速度信息，经积分运算得到运动载体的加速度、位置、姿态和航向等导航参数的自主式导航系统。

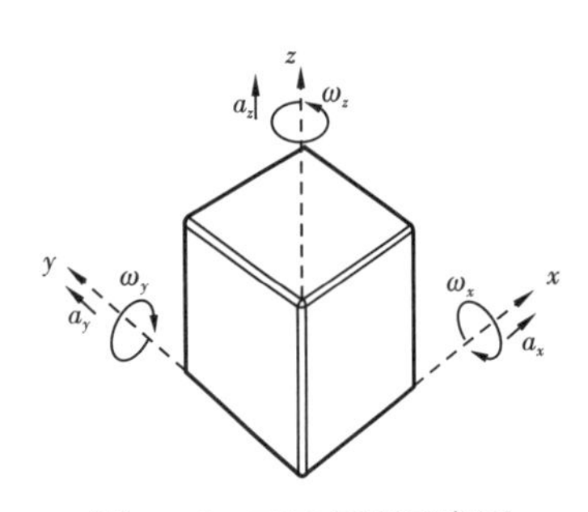

图 9-13　IMU 原理示意图

管道局检测公司的惯性测量单元采用航天级光纤陀螺仪，最大误差仅为 0.1°/h，采样频率达到 400Hz，主要记录时间、里程、角速率、加速度及温度等信息。

通过后处理软件对惯性测量单元采集的数据以及地面参考点的信息进行计算及分析，可以得出管道全线的精确坐标。将测绘结果与管道内检测数据结合，还可以进行弯曲应变分析以及弯头曲率半径、角度及走向的计算（图 9-14）。

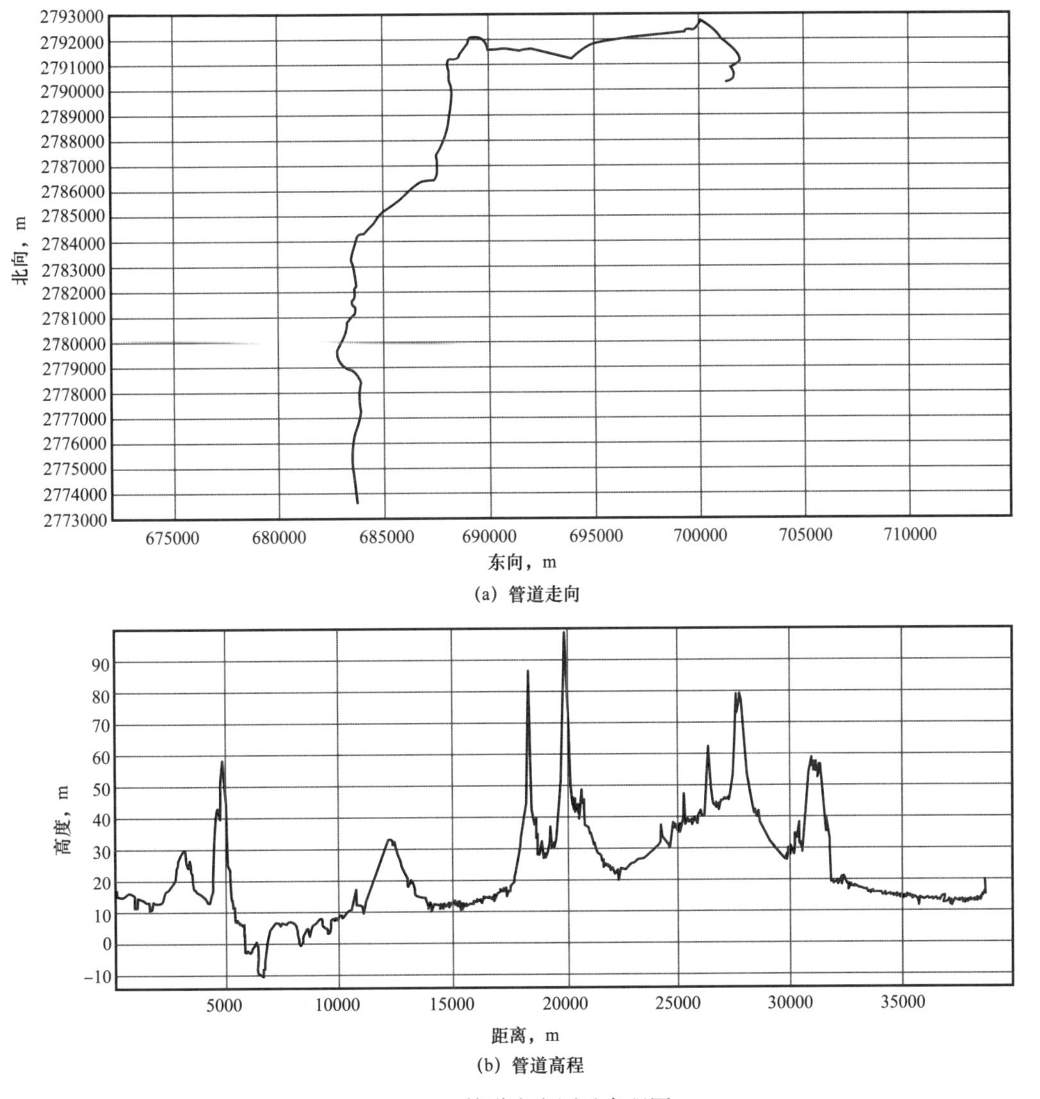

(a) 管道走向

(b) 管道高程

图 9-14　管道走向图及高程图

经后处理软件得到的测绘成果可以直接导入到谷歌地球或其他GIS系统中，便于管道业主进行完整性管理。

管道测绘系统已成功应用于30多个管道测绘项目，测绘里程超过2000km。经过大量的项目应用及现场验证，测绘精度为：经度、纬度、高程误差均不大于1m（每1km通过地面参考点GPS坐标进行修正），已达到国际先进水平。

参考文献

[1] 张三慧．大学物理学．电磁学：第3版［M］．北京：清华大学出版社，2008.

[2] Shcherbinin V E. Calculation of the Magnetostatic Field of Surface Defects. II. Experimental Verification of the Principal Theoretical Relationships［J］. Defectoscopiya，1966（5）：59-65.

[3] H. Hwang J，Lord W. Finite Element Analysis of the Magnetic Field Distribution Inside a Rotating Ferromagnetic Bar［M］. City，1975.

[4] Hwang J，Lord W. Finite Element Modeling of Magnetic Field/Defect Interactions［J］. 1975.

[5] Lord W. Residual and Active Leakage Fields Around Defects in Ferromagnetic Materials［J］. Materail Evalution，1978，36：47-54.

[6] Förster F. New Findings in the Field of Non-Destructive Magnetic Leakage Field Inspection［J］. NDT International，1986，19（1）：3-14.

[7] Atherton D L，Czura W. Finite Element Calculations on the Effects of Permeability Variation on Magnetic Flux Leakage Signals［J］. NDT International，1987，20（4）：239-241.

[8] Atherton D L. Finite Element Calculations and Computer Measurements of Magnetic Flux Leakage Patterns for Pits［J］. NDT & E International，1997，30（30）：159-162.

[9] Altschuler E，Pignotti A. Nonlinear Model of Flaw Detection in Steel Pipes by Magnetic Flux Leakage［J］. NDT & E International，1995，28（1）：35-40.

[10] Yang，Sunho. Finite Element Modeling of Current Perturbation Method of Nondestructive Evaluation Application［J］. Dissertation Abstracts International，Volume：61-02，Section：B，page：1012；Major Professors：Lali，2000.

[11] Haueisen J，Unger R，Beuker T，et al. Evaluation of Inverse Algorithms in the Analysis of Magnetic Flux Leakage Data［J］. Magnetics IEEE Transactions on，2002，38（3）：1481-1488.

[12] Park G S，Sang H P. Analysis of the Velocity-Induced Eddy Current in MFL Type NDT［J］. IEEE Transactions on Magnetics，2004，40（2）：663-666.

[13] Christen R，Bergamini A. Automatic Flaw Detection in NDE Signals Using a Panel of Neural Networks［J］. NDT & E International，2006，39（7）：547-553.

[14] Joshi A，Udpa L，Udpa S，et al. Adaptive Wavelets for Characterizing Magnetic Flux Leakage Signals From Pipeline Inspection［J］. IEEE Transactions on Magnetics，2006，42（10）：3168-3170.

[15] Hari K C，Nabi M，Kulkarni S V. Improved FEM Model for Defect-Shape Construction from MFL Signal by Using Genetic Algorithm［J］. Iet Science Measurement & Technology，2007，1（4）：196-200.

[16] Amineh R K，Nikolova N K，Reilly J P，et al. Characterization of Surface-Breaking Cracks Using One Tangential Component of Magnetic Leakage Field Measurements［J］. IEEE Transactions on Magnetics，2008，44（4）：516-524.

[17] Nara T，Fujieda M，Gotoh Y. Non-Destructive Inspection of Ferromagnetic Pipes Based on the Discrete Fourier Coefficients of Magnetic Flux Leakage [J]. Journal of Applied Physics，2014，115（17）：2427-2431.
[18] Hui M K，Park G S. A Study on the Estimation of the Shapes of Axially Oriented Cracks in CMFL Type NDT System [J]. IEEE Transactions on Magnetics，2014，50（2）：109-112.
[19] 李路明，张家骏，李振星，等. 用有限元方法优化漏磁检测 [J]. 无损检测，1997(6)：154-158.
[20] 李路明，郑鹏，黄松岭，等. 表面裂纹宽度对漏磁场 Y 分量的影响 [J]. 清华大学学报（自然科学版），1999(2)：43-45.
[21] 黄松岭，李路明. 管道漏磁检测中的信号处理 [J]. 无损检测，2000，22（2）：55-57.
[22] 杨理践，陈晓春，魏兢. 油气管道漏磁检测的信号处理技术 [J]. 沈阳工业大学学报，1999，21（6）：516-518.
[23] 杨理践，邢燕好，高松巍. 高精度管道漏磁在线检测系统的研究 [J]. 无损探伤，2005，29（1）：20-22.
[24] 杨理践，马凤铭，高松巍. 基于神经网络及数据融合的管道缺陷定量识别 [J]. 无损检测，2006，28（6）：281-284.
[25] 杨理践，余文来，高松巍，等. 管道漏磁检测缺陷识别技术 [J]. 沈阳工业大学学报，2010(1)：65-69.
[26] 杨理践，郭天昊，高松巍，等. 管道裂纹角度对漏磁检测信号的影响 [J]. 油气储运，2017，36（1）：85-90.
[27] 王太勇，蒋奇. 管道缺陷定量识别技术的研究 [J]. 天津大学学报：自然科学与工程技术版，2003，36（1）：55-58.
[28] 王太勇，刘兴荣，秦旭达，等. 谱熵分析方法在漏磁信号特征提取中的应用 [J]. 天津大学学报：自然科学与工程技术版，2004，37（3）：216-220.
[29] 康宜华，武新军，杨叔子. 磁性无损检测技术中磁信号测量技术 [J]. 无损检测，1999(8)：340-343.
[30] 康宜华，武新军，杨叔子. 磁性无损检测技术中的磁化技术 [J]. 无损检测，1999(5)：206-209.
[31] 刘志平，康宜华，杨叔子. 漏磁检测信号的反演 [J]. 无损检测，2003，25（10）：531-535.
[32] 康宜华，陈艳婷，孙燕华. 超强磁化下漏磁检测的穿透深度 [J]. 无损检测，2011，33（6）：27-29.
[33] 金涛，阙沛文. 基于小波理论的漏磁检测的噪声消除 [J]. 测试技术学报，2003，17（4）：359-362.
[34] 金涛，阙沛文，陈天璐，等. 基于改进 BP 神经网络算法的管道缺陷漏磁信号识别 [J]. 上海交通大学学报，2005，39（7）：1140-1144.
[35] 黄松岭，赵伟，等. 天然气管道缺陷检测器涡流装置 [J]. 清华大学学报，2008，48（1）：13-15.
[36] 臧延旭，金莹，陈崇祺，等. 基于磁致伸缩效应的管道裂纹检测器机械结构的设计 [J]. 油气储运，2015，34（7）：775-778.

第十章 LNG 设备开发与应用

液化天然气（Liquefied Natural Gas，简称 LNG）是天然气经压缩、冷却到 -160℃左右液化而成的一种液态状况下的无色流体。LNG 的能量密度大约是标准状态下气态天然气的 600 倍。在世界范围内，LNG 已成为仅次于管道气的天然气贸易方式。

2016 年，全球 LNG 贸易总量达 2.65×10^{8}t，占全球天然气国际贸易量的三分之一以上。近年来，我国 LNG 产业发展迅速，分布在东南沿海的 LNG 接收站数量及其总接收能力已跃居世界 LNG 进口国前列，而数量众多的小型天然气液化工厂及大规模 LNG 汽车槽车运输车队在世界 LNG 行业中独具特色。

LNG 接收站关键设备大部分为国外产品，设备采购费用高，订货周期长，维护不便。为响应国家产业振兴政策及《天然气液化、储运、管道传输设备为重点产业技术装备》〔发改办产业［2011］622 号文〕的文件精神，中国石油京唐液化天然气有限公司（简称“京唐 LNG 公司”）在国家能源局和中国石油天然气集团公司的指导下，组织江苏 LNG 接收站、大连 LNG 接收站及相关 LNG 设备制造企业，针对需要进口的 LNG 接收站关键装备进行了技术指标研究。通过调研 23 座国内外 LNG 接收站、10 座天然气液化工厂和 300 余家 LNG 技术领域的研究机构、设计院所和设备制造企业，分析了国内 LNG 技术领域的研发、设计、制造能力及质量管控水平，对开展 LNG 设备国产化工作的可行性做出初步的分析和判断。按照国家能源局“政产学研用”共同推进国产化工作的总体要求，在中国石油天然气集团公司的指导下，编制了《LNG 接收终端关键装备国产化实施规划》（简称“实施规划”），并上报国家能源局，对 4 类 30 项关键设备和材料的国产化进程进行了规划和部署。

第一节 LNG 设备技术介绍

一、浸没燃烧式气化器

浸没燃烧式气化器（Submerged Combustion Vaporizer，简称 SCV）是以天然气作为燃料，天然气通过燃烧器燃烧产生的高温烟气直接进入水浴中将水加热，LNG 流过浸没在水浴中的换热盘管后被热水加热气化的设备。

SCV 共分为助燃空气系统、燃烧炉系统、燃料气系统、冷却水循环系统和自动控制系统等 6 个系统。装置主要由本体、助燃风机、燃烧器、混凝土罐、冷却水泵、碱液罐、风道、烟囱、甲板、工艺管路、控制元件及其他附属设备组成（图 10–1）。蛇形的换热盘管置于混凝土水浴池中，换热盘管四面被“挡堰”包围。鼓风机将吸入的空气分两路送入燃烧室，空气与燃料气在燃烧器内按比例混合后完全燃烧，燃烧后的高温烟气从烟气分布支管上的排气孔喷射到位于换热盘管下部的水中，在挡堰内的水浴中形成大量的小气泡。烟气与水直接接触换热，换热盘管内 LNG 通过与挡堰内的气液两相进行换热而升温、气化。换热后的废气从围堰上部经烟囱排放大气，而燃烧产生的水则从挡堰经溢流口排出。

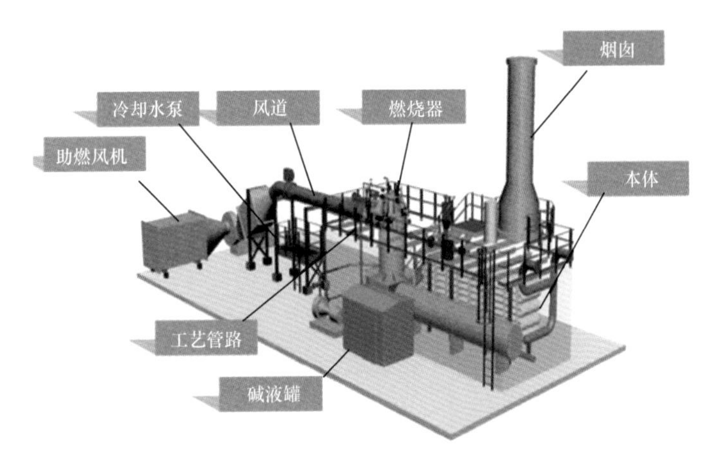

图 10-1 SCV 系统示意图

SCV 具有初期投资少、启动迅速、运行可靠以及运行不受天气等外界因素影响的优点，在 LNG 接收站的日常调峰，特别是冬季应急调峰中具有不可替代的地位。目前我国已建成的 LNG 接收站均具有明显的应急和季节调峰作用。以江苏 LNG 接收站为例，每年 11 月到次年 3 月份为冬季应急调峰保供时期，外输气量达到设计负荷。但由于冬季海水温度低，因此利用海水换热的气化器无法满负荷运行，而 SCV 不受海水和大气温度的影响，可快速点火启动，并且能在 10%～100% 的负荷范围内快速调节，适合于应急调峰和冬季保供使用。LNG 接收站在配置气化器时，一般选择 ORV/ 中间介质气化器 +SCV 的配置。

国外规模较大的 SCV 制造商有德国塞拉斯—林德公司（Selas-Linde GmbH）和日本住友精密机械公司（Sumitomo Precision Products Co., Ltd）两家公司。塞拉斯—林德公司为全球最大的工业气体和 LNG 设备供应商之一，能提供种类广泛的压缩和液化气体以及成套设备。住友精密机械的 SCV 制造技术较成熟。之前国内在用的 SCV 全部为进口，设备的维护服务和配件的进口依存度达 100%，但从两家公司进口 SCV 存在采购周期长、价格高、维修成本高等缺点。

二、开架式气化器

开架式气化器（Open Rack Vaporizer，简称“ORV”）是以海水作为热源，海水自气化器顶部的溢流装置依靠重力自上而下均覆在气化器管束的外表面上，LNG 沿管束内自下而上被海水加热气化的设备。

ORV 是主要用于基本负荷型的大型 LNG 气化装置，是目前 LNG 接收站应用最为广泛的气化器。ORV 单台最大气化 LNG 的能力可到 200t/h 左右。与其他形式的 LNG 气化器相比，ORV 具有能耗低、污染小、处理量大的特点，并且可以在 0～100% 的负荷范围内调整气化量。

ORV 以海水为热源，资源充足且具有成本低的优越性。ORV 工作时，海水喷淋到传热管上形成液膜加热管内的 LNG，因此水容易在传热管下部结冰，使得装置的传热性能下降，影响传热效率，导致气化性能降低。传统的ORV运行时，在板型传热管束的下部，尤其是集液管外表面都会结冰，会使气化器的传热性能下降。ORV工作原理如图10-2所示。

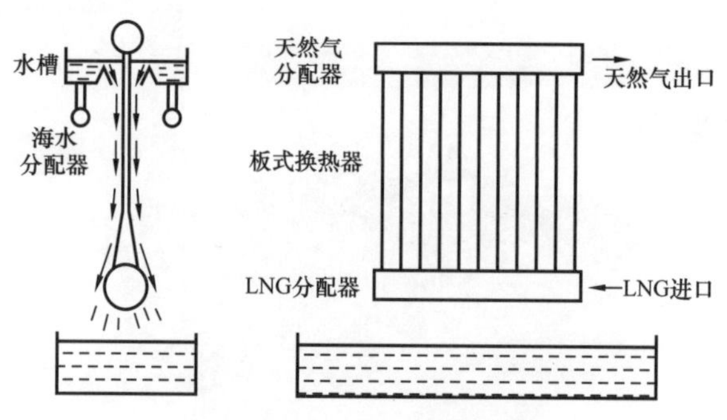

图10-2　ORV工作原理示意图

ORV由LNG分配系统、NG输出系统、换热管板系统、海水分配系统、海水管路、维修平台及其他附属设备（各种调节阀、传感器、固定构件等）组成，如图10-3所示。ORV装置本体部分由海水分布器、翅片管管束、歧管、集管、LNG管路、NG管路、海水管路、阀门等组成。换热管板由翅片管管束构成，翅片管与集管相连，集液管位于下侧、集气管位于上侧；集管汇于歧管上，并分别与LNG管路和NG管路相连；海水分布器与海水管路相连，输送并分配海水。

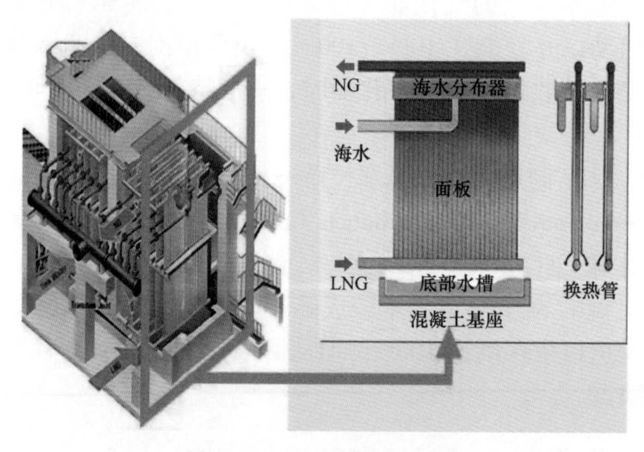

图10-3　ORV结构示意图

国外ORV的制造主要由日本神户制钢（Kobe Steel Group）和日本住友精密机械（Sumitomo Precision Products Co.，Ltd）两家公司垄断。国内在用的ORV全部来自于进口，设备的维护服务和配件的进口依存度达100%，从两家公司进口ORV存在采购周期长、价格高、ORV涂层喷涂及维修成本高等缺点。

三、立式长轴海水泵

LNG接收站ORV和中间介质气化器的热源由海水提供，海水泵的作用是将海水输送至气化器气化LNG。海水泵是LNG接收站重要的设备之一，但其关键制造技术一直被国外生产商垄断。

国产海水泵的结构形式为立式长轴泵，叶轮级数为单级。该泵在不拆卸泵外筒体的情况下，可将转子单独抽出泵体外进行检修。泵的进口滤网位置通常低于正常海平面 5m 左右，泵的总长度为 10～12m。海水是强电解质，不同金属在海水中相互接触或配用时，由于各自电位不同，会使较低电位的金属溶解而加速腐蚀，电位较高的金属得到保护而减缓腐蚀。正常情况下，泵轴与轴套、叶轮间不存在海水，但在运转过程中由于受到多种因素的影响，叶轮轴孔端面与轴套端面密封性能可能下降并失效，海水会渗入泵轴与轴套、叶轮间的空隙中，使得泵轴与轴套、叶轮间产生电偶腐蚀效应。因此，海水泵采用耐海水腐蚀的材料，同时配备防止腐蚀的电极保护装置。电极保护装置外加保护电位，可在出现电位差时使电位平衡，防止海水泵被腐蚀。

海水泵是竖轴驱动，壳体是扩散碗型。泵轴之间通过联轴器连接。可更换的耐磨环分别配备在叶轮和壳体上。从上往下看，泵沿顺时针方向旋转，泵所产生的轴向推力（转子重量 + 轴向推力）由泵本体承受，轴密封形式为无石棉的压盖填料密封。电动机安装在独立的钢结构电动机座上，通过油脂润滑的齿轮式联轴器连接在泵上。泵吸入口垂直向下，出口水平布置。海水通过海水泵吸入口后，由叶轮加压，经过出口进入海水总管。海水泵结构如图 10-4 所示。

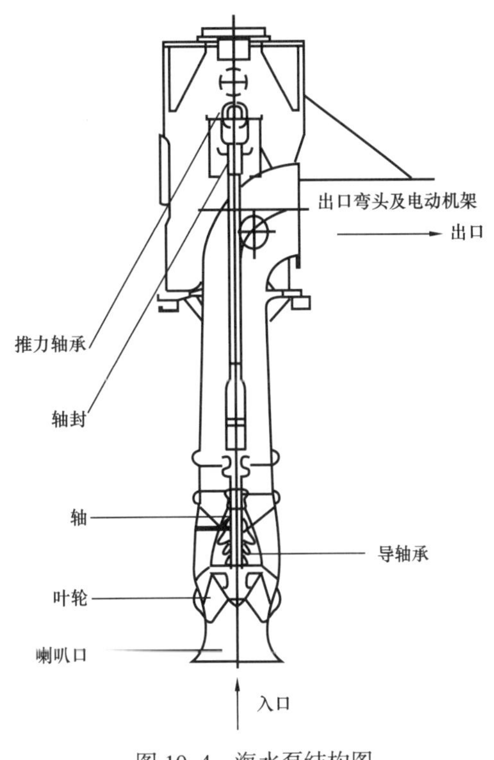

图 10-4 海水泵结构图

四、LNG 接收站自控系统

自动控制系统是 LNG 接收站的一个核心组成部分。合理科学地设置自动控制系统，不仅能够使整个工艺系统正常工作和安全运行，还可以改善劳动条件，提高生产效率。LNG 接收站自控系统主要包括 DCS 控制系统、SIS 控制系统、可燃气体报警系统、视频监控系统和在线分析化验系统等五大子系统。

1. 现场仪表系统

在保障场站可靠安全运行的必要点处加装一次及二次仪表，对 LNG 码头、LNG 储罐区和工艺装置区的各设备进行监视和控制，对调压计量、加臭、仪表用气源等设备进行控制。

2. DCS 控制系统

采集现场重要位置的数据，汇总到控制室进行集中监测和控制。

3. 可燃气体报警系统

在现场设置火灾报警探头、手动报警按钮、声光报警按钮，迅速处理全站火灾报警情况。

4. SIS 系统

保证紧急情况时及时切断站内总气源，在事故时尽量减小站内损失。

5. 视频及红外报警系统

工作人员在控制室内监视站内设备及外来人员、车辆进入情况。

第二节　LNG 设备国产化开发

一、SCV 国产化研制

1. SCV 技术难点

LNG 气化站使用的空温式气化器和电加热水浴式气化器，国内已可以制造。SCV 是处理量大、高效率的调峰气化设备，国内近些年才开始一些相关研究，并且多数处于理论研究阶段，还没有成熟的技术和数据可供借鉴。

SCV 国产化存在以下几方面的技术难点：

（1）SCV 多相湍流传热技术。

SCV 运行时管程 LNG 的相态、温度、流速等物性参数会发生较大变化，壳程的水浴为水和烟气组成的多相紊态类沸腾混合物，烟气和水浴之间同时进行传热和传质过程，因为流动和换热过程复杂，国内没有成熟的计算方法来指导 SCV 的设计。国外 SCV 的相关理论研究未见公开报道。

（2）SCV 换热管束防结冰技术。

SCV 换热管的内部介质温度最低在 -160℃以下，换热温差可以达到 180℃，因此换热管束外壁的薄水层极易形成瞬时的低温边界层。如果不及时破坏该低温边界层，使高温水不断补充到换热管束管壁的四周，低温边界层就会加厚，可能诱使整体管束冻结，对换热器安全运行造成危害。

（3）SCV 小管密排管束制造技术。

SCV 换热管束采用多管程并行的蛇形弯管结构，错列密排布置。换热管管壁薄、弯曲半径小，精度要求高。国内煨管加工技术较国外厂家还有差距，SCV 换热管束加工制造难度较大。

（4）SCV 大范围变负荷运行时燃烧控制技术。

SCV 燃烧器的设计要求负荷在 20～200t/h 范围内均能稳定燃烧，调节范围较大，因此燃烧器是 SCV 的开发制造关键点之一。

（5）安全可靠的顺控程序。

SCV 要求一键控制自动点火燃烧，自动化程度高，需要由安全可靠的顺控点火和停车程序，并能够在负荷变化时准确通过阀位串级控制燃料气量、助燃空气量和冷却空气量的配比。同时运行中需要全面监测、控制和联锁保护，保护系统安全等级要达到 SIL2 级，因此对控制系统的集成开发要求较高。

（6）NO_x 的生成控制技术。

燃料气的燃烧会生成 NO_x，NO_x 排放到大气会造成污染。如果 NO_x 生成速率过快，会使水浴内呈现酸性，造成 SCV 水浸部件的加速腐蚀。NO_x 排放需要达到环保控制要求，燃烧器燃烧时产生的烟气中 NO_x 浓度应≤50mL/m^3。传统的高温燃烧炉无法达到此严格要求。

2. SCV 设计技术

SCV 国产化研发，完成了基本理论研究，掌握了关键技术参数，完成 1 套 200t/h SCV 装置制造和现场工业性试验，达到工业应用程度。根据数值模拟结论及现场应用情况，进一步完善了设计，掌握了不同处理能力的系列化 SCV 设计方法，并取得实用新型专利 2 项。

主要设计技术如下：

（1）燃烧器。

SCV 燃烧器为双螺旋风道结构，由主燃风道、助燃风道、燃气喷嘴等组成。燃烧器分为上、下涡室两个主要部分。点火时由上涡室气体引燃器进行一次和二次点火，由二次火焰点燃助燃烧嘴。主燃烧火焰位于下涡室，主燃料气向上燃烧至位于上下涡室间的中央部位。

助燃空气从两处进入燃料器，少部分空气被输送至下涡室燃烧喷嘴周围参与一次燃烧，大部分空气通过切向螺旋风道进入上涡室参与二次燃烧。二次助燃空气产生旋涡运动，从而使气体与从燃烧器底部升起的二次风相混合，混合气体将沿燃烧器轴反向再循环。二次风的向下漩涡运动轨迹决定了 SCV 火焰燃烧的形状和稳定性，同时对炉壁起到冷却作用，对一次燃烧也起到了降温作用。

（2）多相湍流传热技术。

采用数值模拟方法研究了 SCV 的传热过程，建立了计算模型，同时通过室内模拟试验验证了模型的可靠性，为 SCV 换热计算提供理论和实验依据。根据 LNG 跨临界区流体物性和 SCV 燃烧传热特性，建立了水浴内流场湍流模型和多相流模型，形成了 SCV 传热计算技术。

（3）浸没燃烧和大负荷稳燃技术。

SCV 的运行负荷范围为 10%～100%，调节范围较大。研制的双螺旋涡壳式燃烧器采用比例式预混燃烧方式，能根据燃烧负荷的变化调整一次、二次风的比例，保证了燃烧器的燃烧火焰稳定性和高效性，以及负荷调节操作的灵活性。研制的一次引燃、二次引燃技术保证了燃烧器的着火率。研究形成的不同负荷下燃烧器的调整方案，可以确保水浴内的相对稳定的气液比与传热效率，使烟气中 CO 的含量低于 80mL/m^3。

（4）低 NO_x 控制技术。

SCV 燃烧器是一种富氧高温燃烧装置，其燃烧负荷高，在这种条件下，NO_x 将大量产生。根据不同负荷下 NO_x 的生成速率，通过在高温烟气区设置烟气温度在线监测，可以更精确地调整燃烧，实现高效燃烧。通过燃烧器火嘴盘管冷却水流量的在线监测与联锁报警，保证了小空间高强度燃烧器在满负荷运行时有效冷却，能有效降低燃烧器燃烧时 NO_x 的生成量，提高设备的安全性，使烟气排放口 NO_x 生成量始终低于 50mL/m^3。

（5）换热管束防结冰技术。

SCV 换热器在 LNG 进口端温度低达 −160℃，如果没有有效的强化传热手段，将造成此处管段的局部低温。特别是低负荷下，易造成管段局部堵塞，从而诱发整体堵塞，影响安全运行。国产SCV研制的一次、二次风比例调节技术，保证SCV在不同负荷运行时提供足够的烟气量，确保水浴中相对固定的“水—气”比例，从而维持稳定的紊态换热流场。在结构设计上，通过合理设计烟气分布器和喷嘴结构，及其与换热管束的布置位置，使高温烟气的均匀分布，并在水浴内形成多级环流，可以局部强化换热。水浴内采用的“挡堰”排列技术，保证了管束上方换热紊流的稳定性。

3. SCV制造技术

（1）小管密排管束制造技术。

SCV换热管束采用多管程并行的蛇形弯管结构，错列密排布置。管壁薄、弯曲半径小，精度要求高，需采用特殊的冷弯成型工艺，控制管端偏移量、椭圆度、轮廓度及壁厚减薄量。

SCV共有76根换热管，采用多管程并行，错列密排布置。换热管与溢流堰间采用钢带组成的网状吊架进行固定。吊架在提供管束支撑的同时，组装后要求管束能够沿轴线自由伸缩，最小装配间隙达到0.75mm。通过特殊装配工装，合理编制的管束组装工艺，成功完成组装工作。换热管束部分整体制造精度达到了国外同类产品水平。

（2）双牌号材料的创新应用。

创新地采用双牌号不锈钢材料，其化学成分采用较低强度材料的化学成分，并对S、P等关键成分进行控制，机械性能采用高强度材料的机械性能，同时提出了低温冲击、高温拉伸、尺寸偏差、加工方法、出厂检验要求和热处理状态的特殊要求。双牌号材料的应用，解决了主要受压元件依存国外进口的问题，为实现国产化打下了基础。

二、ORV国产化研制

国内已建的接收站使用的ORV（约40台）均为进口，采购成本很高。在后期的运行和维护过程中，国外厂商的技术响应时间较长，且售后服务价格较高，增加了运营成本。2011年11月，中国石油唐山液化天然气项目经理部组织开展了国内“首台套”开架式海水气化器的研发工作。

针对开架式海水气化器的主要技术问题，京唐LNG公司在组织相关单位进行了技术攻关，形成了如下技术方案：

1. ORV传热计算

ORV的工作传热过程主要包括三个环节，即管外海水降膜传热、从管外壁到内壁的导热和管内LNG—NG的强制对流换热。通过采用数值模拟及经验公式的方法分别计算，获取管内超临界LNG与管内壁之间的强制对流换热计算方法，为后续ORV产品的试制打下坚实的基础。

2. ORV整体结构设计

ORV主要结构包含传热系统，海水系统，支撑系统，水泥框架系统等。通过传热计算得出换热面积，然后进行优化排列，得出最佳排列结构，既满足传热要求，又有利于流体分布和制造安装。ORV整体结构为金属支架整体固定安装结构，整台ORV分为3个单元，每个单元5个换热面板，每个面板由若干根换热管组成。外围采用水泥框架结构以支撑换热面板及海水分布系统，并储存部分循环海水及阻挡风沙。海水的分配采用特殊水槽结构，在海水流路上设置阻力调整匹配结构，确保海水均匀分布于每根换热管上并沿换热管表面附壁流下，有效地防止了海水的飞溅，并通过分配结构的试验，优化分配结构参数，确保海水侧换热性能。ORV 在常温安装状态与冷端达 -160℃低温的工作状态下，换热管长度方向及集（汇）管的温度收缩和相应温度应力可能会造成结构的破坏，为此研究了温度补偿结构，采用对每个单元上部多点悬挂，和下侧的横向限位结构。采用有限元分析软件（ANSYS）对结构在正常运行和异常运行两种工况下的强度进行了分析计算，确保设备强度的可靠性。

3. ORV 制造工艺

在 ORV 试制过程中，除进行了承压元件爆破试验、单元冷端在液氮温度 -196℃和设计压力 13.9MPa 下的低温承压试验等强度试验研究工作，还特别攻克了焊接工艺等技术难点。翅片管与集合管焊接结构要求每个面板有几十根换热管紧密排列，两端管口焊接在上下集合管上。高压翅片管之间的距离太近，焊接施工空间小，且大量焊接接头紧密靠近，会引起上下集合管的大的焊接变形，要确保每个焊接接头焊透并达到承压强度。通过大量实验和焊接工艺研究，制定出合理的焊接工艺，设计有效的焊接工装，达到了圆满的解决方案。

4. ORV 防腐技术

ORV 换热管和集管在正常工作的过程中直接与海水接触，并受到流动海水的冲刷和腐蚀。换热管及集合管材质均为铝镁合金，俗称防锈铝，具有较高的抗腐蚀性，但在流动海水环境下，铝合金换热管和集管将会发生腐蚀。为增强换热管防腐能力，选用热喷涂技术在换热管和集管表面形成一定厚度的涂层，并使涂层具有较高的均匀性及结合强度。涂层材质与母材材质接近的合金作为涂层材料，既能保护母材，又不阻碍传热，延长了设备使用寿命。涂层外表面用环氧树脂密封处理。用涂层合金对换热管和集管作牺牲阳极保护，提高了换热器的耐腐蚀性能和使用寿命。

5. ORV 的工厂检测和低温试验

唐山 LNG 接收站使用的国产化 ORV 的设计压力为 13.9MPa，操作压力约为 8.8MPa。为保证“首台套”产品运行的安全可靠，必须根据国内外标准设计合理的低温测试方案和检测方案，并严格把控。

三、立式长轴海水泵国产化研制

鉴于国内进口的海水泵故障频发，在后期的运行、维护过程中，国外厂商的技术响应时间较长，且售后服务价格较高，增加了运营成本。2011 年 12 月开展了国内“首台套”海水泵的国产化工作。为完成国产化任务，就海水泵在 LNG 接收站的运行环境和工况条件、海水泵的技术参数、结构形式及主要配套件的技术指标等进行多次深入研讨。“首台套”国产立式长轴海水泵一次性通过了国家能源局和中国机械工业联合会组织的专家鉴定。

2011 年，京唐 LNG 公司和参研厂家签订了技术研发协议，并在前期调研的基础上，提出以下技术条件作为海水泵设计的基础。

1. 立式长轴海水泵技术条件

（1）海水泵效率不低于86%，噪声不大于85dB。

（2）海水泵采用可抽芯结构，以方便海水泵运行过程中的维修。

（3）海水泵过流介质采用双相不锈钢，以增加海水泵过流介质的耐腐蚀性及耐磨性。

（4）考虑远期预留工程量，为优化海水泵房的整体布局，采用不同流量海水泵配套设计的原则。

（5）考虑随着LNG处理量及海水温度的变化，ORV需要的海水量将在一定范围内浮动，因此海水泵电动机增配变频器，在增加海水泵调节范围的同时还可节能降耗，并提高电动机的运营稳定性。

（6）配置海水泵自润滑系统，节约淡水资源，降低泵组能耗。

海水泵变频器和自润滑系统的设置在国内LNG接收站是首次采用。

2. 立式长轴海水泵设计制造

针对海水泵的主要技术问题，京唐LNG公司在组织相关单位技术攻关，分别采用了以下方案：

（1）利用CFD三维流场分析、强度和应力有限元分析等现代设计技术，提高了设备可靠性。在水力设计各种经验系数的选取上，参阅了多种相同或相近比转数的水力模型，对多种水力方案进行了计算机仿真流场分析，从中选取最佳方案。为保证产品的高可靠性，对主要的零部件均进行有限元分析，包括强度和应力分析。

（2）创新结构设计。在结构设计中对可抽出式结构进行了创新，可抽部件的内接管加装了止动装置，可防止其窜动。套筒联轴器由原来的无密封改为了密封型结构，保护泵轴与联轴器的配合面，提高轴与轴之间的连接可靠性。筒体内导流片由原来的格栅式改为龟背式流道；内接管由原来的无排气型改为排气型，提高了润滑的可靠性。内接管由原来的多台阶形状改为了包覆式的无台阶圆柱形，降低了泵内损失。

（3）耐海水材质和制造工艺在抗电化学腐蚀方面已超过316L不锈钢。采用国际双相不锈钢作为在海水过流部件材料，其在抗电化学腐蚀性能已超过316L不锈钢，成为耐海水腐蚀的最佳材料。为充分利用双相钢的物理、化学性能，针对铸造、焊接、工艺、质量控制等技术进行了深入研究，制定了防铁离子污染方案、焊条的选择方案、等离子切割方案、叶轮精密铸造方案、导叶体铸焊相结合方案、表面处理及防护方案等完整的技术方案。

（4）海水泵自润滑一体装置利用泵组自身水源实现海水过滤、循环润滑和冷却，节约了淡水资源，降低了泵组能耗。

（5）壳振和轴振自动测量远程监控系统，使设备运行安全多了一层保障。海水泵首次采用了壳振和轴振自动测量远程监测系统。其中，轴振检测在国内海水泵制造中为首次采用。与传统壳振测量系统相比，该远程监测系统具有更可靠、更安全、更直观的连续在线监测和保护功能。通过以太网通信，可将各个控制点监测数据连接到远程集散控制系统和数据采集系统；可以接入4路振动/位移/速度信号，通过独立的积分和滤波控制输出4路4～20mA信号；具有多级报警功能，包括警告报警和设备停机报警。

（6）配置了外加电流阴极保护系统，循环水泵外壁接触海水部分采用铁合金牺牲阳极保护防腐，增加了设备使用寿命。金属在海水中的腐蚀为电化学腐蚀，阴极保护是防止金属腐蚀的最有效途径。本项目海水泵除了过流部件全部采用双相不锈钢外，还配置了外加电流阴极保护系统。阴极保护系统包括直流电源、辅助阳极、极电流屏蔽层、极电缆、极回流电缆、极密封接头阳极支架、参比电极等。循环水泵内壁、轴及叶轮部分采用外加电流阴极保护，循环水泵外壁接触海水部分采用铁合金牺牲阳极保护防腐。

（7）高压变频技术的应用提高了运行的适用性，节能效果明显。采用新型高压变频启动技术，泵机组及系统在开停机和测试与运行过程平稳正常，对电网无冲击作用，提高了运行的适用性。同时，海水泵在运行过程中，可根据海水潮汐情况及接收站工艺需求，适当调节海水泵转速，控制海水泵出口流量及扬程，保证海水泵在不同工况下能运行在高效区，节能效果明显。

四、LNG 接收站自控系统开发

自控系统是 LNG 接收站的核心组成部分，主要包括 DCS 控制系统、SIS 控制系统、可燃气体报警系统、视频监控系统、在线分析化验系统五大子系统。自控系统涉及的子系统繁多，工程建设期间需要多厂家分别调试和联合调试，协调工作难度大，且在后期的运行、维护中存在推诿扯皮等弊端，增加了系统安全隐患。

通过对接收站自控系统的研究，可将自控系统的五大子系统集成，统一设计、采购及安装，并采用国产化技术。集成有利于对自动化系统进行优化，减少工作界面和协调环节，提升系统整体的可靠性、稳定性、兼容性和可扩展性，有利于项目运营期间的系统运维服务、动态备件储备和技术支持，降低运营维护成本。

1. DCS 分散控制系统解决方案

DCS 分散控制系统由控制站、通信网络和上位系统组成，设置在中央控制室、码头控制室和装车控制室中，负责各区域生产 / 工艺过程的数据采集和监控。硬件采用 CENTUM VP 系统，FIMS 采用 PRM 系统。采用独有的 4CPU 技术，具有高可靠性、高可用性、高系统 / 书记安全性和开放性，支持 DCS/SIS 一体化集成和在线扩展。主要研制内容包括系统控制解决方案的研发、制定和设计；系统硬件研制以及国内设备的制造和集成；控制方案的制定；工艺软件包的编程组态；控制软件的研发、应用。

2. SIS 安全仪表系统解决方案

SIS 安全仪表系统是保护厂内设备和人员安全的核心系统，所有与安全相关的控制、连锁和紧急停车均由 SIS 执行。选用基于 DCS 系统一体化的 ProSafe-RS 安全系统。采用全冗余结构，符合 SIL3 安全等级要求，支持 DCS/SIS 一体化集成和在线自诊断。主要研制内容包括安全控制方案的研发、制定和设计；系统硬件研制以及国内设备的制造和集成；控制方案的制定；工艺软件包的编程组态；控制软件的研发、应用。

3. 数字化监控大屏幕系统解决方案

数字化监控大屏幕系统是数字化监控及视频会议系统的重要组成，主要作用是将各种视频、计算机文字、图像信号等进行全数字控制和实时动态显示。采用信号分通道处理、后端图像处理技术，具备强大的图像处理能力，配备双核心和大内存，以及全数字投影设备。

4. CCTV 工业电视监控系统解决方案

CCTV 工业电视监控系统由红外防爆摄像机、光端机、视频分配器、视频矩阵、LED 显示器构成。在每个监控点设摄像机，通过视频线或光纤将所辖范围内的现场视频信息传至中控室矩阵，存入中控室硬盘录像机，视频与报警具有联动功能，全天候对整个厂区进行全覆盖实时监控，及时掌控各种可疑现象及突发事件的出现。具有高可靠性、高适应性、高开放性、高清晰度和可扩展性，采用专网专线传输。主要技术参数包括支持多种录像方式和实时存储（分辨率 4×CIF 标准、帧率 25 帧/路/s），存储时间大于 30 天；模拟矩阵支持 3200 路视频输入、256 路视频输出、2096 路报警联动输入点，并支持矩阵卫星联网，联网可达 30 个站点；低照度可清晰成像，图像可达 4 级以上图像质量等级；系统的输入容量大于实际容量的 10%；摄像机水平通过同轴线缆（光缆）传输视频信号进入控制室。

5. 连续采样过程在线/离线分析系统方案

采用直接（连续）采样分析方式，用于在线和离线分析，属于高精度的采样系统。在管道上的具有典型代表性的位置上设置采样点，对管道中的介质进行采样，并对所取的样品进行在线分析及离线实验室化验分析，用于定量分析 LNG 天然气的组分、热值等参数。具有高精度、自动化/集成化/智能化程度高、易操作和维护量小等特点。主要研制内容包括连续采样过程在线/离线分析系统整体方案的制定和设计；分析小屋的研制与生产；预处理部分的设备的研制和生产；与整体国外设备的整合与连接方案；工艺控制软件包的研发、设计；连续采样过程在线/离线分析系统方案的投运、调试及应用。

第三节　LNG 接收站设备应用

一、国产 SCV 应用

SCV 性能测试内容包括点火测试、负荷测试和 72h 连续运行测试。

1. 点火测试

要求从控制室 DCS 上远程启动 SCV 点火程序，在程序控制下多次完成燃烧器主燃气的点火，且主燃火能够持续稳定燃烧。目的是检验燃料气系统设置、燃烧器设计及引燃控制程序，并通过调整使燃烧器获得较高的点火成功率。

2. 负荷测试

要求 SCV 在 10%～100% 之间的 10 个不同负荷下连续运行，各运行阶段及负荷调整过程中，各系统工作正常，NG 出口温度无较大波动，始终趋近设定值。目的是检查各系统联动工作性能，对设备的软、硬件进行全面检查、测试，并根据运行数据对设备进行实时调整，使装置的工艺参数、设备参数、烟气组分等指标满足设计要求。

3. 72h 连续运行测试

要求 SCV 进行 72h 带负荷不间断运行。目的是监测设备运行情况，记录运行数据，对设备长时间运行的稳定性及各项指标进行考察。同时，对运行数据进行整理和分析，对 SCV 的性能进行评价。表 10-1 是 SCV 性能测试工作表。

表 10-1 SCV 性能测试工作表

序号	工作内容	序号	工作内容
1	现场安装检查及调试条件确认	12	冷却水泵运行调试
2	电气、仪表设备检查	13	加碱液系统调试
3	与 DCS 等相关系统的通信检查	14	阀门回路调试
4	仪表回路调试	15	燃烧器调试
5	控制阀回路调试	16	助燃空气系统运行调试
6	报警、启停逻辑和控制逻辑测试	17	点火前的检查
7	风机电动机调试	18	点火测试
8	水浴加热器调试	19	SCV 及入口管线的冷却和加压
9	水浴内注水前的检查	20	SCV 负荷测试
10	水浴注水	21	72h 性能测试
11	风机性能测试		

4. 工业应用

国产 SCV 于 2014 年 9 月完成制造及第三方监检，同年 10 月在江苏 LNG 接收站完成现场安装。于 2015 年通过中国石油天然气集团有限公司组织的科技成果鉴定，产品通过盘锦市特种设备监督检验所检验，并取得实用新型专利 2 项。2015 年底完成现场调试和性能测试工作，已参与江苏 LNG 接收站 2015 年和 2016 年保供度冬设备运行。在 −13℃的极寒天气下能一次点火成功并正常运行，SCV 各设备运行状况良好，换热效率、燃烧效率、燃烧控制精确度和环保等各项指标均达到设计要求，满足现场运行要求。控制系统安全等级高，高度集成，实现一键点火启动、负荷变化、熄火停运的全程自动化，具有全面的监测、控制、联锁保护功能，达到国外同类产品水平。表 10-2 为国产化 SCV 相关技术参数与德国林德 SCV 的对比表。

表 10-2 国产化 SCV 相关技术参数对比表

项目	德国林德 SCV	国产化 SCV
气化量，t/h	200	200
LNG 进口压力，MPa	9.75	9.75
设计压力，MPa	12	15
气化器负荷，MW	37	37
负荷调节比	30%～100%	10%～100%
设计温度，℃	−170/60	−170/60
LNG 进口温度，℃	−160	−160

续表

项目	德国林德 SCV	国产化 SCV
NG 出口温度，℃	1～5	1～5
水浴温度，℃	≤30	≤23
热效率，%	95%	95%～99%
燃料	天然气	天然气

二、国产 ORV 应用

1. 成果鉴定

国产 ORV 通过了国家能源局和中国机械工业联合会组织的专家鉴定，主要鉴定结果如下：

（1）该产品采用先进设计方法和制造工艺，结构设计合理，选材适当，应力分析与实验验证充分。形成了自身技术特点和创新点。

（2）该产品经唐山 LNG 接收站工业性应用试验和运行，证明具有良好的操作性和符合调节性能，各项指标符合技术条件、实验大纲及相关标准要求，满足工业化应用要求。

（3）京唐 LNG 公司研制的国内首台套 ORV 填补了国内空白，主要技术指标达到国外同类产品先进水平，可在大型 LNG 接收站推广使用。

2. 现场应用

自 2014 年 10 月起，国产 ORV 在京唐 LNG 公司的接收站已经安全、平稳、高效运行 3 年多，运行期间换热管表面海水分布均匀，在 0～180t/h 流量范围内换热效果良好，换热管内侧 LNG 压降小于 0.2MPa，海水进出口温差小于 5℃。各项性能指标均达到设计要求，满足现场需求，应用效果良好，达到国外同类产品先进水平。图 10-5 为首台套国产化 ORV 在唐山 LNG 接收站应用。

国产 ORV 在唐山 LNG 接收站成功应用，取得的效益如下：

（1）安全效益：截至 2017 年，累计平稳高效运行 3 年，安全无事故。

（2）经济效益：相对进口产品，单台节约近 350 万元。

（3）社会效益：国内首台套 ORV 的国产化，率先打破国外厂商对中国 LNG 接收站市场的垄断，标志着国内高端装备制造业水平又上台阶，是“十二五”规划的重点支持内容，符合国家战略方针，必将推动国内换热器行业整体技术创新，有利于提高我国换热器产品在国际上的竞争力。

3. 应用前景

首台套国产 ORV 已经在京唐 LNG 公司的接收站安全、平稳、高效运行 3 年多，示范效应强。

“十三五”期间，随着我国对清洁能源的需求量逐步增加，LNG 接收站建设将呈快速增长的趋势。我国政府十分重视能源供应安全保障和生态环境保护，大力实施能源设施与装备建设，为相关行业带来机遇。根据规划，预计在未来十年，沿海 LNG 接收站项目建设将超 20 个，国产 ORV 市场应用前景可观。

图 10–5　首台套国产化 ORV 在唐山 LNG 接收站应用

三、国产立式长轴海水泵应用

1. 成果鉴定

国产 LNG 接收站用立式长轴海水泵通过了由国家能源局和中国机械工业联合会组织的专家鉴定，主要鉴定意见如下：

（1）产品结构设计合理、材料选择适当、制造工艺先进。

（2）该产品经工厂出厂试验以及国家工业泵质量监督检测中心现场检测，各项指标均符合技术条件及相关标准要求。

（3）安装在唐山 LNG 接收站的 4 台立式长轴泵海水泵已累计平稳运行超过 10000h，基中单泵组运行时间超过 4000 h。

鉴定委员会认为研制的首台套 LNG 接收站立式长轴海水泵填补了国内空白，主要技术指标达到了国际同类先进产品水平，一致同意通过鉴定。

2. 现场应用

截至 2017 年 12 月，首台套立式长轴海水泵在京唐 LNG 公司接收站已经安全、平稳、高效运行 4 年。设备振动小、噪声低，各项性能指标均达到设计要求，运行期间海水泵出口流量稳定，压力平稳，切换顺畅。海水泵轴的振动 60μm 左右，电动机振动 0.2mm/s 以内，小泵的噪声 80～85dB，大泵噪声在 85dB 左右。图 10–6 为首台套国产化海水泵。

国产立式长轴海水泵在唐山 LNG 接收站成功应用，取得的效益如下：

（1）安全效益：截至 2016 年底，累计平稳高效运行 4 年，安全无事故。

（2）经济效益：相对进口产品，节约投资近 350 万元。

（3）社会效益：高端装备制造业是“十二五”规划的重点支持内容，符合国家战略方针，通过 LNG 接收站和海洋石油平台项目中立式长轴海水泵的国产化将提高高端装备制造业的制造水平。立式长轴海水泵是高端水泵产品，其国产化将推动水泵行业整体技术创新，有利于提高我国水泵产品在国际上的竞争力。

图 10-6　首台套国产化海水泵

3. 应用前景

经过 3 年的研发试制和 4 年的现场工业应用，“首台套”国产立式长轴海水泵已经在京唐 LNG 公司成功应用，国产化海水泵替代进口产品趋势明显。

国内规划的 LNG 接收站项目将最终构成一个沿海 LNG 接收站与天然气输送管网，同时，海上石油的开采规模也将进一步扩大，需要大量的海洋石油平台，立式长轴海水泵市场前景可观。

四、LNG 接收站自控系统集成系统应用

首套 LNG 接收站自控系统集成系统通过了中国石油集团公司组织的验收，验收专家一致认为自控系统集成系统运行安全、平稳，达到了预期效果。

截至 2016 年 12 月，首套 LNG 接收站自控系统集成系统在京唐 LNG 公司接收站已经安全、平稳、高效运行 3 年。现场应用效果良好，达到同类产品国际先进水平。图 10-7 为首套国产化 LNG 接收站自控系统集成系统。

首套国产化 LNG 接收站自控系统集成系统在唐山 LNG 接收站成功应用，取得的效益如下：

（1）安全效益：截至 2016 年底，累计平稳高效运行 3 年，安全无事故。

（2）经济效益：集成创新节约投资近 800 万元。

（3）社会效益：自动控制系统集成创新成果已经在京唐 LNG 接收站成功应用，打破了国外集成商的垄断，唐山 LNG 接收站首套控制系统国内集成及应用（“MAC”）项目是中国石油首次采用国内经销商的总包工程模式，工程投运调试以国内厂家为主，全面实现从 LNG 接卸、储存、增压、气化等全过程的连续自动化控制，整个终端的实际操作人员仅为 6～8 人，达到国际 LNG 自动化先进水平。通过“首套”实践，掌握控制技术和工艺的核心技术，今后将逐步采用国产设备替代进口产品，为实现全面国产化打

图 10-7　首套国产化 LNG 接收站自控系统集成系统

下坚实基础，并将推动行业整体技术创新，有利于提高我国自控系统产品在国际上的竞争力。

随着我国对清洁能源的需求量急剧增加，天然气产业发展预计将取得长足进步，国内规划的 LNG 接收站项目预计将新增 20 余个，国产 LNG 设备的市场应用前景可观。

第十一章 展　　望

全球瞩目的中缅原油管道2017年6月建成投产后，中国四大能源战略通道全部打通。至此，我国油气管道总里程超过12×10^4km，覆盖我国31个省区市，油气骨干管网保障格局基本形成，近10亿人口从中受益。油气管道在保障国家能源安全、促进国民经济发展和提升民生质量方面发挥了重要作用。

2017年7月，国家发展改革委员会、国家能源局发布《中长期油气管网规划》。这是中国首个油气管网规划，对保障我国能源安全意义重大。《规划》明确，到2025年全国油气管网规模将达到24×10^4km，天然气在能源消费结构中的比例达到12%左右。也就是说，在今后几年时间里，中国油气管网里程和天然气在能源消费结构中的比例均要实现倍增，一个前所未有的油气管网时代正向中国走来。

有资料表明，我国天然气市场还处于发展初期，众多的城镇还是空白，天然气呈供不应求的局面。仅就北京而言，虽有多条大型管道供气，但仍存在较大缺口，目前正在建设的陕京四线、中俄东线天然气管道无疑是解决这一问题的具体抓手；珠三角和长三角地区仍存在较大缺口，许多供电、化工、冶炼和陶瓷等传统能源使用企业往往因天然气不足而不得不放弃产业升级；还有许多城市没有用上天然气；有更多的乡镇和新农村渴盼天然气的到来。

另有数据表明，目前日本人均年天然气消费量是我国的10倍，美国人均年天然气消费量是我国的23倍。此次国家发布的《中长期油气管网规划》表明：到2025年，我国天然气在能源消费结构中的比例将达到12%左右，全国省区市成品油、天然气主干管网全部连通，100万人口以上的城市成品油管道基本接入，50万人口以上的城市天然气管道基本接入。由此可见，在我国经济发展和现代化进程中，油气管道建设是一项非常紧迫的任务。

未来一段时间中国规划建设的主要管道情况如下：

（1）中俄输气管道（东线）。

中俄东线全长3371 km，起自黑龙江省黑河市，途经黑龙江、吉林、内蒙古、辽宁、河北、天津、山东、江苏、上海等9个省区市，止于上海市，分北段（黑河—长岭）、中段（长岭—永清）、南段（永清—上海）核准和建设。中俄东线首次同时采用1422mm超大口径，X80高钢级，12MPa高压力，$380\times10^8m^3/a$超大输量设计。中俄东线主供气源是位于俄罗斯东西伯利亚的伊尔库茨克州科维克金气田和萨哈共和国恰扬金气田，俄气公司负责气田开发、天然气处理厂和俄罗斯境内管道的建设。中国石油负责中国境内输气管道和储气库等配套设施建设。作为对华供气的主干管道，“西伯利亚力量”西起伊尔库茨克州，东至远东港口城市符拉迪沃斯托克，管道总长4800km，连接伊尔库茨克州的科维克金气田和萨哈共和国的恰扬金气田，年输气量将达$610\times10^8m^3$，为2条并行敷设的管道，管径1420mm、设计压力9.8MPa。

（2）西气东输四线。

西气东输四线工程是西部管道公司继西气东输三线西段工程后的又一项国家重点战略工程，乌恰到中卫段预计将于 2022 年建成投产，是承接中亚 D 线，外输中国石油塔里木上产气的重要的外输通道，乌恰到中卫全长约 3200km。

（3）中亚 D 线。

中亚 D 线设计年输量 $300\times10^8m^3$，气源地为土库曼斯坦复兴气田，是继 A、B、C 线之后又一条引进中亚天然气的大动脉。中亚 D 线全长 1000km，西起土库曼斯坦和乌兹别克斯坦边境的乌国首站，然后一路向东，经过乌兹别克斯坦、塔吉克斯坦、吉尔吉斯斯坦，最后进入中国境内的新疆乌恰末站，并与国内西气东输四线贯通。

（4）新粤浙管道。

新粤浙管道工程即中国石化新疆煤制天然气外输管道工程，包括一条干线、五条支线，长度超过 8000km，年输气能力为 $300\times10^8m^3$。干线起点为新疆伊宁首站，终点为广东省韶关末站，途经新疆、甘肃、宁夏、陕西、河南、山东、湖北、湖南、江西、浙江、福建、广东、广西 13 个省（自治区）。支线则包括准东、南疆、豫鲁、赣闽浙和广西五条。工程共设工艺站场 58 座，其中包括 23 座压气站。

（5）蒙西煤制天然气管道。

中海油蒙西煤制天然气外输管道项目，起点为鄂尔多斯市杭锦旗首站，止于河北黄骅末站，途经达拉特旗、准格尔旗、呼和浩特市、山西、河北、天津，全长 1279km，设计年输气量 $200\times10^8m^3$，其中鄂尔多斯市境内约 228km。项目分三期建设，一期建设河北容城—黄骅干线、廊坊支线、天津 LNG 联络线，二期建设山西大同—河北容城干线、左云注入支线，三期建设鄂尔多斯—山西大同干线、大路注入支线。

当前，中国的管道建设仍然处于战略机遇期，中俄原油管道复线、中俄输气管道（西线）、西气东输四线、西气东输五线、陕京四线等管道，按照目前每年 5000～6000 km 的建设速度，预计中国石油管道里程将从 2016 年度的 7.9×10^4km 增长到 2020 年度的（11～12）$\times10^4km$。

管道建设的快速发展，带来了油气储运设备的巨大需求，中国石油提出了“十三五”末实现储运设备全面国产化的目标。

表 11-1 和表 11-2 分别以输油管道和输气管道为例，展示油气管道设备的需求情况。某输油管道全线共设 5 座站场，设计管径 813mm，设计压力 8.0MPa，线路全长 950km（表 11-1）。某输气管道管径 1219mm，设计压力 12MPa，线路全长 2416km（表 11-2）。

表 11-1　某输油管道主要设备需求

设备名称	规格型号	数量合计
输油泵	2200kW	7
	其他小规格	11
电液联动球阀（含执行机构）	Class600、32in	24
	Class600、28in	3
电动调节阀	20in、16in	11

续表

设备名称	规格型号	数量合计
手动球阀	2～32in	145
电动球阀	12～32in	109
手动轻型板阀（法兰）	4～28in	26
止回阀	2～32in	28
截流截止放空阀	2in、4in	33
氮气式泄压阀	10in	9
手动闸阀	2～12in	112
油过滤器（含快开盲板）		20
成套清管设备		8
收发球筒（含快开盲板）		9

表 11-2　某输气管道主要设备需求

设备类型	规格型号	数量合计
燃驱压缩机组	30MW	12
电驱压缩机组	18MW	20
电驱压缩机组	13MW	7
球阀	Class900、48in	132
球阀	Class900、40in	88
旋塞阀	Class900、16in	160
止回阀	Class900、36in	60
止回阀	Class900、24in	42
气液联动执行机构	28～48in	123
电动执行机构	28～48in	332
快开盲板		49
超声波流量计橇		8

持续推动油气管道相关设备国产化研制和应用，带动装备制造行业发展，提升核心竞争力和促进相关产业转型升级，包括以下几个方面：

（1）持续跟踪已应用和正在应用的国产化设备，不断完善提高。对于国产化设备在工业应用中出现的问题，与国际标准比对，集中优势资源，持续进行完善提高。

（2）依托重点工程，推动国产化储运设备推广应用。充分发挥用户的主导和牵头作用，联合优势装备制造企业，形成国产化设备推广应用机制，依托管道建设项目，加快推动国产化设备规模应用。

（3）加快油气管道装备技术支持体系建设，形成固定研发和技术支持团队，逐步形成较为完备的油气管道技术支持与服务体系。

（4）国家层面进一步研究相关政策，调动装备制造企业积极性，使国产化优势产品得到推广应用。

（5）国内装备制造企业通过参与竞争，持续提升产品质量和服务水平，由国产化走向国际化。